E-Book inside.

Mit folgendem persönlichen Code können Sie die E-Book-Ausgabe dieses Buches downloaden.

```
3r65p-6xzv0-
18600-vv1tj
```

Registrieren Sie sich unter
www.hanser-fachbuch.de/ebookinside
und nutzen Sie das E-Book auf Ihrem Rechner*, Tablet-PC und E-Book-Reader.

Der Download dieses Buches als E-Book unterliegt gesetzlichen Bestimmungen bzw. steuerrechtlichen Regelungen, die Sie unter www.hanser-fachbuch.de/ebookinside nachlesen können.
* Systemvoraussetzungen: Internet-Verbindung und Adobe® Reader®

Janet Nagel

Energie- und Ressourceninnovation

Bleiben Sie auf dem Laufenden!

Hanser Newsletter informieren Sie regelmäßig über neue Bücher und Termine aus den verschiedenen Bereichen der Technik. Profitieren Sie auch von Gewinnspielen und exklusiven Leseproben. Gleich anmelden unter
WWW.HANSER-FACHBUCH.DE/NEWSLETTER

Janet Nagel

Energie- und Ressourceninnovation

Wegweiser zur Gestaltung der Energiewende

HANSER

Die Autorin:

Janet Nagel, Professorin im Fachgebiet „Regenerative Energien", Beuth Hochschule für Technik Berlin, Inhaberin des Instituts für Energie- und RessourcenInnovation (INERI) mit den Schwerpunkten Einsatz von Energie aus Biomasse, Entwicklung von Prozessmodellen für Energiesysteme, energiewirtschaftliche Untersuchungen, Konzepte zur Steigerung der Energieeffizienz *(www.ineri.de)*.

Bibliografische Information der Deutschen Nationalbibliothek:

Die Deutsche Nationalbibliothek verzeichnet diese Publikation in der Deutschen Nationalbibliografie; detaillierte bibliografische Daten sind im Internet über <http://dnb.ddb.de> abrufbar.

Print-ISBN 978-3-446-45200-8
E-Book-ISBN 978-3-446-45275-6

Die Wiedergabe von Gebrauchsnamen, Handelsnamen, Warenbezeichnungen usw. in diesem Werk berechtigt auch ohne besondere Kennzeichnung nicht zu der Annahme, dass solche Namen im Sinne der Warenzeichen- und Markenschutzgesetzgebung als frei zu betrachten wären und daher von jedermann benutzt werden dürften.

Alle in diesem Buch enthaltenen Verfahren bzw. Daten wurden nach bestem Wissen dargestellt. Dennoch sind Fehler nicht ganz auszuschließen.

Aus diesem Grund sind die in diesem Buch enthaltenen Darstellungen und Daten mit keiner Verpflichtung oder Garantie irgendeiner Art verbunden. Autoren und Verlag übernehmen infolgedessen keine Verantwortung und werden keine daraus folgende oder sonstige Haftung übernehmen, die auf irgendeine Art aus der Benutzung dieser Darstellungen oder Daten oder Teilen davon entsteht.

Dieses Werk ist urheberrechtlich geschützt.

Alle Rechte, auch die der Übersetzung, des Nachdruckes und der Vervielfältigung des Buches oder Teilen daraus, vorbehalten. Kein Teil des Werkes darf ohne schriftliche Einwilligung des Verlages in irgendeiner Form (Fotokopie, Mikrofilm oder einem anderen Verfahren), auch nicht für Zwecke der Unterrichtsgestaltung – mit Ausnahme der in den §§ 53, 54 URG genannten Sonderfälle –, reproduziert oder unter Verwendung elektronischer Systeme verarbeitet, vervielfältigt oder verbreitet werden.

© 2017 Carl Hanser Verlag München
www.hanser-fachbuch.de
Lektorat: Dipl. Ing. Volker Herzberg
Herstellung: Kösel Media GmbH, Krugzell
Satz: Kösel Media GmbH, Krugzell
Coverrealisierung: Christina Zeeb
Druck und Bindung: Hubert & Co GmbH und Co. KG, Göttingen
Printed in Germany

Inhalt

Vorwort IX

1 Grundlagen der Energiewirtschaft 1

1.1 Begriffe der Energiewirtschaft 1
    1.1.1 Energie 2
    1.1.2 Energieinhalt 4
    1.1.3 Stufen der Energiebereitstellung 4
    1.1.4 Begriffe der Leistung 8
    1.1.5 Wirkungsgrad 16
1.2 Energiewirtschaft früher und heute 17
1.3 Die neuen Herausforderungen 35
    1.3.1 Technologische Herausforderungen 36
    1.3.2 Politische/ökonomische Herausforderungen 40
    1.3.3 Soziale und gesellschaftliche Herausforderungen 45
1.4 Der deutsche Energiemarkt 48
1.5 Energiewirtschaft in der EU 61

2 Flexibilisierung der Energieerzeugung und des Energieverbrauchs 75

2.1 Betrachtung der erneuerbaren Energien unter Nachhaltigkeitsaspekten 75
    2.1.1 Ökologische Aspekte erneuerbarer Energien 75
    2.1.2 Ökonomische Aspekte erneuerbarer Energien .. 93
    2.1.3 Soziale und politische Aspekte erneuerbarer Energien 98
2.2 Die Rolle der erneuerbaren und konventionellen Energien im Energiemarkt 100
    2.2.1 Power-to-Heat (PtH) 104
    2.2.2 Lastenteilung 107
    2.2.3 Kraft-Wärme-Kopplung (KWK) 112

2.3 Volatile Energien und deren Potenziale in Deutschland 119
    2.3.1 Windenergie 119
    2.3.2 Solarenergie 125
    2.3.3 Betrachtung der Gesamterzeugung aus Windenergie
          und Photovoltaik 134
2.4 Konzepte zur Homogenisierung der Lastgänge und des Bedarfs 138
    2.4.1 Smart Meter 140
    2.4.2 Smart Grid 149

3 Möglichkeiten neuer Technologien in den Zeiten volatiler Energieerzeugung 155

3.1 Energiespeicher und deren Möglichkeiten 155
    3.1.1 Kategorisierung und Klassifizierung von Speichern 158
    3.1.2 Vergleich technischer Eigenschaften von Stromspeichern 160
    3.1.3 Wirtschaftliche Aspekte von Stromspeichern 166
    3.1.4 Speichertechnologien 168
3.2 Virtuelle Kraftwerke (VK) 186
3.3 Die Bedeutung biogener Energieerzeugung 198
    3.3.1 Anlagentechnologie für flexible Stromerzeugung 204
    3.3.2 Deckung der Residuallast 209
    3.3.3 Herausforderungen für den flexiblen Einsatz von
          Bioenergieanlagen 211
    3.3.4 Marktwirtschaftliche Aspekte 216

4 E-Energy und Entscheidungsmodelle 231

4.1 Vernetztes Energiesystem 231
4.2 Umgang mit großen Datenmengen 247
4.3 Computermodelle im E-Energy-System 252
    4.3.1 Überblick Bionik 253
    4.3.2 Schwarmintelligenz 259
    4.3.3 Neuronale Netze 278
    4.3.4 Die Evolutionstheorie als Optimierungsprozess 284
    4.3.5 Quantifizierung von Stabilität in Stromnetzen 302

5 Innovationsmanagement im Energiebereich 313

5.1 Innovationsstrategie – die Einführung 320
    5.1.1 Beispiel der innovativen Produktion von Biokraftstoffen,
          Firma VERBIO Vereinigte Bioenergie AG 323
    5.1.2 Beispiel der Entwicklung eines innovativen Verfahrens
          für Biokraftstoff, Firma Clariant 332

5.2 Innovationsstrategie – die Theorie 335
    5.2.1 Strategien der Zeitpunktwahl 336
    5.2.2 Strategien der Technologiebeschaffung 339
    5.2.3 Strategien der Technologieverwertung 342
    5.2.4 Strategien des Innovationsimpulses 344
5.3 Innovationsstrategie am Beispiel von Biokraftstoffen aus Lignocellulose-Reststoffen 346
    5.3.1 Innovationsstrategie Firma VERBIO 346
    5.3.2 Innovationsstrategie Firma Clariant 349
    5.3.3 Fazit der Innovationsstrategie 351
5.4 Innovationen voranbringen 357
    5.4.1 Messung des Erfolgs im Innovationsprozess 358
    5.4.2 Die Innovationsfähigkeit 361
    5.4.3 Energiewende – Innovationsmotor für Deutschland 368
    5.4.4 Komplexe Innovation im Rahmen der Energiewende 371

Literatur **375**

Stichwortverzeichnis **403**

Vorwort

In meinem Buch „Nachhaltigkeit der Verfahrenstechnik" spielte das Thema Energieerzeugung und Ressourceneffizienz bereits eine wichtige Rolle. Aufgrund der Bedeutung der erfolgreichen Bewältigung der Energiewende widmet sich dieses Buch den vielfältigen Fragen der heutigen und zukünftigen Energiebereitstellung. Die Frage, welche Technologien im Jahr 2030 oder 2050 in welcher Form am Markt bestehen werden, kann heute noch nicht beantwortet werden. Wir befinden uns inmitten eines langen und umfangreichen Transformationsprozesses, der nicht nur in Deutschland, sondern in vielen Teilen der Welt stattfindet.

Auf dem Weg der Transformation gilt es nicht nur technische, ökonomische sowie ökologische Lösungen zu finden. Wesentlicher Teil zum Gelingen des Transformationsprozesses in Deutschland ist es, die Menschen durch Transparenz und Wissensvermittlung auf dieser Reise mitzunehmen. Die gefundenen Lösungen bedürfen einer Akzeptanz durch die Bürger, denn nur dann werden sie der Einführung neuer Technologien zustimmen, diese selbst nutzen bzw. in ihrer Nachbarschaft akzeptieren, wie dies z. B. mit Windkrafträdern der Fall ist.

Ebenso ist der ökonomische Aspekt ganz wesentlich. Neben den durch die Bundesregierung beschlossenen bzw. sich in der Diskussion befindenden Fördermöglichkeiten müssen die Technologien wirtschaftlich tragbar sein. Gerade die Energieerzeugung aus Biomasse hat hier noch einen weiten Weg vor sich. Während Windenergie und Photovoltaik eher kostengünstige Technologien sind, ist die Energieerzeugung aus Biomasse kostenintensiv. Dies hängt zu einem großen Teil mit den Kosten für Produktion, Aufbereitung und Transport der Einsatzstoffe, wie z. B. Stroh, zusammen. Für Windkraft und Photovoltaik sind keine Einsatzstoffe erforderlich. Aus diesem Grund setzt auch die Bundesregierung zum jetzigen Zeitpunkt vorrangig auf Windkraft und Photovoltaik. Da diese aber sehr volatile Energien sind, brauchen wir weitere Technologien, wie Energie aus Biomasse, aber auch Speichersysteme, wie Power-to-Gas, die helfen, die stark schwankende Stromerzeugung aus Wind und Sonne auszugleichen.

Auch den Stromnetzen kommt eine hohe Bedeutung zu. Dabei ist die Frage, wie der Ausbau der Netze erfolgen soll und ob es andere technische Möglichkeiten, wie z. B. Speicher, gibt, durch die es zu einer Entlastung der Stromnetze kommen kann.

Bereits heute prägt der notwendige Ausbau der Netze unser Landschaftsbild und führt zu kontroversen Diskussionen in Politik und Gesellschaft, wie das Beispiel SuedLink zeigt.

Das Stromnetz wie auch der Handel mit Strom ist nicht nur ein deutsches Thema. Da wir in einem Verbund mit Europa liegen, müssen überregionale Lösungen gefunden werden. Insbesondere ist es das Ziel, dass das Zusammenspiel der unterschiedlichen Kräfte dazu führt, dass Windkrafträder nicht abgeregelt werden müssen und so wichtige Einnahmen für die Betreiber entfallen.

Von hoher Bedeutung ist auch der Bedarf an Wärme und Mobilität. Beide Aspekte sind in den letzten Jahren immer stärker in den Vordergrund gerückt. So kann mit Windkraft und Photovoltaik nur Strom erzeugt werden. Es bedarf weiterer Technologien, wie der Energieerzeugung aus Biomasse, um auch den Wärmebedarf zuverlässig decken zu können. Dabei gilt es vielerlei Herausforderungen zu berücksichtigen, z. B. dass der Bedarf an Wärme oftmals nicht am gleichen Ort vorliegt, an dem die Wärme erzeugt werden kann.

Konzepte zur Mobilität der Zukunft beschäftigen die Menschen und werden intensiv diskutiert. Es bestehen unterschiedliche Visionen, wie Mobilität in Zukunft gelebt werden kann, beginnend mit Fahrzeugen, die – wie heute schon möglich – z. B. Strom aus erneuerbaren Energien verwenden.

Die Schlagwörter der Zukunft heißen z. B. Smart Cities, Smart Markets oder Smart Meter. Dahinter verbergen sich Konzepte, die dazu angelegt sind, Ressourcen einzusparen bzw. diese effizient zu verwenden. Weiterhin wird darauf fokussiert, insbesondere fossile Ressourcen durch erneuerbare Ressourcen zu ersetzen. Für die notwendige bessere Vernetzung von Technologien auf der einen und Verbrauchsprofilen auf der anderen Seite sind auch Themen wie Datenschutz und Big Data, die Analyse großer Datenmengen, von hoher Relevanz.

Wir sehen anhand dieses kurzen Exkurses in die Energiewende, dass die Fragen der Zukunft vielfältig und komplex sind. Viele Innovationen werden dazu weiterhin in Zukunft erforderlich sein, um die große Aufgabe der Transformation des Energiesystems in Deutschland und weltweit zu bewältigen. Innovationen sind einer der Schlüssel für die erfolgreiche Bewältigung der Energiewende.

Dieses Buch zeigt aus der Perspektive der Innovationen den Weg der Transformation des Energiesystems auf. Viele der hier aufgeführten Themen werden ausführlich diskutiert, um Ihnen als Leser ein umfassendes Bild der Energiewende und des damit einhergehenden Veränderungsprozesses zu geben.

Nun wünsche ich uns allen ein gutes Gelingen beim Vorantreiben der Energiewende und dem Finden passender Lösungen. Jeder von uns wird in der weiteren Zukunft dazu aufgefordert sein, seinen Beitrag zum Gelingen dieser großen Aufgabe beizutragen. Diese Aufgabe kann weder alleine durch die Politik noch die Industrie gelöst werden. Wir als Verbraucher sind gefragt, uns intensiv in die Debatte und Lösungsfindung einzubringen. Ich hoffe, dass dieses Buch dazu beiträgt, einen guten Überblick über die vielfältigen Aufgaben und die bereits erfolgten Schritte bei der Bewältigung der Aufgaben zu geben, und Ideen formt, welche Innovationen für die Zukunft erfolgversprechend sein könnten.

Durch intensive Diskussionen mit vielen Spezialisten der Energiebranche und das ausführliche Studium einschlägiger Medien und Veröffentlichungen war es mir möglich, tief in die Geheimnisse der Energiewende einzusteigen und die einzelnen Themen für dieses Buch aufzubereiten. Dabei haben mich viele Experten mit ihrem Know-how und ihrer Zeit unterstützt; einigen möchte ich nachfolgend gerne namentlich danken.

Allen voran ist meine Familie zu nennen. Für die Geduld und das Verständnis für die vielen Stunden, die ich an meinem Rechner mit dem Schreiben verbracht habe, möchte ich meiner Familie sehr danken.

Meiner lieben Freundin, Dr. Silvia Portsmann, Geschäftsführerin der Seramun Diagnostica GmbH, möchte ich ebenfalls ganz herzlich danken. Obwohl sie von meinem zweiten Buch weiß, wieviel Arbeit das Lesen und Korrigieren eines solchen Buches bedeutet, hat sie bei meiner Anfrage nicht gezögert und mir sofort ihre Unterstützung zugesagt.

Für seine Anmerkungen zum Manuskript möchte ich weiterhin Dr. Matthias Plöchl, Geschäftsführer der BioenergieBeratungBornim GmbH, danken. Wir arbeiten bereits seit vielen Jahren an unterschiedlichen Themen zur Energieerzeugung aus Biomasse zusammen. Sein umfangreiches Expertenwissen hat mir sehr geholfen, der Komplexität des Themas Energiewende angemessen zu begegnen.

Interessante Gespräche mit Dr. Michael Garmer, Energiepolitischer Sprecher der CDU-Fraktion im Abgeordnetenhaus von Berlin, und weiteren Kollegen anderer Fraktionen gaben mir einen weitreichenden Einblick in die politische Dimension der Transformation des Energiesystems.

Michael Wedler von B.A.U.M. Consult GmbH, Dr. Jobst Heitzig vom Potsdam Institute for Climate Impact Research und Dr. Leo Wangler vom Institut für Innovation und Technik (iit) in der VDI/VDE-IT GmbH gilt mein herzlicher Dank für ihre Unterstützung. Kirsten Neumann vom VDI/VDE Innovation + Technik GmbH danke ich für wichtige Impulse zum Thema Innovation und Energiewende.

Zu guter Letzt möchte ich meinem Verlag danken, der sich für dieses Thema begeistern konnte und mich durch Volker Herzberg hervorragend betreut hat.

Nun wünsche ich allen Lesern interessante Einblicke in das Thema Innovationen und Energiewende verbunden mit dem Wunsch, dass Deutschland den Prozess der Transformation des Energiesystems erfolgreich meistert.

Janet Nagel
Berlin, im November 2016

1 Grundlagen der Energiewirtschaft

Zur Energiewirtschaft werden alle Wirtschaftsbereiche gerechnet, die sich mit der Erzeugung, Umwandlung und Verteilung von Primärenergie oder Sekundärenergie befassen. Energie- und Ressourceninnovationen sind in die Energiewirtschaft eingebunden. Der Rahmen, der durch die Energiewirtschaft gegeben wird, gibt auch den Raum für neue technologische und marktwirtschaftliche Entwicklungen. Natürlich ist das Ganze ein Zusammenspiel aus weltweiten Entwicklungen, politischen Vorgaben und markt(wirtschaft)lichen Gegebenheiten. Hier werden einige Aspekte der Energiewirtschaft beleuchtet, um einen Einblick in die heutige Situation der Energiewende zu erhalten und deren Entstehung nachzuvollziehen. Dabei ist zu beachten, dass der Bereich der „Energie" unter den Herausforderungen der Energiewende einem ständigen Wandel unterzogen ist, um unter ökonomischen, ökologischen und sozialen Aspekten die zukünftig besten Möglichkeiten einer Energieversorgung herauszuarbeiten.

■ 1.1 Begriffe der Energiewirtschaft

Die Energiewirtschaft hat sich in den letzten 10 bis 15 Jahren stark geändert. Trotzdem haben manche Begriffe nicht an Bedeutung verloren. Andere Begriffe sind neu hinzugekommen. Bei der Entwicklung von Innovationen muss man sich sowohl mit technischen als auch wirtschaftlichen Aspekten der Energie auseinandersetzen und deren Bedeutung kennen, um eigene Innovationen umsetzen oder bewerten zu können. Im Folgenden wollen wir einige der Begriffe aufgreifen und in kurzer Form näher betrachten.

1.1.1 Energie

In diesem Kapitel wird aufgezeigt, in welchen zentralen physikalischen Größen Energie angegeben wird, in welchen Erscheinungsformen sie in einem System auftritt und was unter dem Begriff Energiesystem zu verstehen ist. Weiterhin betrachten wir Energie unter dem Aspekt der Wirtschaft und die Abgrenzung zu den technischen Ausführungen.

Physikalische Größen

Physikalische Größe „Energie":

Energie ist die Fähigkeit, mechanische Arbeit zu verrichten, Wärme abzugeben oder Licht auszustrahlen. Jeder Organismus benötigt Energie für seine Entwicklung. Sie ist eine Zustandsgröße, jedoch zumeist weder sichtbar noch greifbar (anfassbar) oder fühlbar. Sie macht sich aber an ihrer Wirkung erkennbar. So wird Energie benötigt, um z. B. einen Körper entgegen der Bodenreibung zu verschieben, ihn zu beschleunigen oder entgegen der Schwerkraft anzuheben. Ebenso wird Energie benötigt, um z. B. ein Gas zusammenzudrücken, es zu erwärmen oder um elektrischen Strom fließen zu lassen. Die übliche Maßeinheit der Energie ist Joule [J]. Ihr Formelzeichen ist E.

Physikalische Größe „Leistung":

Leistung bezeichnet die in einer Zeitspanne umgesetzte Energie bezogen auf diese Zeitspanne. Ihre SI-Einheit ist Watt [W]. Sie kann auch als Joule/s ausgedrückt werden [J/s]. Das Formelzeichen ist P – aus dem Englischen für Power.

Energieformen und Energieumwandlung

Energieformen:

Wir kennen Energie beispielsweise in Form von mechanischer Energie (Lageenergie – potenzielle Energie oder Bewegungsenergie – kinetische Energie), thermischer Energie (Wärme), chemischer Bindungsenergie, elektrischer Energie, elektromagnetischer Strahlungsenergie und Kernenergie.

Energieumwandlung:

Energie kann umgewandelt und gespeichert werden. Dabei kann sie sowohl den Träger als auch die Erscheinungsform ändern, wie z. B. bei der Umwandlung der chemischen Bindungsenergie von Holz in elektrische Energie. In einem Gesamtsystem bleibt die Energie immer erhalten (1. Hauptsatz der Thermodynamik) (Nagel 2015). Sie kann damit weder „erzeugt" noch „vernichtet" werden.

Jedoch kann ein thermodynamischer Prozess nicht in jeder Richtung ablaufen. Bringt man z. B. zwei Systeme mit unterschiedlicher Temperatur zusammen, so geht die Wärme des Systems mit der höheren Temperatur immer auf das System mit der niedrigeren Temperatur über und nicht umgekehrt (Nagel 2015). Das führt uns zum 2. Hauptsatz der Thermodynamik.

Wertigkeit bzw. Qualität der Energie

Wird Wärme bei 20 °C oder 80 °C transportiert, hat sie jeweils eine andere Wertigkeit/Qualität. Das Maß für die Wertigkeit/Qualität ist die Exergie. Exergie ist der Anteil der Gesamtenergie eines Systems, welcher Arbeit verrichten kann, wenn er mit seiner Umgebung in ein thermodynamisches Gleichgewicht gebracht wird (Nagel 2015). Der Anteil, der nicht weiter in Arbeit umwandelbar ist, wird Anergie genannt. Bei einem Motor kann z. B. nur ein Teil der chemischen Bindungsenergie des Treibstoffs in mechanische Bewegungsenergie umgewandelt werden. Der andere Teil kann nicht zur Umwandlung in Arbeit eingesetzt werden. Dieser geht als Abwärme durch den Auspuff in die Umwelt. Dies bedeutet, dass sich die Energie immer aus diesen beiden Anteilen zusammensetzt:

$$\text{Energie} = \text{Exergie} + \text{Anergie} = \text{konstant}.$$

Die Energie in einem Gesamtsystem bleibt konstant. Jedoch nimmt bei einem energetischen Prozess die Exergie eines Systems immer ab, während die Anergie zunimmt. Mechanische und elektrische Energie bestehen zu 100 % aus Exergie. Sie sind somit sehr hochwertige Energieformen. Wärme hingegen hat immer einen gewissen Anteil an Anergie. Soll z. B. Wärme in mechanische Energie umgewandelt werden, geht ein Teil der Wärme bei der Umwandlung, z. B. in Form von Reibungsenergie oder Verlustwärme, verloren. Diese Exergieverluste bei einer Energieumwandlung sollten nach Möglichkeit minimiert werden. Aus diesem Grund ist z. B. die Speicherung elektrischer Energie eine Herausforderung, da bei der Umwandlung von einer Energieform in eine andere immer Exergieverluste auftreten.

Energie als Wirtschaftsgröße

Energie spielt auch in der Wirtschaft eine große Rolle. Energie kann ein Produkt oder auch ein Produktionsfaktor sein. Energie kann als Motor der Wirtschaft betrachtet werden und sich beispielsweise in den Fachgebieten Energiewirtschaft oder Energiemanagement mit den Teilgebieten Energieangebot und Energienachfrage wiederfinden.

Energiesystem

Ein System ist ein durch Systemgrenzen von seiner Umgebung abgegrenzter Bereich (Nagel 2015). Was genau ein Energiesystem ist, hängt von seiner Abgrenzung ab. Ein Energiesystem kann eine Maschine oder Anlage sein, z. B. ein Heizkraftwerk oder innerhalb des Heizkraftwerks die Turbine. Wenn wir von einem Energiesystem sprechen, kann aber auch der gesamte Prozess von der Energiegewinnung und -verteilung über die Umwandlung und Energieanwendung bis zu den Emissionen gemeint sein.

Energietechnik

Energietechnik ist der Teil der Ingenieurswissenschaften, der sich interdisziplinär mit Themen rund um die Technologien zur effizienten, umweltschonenden und wirtschaftlichen wie auch sicheren Gewinnung von Energieträgern, Umwandlung von einer Energieform in eine andere Energieform, mit dem Transport von Energie ebenso wie der Nutzung und Speicherung von Energie beschäftigt.

1.1.2 Energieinhalt

Energieinhalte können in Heizwert, Brennwert und „Graue Energie" unterteilt werden.

Heizwert

Der Heizwert H_i bestimmt die maximal nutzbare Wärmemenge bezogen auf die eingesetzte Brennstoffmenge, die bei einer Verbrennung frei wird, ohne dass der im Abgas enthaltene Wasserdampf kondensiert.

Brennwert

Beim Brennwert H_s wird die Wärmemenge betrachtet, die bei der Verbrennung eines Energieträgers und der anschließenden Abkühlung seiner Verbrennungsgase auf 25 °C inklusive der Kondensation frei wird.

Graue Energie

Die Energie, die insgesamt für die Herstellung eines Produktes aufgewendet wird, wird als „Graue Energie" bezeichnet. In jeder Prozessstufe von der Rohstoffgewinnung über die Herstellung, den Transport, die Lagerung, den Verkauf wie auch die abschließende Entsorgung wird Energie aufgebracht, die am Ende aufsummiert wird. Sie gibt den Energieinhalt eines Produktes wieder. Dies ermöglicht z. B. einen Vergleich zweier Produkte. Der Wert zeigt den indirekten Energiebedarf auf, der durch Kauf eines Konsumgutes entsteht. Durch die Benutzung eines Konsumgutes hingegen wird der direkte Energiebedarf aufgezeigt.

1.1.3 Stufen der Energiebereitstellung

Bis der Strom bei uns im Haushalt aus der Steckdose kommt und wir z. B. Nudelwasser auf dem Herd zum Kochen bringen können, durchläuft er mehrere Wandlungsschritte. Diese unterteilen sich in Primärenergie, Sekundärenergie bis hin zur Nutzenergie. Bild 1.1 zeigt die gesamte Energienutzungskette und die Zusammenhänge zwischen den einzelnen Stufen von der Primärenergie bis zur Nutzenergie.

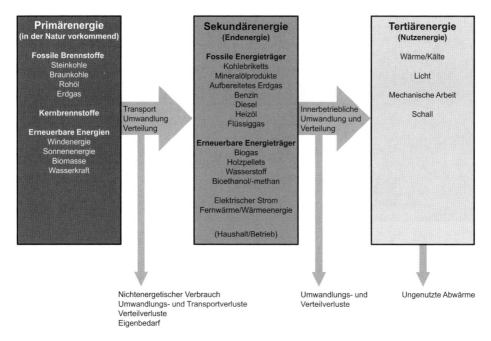

Bild 1.1 Energiestufen bei der Energiebereitstellung (nach Bundesregierung o. J.-d)

Zwischen der Sekundär- und der Tertiärenergie kann noch die Einsatzenergie definiert werden. Dies ist jene Energie, die vor der letzten Umwandlungsstufe dem Endkunden bereitgestellt wird. Es handelt sich dabei z. B. um den Strom, welcher der Klemme einer Glühbirne oder eines Elektromotors zugeführt wird. Es kann aber ebenso das Warmwasser sein, welches in den Heizkörper im Haus des Endkunden strömt. Bei dieser Stufe entstehen erneut Verluste durch den letzten Umwandlungsschritt. Erst nach z. B. der Klemme wird der Strom zu Licht gewandelt, wobei Wärme entsteht, die als Abwärme der Umwelt zugeführt wird.

Auf dem Weg der Umwandlung von einer Energiestufe zur nächsten entstehen Verluste, die in einer Energiebilanz in ihrer Größe aufgezeigt werden können. Bild 1.2 stellt beispielhaft für den Prozess „Wasserkochen" über die Stufen der Energieumwandlung die Verluste von der Primärenergie bis zur Nutzenergie als Energiebilanz dar.

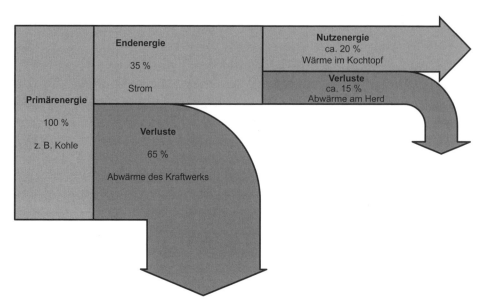

Bild 1.2 Prozess des Wasserkochens dargestellt als Energiebilanz (nach Ströbele 2010)

Art und Höhe der Verluste sind abhängig von den einzelnen Umwandlungsschritten und können stark variieren.

Primärenergie

Bei der Primärenergie handelt es sich um die direkt in den Energieträgern vorhandene Energie, wie sie in der Natur vorgefunden wird (Winje 1991). In diesem Zustand haben die Energieträger noch keine Umwandlung oder Umformung durch den Menschen erfahren. Der Brennwert von Holz ist die Primärenergie, bevor dieses weiter zu Holzpellets aufbereitet wird.

Primärenergie wird in nicht erneuerbare und erneuerbare (regenerative) Energien unterteilt. Zu den nicht erneuerbaren Energien zählen z. B. Steinkohle, Braunkohle, Erdöl und Erdgas. In die Gruppe der erneuerbaren Energien gehören z. B. Laufwasser, Brennholz und andere Biomasse, Sonneneinstrahlung, Wind, Umgebungswärme (Umweltenergie) und Erdwärme.

Ein Anteil der Primärenergie wird im nicht energetischen „Verbrauch" eingesetzt, wie z. B. Rohöl für die Kunststoffproduktion.

Sekundärenergie

Sekundärenergie erhält man durch Energieumwandlung oder Raffination der Primärenergie, wobei Verluste entstehen. Durch die Umwandlung oder Aufbereitung wird der Transport oder die Nutzung erleichtert bzw. verbessert. Jede Primärenergie, die eine ein- oder mehrmalige Umwandlung oder Aufbereitung erfahren hat, wird als Sekundärenergie bezeichnet (Winje 1991). Diese Energie steht zur weiteren Umwandlung oder Nutzung zur Verfügung. Beispiele hierfür sind:

- Erdölprodukte (Diesel- und Heizöl, Benzin, LPG (Liquefied Petroleum Gas) etc.) für den Einsatz in Kraftfahrzeugen oder Heizungsanlagen.
- Produkte aus Kohle wie Koks oder Briketts zur Wärmeerzeugung.
- Erdgas zur Erzeugung von Strom und Wärme in Heizkraftwerken.
- Biogas zum Einsatz in Blockheizkraftwerken oder dessen weitere Aufbereitung zu Biomethan zur Einspeisung ins Erdgasnetz.
- Fernwärme aus einem Heiz- oder Heizkraftwerk für die Hausheizung.
- Wärmeenergie aus einem Solarkollektor für die Warmwasseraufbereitung.
- Strom aus der Steckdose für den Betrieb eines Kochherdes und anderer Elektrogeräte oder für Beleuchtungszwecke.

Endenergie

Endenergie bezeichnet die Energie, die vom Endverbraucher (z. B. Industriebetriebe, Gebäude, Haushalte) zur Deckung des Energiebedarfs oder weiteren Umwandlung eingekauft bzw. bezogen wird (Winje 1991). Dabei handelt es sich überwiegend um Sekundärenergie, wobei auch Primärenergie zum Einsatz kommen kann. Die Endenergie wird beim Endverbraucher z. B. in Licht, Heizwärme der Herdplatte oder Raumwärme umgewandelt.

Einsatzenergie

Bevor die letzte Umwandlung der Endenergie beim Endverbraucher erfolgt, wird die Endenergie als Einsatzenergie bezeichnet. Einsatzenergie ist z. B. die elektrische Energie, die nach erfolgtem Transport von der Steckdose zur Glühlampe an der Klemme der Glühlampe zugeführt wird oder das Warmwasser am Eingang des Heizkörpers, nachdem es von der Heizung zum Heizkörper transportiert wurde. Auch hier treten erneut Verluste auf.

Nutzenergie

Nach der letzten Umwandlung der Energie beim Endverbraucher steht diese als Nutzenergie, z. B. in Form von Wärme im Heizkörper, Hitze im Kochtopf, elektrischer Energie am Ausgang eines Küchengerätes wie eines Handmixers zum Antrieb der Rührbesen, zur Verfügung. Nutzenergie kann in die Kategorien mechanische Arbeit, Wärme/Kälte, Licht, Chemie (chemisch gebundene Energie), Nutzelektrizität (z. B. für den Betrieb von Informations- und Kommunikationsprodukten) unterteilt werden.

Energieeffizienz

Allgemein kann Energieeffizienz als das Verhältnis vom Ertrag an z. B. erbrachter Arbeit oder Dienstleistungen oder Waren oder Energie zum Energieeinsatz, z. B. zur aufgebrachten Wärme, ausgedrückt werden (BMWA 2007). Ziel ist es, durch Energieeinsparung (z. B. durch Gebäudedämmung) oder Ressourcenschonung (z. B. Substitution fossiler Energieträger durch erneuerbare Energien) Energie effizient einzusetzen.

Es wird zwischen Primärenergieeffizienz und Endenergieeffizienz unterschieden. Bei der Primärenergieeffizienz wird die eingesetzte Primärenergie je Leistungseinheit betrachtet (BMWA 2007). Die Leistungseinheit ist abhängig von der betrachteten Anlage, wie z. B. der Beleuchtung oder einer Heizungsanlage. Dies führt beispielsweise dazu, dass durch die effiziente Nutzung von natürlich vorkommenden Energieformen, wie z. B. Gas, Kohle oder Sonnenenergie, moderne Stromerzeugungsanlagen (Kraftwerke) mehr Strom aus derselben eingesetzten Menge an Primärenergie erzeugen, als dies ältere Anlagen können. Moderne Kraftwerke sind damit effizienter als ältere Kraftwerke.

Entsprechend handelt es sich bei der Endenergieeffizienz um die eingesetzte Endenergie je Leistungseinheit (BMWA 2007).

Ein wichtiger Faktor in diesem Zusammenhang ist der Primärenergiefaktor (PEF). Er dient zur energetischen Bilanzierung von Systemen. Der Primärenergiefaktor zeigt auf, welche Menge an Primärenergie aufzuwenden ist, um eine bestimmte Endenergiemenge bereitzustellen (BDEW 2015). In der Praxis wird dieser beispielsweise angewendet, um den Primärenergieeinsatz zu bewerten und Klimaschutzeffekte darzustellen. Er hilft u. a. bei der Auswahl von Heiztechnologien im Rahmen der Gebäudeplanung, indem er als Effizienzmaßstab Berücksichtigung findet.

1.1.4 Begriffe der Leistung

Hierunter fallen Begriffe wie Wärmeleistung oder elektrische Leistung. Unter der Leistung eines Energiesystems, z. B. eines Blockheizkraftwerkes, versteht man im Allgemeinen einen Momentanwert oder Mittelwert, der über einen kurzen Zeitraum anhand der Energiemenge gemessen wird. Dabei werden einige Begriffe unterschieden.

Leistung und Last

Unter der Rubrik Leistung findet man z. B. Angaben zur installierten Leistung oder abgegebenen bzw. erzeugten Leistung. Diese kennzeichnen die Leistungsfähigkeit eines Systems.

Die Last charakterisiert die Leistung, die an einer bestimmten Stelle im System tatsächlich in Anspruch genommen bzw. benötigt wurde.

Nennleistung

Die Nennleistung beschreibt die Leistungsfähigkeit von Geräten oder Anlagen, für welche diese mindestens unter bestimmten Umgebungsbedingungen ausgelegt wurden. Die Angaben werden vom Hersteller bestimmt. In der Regel wird die höchste Dauerleistung angegeben.

Dauerleistung

Unter der Bedingung eines bestimmungsgemäßen Betriebs eines Energiesystems wird eine Anlage oder ein Gerät ohne zeitliche Einschränkung eingesetzt, ohne Beeinträchtigung der Lebensdauer oder der Betriebssicherheit. Dies wird als Dauerleistung bezeichnet.

Installierte Leistung

Wird z. B. die maximale Leistung (Nennleistung) der Generatoren in einem Kraftwerk aufsummiert, so erhält man die installierte Leistung. Sie ergibt sich also aus der Summe der Nennleistungen aller in einem Energiesystem installierten Geräte und Anlagen.

Anschlussleistung (Anschlusswert)

Die Anschlussleistung (Anschlusswert) ist die maximale elektrische Leistung, die mit dem Netzbetreiber vereinbart ist. Der Wert ergibt sich aus der Summe aller Leistungen der anzuschließenden elektrischen Anlagen, Maschinen oder Geräte in einem System und wird in der Regel in kW oder MW angegeben. Oftmals ist der tatsächliche Bedarf an elektrischer Energie niedriger als die Anschlussleistung. Die Anschlussleistung ist für gewöhnlich auf die Scheinleistung bezogen. Die Scheinleistung wird nachfolgend näher erläutert.

Brutto-Leistung, Netto-Leistung

Eine Unterscheidung in Brutto- und Netto-Leistung ergibt sich durch die elektrische Eigenbedarfsleistung einer Erzeugungsanlage. Eigenbedarfsleistung entsteht in Erzeugeranlagen, wie thermischen Heiz-/Kraftwerken, durch den Betrieb stromverbrauchender Aggregate, wie z. B. Pumpen oder Ventile. Die Brutto-Leistung schließt die elektrische Eigenbedarfsleistung einer Erzeugungsanlage ein, so dass dies die Leistung an den Generatorklemmen darstellt. Dagegen ist die Netto-Leistung die Brutto-Leistung abzüglich der Eigenbedarfsleistung. Sie wird als elektrischer Strom ins Stromnetz eingespeist.

Verfügbare Leistung

Unter der verfügbaren Leistung wird die Leistung einer Erzeugungsanlage wie eines Kraftwerks verstanden, die unter Berücksichtigung aller technischen und betrieblichen Verhältnisse während der Zeit starker Belastung des Kraftwerks tatsächlich erreicht wird. Dies schließt die in Reserve stehende Leistung ein (Schaefer 1979).

Regelleistung (Reserveleistung)

Durch die Vorhaltung von Regelleistung wird bei unvorhergesehenen Ereignissen im Stromnetz die Versorgung der Stromkunden gewährleistet. Damit wird das Risiko eines Versorgungsengpasses unter einem definierten und als akzeptabel betrachteten Grenzwert gehalten. Die Energieversorger haben zur Bereitstellung der Regelleistung mehrere Möglichkeiten. Es kann z. B. bei regelbaren Kraftwerken die Leistung angepasst werden. Sofern schnell anlaufende Kraftwerke, wie z. B. Gasturbinenkraftwerke, zur Verfügung stehen, können diese hochgefahren werden. Ebenso besteht die Möglichkeit, die Energie aus Pumpspeicherkraftwerken zur Verfügung zu stellen. Auch behalten sich die Stromversorger vor, bestimmte Stromkunden mit Laststeuerung bis zu einer maximal möglichen Zeit vom Netz zu trennen.

Gesicherte Leistung

Wird von der verfügbaren Leistung die erforderliche Reserveleistung abgezogen, verbleibt die gesicherte Leistung. Diese Leistung muss zur Aufrechterhaltung der geforderten Versorgungssicherheit zu jedem Zeitpunkt verfügbar sein. Sie ist mindestens so groß wie der Leistungsbedarf im System.

Höchstlast

Sie definiert die höchste auftretende elektrische Last, die an einer bestimmten Stelle im System, wie z. B. den Klemmen eines Transformators, innerhalb einer bestimmten Zeitdauer auftritt.

Grundlast

Unter der Grundlast versteht man die innerhalb einer Zeitperiode (z. B. über einen gesamten Tag) konstant nachgefragte elektrische Leistung. Sie kann als die minimale Last in der betrachteten Zeitspanne angesehen werden.

Spitzenlast

Durch kurzzeitige, hohe Leistungsnachfragen ergeben sich innerhalb einer Zeitperiode Belastungsspitzen, die als Spitzenlast bezeichnet werden. Diese ist somit ein schwankender Anteil der Gesamtlast. Um die kurzfristig hohe Nachfrage zu decken, werden Spitzenlastkraftwerke, z. B. Pumpspeicherkraftwerke, moderne Gasturbinenkraftwerke oder gasbetriebene BHKW, hochgefahren.

Residuallast

In Zeiten der fluktuierenden Energien im Energienetz durch Wind- und Solarkraft spielt die Residuallast eine wichtige Rolle. Sie ist die Leistung (Last), die nachgefragt wird, abzüglich eines Anteils des durch die dargebotsabhängigen Erzeuger eingespeisten Stroms (Agora 2016-b). Zwar könnten Wind- und Solarkraft ebenfalls gesteuert werden, was im Normalfall jedoch nicht gewünscht ist. Diese sollen so viel Energie einspeisen, wie es die äußeren Bedingungen zulassen. Das betrifft aber auch z. B. biogasgefeuerte Blockheizkraftwerke, die neben Strom auch Wärme produzieren. Da der Wärmebedarf in den meisten Fällen nicht anderweitig gedeckt werden kann, können diese Anlagen nicht beliebig geregelt werden. Hierunter fallen sämtliche Kraft-Wärme-Kopplungsanlagen.

Die Residuallast ist somit die Restnachfrage, welche von geregelten Kraftwerken abgedeckt werden muss (Agora 2016-b).

Die Residuallast hat eine zeitliche und eine räumliche Komponente. Zum einen ist die Nachfrage zeitlich schwankend und zum anderen ist die Stromerzeugung aus erneuerbaren Energien je nach Wetterbedingungen, Tages- und Jahreszeit ebenfalls schwankend. Zum anderen ist die Produktion von Strom aus Windkraft oder Photovoltaik geografisch unterschiedlich. Während an einem Ort die Sonne scheint, kann 100 km entfernt starker Regen sein.

Es wird zwischen negativer und positiver Residuallast unterschieden. Eine negative Residuallast liegt vor, wenn ein Überschuss an Strom im Netz vorhanden ist. Überschussstrom hat eine netz- und eine marktbedingte Komponente. Netzbedingter Überschussstrom wird durch eine über den Bedarf hinausgehende Produktion an Strom durch fluktuierende Energien wie Windkraft hervorgerufen. Eine marktbedingte Produktion von Überschussstrom wird z. B. durch Preissignale verursacht. Wird umgekehrt nicht ausreichend Strom produziert, liegt eine positive Residuallast vor.

In Deutschland nehmen die Schwankungen der Residuallast aufgrund der zunehmenden Stromerzeugung aus nicht regelbaren Energieerzeugungsanlagen immer mehr zu, was zu einer Steigerung der Flexibilisierung sowohl der Nachfrage als auch des Angebotes führt (dena 2012).

Zur Deckung der Residuallast können z. B. Wasser-Speicherkraftwerke oder reine Wasserkraftwerke, aber auch in gewissem Maße Kraft-Wärme-Kopplungsanlagen eingesetzt werden. Der Im- bzw. Export von Strom ist ebenfalls möglich. Der Ausbau von Speichern wird in Zukunft einen wichtigen Beitrag dazu leisten, schwankende Stromangebote bzw. -nachfragen besser abdecken zu können.

Redispatch

Bei einem Redispatch handelt es sich um Eingriffe in die Stromerzeugung von Kraftwerken durch Übertragungsnetzbetreiber, um die Stromeinspeisung der jeweiligen Last anzupassen und um Leitungsabschnitte vor einer tatsächlichen oder drohenden Überlastung zu schützen. Anlagenbetreiber bieten zu diesem Zweck regelbare Leistung als Systemdienstleistung an. Denn zu jedem Zeitpunkt muss die Stromerzeugung mit der Stromnachfrage, also der jeweiligen Last, übereinstimmen. Anlagenbetreiber werden in Fällen drohender Engpässe oder Überlastungen angewiesen, ihre regelbaren Kraftwerke hoch- bzw. zurückzufahren, so dass diesseits des drohenden Engpasses die Einspeisung sinkt, während jenseits des Engpasses die Einspeisung erhöht wird (Bundesnetzagentur 2016-c). Übertragungsnetzbetreiber können so einen Lastfluss erzeugen, der dem Engpass entgegenwirkt, wodurch eine mögliche Überlastung abgewehrt wird.

Im Energiewirtschaftsgesetz (EnWG) ist geregelt, dass Kraftwerksbetreiber auf Anforderung der Übertragungsnetzbetreiber (ÜNB) entsprechende Maßnahmen zur Sicherung der Netzstabilität ergreifen müssen.

Primärreserve, Sekundärreserve, Minutenreserve

An deutschen Stromnetzen liegt eine Frequenz von 50 Hertz an. Diese muss zur Sicherstellung der Netzstabilität jederzeit gehalten werden. Um die 50 Hertz liegt ein Regelbereich mit einem Regelband von 49,8 bis 50,2 Hertz vor (Bild 1.3). Innerhalb dieses Regelbandes erfolgt die Anpassung der zu erbringenden Regelleistung proportional zur Netzfrequenz. Darüber hinaus muss ein sofortiges Hoch- bzw. Herunterfahren der Regelleistung eintreten. Bricht die Frequenz zusammen, droht ein Stromausfall.

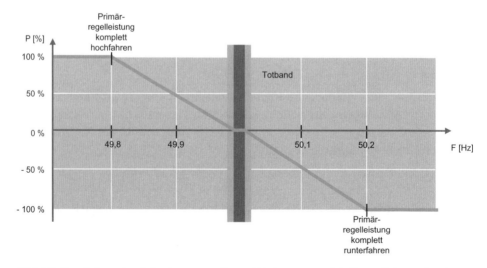

Bild 1.3 Darstellung des Anforderungsprofils zur Erbringung von Primärregelleistung (nach Next Kraftwerke o. J.-b)

Um dies zu verhindern, wurden drei Arten von Regelleistungen definiert, die zur Stabilisierung der Netzfrequenz dienen. Die Art der Regelenergie unterscheidet sich durch die unterschiedlichen Aktivierungs- und Änderungsgeschwindigkeiten der Strombereitstellung bzw. des Stromverbrauchs.

Bild 1.4 fasst den zeitlichen Verlauf zusammen, innerhalb dessen die einzelnen Reserveleistungen (Primär-, Sekundär- und Minutenreserve) zur Verfügung stehen müssen.

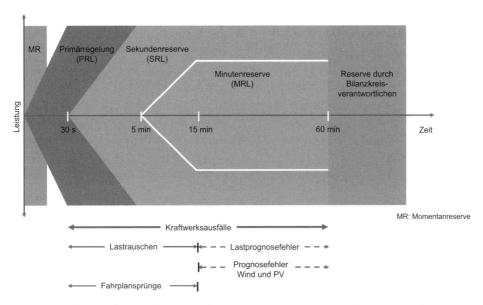

Bild 1.4 Zeitliche Aufteilung der zu aktivierenden Regelenergiearten mit den zuständigen Verantwortlichen (nach Next Kraftwerke o. J.-b, dena 2013-b)

Als erste Maßnahme mit der schnellsten Aktivierungs- und Änderungsgeschwindigkeit steht die Primärreserve (PRL), auch Primärregelung genannt, zur Verfügung. Diese muss innerhalb von 30 Sekunden verfügbar sein (Next Kraftwerke o. J.-b).

Der Abruf von Primärreserveleistung erfolgt frequenzabhängig durch den Anbieter von Primärreserve. Liegt die Frequenz unterhalb von 49,99 oder oberhalb von 50,01 Hz, beginnt die Aktivierung (Next Kraftwerke o. J.-b). Der Anbieter misst die Netzfrequenz eigenständig am Ort der Erzeugung bzw. des Verbrauchs und fährt bei Abweichungen innerhalb von max. 30 Sekunden die gesamte Angebotsleistung herauf, um kurzfristige Laständerungen abzufedern. Diese stellt er dann durchgehend für mindestens 15 Minuten zur Verfügung. Liegt die Frequenz oberhalb von 50,2 Hz, muss der Anbieter seine angebotene Leistung vollständig herunterfahren. Dies ermöglicht eine Erhöhung bzw. Reduzierung der Netzleistung proportional zur Netzfrequenz.

Die Festlegung des Bedarfs an der Primärreserve erfolgt im Verbund der zentraleuropäischen Übertragungsnetzbetreiber ENTSO-E (European Network of Transmission System Operators for Electricity). ENTSO-E betreibt ein synchronisiertes Stromnetz und so wird die Vorhaltung der Primärreserve auf alle Netzbetreiber des ENTSO-E-Gebietes aufgeteilt.

Die nächste Maßnahme zur Stabilisierung der Netzfrequenz ist die Sekundärreserve (SRL), auch Sekundärregelleistung genannt. Diese muss von den Übertragungsnetzbetreibern (ÜNB) innerhalb von 5 Minuten zu Verfügung gestellt werden. Die Primärreserve wird damit entsprechend abgelöst. Auch hier ist ein koordiniertes Vorgehen erforderlich. Über einen Leistungsfrequenzregler, über den jeder Übertragungsnetzbetreiber (ÜNB) verfügt, erfolgt der Sekundärreserveabruf voll automatisch verteilt auf die bezuschlagten Anbieter. Jeder ÜNB ist über eine Kommunikationsverbindung über die Leitwarte mit den jeweiligen teilnehmenden Anbietern verbunden. Dies ermöglicht einen schnellen Austausch von Echtzeit-Daten. Die Mindestangebotshöhe, um sich als Anbieter von Sekundärreserve zu qualifizieren, beträgt 5 MW. Dabei muss es möglich sein, dass innerhalb von 30 Sekunden mindestens 1 MW der abgerufenen Reserveleistung nach der Aktivierung hoch- bzw. heruntergefahren wird.

Die Sekundärreserve wird separat von jedem der vier deutschen Übertragungsnetzbetreiber bereitgestellt. Um ein koordiniertes Vorgehen zu gewährleisten, sind die Übertragungsnetzbetreiber zum gegenseitigen Austausch von aktuellen Informationen über die jeweilige Netzsituation in ihrem Bereich verpflichtet. Dadurch können die Schwankungen über die Gebietsgrenzen hinweg besser durch sogenanntes Ausregeln ausgeglichen werden.

Ist nach einer Vorlaufzeit von 15 Minuten eine weitere Reserve notwendig, wird von der Minutenreserve oder Tertiärregelung gesprochen. Die Minutenreserveleistung (MRL) stützt die Netzfrequenz, wenn diese signifikant unter oder oberhalb von 50 Hz liegt. Die Bereitstellung der Minutenreserve wird durch die vier deutschen ÜNB organisiert. Die Minutenreserve kann z. B. durch Steinkohlekraftwerke, flexible Gaskraftwerke oder Pumpspeicherkraftwerke bereitgestellt werden. Auch Blockheizkraftwerke, Notstromaggregate und Biogas-BHKW können geeignet sein. Diese Kraftwerke sind in der Lage, innerhalb einer Viertelstunde durch Hochfahren oder Einstellen des Betriebs ihre Produktion zu ändern. Die Anbieter von Minutenreserve müssen 5 MW Reserveleistung anbieten. Dies kann z. B. auch durch die Bündelung von Kleinanlagen zu virtuellen Kraftwerken erfolgen.

Es wird jeweils von „positiver" oder „negativer" Minutenreserve gesprochen. Bei positiver Reserve wird Strom eingespeist und so eine Unterproduktion auf dem deutschen Strommarkt abgefedert (Next Kraftwerke o. J.-a). Ist hingegen aufgrund zu geringer Nachfrage nach dem angebotenen Strom zu viel Kapazität vorhanden, müssen Erzeugeranlagen heruntergefahren oder Strom gespeichert werden.

Einen Überblick über die Regelenergie gibt Tabelle 1.1.

Tabelle 1.1 Eckpunkte der Primär-, Sekundär- und Minutenreserve (Mühlenhoff 2013, Bundesnetzagentur 2015, dena 2013-b)

	Primärreserve	Sekundärreserve	Minutenreserve
Abruf der Regelenergie durch ...	Europäisches Verbundnetz	Nationaler Übertragungsnetzbetreiber	Nationaler Übertragungsnetzbetreiber
Aktivierung innerhalb .../Bereitstellung während ...	30 Sekunden/ 15 Minuten	5 Minuten/15 Minuten	15 Minuten/ 60 Minuten
Eingesetzter Kraftwerkstyp	flexible Gas-, GuD-, Pumpspeicher- und Blockheizkraftwerke	flexible Gas-, GuD-, Pumpspeicher- und Blockheizkraftwerke	Steinkohle-, Gas-, Blockheiz- und Pumpspeicherkraftwerke
Abruf erfolgt ...	automatisch	automatisch	telefonisch
Zeitscheiben	keine	Hauptzeit (Mo. – Fr, 08:00 – 20:00 Uhr) Nebenzeit (00:00 – 08:00 und 20:00 – 24:00 sowie Sa., So. und Feiertage)	6 Zeitscheiben à 4 Stunden beginnend bei 00:00 Uhr eines Tages
Poolung von technischen Einheiten	Poolung in gleicher Regelzone möglich	Poolung in gleicher Regelzone möglich Regelzonenübergreifende Poolung zur Erreichung der Mindestgröße	Poolung in gleicher Regelzone möglich Regelzonenübergreifende Poolung zur Erreichung der Mindestgröße
Vergütung für ...	Leistung (MW)	Leistung (MW) und erzeugten Strom (kWh)	Leistung (MW) und erzeugten Strom (kWh)
Mindestangebotsgröße	1 MW	5 MW	5 MW
Ausschreibungen erfolgen ...	wöchentlich; für eine Woche	wöchentlich; für eine Woche	täglich; für den Folgetag

Leistungsbedarf

Der Leistungsbedarf tritt innerhalb eines bestimmten Zeitfensters (Tag, Monat, Jahr) an einer bestimmten Stelle im System auf und gibt die höchste zu erwartende Last an. Dabei kann es sich z.B. um einen Wärmeleistungsbedarf oder einen elektrischen Leistungsbedarf handeln.

Bereitzustellende Leistung

Diese Leistung (elektrische Leistung oder Wärmeleistung) wird durch den Lieferanten mit dem Abnehmer vertraglich vereinbart und durch den Lieferanten entsprechend vorgehalten.

Blindleistung, Wirkleistung, Scheinleistung (elektrische Leistungsbegriffe)

Die Stromnetze in Deutschland sind als Wechselstromkreise aufgebaut. In diesen werden die Leistungsbegriffe Blindleistung, Wirkleistung und Scheinleistung unterschieden.

Zur Erklärung der Blindleistung betrachten wir einen Motor. Dieser baut in seinen Spulen kontinuierlich Magnetfelder auf und ab. Die Leistung, die zum Aufbau des Feldes erforderlich ist, wird bei dessen Abbau wieder an das Netz zurückgegeben (Verluste werden hier nicht betrachtet). Die Energie „pendelt" an sogenannten Blindwiderständen (induktiven und kapazitiven Widerständen) zwischen der Quelle und dem Bauelement hin und her, wird jedoch nicht nach außen abgegeben. Diese Leistung bezeichnet man als Blindleistung Q_{tot}. Sie wird in der Maßeinheit Voltampere reaktiv (VAr) angegeben und ergibt sich aus dem Produkt von Strom, Spannung und dem Sinus des Phasenwinkels phi (θ).

Des Weiteren nimmt der Motor Leistung auf, die er in mechanische Arbeit zum Beschleunigen des Fahrzeugs umsetzt. Diese Leistung wird als Wirkleistung P bezeichnet und in der Maßeinheit Watt (W) angegeben. Die Wirkleistung tritt an Wirkwiderständen (ohmschen Widerständen) auf, an denen elektrische Energie in andere Energieformen umgewandelt wird. Sie ergibt sich als Produkt aus Strom, Spannung und dem Cosinus des Phasenwinkels phi (θ).

Die Scheinleistung S ist eine Rechengröße, die sich aus dem Produkt von Strom und Spannung (Maßeinheit VA, Voltampere) ergibt. Sie setzt sich aus der tatsächlich umgesetzten Wirkleistung P und einer zusätzlichen Blindleistung Q_{tot} zusammen, woraus die geometrische Summe gebildet wird. Die Scheinleistung spielt eine wichtige Rolle, z. B. bei der Auslegung von elektrischen Anlagen.

1.1.5 Wirkungsgrad

Um eine Anlage, ein Gerät oder eine Maschine energetisch zu beurteilen, wird der Nutzen im Verhältnis zum Aufwand betrachtet. Es lassen sich dabei zwei Größen, Wirkungsgrad und Nutzungsgrad, unterscheiden.

Wirkungsgrad

Der Wirkungsgrad bildet den Quotienten aus dem Nutzen eines Energiesystems, der durch die nutzbar abgegebene Leistung beschrieben wird, und dem Aufwand, der durch die zugeführte Leistung entsteht. Er setzt in diesem Sinne einen stationären Betriebszustand des Energiesystems voraus, bei dem eine Messung während einer kurzen Zeitspanne durchgeführt wird. Der Wirkungsgrad gilt somit nur für bestimmte Umgebungs- und Betriebsbedingungen, z. B. Voll- oder Teillast, Umgebungsdruck oder -temperatur. Es wird z. B. von einem Teillastwirkungsgrad gesprochen, wodurch die Rahmenbedingungen bereits teilweise mitgeteilt werden. Sind weitere Informationen zu den Messbedingungen erforderlich, müssen diese entsprechend angegeben werden.

Nutzungsgrad

Der Nutzungsgrad eines Energiesystems stellt einen über einen längeren Zeitraum, wie z. B. ein Jahr, gemittelten Wirkungsgrad dar. Er bestimmt sich aus dem Quotient des Nutzens (abgegebene Energie) über einen längeren Zeitraum und der Summe der zugeführten Energien (Aufwand) im selben Zeitraum. Die in dieser Zeitperiode auftretenden Anfahr-, Abfahr-, Leerlauf- und Pausenzeiten werden ebenfalls mitbetrachtet.

Leistungszahl und Arbeitszahl

Diese beiden Größen stehen im Zusammenhang mit beispielsweise einer Wärmepumpe. Es geht dabei um thermische Maschinen, in die Arbeit hineingesteckt wird, um Wärme bzw. Kälte zu erhalten. Man spricht hierbei in der Thermodynamik von linksdrehenden Prozessen (Nagel 2015).

Bei diesen Prozessen beschreibt die Leistungszahl ebenfalls den Nutzen gegenüber dem Aufwand (Hahne 2010). Jedoch ist darauf zu achten, was hierbei der Nutzen bzw. der Aufwand ist. Im Beispiel der Wärmepumpe würde dies das Verhältnis von Heizleistung (in kW) zur Antriebsleistung (in kW) der Wärmepumpe in einem bestimmten Betriebszustand bedeuten.

Dagegen berechnet sich die Arbeitszahl aus dem Verhältnis der thermischen Energie zum Energiebezug der elektrischen Komponenten (BINE o. J.). Bei einer Wärmepumpe wären als Komponenten z. B. der Verdichter wie die Steuerung und der Antrieb zu nennen. Konkret heißt dies, es geht um das Verhältnis aus Heizarbeit (kWh) und eingesetzter elektrischer Arbeit (kWh). Die Arbeitszahl wird für einen bestimmten Zeitraum, z. B. ein Jahr (Jahresarbeitszahl), berechnet. Über diese Zahl kann z. B. die Effizienz einer Wärmepumpe ermittelt und so die energetische Qualität einer Maschine bewertet werden.

■ 1.2 Energiewirtschaft früher und heute

Nachdem ausgewählte Begriffe der Energiewirtschaft vorgestellt wurden, wenden wir uns der Historie dieses Wirtschaftszweiges zu.

Elektrische Energie stellt im Vergleich zur Wärme die höherwertige Energie dar, weshalb zunächst das Augenmerk darauf gelegt wird. Mit dem Wandel der Energieerzeugung im Zuge der Energiewende rückt das Thema der Erzeugung und Nutzung von Wärme bzw. Kälte wieder stärker in den Vordergrund.

In der heutigen industrialisierten Welt, in der Elektrizität jederzeit und überall verfügbar ist, ist es kaum vorstellbar, wie es früher vor der Entdeckung des elektrischen Stroms gewesen sein muss. Jeder technische, politische, gesellschaftliche oder ökologische Entwicklungsschritt auf dem Weg in die heutige Zeit ist die Folge eines speziellen Auslösers, wie einer Ölkrise. Doch liegt der Aufbau einer Energiewirtschaft noch gar nicht so lange zurück.

Energiewirtschaft früher – Basis konventionelle Anlagen

Die Energiewirtschaft entstand im 19. Jahrhundert durch die Entwicklung des ersten elektrischen Generators durch Werner von Siemens im Jahr 1866 (Dittmann 1998). Zusammen mit der Entdeckung der Glühlampe im Jahr 1879 durch Thomas Alva Edison gelang der Durchbruch. Diese beiden Entwicklungen gaben unter anderem der Industrialisierung einen neuen Aufschwung.

Im Jahre 1880 wurden Generatoren als Großmaschinen konstruiert. Damit konnten erste Stromnetze versorgt werden. Eine elektrische Beleuchtung von Gebäuden und Straßen wurde möglich, wobei es zunächst nur besonders reichen Menschen möglich war, diese neue Form des Wohlstandes zu genießen. Während man früher im Rahmen der Industrialisierung an den Lauf von Flüssen und Bächen zur Versorgung mit Wasser und für den Transport von Gütern gebunden war, fanden die Stromversorgung und damit die fortschreitende Industrialisierung nun quer durchs Land statt. Zum Beispiel wurde 1891 ein rund 170 km langes Stromnetz gebaut, welches von Lauffen am Neckar bis nach Frankfurt am Main reichte (Dittmann 1998).

Nach dem ersten Weltkrieg stieg das Bewusstsein, dass eine gute wirtschaftliche Entwicklung und künftiger Wohlstand davon abhingen, ob es möglich war, eine flächendeckende moderne Stromversorgung aufzubauen. Jedoch war der Ausbau von Kraftwerken und Stromnetzen sehr teuer und forderte sehr hohe Investitionsvolumina. Es lohnte sich damit zunächst nur, wirtschaftlich starke Ballungsgebiete an das elektrische Stromnetz anzuschließen. Um eine solche Fehlentwicklung zu verhindern und eine flächendeckende Stromversorgung zu sichern, entstanden die ersten Energieversorgungs-Monopole. Die Monopolbildung war damals sinnvoll. Den Energieversorgern wurden Monopolgebiete zugesprochen, in denen sie als Einzige ihren erzeugten Strom verkaufen konnten. Durch die damit sichergestellten Einnahmen konnten sich die Energieversorger sicher sein, dass sich ihre Investitionen zukünftig lohnen würden. Jedoch mussten sie im Gegenzug dafür Sorge tragen, dass die Energieversorgung flächendeckend erfolgt und auch ländliche Gebiete und einzelne Bauernhöfe an das allgemeine Netz angeschlossen werden. Diese Entwicklung begann nach dem ersten Weltkrieg im Jahre 1920 und führte zu einer ersten Sicherung des Wohlstandes (Kleinwächter 2012).

Mit dem zweiten Weltkrieg endete vorübergehend der Netzausbau und konnte in Deutschland erst in den 1960er Jahren abgeschlossen werden. Erst zu diesem Zeitpunkt konnte von einem „lückenlosen" Stromnetz in Deutschland gesprochen werden. Viele technische Geräte, wie Staubsauger, Waschmaschinen, Kühlschrank und Tiefkühler, fanden Einzug in die Haushalte.

1973 kam es zur ersten Ölkrise, verursacht durch das Ölembargo der OPEC (Organization of the Petroleum Exporting Countries). Der Ölpreis stieg und damit die Kosten für die Herstellung von Produkten und die Versorgung des Landes mit Strom und Wärme. Da alle Industrieländer vom Ölimport abhängig waren, waren alle diese Länder von der Ölkrise betroffen. Steigende Sozialausgaben, Arbeitslosigkeit und Kurzarbeit waren die Folge.

Bereits 1979 bis 1980 kam es zur zweiten Ölkrise und damit einer weiteren Preissteigerung. Auslöser dieser Krise war der erste Golfkrieg zwischen Iran und Irak, durch den es zu Förderausfällen und damit zu weiteren Verunsicherungen kam.

Die Energieversorger in Deutschland waren bis 1965 komplett bundeseigene Organisationen (Schiffer 1987). Danach folgte eine Ära der Privatisierung, die 1997 mit dem Verkauf der verbliebenen Beteiligung an der Saarbergwerke AG und damit der Gründung der Deutschen Steinkohle AG endete. Viele Kommunen behielten oder kauften Anteile an Energieunternehmen, besonders, wenn es um die leitungsgebundenen Energien wie Strom und Gas ging. Der Energiemarkt war in die Teilmärkte Mineralöl, Braunkohle, Steinkohle, Erdgas und Elektrizität aufgeteilt (Schiffer 1987). Bis auf Teilbereiche des Elektrizitätsmarktes ist die Preisbildung in Deutschland marktwirtschaftlich organisiert. Die Preise für den Teilbereich Tarifkunden wie private Haushalte, Landwirtschaft und Kleingewerbe waren genehmigungspflichtig und wurden durch die Wirtschaftsministerien der Bundesländer geprüft, die eine staatliche Preisaufsicht übernahmen. Sonderkunden, wie z. B. Industriebetriebe und Verteilerunternehmen, unterlagen ab 1982 lediglich der kartellrechtlichen Missbrauchsaufsicht.

Die Golfkrise 1990 löste zunächst in den skandinavischen Ländern und England erste Diskussionen um die Monopolwirtschaft der Energieversorger aus. Ziel war es, Wettbewerbsmodelle für die Energiewirtschaft zu entwickeln. Da Netzbau und -betrieb nach wie vor sehr kostenintensiv waren, blieb dieser Bereich als Monopol bestehen. Die Liberalisierung des Energiemarkts umfasste die Gasbereitstellung, die Stromerzeugung und den Energiehandel, die Schritt für Schritt den Regeln der allgemeinen Marktwirtschaft überlassen wurden.

Erst in den Jahren 1998 bis 1999 wurde auch in Deutschland der Elektrizitätsmarkt liberalisiert (s. Tabelle 1.2) (Kempfert 2003).

Tabelle 1.2 Liberalisierung der Elektrizitätsmärkte in Europa (ausgewählte Länder) (Kempfert 2003)

Land	Grad der Liberalisierung	Datum der vollständigen Liberalisierung	Hauptanbieter	Marktanteil der Hauptanbieter	Verbraucher, die Anbieter gewechselt haben
Dänemark	90 %	2003	SK Power Company	75 %	n/a
Finnland	100 %	1997	Fortrum, Ivo Group	54 %	30 %
Frankreich	30 %	Diskussion nicht beendet	EdF	98 %	5–10 %
Deutschland	100 %	1999	Bewag, E.On, EnBW, RWE, Veag	63 %	10–20 %
Italien	35 %	nicht diskutiert	Elettrogen, Enel	79 %	weniger als 5 %
Niederlande	33 %	2003	Essent, Nea	64 %	10–20 %
Portugal	30 %	nicht diskutiert	EDP	85 %	weniger als 5 %
Schweden	100 %	1998	Sydkraft, Vattenfall	77 %	n/a
UK	100 %	1998	British Energy, Innogy, Powergen, Scottish and Southern Energy, Scottish Power	44 %	80 %

Eines der Ziele war die Senkung der Preise für die Verbraucher. Dies sollte erreicht werden, indem bei der Liberalisierung des Energiemarktes, der die leistungsgebundene Energieversorgung mit Strom und Erdgas betraf, möglichst viele Teile der Lieferkette dem freien Wettbewerb überlassen wurden. Umgesetzt wurde diese Entwicklung durch die Änderung des Energiewirtschaftsgesetzes. Seitdem können im liberalisierten Markt die Kunden ihren Strom- und Gasanbieter selbst wählen und jederzeit bei Einhaltung gesetzlicher Regelungen, z. B. Kündigungsfristen, den Anbieter wechseln. Die Versorgung eines Strom- oder Gaskunden durch „fremde Anbieter" wurde möglich.

Für die Umsetzung des Strom- oder Gasbezugs von Dritten ist die Durchleitung von Gas und Strom durch die bestehenden Netze erforderlich. Dabei ist es sinnvoll, dass die Netze weiterhin in einer Monopolstellung von den Netzbetreibern betrieben und nicht dem Wettbewerb ausgesetzt werden. Die zuständigen Energieversorger mussten in diesem Rahmen zum ersten Mal ihre Netze für Strom, Gas, Wasser oder Wärme zur Nutzung durch andere Anbieter zur Verfügung stellen. Um für den Energiemarkt „faire" Netzpreise zu gewährleisten, erfolgt eine staatliche Regulierung zur Gestaltung der Entgelte für die Nutzung der Netze (Netznutzungsentgelte) in Form der Bundesnetzagentur als Regulierungsbehörde. Energieumwandlung, -transport und -beschaffung im liberalisierten deutschen Energiemarkt stehen damit im Mittelpunkt der Energiewirtschaft.

Da die Öffnung der Märkte in der gesamten EU schrittweise zu verschiedenen Zeitpunkten und Rahmenbedingungen erfolgte, kam es zu einem veränderten Marktverhalten der Stromanbieter. Um sich auf einem liberalisierten Markt weiter behaupten zu können, führte die Liberalisierung des Elektrizitätsmarktes in Deutschland zu Fusionen der Anbieter (s. Bild 1.5). Dies hatte zur Folge, dass die Strompreise eher stiegen als sanken.

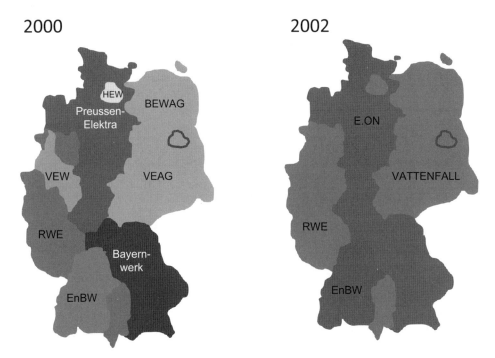

Bild 1.5 Stromanbieter in Deutschland im Jahre 2000 und 2002:
Fusionen und Konzentrationen (nach Kempfert 2003, Monstadt 2004)

Der Druck auf die einzelnen Unternehmen im Markt stieg und sie waren gefordert, ihre Kosten zu senken. Dies erfolgte, indem sie ihre Prozesse optimierten, Vereinfachungen durchführten und ihre Investitionsstrategien neu ausrichteten. Gleichzeitig wurden neue Verordnungen erforderlich, da zahlreiche neue Akteure auf den Markt drängten. Ebenso mussten neue Marktschnittstellen geschaffen werden. Die zunehmende Komplexität des Energiemarkts und die wachsenden Anforderungen an die Energieversorger führten zu steigenden Kosten der Energieerzeugung, die die zuvor errungenen Kostensenkungen wieder zunichtemachten. Da die Preise für Primärenergie, wie beispielsweise Kohle oder Erdgas, zunächst ebenfalls stiegen, blieben die gewünschten Ziele der Liberalisierung des Energiemarktes aus und es kam zu steigenden Preisen bei den Endkunden.

Viele Stadtwerke, wie z. B. die Thüga oder die MVV-Gruppe, suchten im Verkauf von Anteilen an strategische Partner eine Möglichkeit, Liquidität, gezielte Unterstützung und strategische Beratung zu erhalten.

Die Pfalz beschritt im Jahre 2008 einen sogenannten dritten Weg und schuf die „Pfalzenergie" als ersten Regionalversorger in Deutschland (Pfalzenergie 2015). 58 Energieversorger gründeten mit Unterstützung der Bezirksregierung eine Großkooperation, in der zum einen die Eigenständigkeit der Unternehmen bewahrt wurde, aber zugleich für zahlreiche Aufgaben, wie z. B. Wartungsarbeiten, gemeinsame Plattformen genutzt wurden. Dadurch können z. B. Fahrt- und Rüstzeiten von Monteuren im Netzgebiet optimiert werden. Es ergibt sich zudem die Möglichkeit, gemeinsame Systeme, Spezialisten und Methoden zu nutzen. Weiterhin blieb der kommunale Einfluss gewahrt. Das Modell der Großkooperationen fördert damit die Senkung von Kosten und eine Effizienzsteigerung der Prozesse. Es stärkt die Regionen, indem Arbeitsplätze in der Region gehalten werden und die Nähe zum Kunden bestehen bleibt. Das pfälzische Kooperationsmodell sieht eine moderne und leistungsfähige Kooperationsgesellschaft vor (Pfalzenergie 2015). Dies ermöglicht den Anbietern Größeneffekte zu nutzen, wo es erforderlich ist, und Eigenständigkeit zu erhalten, wo es möglich ist.

Die Preise auf dem deutschen Energiemarkt werden auch durch die anderen sich in der Europäischen Union befindenden Länder bestimmt. Der von Energieversorgern bereitgestellte Strom wird nicht nur selbst erzeugt, sondern auch auf dem europäischen Markt eingekauft. Dem gegenüber steht ein Export elektrischer Energie. Dies ermöglicht, dass z. B. eigene Leistungsspitzen abgebaut und andererseits bei bestehendem Bedarf elektrische Energiemengen zugekauft werden können. In früheren Jahren war diese Bilanz in Deutschland recht ausgeglichen. Zu beobachten ist, dass in den letzten Jahren der Export von Strom in die EU zunimmt, hingegen der Import gleichbleibend ist (s. Tabelle 1.3).

Tabelle 1.3 Deutsche Stromhandelsbilanz in TWh (Statistisches Bundesamt 2016-b)

Jahr	Stromimport [TWh]	Stromexport [TWh]	Stromhandelssaldo [TWh]
1991	30,3	30,9	-0,6
1992	28,3	33,6	-5,3
1993	33,3	32,7	0,6
1994	35,7	32,9	2,9
1995	39,6	34,8	4,7
1996	37,2	42,6	-5,4
1997	37,8	40,9	-3,0
1998	38,1	38,8	-0,6
1999	40,5	39,4	1,1

Jahr	Stromimport [TWh]	Stromexport [TWh]	Stromhandelssaldo [TWh]
2000	45,0	41,9	3,2
2001	46,5	43,7	2,7
2002	51,1	44,5	6,6
2003	49,1	52,4	-3,3
2004	48,2	50,8	-2,6
2005	56,9	61,4	-4,6
2006	48,5	65,4	-17,0
2007	46,0	62,5	-16,6
2008	41,7	61,8	-20,1
2009	41,9	54,1	-12,3
2010	43,0	57,9	-15,0
2011	51,0	54,8	-3,8
2012	46,3	66,8	-20,5
2013	39,2	71,4	-32,2
2014	40,4	74,3	-33,9
2015	37,0	85,3	-48,3

Im Jahr 2015 erzielte Deutschland mit dem exportierten Strom in die Nachbarländer Einnahmen im Wert von 3,57 Mrd. Euro. Die Importausgaben für Strom lagen gleichzeitig bei einem Wert von 1,5 Mrd. Euro. Deutschland hat damit im Jahr 2015 einen Außenhandelsbilanzüberschuss von 2,07 Mrd. Euro beim Stromexport erzielt. Dieser Wert liegt deutlich über dem alten Rekordwert von 1,94 Mrd. Euro aus dem Jahr 2013 (ISE 2016). Da Deutschland mit dem Ausbau der erneuerbaren Energien wesentlich mehr Strom produziert, als im eigenen Land verbraucht wird, steht dieser für den Export zur Verfügung. Trotz der gefallenen Energiepreise wird dieses Geschäft auch in Zukunft aller Voraussicht nach wirtschaftlich lukrativ bleiben. Nach (Statistisches Bundesamt 2016-b) konnte der exportierte Strom in 2013 um 6,3 % teurer verkauft werden, als Geldmittel für den zu importierenden Strom aufzuwenden waren. Dies führte zusammen mit dem Exportüberschuss zu einem deutlichen Plus in der Handelsbilanz. Im Jahr 2015 lag der Einkaufspreis mit durchschnittlich 42,27 €/MW geringfügig über dem mittleren Verkaufspreis von 42,12 €/MW (Statistisches Bundesamt 2016-b). Aufgrund des hohen Exportüberschusses führte dies dennoch zu einem Plus in der Handelsbilanz.

Gehen wir nun der Frage nach, wie in Deutschland in der Vergangenheit der technologische Markt zur Erzeugung dieser elektrischen Energie aufgestellt war. Welche Anlagentypen kamen zum Einsatz und warum? Der Bedarf an elektrischer Energie schwankt über den Tag und die unterschiedlichen Jahreszeiten hinweg. Diese Schwankungen lassen sich in Grund-, Mittel- und Spitzenlast aufteilen (s. Bild 1.6).

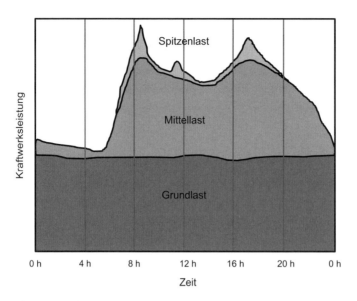

Bild 1.6 Aufteilung des Energiebedarfs eines Tages in Grund-, Mittel- und Spitzenlast

Unterschiedliche Kraftwerkstypen sind aus technischen und ökonomischen Gründen zur Deckung dieser tageszeitlichen Nachfrageschwankungen geeignet. Wie Bild 1.6 zeigt, ist die Grundlast durch eine mittlere Kraftwerksleistung und einen dauerhaften Betrieb gekennzeichnet. Diese Art von Nachfrage wird durch sogenannte Grundlastkraftwerke gedeckt. Bis zum Beginn der angestrebten Energiewende wurden hierfür aufgrund der „relativ geringen" Brennstoffkosten vor allem Braunkohle- und Kernkraftwerke sowie Laufwasserkraftwerke eingesetzt. Weiterhin ist deutlich sichtbar, dass es auch Spitzenzeiten des Bedarfs mit hoher Netzauslastung gibt, die z. B. am Morgen und Abend auftreten und durch eine kurze Dauer gekennzeichnet sind. Diese sogenannte Spitzenlast wird durch Kraftwerkstypen gedeckt, die bei plötzlich auftretendem Bedarf in wenigen Minuten ihre volle Leistung bringen. Hierzu zählen zum Beispiel Pumpspeicherkraftwerke und Gasturbinenkraftwerke. Da diese Kraftwerke jedoch immer nur für kurze Zeit laufen und die übrige Zeit stillstehen, ist ihr Strom besonders teuer. Zwischen der Grund- und Spitzenlast machen wir die Mittellast aus. Hierfür werden vor allem Steinkohlekraftwerke eingesetzt. Ihre Last ist gut vorhersagbar und kann stundenweise festgesetzt werden. Diese Kraftwerke werden in der Nacht heruntergefahren oder ganz abgeschaltet.

Eine weitere Frage konzentriert sich auf die Bestimmung der Preise für leitungsgebundene Energie in einem liberalisierten Markt. Dazu wollen wir zunächst klären, wer in der Vergangenheit am Markt aktiv war. Es lassen sich sechs Teilnehmergruppen auf dem liberalisierten Markt unterscheiden (Konstantin 2009):

- Gruppe der Kunden

    Diese Gruppe lässt sich in „Leistungsgemessene Kunden" und „Grundversorgungskunden" untergliedern. Unter „Leistungsgemessene Kunden" werden eine Art Sondervertragskunden wie in Zeiten des Monopolmarktes verstanden. Zudem gehören dazu Großkunden. Diese stellen meist große Industrieorganisationen dar, die oftmals eine eigene Stromerzeugung unterhalten. „Grundversorgungskunden" oder „Letztverbraucher" sind nach dem Energiewirtschaftsgesetz (EnWG) Kunden mit einem Jahresverbrauch von weniger als 10 000 kWh/a (EnWG 2005/2016). Deren Versorgung erfolgt durch sogenannte Grundversorger. Diese sind zu dieser Leistung in ihrem Netzgebiet verpflichtet. Als Grundversorger werden die Versorger nach dem EnWG bezeichnet, die die meisten Haushaltskunden in einem Netzgebiet beliefern.

- Gruppe der Netzbetreiber

    Zur Gruppe der Netzbetreiber gehören die „Übertragungsnetzbetreiber (ÜNB)" und „Verteilnetzbetreiber (VNB)". ÜNB betreiben die Höchstspannungsnetze mit Spannungen von 380 kV und 220 kV. Sie sind mit dem deutschen Verbundnetz über die Netzkuppelleitungen zusammengeschlossen. Gerade in der heutigen Zeit haben diese die wichtige Aufgabe, für die Spannungs- und Frequenzhaltung zu sorgen. Zudem gehören zu ihrem Verantwortungsbereich der Versorgungswiederaufbau und der Ausgleich von Fahrplanabweichungen in ihrer Regelzone.

    Die Netze ab 110 kV abwärts werden von den VNB betrieben. Sie versorgen die an ihrem Netz angeschlossenen Endkunden und Stromweiterverteiler mit Strom. Ihnen steht keine Stromlieferanten- oder Händlerfunktion zu. Einzig der Betrieb der Netze gehört zu deren Aufgabengebiet.

- Gruppe der Erzeuger

    Unter dem Begriff der Erzeuger werden sämtliche Produzenten von Strom zusammengefasst. Sie liefern ihren Strom an Händler und Großkunden. Es gehören zu dieser Gruppe zum einen große Verbundunternehmen mit eigenem Kraftwerkspark, aber auch unabhängige Stromerzeuger (Independent Power Producers „IPP") und Kleinproduzenten. Gerade die letzte Gruppe wird im Laufe der Energiewende und der damit einhergehenden Dezentralisierung der Stromerzeugung immer größer.

- Gruppe der Lieferanten

    Strom kann von Kraftwerksbetreibern oder Händlern geliefert werden. Diese kaufen und verkaufen Strom unter eigener Leitung. Da sie Strom aus dem Netz entnehmen und einspeisen, ist es wichtig, dass sie an die Übertragungsnetzbetreiber u. a. ihre Fahrpläne berichten. Sie sind verantwortlich dafür, dass sie ihre Entnahme- und Einspeisestellen im ¼-Stunden-Takt an den Bilanzkoordinator der entsprechenden Regelzone liefern. Sie haben eine sogenannte Bilanzkreisverantwortung.

- Gruppe der Energiebörsen

  Die etablierte Strombörse in Deutschland ist die in Leipzig sitzende „European Energy Exchange AG (EEX)". Da Strom im liberalisierten Markt zu einer Handelsware geworden ist, ist es erforderlich, dass über die Strombörsen ein finanzieller, rechtlicher und technisch sicherer Rahmen geschaffen wird. An diesem Marktplatz können nur zugelassene Handelsteilnehmer agieren.

- Gruppe der sonstigen Akteure

  Zu dieser Gruppe gehören Marktteilnehmer, wie z. B. Portfoliomanager oder Makler. Sie wickeln die Stromhandelsgeschäfte im Auftrag ihrer Kunden ab.

Innerhalb dieser Gruppen befinden sich Kunden, die im Gegensatz zu Zeiten vor der Liberalisierung zwischen vielen unterschiedlichen Produkten wählen können, die sich durch unterschiedliche Preiskonditionen wie auch Laufzeiten unterscheiden. Die Produkte werden entweder an der Strombörse (Power Exchange) oder in bilateralen Geschäften (over the counter – OTC) gehandelt. Wir unterscheiden zwei Marktbereiche (Konstantin 2009):

1. Spotmarkt

    Am Spotmarkt fallen Vertragsabschluss und -erfüllung fast zusammen. Es kommt zu einer direkten Lieferung von Strom. Bei diesem Geschäft können über die Strombörse Base-, Peak- und Stunden-Produkte erworben werden. Im OTC-Geschäft stehen alle Produkte des Marktes zur Verfügung.

2. Terminmarkt

    Beim Terminmarkt muss zwischen Vertragsabschluss und -erfüllung mindestens eine Woche Zeit liegen. Dies dient der finanziellen Absicherung. Dabei kann der Kunde weiterhin zwischen einem bedingten und unbedingten Termingeschäft entscheiden. Beim bedingten Termingeschäft ist der Verkäufer zwar zur Erfüllung des Vertrags verpflichtet, der Kunde jedoch nimmt für sich nur ein Ausübungsrecht in Anspruch. Über den Börsenhandel oder das OTC-Geschäft stehen dem Kunden unterschiedliche Optionen zur Verfügung.

    Beim unbedingten Termingeschäft sind beide Parteien, Käufer und Verkäufer, zur Erfüllung des Vertrags verpflichtet. Es stehen über den Börsenhandel Produkte zu Futures und über das OTC-Geschäft Produkte zu Swaps und Forwards zur Verfügung.

    Bei dem Produkt Futures liegt die Erfüllung des Geschäftes in der Zukunft. Ein Swap ist ein Tausch von Verbindlichkeiten/Forderungen. Forwards sind nicht börsengehandelte, unbedingte Termingeschäfte.

Das Thema Energieerzeugung und -umwandlung war in der Vergangenheit nicht nur auf regionaler Ebene von hoher Bedeutung und hatte dort seine Auswirkungen. Durch die startenden Umweltdiskussionen in den 80er Jahren um das Baumsterben, verbunden mit dem sauren Regen, und andere Umweltwirkungen durch anthropogene Handlungen, wurde es erforderlich, sich auch auf weltweiter Ebene mit diesem Thema auseinanderzusetzen. Dies führte zu wichtigen Regelungen bez. des Umgangs mit Maßnahmen zum Klimaschutz, deren Erarbeitung Ziel der UNO-Konferenz über Umwelt und Entwicklung (UNCED = United Nations Conference on Environment and Development) im Jahr 1992 beim Weltgipfel in Rio de Janeiro war (IHK 2016).

Sowohl in Unternehmen der Energiewirtschaft als auch des produzierenden Gewerbes werden klimarelevante Emissionen ausgestoßen. Zu den klimarelevanten Treibhausgasen werden nach dem Kyoto-Protokoll aus dem Jahre 1997 Kohlendioxid (CO_2), Methan (CH_4), Distickstoffoxid (Lachgas, N_2O), perfluorierte Kohlenwasserstoffe (FKW, PFC), teilhalogenierte Fluorkohlenwasserstoffe (H-FKW, HFC) und Schwefelhexafluorid (SF_6) zugeordnet (UBA 2013, UNFCC 1998). Mit dem Kyoto-Protokoll haben sich die Industriestaaten dazu verpflichtet, in der Periode 2008 bis 2012 ihren Ausstoß an klimarelevanten Gasen im Durchschnitt um 5,2 % gegenüber dem Basisjahr 2007 zu senken. Deutschland hat sich in diesem Rahmen zu einer Reduktion von 21 % verpflichtet (Konstantin 2009). Um diesem Thema zu begegnen, wurde in der EU in 2005 ein eigenes Emissionshandelssystem aufgebaut. Dieses sollte auf den bevorstehenden internationalen Emissionshandel ab 2008 vorbereiten. Das EU-Handelssystem gliedert sich in mehrere Handelsperioden von 2005 bis 2007 und 2008 bis 2012. Die dritte und damit aktuelle Handelsperiode hat im Jahr 2013 begonnen und läuft bis 2020. Weiterhin lassen sich in diesem System drei Ebenen ausmachen (Konstantin 2009):

1. Ebene der EU

    Hier wird der Rahmen für den Emissionshandel vorgegeben. Es werden nicht nur Vorgaben sowie Richtlinien erstellt, sondern es erfolgt auch die Genehmigung der nationalen Umsetzung und deren Überprüfung.

2. EU-Mitgliedsstaaten

    Die EU-Mitgliedsstaaten sind dazu verpflichtet, die Vorgaben der EU national umzusetzen. Kernstück des Emissionshandels auf dieser Ebene ist die Entwicklung eines Nationalen Allokationsplans (NAP) für jede Handelsperiode, der von der EU genehmigt werden muss.

    Im NAP werden die Gesamtmenge der zuzuteilenden Emissionsrechte wie auch die Zuteilungsmodalitäten für die zur Teilnahme verpflichteten Anlagen festgeschrieben. Dies basiert auf der nationalen Zusage der EU zur Lastenteilung (Burden Sharings) zwischen den Staaten.

    Weiterhin müssen die EU-Mitgliedsstaaten die EU-Richtlinien in nationales Recht umwandeln. Sie sind gefordert, eine Behörde für den Emissionshandel und ein Emissionsregister aufzubauen. Die ausgestoßenen Emissionen der Mitgliedsstaaten müssen periodisch an die EU mitgeteilt werden.

3. Anlagen, die zur Teilnahme am Emissionshandel verpflichtet sind

   Hierunter fallen Betreiber von Feuerungsanlagen > 20 MW und Produktionsanlagen in der Mineralöl-, Stahl-, Zement-, Glas-, Keramik-, Zellstoff- und Papierindustrie.

   Bis zum Jahr 2007 konnten in der gesamten EU ca. 11 400 Anlagen gezählt werden, die dazu verpflichtet sind, am Emissionshandel teilzunehmen. In Deutschland sind ca. 1850 Anlagen betroffen.

Für den Handel mit Emissionen hat sich ein Markt herausgebildet. Hier können über die Börse, aber auch über außerbörsliche Handelsplattformen Emissionsberechtigungen gehandelt werden. Weiterhin stehen Broker und Banken für den Handel zur Verfügung. Auch zwischen den Unternehmen selbst kann Handel getrieben werden. Der Handel erfolgt über die Staatsgrenzen hinweg, so dass eine Vielzahl an Möglichkeiten und eine große Anzahl an Marktteilnehmern für den Emissionshandel bestehen. Über diesen Weg können Überschüsse und Unterdeckungen der betrachteten klimarelevanten Emissionen innerhalb der EU ausgeglichen werden.

Seit Bildung der EU sind die einzelnen Mitgliedsstaaten nicht mehr völlig autark, auch nicht in Bezug auf ihre Energiepolitik. Die Vorgaben der EU, die einen entsprechenden politischen und rechtlichen Rahmen setzen, sind bindend und müssen durch die jeweiligen Mitgliedsstaaten in eine nationale Politik und nationales Recht überführt werden. In der Energiepolitik der EU gilt die Zielstellung der Sicherung einer kostengünstigen, sicheren und umweltschonenden Energieversorgung bei fairem Wettbewerb auf dem Energiemarkt. In diesem Zusammenhang soll auf drei wichtige Gesetze hingewiesen werden, da diese Vorreiter und Unterstützer für die Einführung der erneuerbaren Energien in die Energiewirtschaft und die folgend stattfindende Energiewende sind. Hier ist zum einen das KWK-Gesetz (Gesetz zum Schutz der Stromerzeugung aus Kraft-Wärme-Kopplung) zu nennen, welches in den Jahren 2000 bis 2004 gültig war. Dieses führte zu einer stärkeren dezentralen Entwicklung, die für den Einsatz und Ausbau erneuerbarer Energien wichtig war. Mit dem Stromeinspeisungsgesetz (StromEinspG) aus dem Jahr 1990, welches am 1. Januar 1991 in Kraft trat, wurden erneuerbare Energien zum ersten Mal gesetzlich gefördert (StromEinspG 1990). Dieses war das Vorreitergesetz für das Erneuerbare-Energien-Gesetz (EEG), welches am 01.04.2000 in Kraft gesetzt wurde (Bundesregierung o. J.-b).

Durch diese Entwicklungen und sich daraus ergebenden Gesetze wurde der Grundstein für den Ausbau der erneuerbaren Energien gelegt.

Energiewirtschaft heute – Basis erneuerbare Energien

Wenn wir die Energiewirtschaft in der aktuellen Situation betrachten, ist es wichtig, zunächst den Auslöser für diese Abgrenzung zu analysieren, und zwar die durch die Bundesregierung ausgerufene und politisch verankerte „Energiewende". Die Energiewende definiert die Bundesregierung unter der Bundeskanzlerin Dr. Angela Merkel wie folgt (Bundesregierung o. J.-a):

„Der Begriff ‚Energiewende' steht für den Aufbruch in das Zeitalter der erneuerbaren Energien und der Energieeffizienz: Deutschland soll bei wettbewerbsfähigen Energiepreisen und hohem Wohlstandsniveau eine der energieeffizientesten und umweltschonendsten Volkswirtschaften der Welt werden. Die Bundesregierung hat für diesen Umbau im September 2010 ein umfangreiches Konzept mit über 160 Maßnahmen beschlossen. Eine Reihe von Zielen für die Jahresmarken 2020, 2030 und 2050 beschreiben den Weg. Hauptziel: Bis 2050 sollen die erneuerbaren Energien mindestens 80 Prozent des Bruttostromverbrauchs decken."

Mit dem Reaktorunglück von Fukushima in 2011 und der damit verbundenen Nuklearkatastrophe erhielt die Energiewende eine neue Dynamik. Deutschland beschloss den schrittweisen vollständigen Ausstieg aus der Nutzung der Atomenergie, nachdem der im Jahr 2000 von der rot-grünen Bundesregierung schon einmal beschlossene Ausstieg unter der schwarz-gelben Regierung von Bundeskanzlerin Dr. Angela Merkel erst im Herbst 2010 revidiert worden war. Im Juni 2011 wurde das „13. Gesetz zur Änderung des Atomgesetzes" verabschiedet, welches unter Beachtung der Versorgungssicherheit und der Netzstabilität eine gestaffelte Abschaltung der deutschen Kernkraftwerke bis zum Jahr 2022 regelt (13. ATGÄndG 2011).

Die Debatte um die Umweltauswirkungen der Energieversorgung und den Atomausstieg begann in Deutschland in den 1970er Jahren. 1973 zur ersten Ölkrise stand das Thema erstmals im Fokus der öffentlichen Diskussion. Über die Anti-Atomkraft-Bewegung wurden erste Zeichen für einen Beginn der Energiewende gesetzt (Schlör 2015, Wüstenhagen 2006). 1980 erschien vom Öko-Institut eine Studie „Energie-Wende – Wachstum und Wohlstand ohne Erdöl" (Krause 1980). Das Öko-Institut stellte darin eine wissenschaftliche Prognose zur vollständigen Abkehr von Kernenergie und Energie aus Erdöl vor und prägte zum ersten Mal den Begriff „Energiewende". Auch in der Politik wurde diese Debatte aufgenommen. Vom Jahr 1998 bis 2005 wurden während der rot-grünen Bundesregierung verschiedene Maßnahmenpakete geschnürt und umgesetzt. Dazu gehörten die Einführung der Ökosteuer auf Energieverbräuche, eine bessere Förderung erneuerbarer Energien, das 100 000-Dächer-Programm und der gesetzlich vereinbarte Atomausstieg. Im Jahr 2001 wurden diese Pakete erstmals in nationales Recht umgesetzt (Jacobsson 2006, Lauber 2016). In diesem Zeitrahmen, im Jahr 2000, wurde aufbauend auf dem Stromeinspeisungsgesetz von 1991 das Erneuerbare-Energien-Gesetz (EEG, 1.4.2000) in Kraft gesetzt (Bundesregierung o. J.-b). Zur Förderung der Stromerzeugung aus erneuerbaren Energiequellen wurde das EEG aufgesetzt, wodurch erneuerbare Energien erstmals einen Einspeisevorrang vor den bestehenden Großkraftwerken hatten. Damit wurde Strom aus erneuerbaren Energien konkurrenzfähig. Zwischenzeitlich gab es mehrere Novellierungen des

EEG, um den gegebenen Marktbedingungen gerecht zu werden. Zum 1. August 2014 gab es die letzte Novelle des EEG, die heute Bestandteil der aktuellen Energiewirtschaft ist. Das EEG 2017 wurde am 08.07.2016 in Bundestag und Bundesrat bereits beschlossen und soll am 01.01.2017 in Kraft treten (EEG 2016).

Im EEG wird von Beginn an mit Bestand bis heute geregelt, dass die örtlichen Netzbetreiber eine Abnahme- und Mindestvergütungspflicht für Strom aus erneuerbaren Energien haben. Diese Abnahme- und Vergütungspflicht wird anschließend an die überlagerten Übertragungsnetzbetreiber weitergegeben, wobei Entgelte aus vermiedener Netznutzung negativ in den Ansatz eingebracht werden (abgezogen). Nachdem dieser Prozess abgeschlossen ist, sind nach dem EEG die Übertragungsnetzbetreiber dazu verpflichtet, die durchgeleiteten Energiemengen mit den spezifischen Vergütungen zu erfassen. Folgend werden die Kosten unter den Übertragungsnetzbetreibern ausgeglichen. Über diesen Belastungsausgleich erfolgt die Ermittlung einer bundesweiten Durchschnittsvergütung. Der eingespeiste Strom aus den erneuerbaren Energien wird dann durch den Stromlieferanten proportional zum bestehenden Absatz durch den Endkunden vom Übertragungsnetzbetreiber abgenommen und diesem durch die zuvor ermittelte Durchschnittsvergütung vergütet. Diese Kosten werden abschließend vom Letztverbraucher getragen. Dazu werden die Vergütungszahlungen auf die gesamte Strommenge umgelegt. Die Umsetzung dieser Regelung lässt sich nach einer Empfehlung des Verbandes der Netzbetreiber VDN an seine Mitglieder in eine in Bild 1.7 vorgestellte Verfahrensbeschreibung umsetzen.

Das EEG regelt weiterhin die Kosten für die Anbindung eines Anlagenbetreibers an das Netz und die Handhabung der Kostenverteilung bei möglicher erforderlicher Verstärkung des Stromnetzes. Kosten für die Netzanbindung hat der Anlagenbetreiber selbst zu tragen. Kosten für eine Verstärkung des Stromnetzes liegen beim Netzbetreiber, der diese bei der Ermittlung der Netznutzungsentgelte in Rechnung bringen kann. Sowohl bei Solarfeldern als auch bei Windparks wird Strom aus mehreren Anlagen eingespeist. Dieser kann über eine gemeinsame Messeinrichtung abgerechnet werden. Letztverbraucher, die ihren Strom von einem Dritten, z.B. selbständig über die Strombörse und damit nicht von einem EVU beziehen, besitzen eine Sonderstellung. Sie haben die Auflage, gleichgesetzt mit Elektrizitätsunternehmen, Strom aus erneuerbaren Energien vom Übertragungsnetzbetreiber abzunehmen und diesen dann mit dem dafür geltenden bundesweiten Durchschnittspreis zu vergüten.

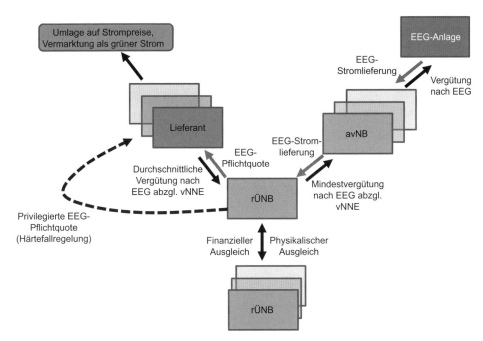

Bild 1.7 Verfahrensbeschreibung gemäß des Verbandes der Netzbetreiber zum EEG-Belastungsausgleich: avNB: aufnahme- und vergütungspflichtige Netzbetreiber, alle avNB in der Regelzone des ÜNB; rÜNB: regelverantwortlicher Übertragungsnetzbetreiber; vNNE: vermiedene Netznutzungsentgelte; ÜNB: Übertragungsnetzbetreiber (nach Panos 2007)

Eine Folge des Ausbaus der erneuerbaren Energien ist die Stellung des „einfachen" Grundversorgungskunden. Während dieser Kunde früher nur ein Konsument von Strom war, ist er heute in vielen Fällen auch ein Produzent von Strom. Er wird deshalb oftmals als „Prosumer" bezeichnet. Dies bedeutet, die Stromeinspeisung erfolgt heute nicht mehr nur in eine Richtung vom Energieerzeuger ins Netz zum Grundversorgungskunden, sondern auch vom Grundversorgungskunden ins Netz zum Kunden. Dies birgt viele Herausforderungen, die zu technologischen Neuerungen speziell auf der Seite der Steuerung und Regelung von Energie und deren Verteilung führen.

Ziel der Energiewende ist eine nachhaltige Energieversorgung. Der Begriff der Nachhaltigkeit geht auf Hans Carl von Carlowitz (1645–1714), Oberberghauptmann aus Freiberg (Sachsen), zurück und stammt aus der Forstwirtschaft. Im sogenannten Brundtland-Bericht wurde dieser Ansatz 1987 wieder aufgegriffen und für eine breite Anwendung definiert. Dort heißt es, dass die jetzige Generation ihre Bedürfnisse befriedigen soll, ohne die Möglichkeiten zukünftiger Generationen zu gefährden, ihre eigenen Bedürfnisse zu befriedigen (Hinrichsen 1987). Es werden demnach neun wesentliche Grundanforderungen an eine nachhaltige zukünftige Energieversorgung gestellt (Eichelbrönner 1997):

1. Die bereitgestellte Energiemenge soll ausreichend sein.
2. Die Nutzungsqualität und Flexibilität soll bedarfsgerecht gestaltet sein.
3. Die Versorgung soll sicher sein.
4. Ressourcen sollen geschont werden.
5. Es sollen Risikoarmut und Fehlertoleranz eingeschlossen sein.
6. Die Energieversorgung soll umweltverträglich sein.
7. Es soll eine internationale Verträglichkeit bestehen.
8. Ebenso soll eine soziale Verträglichkeit im Fokus stehen.
9. Und zu guter Letzt soll sich die Energieversorgung durch niedrige Kosten auszeichnen.

Um dies zu erreichen, sind mehrere Wege möglich. Die Bundesregierung fokussiert dabei auf folgende Aspekte (Bundesregierung o. J.-c):

- Vorrangige Nutzung von erneuerbaren Energien durch ständige Evaluation des EEG.
- Steigerung der Energieeffizienz in Gebäuden und technischen Anlagen.
- Durchführung von Maßnahmen zur Energieeinsparung.
- Bereitstellung der Infrastruktur zur Versorgung mit elektrischem Strom, insbesondere aus erneuerbaren Energien, durch Ausbau der Stromnetze.
- Entwicklung von Energiespeichern für den Ausgleich bzw. die Speicherung volatiler Energien.
- Ausstieg aus der Atomkraft bis spätestens Ende 2022.
- Reservekapazität durch Gas- und Kohlekraftwerke zum Auffangen von Bereitstellungsengpässen aufgrund des geplanten Atomausstiegs.
- Umstellung des Wärmesektors auf CO_2-neutrale Energieumwandlung durch Einführung des Erneuerbare-Energien-Wärmegesetzes (EEWärme-G) im Jahr 2009 (EEWärmeG 2008/2015).
- Neugestaltung des Verkehrssektors durch Einsetzen effizienter wie auch umweltverträglicher und preisgünstiger Motorentechnik.

Um dies zu erreichen, ist eine umfangreiche Transformation des Energiesektors in Deutschland erforderlich. Durch einen Blick auf die Verteilung der erneuerbaren Energien am deutschen Bruttostromverbrauch beim Sektor Strom sowie Endenergieverbrauch bei den Sektoren Wärme und Verkehr stellt sich das Bild wie folgt dar (UBA 2016):

- Strom 32,6 %
- Wärme 13,2 %
- Verkehr 5,3 %

Es ist zu erkennen, dass in Summe noch viel Potenzial zur Steigerung vorhanden ist und damit die Transformation weiter vorangetrieben werden muss. Immerhin hat sich der Anteil am Strommarkt in den letzten 25 Jahren fast verzehnfacht, während er im Wärme- und Verkehrssektor deutlich langsamer steigt (Wärme) bzw. stagniert (Verkehr) (s. Bild 1.8).

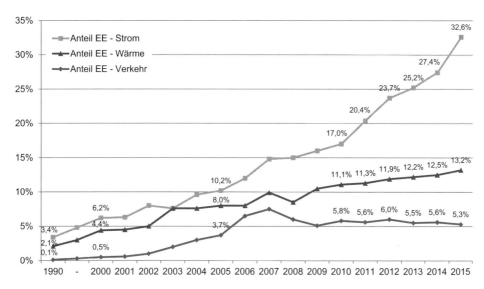

Bild 1.8 Anteil der erneuerbaren Energien am Bruttostromverbrauch, am Endenergieverbrauch Wärme und am Endenergieverbrauch Verkehr, Entwicklung von 1990 bis 2015 (nach UBA 2016)

Unterstützt werden soll diese Transformation u. a. durch die Neuerungen im EEG im Jahr 2014. Diese sind erstmals darauf zugeschnitten, dass die erneuerbaren Energien die Hauptpfeiler der deutschen Stromversorgung bilden und damit Ausgangspunkt für die Energietransformation sind. Nachdem bereits seit dem Jahr 2000 die erneuerbaren Energien umfangreich gesetzlich gefördert werden, ist es nun erforderlich, den Ausbau intelligent zu steuern sowie die Kosten für deren Ausbau und Betrieb besser zu verteilen. Auch soll eine Senkung der Kosten durch Förderung kostengünstiger Technologien erreicht werden. Die Neuerungen im EEG sollen ebenfalls dazu dienen, die erneuerbaren Energien besser an den Markt zu bringen. Ein wichtiger Aspekt ist die Flexibilisierung der Stromeinspeisung, um die volatilen Energien, Sonne und Wind, zu kompensieren.

Um sich ein Bild vom EEG machen zu können, wird anhand der Energieerzeugung aus Biomasse das EEG 2014 beispielhaft vorgestellt. Auf die Neuerungen des EEG 2017 wird hier nicht eingegangen. Folgende Punkte wurden im EEG 2014 festgeschrieben (BMWi 2014-b):

- Zielstellung erneuerbare Energien besser an den Markt heranführen:

  In der Vergangenheit konnten Anlagenbetreiber zwischen einer fest zugesicherten EEG-Einspeisevergütung und der Direktvermarktung ihres Produktes an der Strombörse wählen. Um das genannte Ziel zu erreichen, galt schon unter dem EEG 2012, dass Biogasanlagen bereits ab 01.01.2014 mit einer installierten Leistung von mehr als 750 kW am Verfahren der Direktvermarktung teilnehmen müssen. Seit dem 01.08.2014 wird die Direktvermarktung stufenweise für viele weitere Anlagen Pflicht. Dies betraf zunächst neue Anlagen mit einer Leistung > 500 kW. Ab dem 01.01.2016 müssen auch Anlagen mit einer Leistung von mehr als 100 kW ihren Strom direkt vermarkten.

- Zielstellung Flexibilisierung für neue und bestehende Anlagen:

  Betreiber neuer Anlagen sollen dazu motiviert werden, einen Teil ihrer Anlagenleistung ausschließlich für den flexiblen Einsatz bereitzuhalten. Dies betrifft Anlagen mit einer installierten Leistung von mehr als 100 kW. Als Flexibilitätszuschlag erhalten die Anlagenbetreiber im Gegenzug dafür 40 Euro pro KW installierte Leistung und Jahr, sofern die produzierte Menge maximal die Hälfte der installierten Leistung beträgt. Dies bedeutet, dass nur noch die Hälfte der erzeugten Strommenge einer Anlage fest vergütet wird.

  Auch bestehende Anlagen haben ab dem 01.08.2014 die Möglichkeit, den Flexibilitätszuschlag für eine flexible Stromeinspeisung zu erhalten. Der Umfang der zusätzlich bereitgestellten Leistung darf jedoch maximal 1350 MW betragen.

  Ein weiterer Aspekt für die Flexibilisierung besteht durch die Direktvermarktung. Da der Preis an der Strombörse bei hoher Stromnachfrage und gleichzeitig geringem Stromangebot steigt, motiviert dies die Anlagenbetreiber, zu diesen Zeitpunkten ins Stromnetz einzuspeisen. Umgekehrt werden die Anlagen heruntergefahren und nicht ins Stromnetz eingespeist, wenn der Preis bei niedriger Nachfrage und hohem Angebot sinkt.

- Zielstellung Begrenzung der Anlagenerweiterung:

  Biomasseanlagen, die vor dem 01.08.2014 in Betrieb gegangen sind, erhalten grundsätzlich den Fördersatz, der zum Zeitpunkt der Inbetriebnahme gültig war. Eine nachträgliche Erweiterung wurde jedoch auf eine sogenannte Höchstbemessungsleistung begrenzt. Die Höchstbemessungsleistung ist quasi eine Jahresdurchschnittsleistung. Als Berechnungsgrundlage dient der höchste Wert innerhalb eines Jahres, der bis Ende 2013 erreicht wurde. Eine andere Möglichkeit ist die Berechnung auf der Grundlage eines 95%igen Anteils der am 31.07.2014 installierten Leistung. Der höhere Wert der beiden Leistungswerte wird zur Berechnung des förderfähigen Anteils der Strommenge herangezogen.

- Zielstellung geplanter Anlagenausbau:

  Für den geplanten Anlagenausbau wurde als Ziel ein Ausbaukorridor von 100 MW pro Jahr festgelegt. Dieser Wert wurde im Kabinettsbeschluss am 08.06.2016 dahingehend geändert, dass bis 2019 jeweils 150 MW und darauffolgend bis 2022 jeweils 200 MW pro Jahr (brutto) ausgeschrieben werden sollen (BMWi 2016-a). Im Vergleich zu Windenergie und Photovoltaik ist dieser Wert gering, da jedoch die Erzeugung von Energie aus Biomasse kostenintensiver ist, scheint er realistisch.

- Zielstellung Einsatzstoff:

  Da in den vergangenen Jahren bezüglich der Energieerzeugung mit Biomasse die Diskussion um „Tank oder Teller" aufkam, hat man sich nun darauf konzentriert, Anlagen zu fördern, die biogene Rest- und Abfallstoffe einsetzen. Diese stellen zudem kostengünstigere Einsatzstoffe dar. Um Landwirte mit Anfall an Gülle dazu zu motivieren, diese in Energie umzuwandeln, wurde speziell für kleine Biogasanlagen mit einer Leistung von bis zu 75 kW ein entsprechend hoher Fördersatz von 23,73 Cent/kWh festgelegt.

Ebenfalls im Jahr 2014 hat die Europäische Kommission die sogenannten Umweltbeihilfeleitlinien verabschiedet. Darin ist festgeschrieben, dass spätestens ab dem Jahr 2017 Ausschreibungsverfahren das EEG ergänzen sollen. Hierfür sind unterschiedliche Ausschreibungsmodelle möglich. Anhand des Beispiels für die Energieerzeugung aus Biomasse wird im folgenden Kapitel 1.3 ein Vorschlag für ein Ausschreibungsmodell vorgestellt.

■ 1.3 Die neuen Herausforderungen

Was sind nun genau die neuen Herausforderungen, mit denen wir in Zukunft konfrontiert werden? Weiterhin stellt sich die Frage, welche Anforderungen im Hinblick auf Innovationen sich daraus ergeben. Wie kann diesen entsprochen werden?

Mit der aktiven Energiewende sind im Vergleich zur früheren Energiewirtschaft viele Fragen entstanden, die in der Zukunft gelöst werden müssen.

Die zu leistende Systemtransformation betrifft politische/ökonomische Aspekte wie das Setzen von Rahmenbedingungen durch Gesetze und Verordnungen, technologische Aspekte wie die Anlagentechnik zur Steigerung des Wirkungsgrades und der Effizienz, aber auch den IKT-Aspekt (IKT – Informations- und Kommunikationstechnologie) wie Smart Meter (s. Kap. 2.4) und zu guter Letzt soziale/gesellschaftliche Aspekte wie die Akzeptanz der neuen Technologien, die Schaffung neuer Arbeitsplätze oder die Kommunikation mit der Öffentlichkeit. Dies zeigt, dass es sich um ein sehr komplexes Vorgehen handelt, das alle Ebenen der Politik, Wirtschaft und des sozialen Lebens betrifft. Ebenso sind unterschiedliche Innovationen auf diesen Ebenen erforderlich. Dieser Prozess der Transformation des Energiesystems im Rahmen der Energiewende hat bereits in den 1990er Jahren begonnen und wird noch mehrere Jahre in Anspruch nehmen.

1.3.1 Technologische Herausforderungen

Zur technischen Gestaltung dieser Transformation wurden mehrere Szenarien mit unterschiedlichen Phasen aufgestellt. Zentrales Element der Szenarien bildet der Ausbau oder Umbau des Energiesystems auf fluktuierende erneuerbare Energien. Für diesen Transformationsprozess stehen unterschiedliche Technologien zur Verfügung, die einer zeitlichen Entwicklung folgen, wie dies in Bild 1.9 dargestellt ist. Unterschiedliche Szenarien können eine technologische wie zeitliche Verschiebung bewirken.

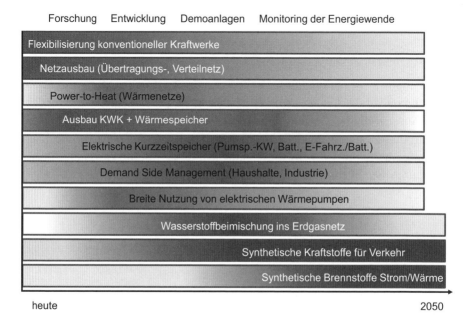

Bild 1.9 Zeitlicher Einsatz technologischer Möglichkeiten zur Flexibilisierung des Energiesystems (nach Henning 2015)

Nach (Henning 2015) kann diese Transformation in vier Phasen unterteilt werden, die wie folgt beschrieben werden können:

- Phase 1: Entwicklung erneuerbarer Energien

    Diese Phase kann bereits als abgeschlossen betrachtet werden (Henning 2015). Sie endete mit dem Erreichen eines Anteils von ca. 25 % der erneuerbaren Energien am Strommix (Fischedick 2014). Wesentliche Aspekte dieser Phase waren vor allem die Entwicklung erforderlicher Basistechnologien für erneuerbare Energien wie Windkraft und Photovoltaik, Technologien zur Effizienzsteigerung, z. B. die bessere Ausnutzung von Prozesswärme, frequenzgesteuerte Pumpen und deren Markteinführung. Als wesentliches Ziel dieser Phase war die Senkung von Kosten durch Massenproduktion und Skaleneffekte zu betrachten.

Auch eine entsprechende Bewusstseinsbildung zur Einbindung der Bevölkerung, die diese Technologien selbst in Anwendung bringen sollte, war in dieser Phase erforderlich.

- Phase 2: Systemintegration
  In Phase 1 war noch keine Anpassung des Energiesystems zur Einbindung der fluktuierenden (wie Windkraft, Photovoltaik) als auch nicht fluktuierenden (wie Energie aus Biomasse) erneuerbaren Energien erforderlich, die aber in der bestehenden zweiten Phase rasch erfolgen muss. Denn zum jetzigen Zeitpunkt wird die Lücke zwischen nachgefragter Energie und der nutzbaren Menge erneuerbarer Energien durch noch bestehende Atomkraftwerke und konventionelle Kraftwerke wie Stein- und Braunkohlekraftwerke gedeckt. In einer Übergangsphase muss diese Residuallast durch eine Flexibilisierung der konventionellen Kraftwerke erfolgen. Unterstützt werden kann dieser Prozess durch die Flexibilisierung anderer erneuerbarer Energien, wie der Energieerzeugung aus Biomasse. Ein weiterer Aspekt betrifft den Zeitpunkt der Bereitstellung von Energie. Gerade durch Sonnenenergie erzeugte Energie steht zu Zeiten zur Verfügung, in denen unter Umständen kein entsprechender Bedarf besteht. Hier findet sich eine Lösung in der Flexibilisierung der Nachfrage durch sogenannte Smart Meter. Der Einsatz von Smart Metern zur Steuerung der Last kann dazu führen, dass die Verbrauchskurve gleichmäßiger verläuft. Eine Möglichkeit zur Unterstützung dieses Prozesses besteht in der Einbindung von Speichern. Diese könnten in Zukunft dazu beitragen, einen Ausgleich zu den volatilen Energien zu schaffen. Weiterhin ist zu berücksichtigen, dass ein Teil des Stroms auch zur Erzeugung von Wärme (Power-to-Heat durch z. B. Wärmepumpen) oder Mobilität (E-Mobilität, Power-to-Gas zur Erzeugung von Wasserstoff als Kraftstoff) genutzt werden kann. Diese beiden Bereiche stellen ebenfalls zwei wichtige Elemente der Systemtransformation dar. Zusammenfassend lässt sich in Bezug auf die Stromversorgung festhalten, dass vier technologische Maßnahmen in dieser Phase relevant sind:

a) Flexible Betriebsweise konventioneller Stromerzeugungsanlagen.

b) Flexibilisierung des Stromverbrauchs durch den Einsatz von Smart Metern und die Umwandlung der Stromnetze in Smart Grids (s. Kap. 2.4).

c) Einbindung von Überschussstrom im Wärme- und Verkehrssektor durch Verwendung von Wärmepumpen und Elektrofahrzeugen.

d) Kurzzeitige erforderliche Lastverschiebungen im Minuten- bis Stundenbereich können zur Sicherung der Versorgung durch eine Kombination von Kurzzeitspeichern und Elektrofahrzeugen erfolgen. Als Kurzzeitspeicher können Batterie- und Pumpspeicherkraftwerke eingesetzt werden.

Phase 2, die mit dem Erreichen eines ca. 25 %igen Anteils erneuerbarer Energien am Strommix im Jahr 2014 begonnen hat, gilt bei einem Anteil von ca. 60 % als abgeschlossen (Fischedick 2014). Der heutige Anteil erneuerbarer Energien am Strommix beträgt 30,1 % (AEE 2015-b).

- Phase 3: Synthetische Brennstoffe

Nachdem in Phase 2 u. a. die Nutzung von Elektrofahrzeugen im Mittelpunkt steht, ist in Phase 3 eine Weiterentwicklung erforderlich, in der fossile Kraftstoffe durch synthetische Kraftstoffe und Biomethan substituiert werden. Möglich wird dieser Schritt durch die wahrscheinlich immer häufiger auftretende Produktion an Überschussstrom aus erneuerbaren volatilen Energien. Eine Speicherung dieses Stroms ist durch den Einsatz chemischer Langzeitspeicher (Power-to-Gas) möglich. Mittels einer Elektrolyse von Wasser mit überschüssigem Ökostrom kann Wasserstoff hergestellt werden. Durch weitere Aufbereitungsprozesse der Methanisierung bzw. Methanolisierung können Methan oder Methanol hergestellt werden (Varone 2015). Bereits heute stehen Gasmotoren zur Verfügung. Auch andere Konzepte sind vorgesehen, die eine Nutzung von Wasserstoff und Brennstoffzellen ermöglichen. Sofern die Substitution fossiler Kraftstoffe erfolgt ist, kann eine mit Wirkungsgradverlusten einhergehende Rückverstromung und eine Nutzung im Wärmesektor vorgesehen werden. Es ist wichtig, dass eine Effizienzsteigerung sowohl auf Seiten der Umwandlungstechnologien als auch auf Seiten der industriellen Produktion (Industrie 4.0) sowie der Gebäudetechnologie erfolgt. Dies bedeutet, dass nicht nur eine effiziente Stromnutzung bzw. ein effizienter Stromverbrauch sehr wichtig ist, sondern auch eine effiziente Wärmenutzung bzw. ein effizienter Wärmeverbrauch. Hier sind umfangreiche Maßnahmen erforderlich, z. B. im Bereich der Gebäudeisolierung oder Wärmesteuerung. Diese Phase kann als abgeschlossen betrachtet werden, wenn die Stromversorgung vollständig über erneuerbare Energien erfolgt (Fischedick 2014).

- Phase 4: Vollständige regenerative Energieversorgung

In dieser Phase erfolgt die Substitution der letzten verbliebenen fossilen Energieträger im System für Strom, Wärme und Mobilität durch regenerative Energieträger. Es ist aus heutiger Sicht davon auszugehen, dass zu den fossilen Energieträgern vor allem Erdgas gehören könnte. Für diese Phase können unterschiedliche Szenarien durchgespielt werden. Zwei vorstellbare Szenarien wären: Erzeugung regenerativer Energie aus lokalen Anlagen oder Import von Energie aus sonnenreichen Regionen, wie z. B. Strom aus Photovoltaik-Anlagen aus Wüstenregionen in Afrika oder in diesen sonnenreichen Regionen produziertes verflüssigtes Methan. Aufgrund der Lage Deutschlands zum Meer und der damit verbundenen Möglichkeit des weiteren Ausbaus von Offshore-Windkraftanlagen besitzt Deutschland das Potenzial der vollständigen regenerativen Energieversorgung. Durch den Import von Energie könnten jedoch der Speicherbedarf reduziert und die Sicherheit erhöht werden (Quaschning 2013). Aufgrund des hohen Anteils volatiler Energien ist dem Aspekt der Systemstabilität besondere Aufmerksamkeit zu widmen (Lund 2012).

Durch diese Strukturierung der technologischen Transformation können für jede Phase und damit in zeitlicher Reihenfolge Schwerpunkte für deren Umsetzung festgelegt werden. Jeder Phasenwechsel kann zudem durch die Anpassung bestehender gesetzlicher Rahmenbedingungen unterstützt werden.

Über die gesamten vier Phasen muss es das erklärte Ziel sein, ein möglichst effektives und effizientes Gesamtsystem zu schaffen. Tabelle 1.4 gibt noch einmal eine Zusammenfassung der vier unterschiedlichen Phasen der Transformation des Energiesystems.

Tabelle 1.4 Gesamtüberblick über die vier Phasen der Energiesystemtransformation (Henning 2015)

Phase 1 „Entwicklung EE"	Phase 2 „Systemintegration"	Phase 3 „Verflüssigte Brennstoffe"	Phase 4 „EE-Import"
CO_2-Reduktion ~ 0 – 20 %	CO_2-Reduktion ~ 20 – 50 %	CO_2-Reduktion ~ 50 – 75 %	CO_2-Reduktion ~ 75 – 100 %
• Entwicklung Basistechnologien • Wesentliche Kostenreduktionen • Markteinführung und Ausbau ohne signifikante Implikationen für Gesamtsystem	• Aktivierung von Flexibilitäten bei residualer Stromerzeugung und -nutzung • Kurzzeitspeicher • Demand Side Management • Überprüfung der Optionen für Import von EE-Strom	• Signifikante negative Residuallasten • Nutzung von EE-Strom zur Erzeugung verflüssigter Brenn- und Kraftstoffe • Verwendung insbesondere für Mobilität	• Vollständige Verdrängung fossiler Ressourcen in allen Nutzungsbereichen • Import von erneuerbaren Energieträgern, z. B. aus sonnenreichen Regionen

• Kontinuierliche Erhöhung der Effizienz auf der Nutzungsseite
  • baulicher Wärmeschutz Gebäude
  • Reduktion Stromverbrauch in klassischen Verbrauchsbereichen (z. B. Beleuchtung, Pumpen und Antriebe, …)
• Kontinuierlicher Ausbau erneuerbarer Energien (Strom, Wind, Geothermie, Bioenergie)

Entsprechend den vorgestellten Phasen befinden wir uns mitten im Transformationsprozess der Phase 2. Die konkrete Gestaltung der Energiewende ist zum heutigen Zeitpunkt noch umstritten und führt zu einigen zentralen Fragestellungen (Scheer 2004):

- Welche konventionellen Energien sollen genutzt werden, bis Phase 3 abgeschlossen und eine regenerative Vollversorgung erreicht ist?
- Soll die Energiewende zentral oder dezentral erreicht werden?
- Welche erneuerbaren Energien werden unter den gegebenen Bedingungen die zentralen Elemente der Energiewende sein?
- Welche dezentralen erneuerbaren Energien können so eingesetzt werden, dass sie sich gegenseitig ergänzen?

- Wie können die fluktuierenden Energien gut in das Gesamtsystem der Energieerzeugung integriert werden?
- Welcher Speicherbedarf wird in Zukunft gefragt sein, welche Anforderungen bestehen an diese Technologien und, daraus folgend, welche Technologien können dazu eingesetzt werden?
- Welche Konzepte auf lokaler, nationaler und internationaler politischer Ebene braucht es, um die Energiewende erfolgreich zu gestalten, und wo sollen dabei die Schwerpunkte liegen?
- Wie können Förderer und Blockierer der Energiewende so eingebunden werden, dass eine ausreichend schnelle Umsetzung der Ziele erreicht werden kann?
- Kann die Energiewende überhaupt so schnell umgesetzt werden, dass prognostizierte Umweltprobleme aufgehalten bzw. gestoppt werden?
- Welche Rolle kommt den Betreibern konventioneller Energieumwandungsanlagen zu?
- Wo im System bestehen Potenziale, um die Transformation des Energiesystems hin zu einer nachhaltigen Energieversorgung zu beschleunigen?

Ein wichtiger Aspekt in diesem Zusammenhang ist die Frage, wie die Wertigkeit der einzelnen erneuerbaren Energieträger beurteilt werden kann? Welche Kriterien oder Ansätze gibt es zu deren Bewertung? In diese Fragestellung spielen die Ergebnisse der letzten UN-Klimakonferenz in Paris 2015 (30. November bis 12. Dezember 2015; 21st Conference of the Parties – COP 21) hinein, in der die Weltgemeinschaft beschlossen hat, dass die Erderwärmung auf unter zwei Grad begrenzt werden soll. Dieses Ziel ist damit völkerrechtlich verbindlich definiert. Weiterhin ist darin festgelegt, dass in der zweiten Hälfte des Jahrhunderts die Welt treibhausgasneutral sein soll (United Nations 2015). Können zur Beantwortung dieser Fragen Simulations- und Entscheidungsmodelle wichtige Werkzeuge sein?

Es zeigt sich, dass die Herausforderungen vielfältig und vielschichtig sind. Durch die Einteilung in mehrere Phasen, aus denen wiederum jedes Land seine Meilensteine zur Zielerreichung definieren kann, ist ein strukturiertes Vorgehen möglich.

1.3.2 Politische/ökonomische Herausforderungen

Da sich vieles in einem starken Veränderungsprozess befindet, sind gerade äußere Rahmenbedingungen, wie z.B. der Heizölpreis, weder vorhersagbar noch beeinflussbar. In Bild 1.10 ist der Verlauf des Heizölpreises für die letzten fünf Jahre dargestellt. Es zeigt sich, dass seit Ende 2012 ein fortwährender Verfall des Heizölpreises vorliegt. Diese Veränderung hat einen großen Einfluss auf die Gestaltung der Energiewende.

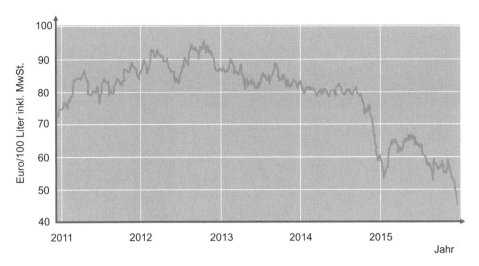

Bild 1.10 Entwicklung des Heizölpreises seit 2011 (nach Fastenergy 2015)

Nach marktwirtschaftlichen Gesetzen führt eine weltweit sinkende Nachfrage nach Öl zu einem sinkenden Ölpreis. Sinkt der Preis, steigt wieder die Nachfrage nach Öl. Dieses Gesetz lässt sich nicht außer Kraft setzen und führt zu mehreren Problemen (Kühler 2015). Ein niedriger Ölpreis sendet falsche Marktsignale. Der Ölverbrauch nimmt wieder zu und das zuvor angenommene Einsparverhalten wird revidiert. Die Wettbewerbsfähigkeit von Einspartechnologien und erneuerbaren Energien wird beeinträchtigt. Und doch erhebt sich die Frage, wie man diesem Kreislauf begegnen kann.

In Deutschland existieren immer noch mehr als 5,6 Millionen Ölheizungen, die in 11 Millionen Haushalten für Wärme sorgen (IWO o.J.). Eine Entscheidung für eine Umstellung, z.B. auf Pelletheizungen, bemisst sich für den Verbraucher u.a. an den Investitionskosten, die von der Größe der Anlage abhängen, am Preis für den Energieträger und weiteren Kosten wie der Wartung. Zumeist wird nur auf den Preis für den Energieträger geschaut, der jedoch nicht alleine aussagekräftig ist. Denn je nach Marktsituation liegt der Preis für Pellets im Vergleich zu Heizöl oder Erdgas höher oder tiefer. Zudem unterliegen die Brennstoffpreise starken Schwankungen, so dass Aussagen wie „Der Preis für Pellets liegt für die nächsten Jahre tiefer als der für Heizöl" für einen längeren Zeitraum nicht gemacht werden können.

Im November 2015 lag der Preis für Heizöl (4,96 ct/kWh) bereits sehr nahe am Preis für Pellets (4,64) (IWO 2015). Im Februar 2016 lag der Preis für Heizöl mit 3.93 ct/kWh sogar deutlich unter dem für Pellets mit 4,71 ct/kWh (IWO 2016-b), was für Verbraucher, die vor der Entscheidung über eine Umstellung von einer Öl- auf eine Pelletheizung stehen, zur Überzeugung führen könnte, dass eine Pelletheizung zu finanziellen Nachteilen führt. Bild 1.11 zeigt die Brennstoffkosten für den Monat April 2016, in dem sich die Kosten für Heizöl und Pellets wieder etwas angenähert haben (IWO 2016-a).

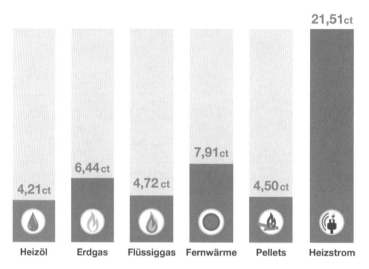

Bild 1.11 Vergleich der Brennstoffkosten Stand April 2016 [ct/kWh (H_S)] (IWO 2016-a)

Der Preis für die Brennstoffkosten alleine ist noch nicht ausreichend aussagekräftig. Weitere Aspekte können zur Entscheidung für die eine oder andere Technologie analysiert werden. So liegen die Investitionskosten für eine Pelletheizung nach wie vor über den Kosten einer Anlage für fossile Brennstoffe.

Bei einem beispielhaften Vergleich der Kosten nach (Energieheld 2016) für die Sanierung und den Betrieb eines Öl-Brennwertkessels auf der einen Seite und die Umstellung auf eine Pelletheizung auf der anderen Seite ergeben sich folgende Aspekte:

Wird für diese weitergehende tiefere Betrachtung ein Durchschnittspreis der letzten drei Jahre des jeweiligen Brennstoffs angesetzt mit:

- Pellets 5,32 €-Cent/kWh,
- Heizöl 7,98 €-Cent/kWh,
- Erdgas 7,20 €-Cent/kWh,

ergeben sich die in Bild 1.12 dargestellten jährlichen Heizkosten, die auf den Verbraucher zukommen würden. Dabei wurde von einem Energiebedarf von 35 000 kWh/a ausgegangen. Sinkt der Preis für Heizöl jedoch weiter, so dass auch der Durchschnittspreis entsprechend sinkt, würde sich ein anderes Bild zeichnen lassen.

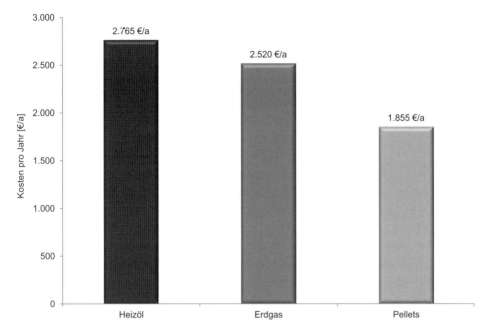

Bild 1.12 Jährliche Heizkosten im Vergleich bei einem Wärmebedarf von 35 000 kWh pro Jahr und einem Durchschnittspreis der letzten drei Jahre des jeweiligen Brennstoffs (nach Energieheld 2016)

Für die Sanierung des Öl-Brennwertkessels entstehen Anschaffungskosten in Höhe von ca. 9000 € und für die Umstellung auf eine Pelletheizung Kosten in Höhe von ca. 20 490 €. Werden Fördergelder und Zuschüsse für die jeweilige Technologie einbezogen, sinken die Anschaffungskosten auf 8300 € für den Öl-Brennwertkessel und 16 990 € für die Pelletheizung. Dies zeigt, dass trotz Einbeziehung von Fördergeldern und Zuschüssen eine Pelletheizung in der Anschaffung mehr als doppelt so teuer ist. Dies würde aus wirtschaftlichen Gesichtspunkten eindeutig für eine Modernisierung des Brennwertkessels sprechen.

Erst bei einer ganzheitlichen Betrachtung ist ein objektiver Vergleich möglich. So sind die laufenden Kosten ebenfalls zu betrachten. Unter Berücksichtigung der unterschiedlichen Heizkosten, der erforderlichen Hilfsenergie, des Schornsteinfegers und der Wartung betragen die laufenden Kosten für den sanierten Öl-Brennwertkessel jährlich ca. 3369 € und für die Pelletheizung ca. 2150 €. Dies bedeutet, dass die Pelletheizung im laufenden Betrieb nur ca. zwei Drittel der Kosten des modernisierten Öl-Brennwertkessels verursacht. Jetzt kann berechnet werden, nach welcher Zeit sich die Mehrkosten amortisieren. Erst dann kann eine Aussage über zu erwartende Kosten und damit über die kostengünstigere Investition gemacht werden. Weiterhin ist zu berücksichtigen, dass fossile Energieträger substituiert und CO_2-Emissionen vermieden werden.

Da die Energiepreise am Markt jedoch starken Schwankungen unterliegen, entsteht eine gewisse Unsicherheit beim Verbraucher. Dies macht gezielte Fördermaßnahmen erforderlich, wodurch der Unsicherheitsfaktor Preisschwankung für die Verbraucher kompensiert werden kann. Eine wichtige Voraussetzung und große Herausforderung ist die Kommunikation mit der Bevölkerung. Hierfür sind geeignete Kommunikationswege erforderlich, die den einzelnen Bürger erreichen müssen.

Erst wenn die neuen Technologien es schaffen, nicht nur energieeffizient, sondern auch kosteneffizient zu sein, haben sie eine Chance, sich am Markt durchzusetzen.

Auf diesem Weg besteht eine weitere neue Herausforderung in der Gestaltung des Handels mit Strom. Das EEG setzt bereits gute Akzente, die aber aus heutiger Sicht zur Steuerung des Anlagenausbaus und der zeitlich flexiblen Einspeisung noch nicht ausreichen. Das durch die Europäische Kommission geforderte Ausschreibungsverfahren soll zukünftig dazu beitragen, die erneuerbaren Energien in das Energiesystem noch besser zu integrieren. Im ersten Schritt war dieser Ansatz für biogene Einsatzstoffe nicht vorgesehen, da es sich bei diesem Weg der Energieumwandlung nicht um kostengünstige Technologien handelt. Die Bundesregierung will zukünftig vorrangig kostengünstige Technologien fördern. Jedoch werden aus der Branche der Bioenergievertreter durchaus positive Effekte für den Bereich der Bioenergie erwartet. Aus diesem Grund fordern die Bioenergievertreter, dass auch für Biomasse ein entsprechendes Ausschreibungsverfahren etabliert wird. In der aktuellen Version des EEG wurde vom Bundestag und Bundesrat am 08.07.2016 die Ausschreibung für Biomasse dennoch verabschiedet (BMWi 2016-a, EEG 2016). Doch wie müsste ein solches Verfahren aussehen, dass es dieser Branche, die so vielfältig in der Technologie und den Verfahren ist, gerecht wird? Durch das Bundesministerium für Wirtschaft und Energie (BMWi) wird ein prinzipieller Rahmen vorgegeben, der sich wie folgt beschreiben lässt (BMWi 2015-a):

- Der Rahmen, der durch das EEG 2014 gegeben wird, soll durch die Einführung von Ausschreibungen nicht verändert werden.
- Um Bieterrisiken und weitere Zugangshürden zu begrenzen, soll das Ausschreibungsdesign einfach, transparent und gut verständlich sein.
- Der Wettbewerb um die ausgeschriebene „Commodity" (Ware) soll auch zukünftig sehr hoch sein bzw. gesteigert werden.
- Ausschreibungsmodelle sollen dabei helfen, u. a. durch den hohen Wettbewerb, Kostensenkungspotenziale zu heben.
- Die angestrebten Ausbauziele sollen mit diesem Instrument erreicht werden.
- Auch weiterhin sollen viele Akteure an der Errichtung und dem Betrieb von Anlagen beteiligt sein. Im Bereich des Vertriebs/Verkaufs existiert schon heute eine große Vielzahl an unterschiedlichen Akteuren. Diese Vielzahl gilt es zukünftig über dieses Verfahren zu erhalten.

1.3.3 Soziale und gesellschaftliche Herausforderungen

Eine Energietransformation muss auch zum Ziel haben, auf dem Arbeitsmarkt für diesen neuen Bereich Arbeitsplätze mit entsprechenden Arbeitsbedingungen zu schaffen. Laut (FNR 2015-b) wurden im Bereich erneuerbarer Energien im Jahr 2013 insgesamt 371 400 Arbeitsplätze (Bruttoeffekte) geschaffen. Diese Zahl ist gegenüber dem Vorjahr leicht gesunken, was mit dem Zusammenbruch der Solar- und Biomassebranche in Deutschland in den Jahren 2012 und 2013 verbunden ist. Der Zusammenbruch wurde durch die starke China-Konkurrenz hervorgerufen (Graf 2013).

Das EEG hat auf den Arbeitsmarkt große Auswirkung, wie Bild 1.13 darstellt. Demnach sind 70 % der Arbeitsplätze im Bereich der erneuerbaren Energien durch das EEG gefördert. Dies zeigt, dass die Branche zum jetzigen Zeitpunkt noch nicht in der Lage ist, selbsttragende Arbeitsplätze zu schaffen.

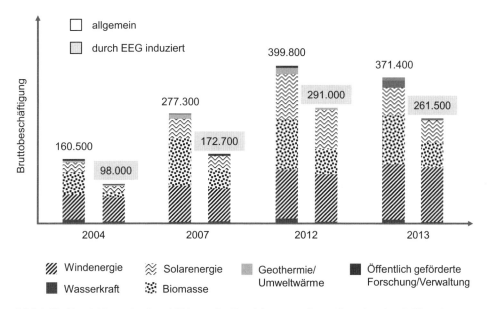

Bild 1.13 Entwicklung der Beschäftigung im Bereich erneuerbarer Energien (nach Wetzel 2015)

Eine weitere große Hürde stellt die Akzeptanz der neuen Technologien bei den Bürgern dar. In Bild 1.14 wird nach einer Umfrage von (Wunderlich 2012) die Zustimmung der Bürger zum Aufbau und Betrieb einer EE-Anlage in der eigenen Umgebung dargestellt. Demnach finden EE-Anlagen bei 67 % der Bürger Akzeptanz. Bestehen Vorerfahrungen, steigt die Akzeptanz um rund 10 % bei den einzelnen EE-Branchen. Interessant ist die Einstellung zur Energieerzeugung aus Biomasse in der Nachbarschaft. Im Vergleich zu den anderen EE-Anlagen besitzen diese Anlagen mit 36 % ohne Vorerfahrung und 54 % mit Vorerfahrung die geringste Akzeptanz. Da diese Technologien grundsätzlich viele Möglichkeiten aufweisen, sind hier weitere Maßnahmen zur Steigerung der Akzeptanz erforderlich, um die Energiewende weiter voranzubringen.

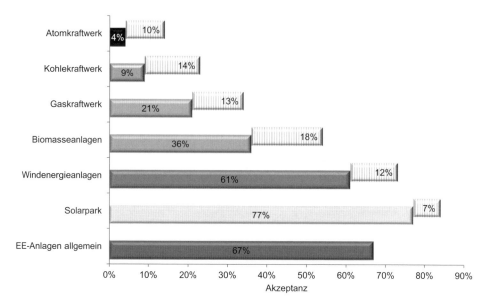

Bild 1.14 Zustimmung zu Erneuerbare-Energien-Anlagen in der Umgebung des eigenen Wohnorts, senkrecht schraffiert bedeutet „Akzeptanz mit Vorerfahrung" (nach Wunderlich 2012)

Eine der Ursachen für die geringe Akzeptanz für Biomasseanlagen ist der in den letzten Jahren verstärkte Anbau von Energiepflanzen. Die große Mehrheit der in Deutschland in den vergangenen Jahren gebauten Anlagen nutzt Einsatzstoffe wie z. B. Mais zur Biogaserzeugung. Die größte Sorge der Bevölkerung bei der Erzeugung von Energie aus Biogasanlagen generell ist dementsprechend auch die Konkurrenz zu Nahrungsmitteln (Herbes 2014-b). Im Vorfeld der EEG-Reform 2012, die die Verwendung von Maissilage in Biogasanlagen stark einschränkte, gab es einen stark ausgeprägten Diskurs dazu in den Medien, der vom Schlagwort der „Vermaisung der Landschaft" geprägt war (Herbes 2014-a). Die Politik gab diesem Druck schließlich nach. Somit wurde nach der Einschränkung des Maiseinsatzes mit dem EEG 2014 der Einsatz von Energiepflanzen generell nicht mehr über den Bonus für nachwachsende Rohstoffe (Nawaro-Bonus) gefördert.

Anhand des Beispiels einer ersten qualitativen Studie (Herbes 2015) zur Akzeptanz von Privatbürgern gegenüber Restprodukten einer Biogasanlage zeigt sich, dass noch viel Überzeugungsarbeit geleistet werden muss. Restprodukte aus Biogasanlagen können als „biologischer Dünger" (Einordnung in Düngemitteltypen nach (DüMV 2012)), Kompost, Substrat oder Erden eingesetzt werden. Die Ergebnisse der Studie zeigen, dass für den Einsatz im Garten aus Sorge um die eigene Gesundheit bei Verwendung abfallstämmiger Restprodukte NawaRo-stämmige Reststoffe aus der Vergärung von Energiepflanzen eher akzeptiert werden. Aus politischer Sicht lehnten die Befragten dagegen den Einsatz von Energiepflanzen ab. Aus dieser Perspektive wünscht man sich den Einsatz organischer Abfälle. Bild 1.15 macht deutlich, dass die Präferenzen der Befragten für den Einsatz von Energiepflanzen bzw. organischen Abfallstoffen widersprüchlich sind.

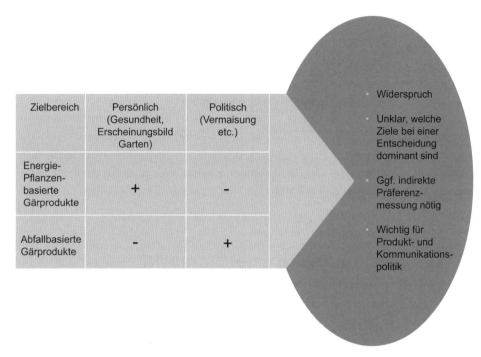

Bild 1.15 Akzeptanz und Präferenz von Gärprodukten im privaten Bereich wie etwa im Garten (nach Herbes 2015)

In Summe ist die aktive Unterstützung bzw. das Engagement für die Energieerzeugung aus erneuerbaren Energien mit 10,8 % sehr gering, wie dies in Bild 1.16 dargestellt wird. Wird die Systemintegration weiter vorangetrieben, können der Ausbau der erneuerbaren Energien und Faktoren wie die Systemstabilität weiter aufeinander abgestimmt werden, wodurch die aktive Unterstützung vielleicht positiv beeinflusst wird.

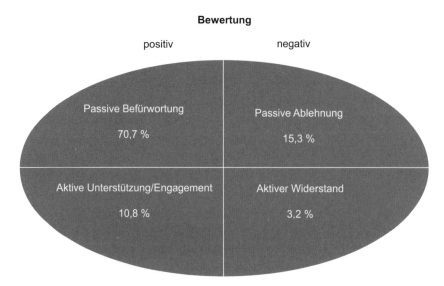

Bild 1.16 Lokale Bewertung von EE-Projekten in Fallregionen (nach Wunderlich 2012)

Anhand der beiden aufgezeigten Beispiele lassen sich die zahlreichen bevorstehenden Herausforderungen ableiten.

1.4 Der deutsche Energiemarkt

Eine Aufteilung des deutschen Energiemarktes kann in verschiedene Sektoren erfolgen. Der Energiemarkt kann z. B. in einen Strom-, Wärme- und Kraftstoffmarkt unterteilt werden. Eine weitere Möglichkeit ist die Einteilung in Energie-Teilmärkte wie Mineralöl, Braunkohle, Steinkohle, Erdgas und Elektrizität (Schiffer 1987). Ebenso ist eine Aufteilung in die Bereitstellungsprozesse Förderung, Beschaffung, Aufbereitung, Verarbeitung, Umwandlung, Transport, Verteilung und Speicherung möglich. Eine differenzierte Betrachtung des Energiemarktes kann durch die Aufteilung der darin bestehenden Branchen erfolgen, wie dies in Bild 1.17 dargestellt ist. Bild 1.17 zeigt zudem, dass im Bereich der Stromlieferanten die größte Anzahl an aktiven Unternehmen besteht.

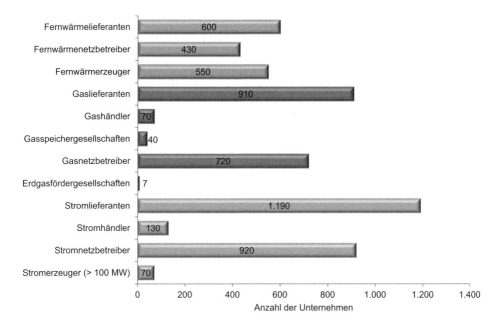

Bild 1.17 Aufteilung des Energiemarktes in Deutschland nach Branchen mit deren Marktteilnehmern im April 2016 und die Anzahl der darin aktiven Unternehmen (nach BDEW 2016)

Dieses Bild lässt sich noch weiter zeichnen. Denn im Zuge der Liberalisierung des Energiemarktes haben die Kunden die Möglichkeit, neben dem Energielieferanten auch den Messstellenbetreiber und Messdienstleister frei zu wählen. Dies führt zu einem sehr komplexen Marktgefüge mit einer Vielzahl an neuen und etablierten Marktakteuren (s. Bild 1.18). Als verbindendes Element zwischen diesen Akteuren ist ein smartes Informations- und Kommunikationssystem erforderlich. Auch dieser Bereich stellt einen wichtigen Teil im deutschen Energiemarkt dar.

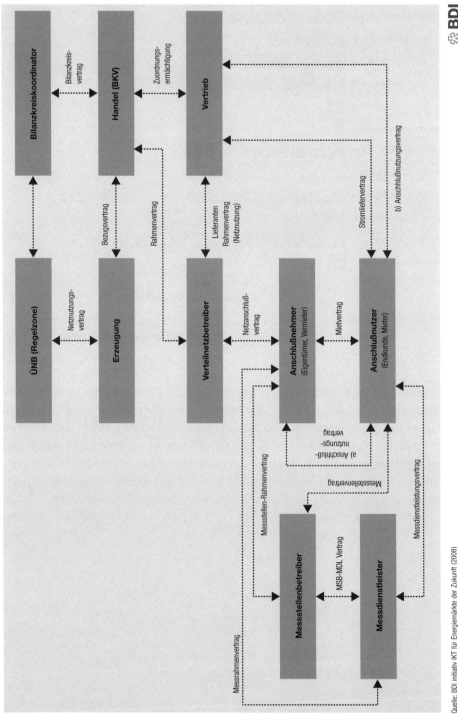

Bild 1.18 Liberalisierter Strom-, Zähl- und Messmarkt mit der Vielfalt an Akteuren und vertraglichen Beziehungen (Block 2008)

Dabei geht die Entwicklung immer stärker in die Richtung, dass sich der Energiemarkt zu einem Energieservicemarkt gestaltet. Die Bereitstellung elektrischen Stroms wird in Zukunft immer stärker nur noch eine Dienstleistung unter vielen sein. Für die Anbieter bedeutet dies, das Ziel darauf zu lenken, nicht große Mengen Strom zu günstigen Preisen anzubieten, sondern vielmehr für den Kunden intelligente und klare Lösungen für die komplexen Fragestellungen rund um die Energie zu liefern (Ionescu 2012).

Gerade für die am deutschen Energiemarkt bestehenden Energieversorger bedeutet dies eine große Herausforderung. In Deutschland sind vier große Energieversorger aktiv, die im Jahr 2014 zusammen einen Umsatz von 89,9 Milliarden Euro erzielten (s. Bild 1.19). E.ON erwirtschaftete den größten Umsatz, musste allerdings einen Einbruch um 21,64 % im Vergleich zu 2013 hinnehmen.

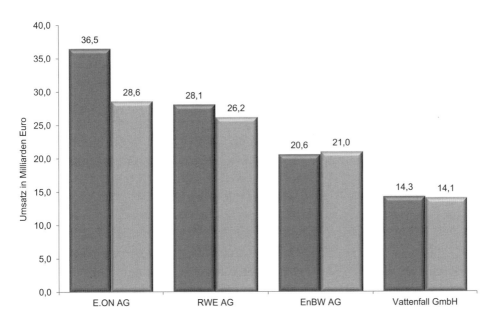

Bild 1.19 Umsatz der größten Energieversorger in Deutschland in den Jahren 2013 und 2014 (in Milliarden Euro, linke Säule 2013, rechte Säule 2014) (nach Statista o. J.-j)

Der deutsche Energiemarkt befindet sich im Wandel. Bestehende und neue Anbieter entdecken für sich immer neue Marktsegmente. Für Energieversorger handelt es sich gegenwärtig um eine Erweiterung ihrer bestehenden Betätigungsfelder bei gleichzeitiger Intensivierung der Kundenbedürfnisse. Das bestehende Kerngeschäft der Stromversorgung muss effizient und kostengünstig erfolgen. Zudem werden die Energieversorger in Zukunft immer mehr gefordert sein, Innovationen voranzutreiben und neue Geschäftsfelder zu erschließen, die an vielen verschiedenen Punkten der Wertschöpfungskette der Strombereitstellung im Rahmen der

Energiewende ansetzen können (s. Bild 1.20). Ziel für alle Beteiligten am Energiemarkt ist die Profitabilität und Kundenbindung.

Bild 1.20 Übergang zu neuen Geschäftsfeldern für Energieversorgungsunternehmen (nach Ionescu 2012)

Nach (Ionescu 2012) lassen sich drei neue Geschäftsmodelle mit innovativen Möglichkeiten ausmachen:

- Erzeugungsmanager
- Effizienzpartner
- Virtuelle Versorger

Was zeichnet zukünftig Anbieter in der Kategorie „Erzeugungsmanager" aus? Diese Form des Geschäftsmodells kann auf den Gebieten der Mini-/Mikro-Blockheizkraftwerke auf (Bio-)Gas-Basis, der Solaranlagen oder kleinen Wind- und Biomassekraftwerke erfolgen. Hierbei werden die Kunden durch die Anbieter beim Aufbau und Betrieb dezentraler Energieerzeugungsanlagen unterstützt. Die Anlagen werden dem Kunden nach einmaliger Entrichtung einer Anfangszahlung zur Verfügung gestellt. Den z. B. im BHKW produzierten Strom können die Kunden wiederum an den Anbieter für einen definierten Tarif verkaufen. Gleichzeitig ist für das BHKW ein Liefervertrag für das eingesetzte Gas notwendig, welches mit dem Anbieter abgeschlossen wird. In der Fahrweise des BHKW ist der Kunde frei, diese wird mit dem Anbieter abgestimmt. Eine Fahrweise kann rein zur Deckung des Eigenbedarfs erfolgen oder alternativ in Anlehnung an die aktuellen Marktpreise ins Netz eingespeist werden. Der Anbieter „Erzeugungsmanager" hat somit mehrere Möglichkeiten der Wertschöpfung, indem er die technische und finanzielle Planung übernimmt, die Realisierung, den Betrieb und die folgende Wartung der Anlage durchführt. Hinzu kommen der Gasverkauf und die Vermarktung freier Kapazitäten.

Energieversorger können mit diesem Modell ihre Kundenbeziehungen weiter ausbauen und festigen. Mit der Hinzunahme von Gaslieferverträgen und der Vermarktung freier Kapazitäten können die Verluste aus dem Stromgeschäft gemindert werden. Für neue Wettbewerber auf dem Markt sind gerade solche Modelle sehr interessant, da sie auf diese Weise ihren Kundenstamm erweitern können, gleichzeitig aber keine Einbußen im Kerngeschäft (hier die Stromversorgung) hinnehmen müssen.

Bei der Finanzierung solcher Projekte ist gezielt über Bürgerbeteiligungsmodelle und andere Modelle, wie z. B. Mieterstrommodelle, nachzudenken. Diese finden immer mehr Interesse und Anwendung. Auch Bürgerbeteiligungsmodelle können zur Kundenbindung herangezogen werden. Möglichkeiten ergeben sich beispielsweise durch ein Gutscheinsystem, durch welches anteilig die Erlöse aus dem Stromverkauf ausgezahlt werden. In Form eines kWh-Gutscheins kann der Wert als Gutschrift oder Gratismenge auf der Stromrechnung des Energieversorgers ausgewiesen werden und bindet so zukünftig den Kunden.

Worum handelt es sich beim „Effizienzpartner"? Energieversorger, die dieses Geschäftsmodell verfolgen, sind Dienstleister, die sämtliche Fragen rund um die Verbesserung der Energieeffizienz beantworten. Die Anbieter in diesem Modell übernehmen Aufgaben im Bereich der Planung, Durchführung und auch Vorfinanzierung der Projekte. Die angebotenen Dienstleistungen können sehr unterschiedlich sein. Sie reichen von der einfachen Beratung bis hin zur Übernahme eigener Risiken durch die Garantie von festgelegten Effizienzsteigerungen. Im Bereich der Planung müssen oftmals behördliche Genehmigungen eingeholt, Fördermöglichkeiten aufgezeigt und Finanzierungen beantragt werden. Auch diese zusätzlichen Aufgaben können zum Portfolio des Effizienzpartners gehören. Zur Durchführung gehören Aufgaben wie die gesamte Implementierung der Maßnahmen inklusive der Auswahl von Handwerkern und Partnerunternehmen. Diese Anbieter sind ebenso in der Lage, die zugehörigen Audits durchzuführen und die Kontrolle zu übernehmen.

Ein erhöhtes Risiko tragen Dienstleister, die Garantien für Effizienzsteigerungen und die damit verbundenen Einsparungen aussprechen. Diese Anbieter werden als sogenannte „Energy Service Companies" (ESCO) bezeichnet. Ihre Verträge sind leistungsabhängig. Es handelt sich um das sogenannte Energy Performance Contracting (EPC) (s. Bild 1.21).

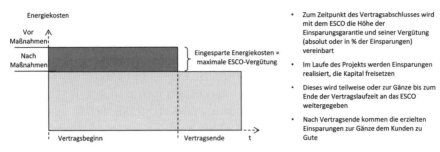

Bild 1.21 Prinzip des Energy Performance Contracting (EPC) (Ionescu 2012)

Das EPC ist ein interessantes Geschäftsmodell, welches als vierstufiges Vorgehensmodell dargestellt werden kann (Siemens 2016). Zunächst erfolgt eine Datenanalyse der technischen Maschinen/Apparate/Anlagen. Daraus lassen sich bereits Optimierungen ableiten, die erste Einsparpotenziale aufzeigen. Danach geht es in die Details und ineffiziente Maschinen/Apparate/Anlagen werden auf ihren aktuellen Energieverbrauch hin untersucht. Diese beiden Schritte bilden die Basis für das Ausformulieren eines Energy Performance Contracting, in dem die Kosteneinsparungen definiert werden. Zu Beginn des Vertragsabschlusses vereinbart der ESCO mit dem Kunden die Höhe der Einsparungsgarantie sowie seiner Vergütung. Die Vergütung kann absolut oder in Prozent der Einsparung erfolgen. Werden die versprochenen Kosteneinsparungen nicht erreicht, besteht die Möglichkeit für den Kunden, den Vertrag kostenfrei aufzulösen. Im dritten Schritt erfolgt die Umsetzung und Finanzierung der definierten Optimierungsmaßnahmen. Die Finanzierung der Maßnahmen kann durch den Dienstleister erfolgen, wodurch der Kunde finanziell entlastet wird. Im vierten und letzten Schritt wird das Projekt abgenommen und die Einsparungen werden gemessen. Durch den Vergleich mit der Ausgangssituation wird die Erreichung der vereinbarten Ziele überprüft. Werden diese nicht erreicht, kann eine pauschale Kompensation durch den ESCO angeboten werden. Als zusätzliche Möglichkeit kann der ESCO auch die folgenden jährlichen Überprüfungen der neu eingeführten Effizienzmaßnahmen vornehmen, wodurch die Kundenbindung steigt. Bei diesem Modell profitieren die Kunden von den langfristig angelegten Energieeinsparungen, ohne die kurzfristige Finanzierungsbelastung zu haben. Ob diese Projekte profitabel sind, hängt stark von den spezifischen Projektkosten, dem möglichen Risiko und der Vertragsdauer ab. Die Profitabilität steigt in jedem Fall mit Reduzierung des Energieliefervolumens. Für Versorger, die nur eine geringe eigene Energieerzeugung haben, ist dieses Geschäftsmodell besonders interessant, da es durch die durchgeführten Einsparmaßnahmen nicht zu Einbußen bei der Energiebereitstellung aus den eigenen Anlagen kommt.

Welche Aufgaben übernimmt der „virtuelle Versorger"? Hier stehen virtuelle Kraftwerke im Mittelpunkt. Diese müssen vermarktet und betrieben werden. Wesentliche Aufgabe der Dienstleister ist die Zusammenfassung und Vernetzung dezentraler Erzeugungsanlagen durch moderne Steuerungstechnik. Die Anlagen sollen so betrieben werden, dass sie flexibel auf Nachfrage und Angebot reagieren. Bei diesem Geschäftsmodell steht der Dienstleister als Vermittler zwischen Kunden und Übertragungsnetzbetreiber bzw. Börse. Die Kunden erhalten für die Bereitschaft, Energieerzeugungsanlagen des Dienstleisters bei Netzüberlastung vom Netz zu nehmen, eine Basiskompensation. Ist diese Maßnahme tatsächlich erforderlich, ist gesetzlich eine finanzielle Entschädigung garantiert. Je nach Modell kommt diese zu jeweils der Hälfte dem Dienstleister und dem Kunden zu Gute. Wird in der Zwischenzeit Überschussstrom produziert, kann dieser nach dem EEG über die Direktvermarktung an der Strombörse gehandelt werden, um Zusatzeinnahmen zu generieren. Die Differenz zwischen dem Börsenerlös und der gesetzlichen EEG-Vergütung sowie die Marktprämie werden zwischen Kunden und Anbieter aufgeteilt. Wichtiges Gut in diesem Geschäftsmodell sind die gewonnenen Netz- und Messdaten. Daraus lassen sich zukünftig weitere neue Geschäftsmodelle generieren, wie z. B. auf dem Gebiet der Abrechnungsdienstleistungen oder des Einsatzes von Smart Metering.

Die beschriebenen Geschäftsmodelle zeigen, dass zum einen das Kerngeschäft der Energieversorgung schrumpft, auf der anderen Seite aber jede Menge neuer Möglichkeiten mit neuen Geschäftsmodellen entstehen. Gleichzeitig kommen immer neue Anbieter auf den Markt, gegen die sich die bestehenden Energieversorger behaupten müssen. Aufgrund der oftmals seit Jahrzehnten bestehenden Kundenbeziehungen, ihrer Kundennähe und dem in dieser Zeit gewonnenen Kundenvertrauen haben sie gegenüber neuen Anbietern am Markt große Vorteile, sich durchzusetzen. Zukünftig wird sich das Gesicht des ursprünglich reinen Energielieferanten zum Manager und Dienstleister wandeln. Die Ausgestaltung der zukünftigen Aufgaben und Angebote hängt von den Kernkompetenzen und den spezifischen Anforderungen der Eigentümer und Kunden ab. Um fehlendes Know-how zu kompensieren, bieten sich Kooperationen mit Technologieunternehmen, anderen regionalen Energieversorgern („Coopetition" – Kooperationswettbewerb) sowie öffentlichen Stellen an.

Welche Rolle Kooperationen in Zukunft für alle Beteiligten am Energiemarkt spielen werden, lässt sich gut am Beispiel der Kooperationsbestrebungen von Stadtwerken aufzeigen. Im Rahmen einer Studie wurden Stadtwerke aus unterschiedlichen Tätigkeitsfeldern befragt, wie dies Bild 1.22 zeigt.

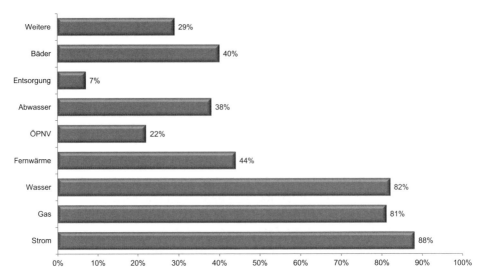

Bild 1.22 Zusammensetzung der Tätigkeitsfelder der an der Studie beteiligten Stadtwerke (nach Kurtz 2009)

Zur Ermittlung des Angebotes und der Nachfrage nach kompetenten Partnern für Kooperationen wurde Folgendes angenommen (Kurtz 2009):

Die Nachfrage nach Kooperationen in einem Tätigkeitsbereich besteht, wenn:

1. das Unternehmen in dem Bereich keine eigene Kernkompetenz besitzt,
2. das Unternehmen in diesem Feld noch gar nicht tätig ist und
3. prinzipiell eine Bereitschaft zur Kooperation besteht.

Ein Angebot an Kooperation kann interpretiert werden, wenn:

1. das Unternehmen in einer bestimmten Wertschöpfungsstufe Kernkompetenz besitzt,
2. das Unternehmen in dieser Wertschöpfungsstufe tätig ist und
3. prinzipiell Interesse an einer Kooperation besitzt.

In Bild 1.23 ist das Ergebnis dieser Annahmen aufgezeigt. Demnach liegt ein höheres Angebot nach Kooperationen vor, als Nachfragen bestehen.

Besonders hervorzuheben sind die drei Bereiche Asset-Management, Asset-Service und Vertrieb. Hier übersteigt das Angebot der Bereitstellung von Kernkompetenz die Nachfrage bei weitem. Es handelt sich bei diesen Segmenten anscheinend um sensible Unternehmenssektoren, deren Know-how im eigenen Unternehmen bestehen bleiben soll. Beim Mess- und Zählwesen halten sich Angebot und Nachfrage nach Kooperationen relativ die Waage. Dies scheinen Wertschöpfungsbereiche zu sein, in denen die Unternehmen bereit sind, Verantwortung wie auch Knowhow abzugeben, und auf der anderen Seite besteht ausreichend Know-how, um dieses in eine Kooperation einzubringen. In den Sektoren Handel und Erzeugung wird hingegen nach kooperationswilligen Unternehmen gesucht. Know-how auf diesem Gebiet, welches für Kooperationen angeboten wird, scheint ausreichend vorhanden zu sein.

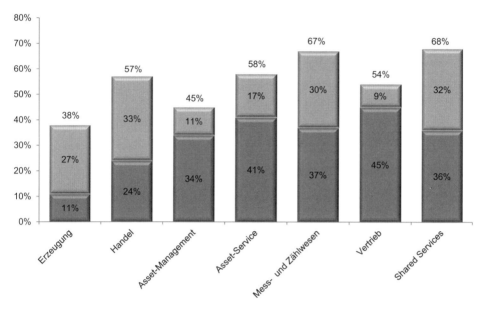

Bild 1.23 Interpretierte Angebots- und Nachfragesituation nach Kooperationen bei Stadtwerken, untere Säulen Kooperationsangebot, obere Säulen Kooperationsnachfrage (nach Kurtz 2009)

Die Motivation für die Nachfrage nach Kooperationen liegt z. B. in der finanziellen Einsparung von Kosten und der Verkürzung des zeitlichen Aufwands, der durch den Aufbau eigenen Know-hows entstehen würde. Dies kann z. B. im Energiesektor den Aufbau von Know-how zum Bereitstellen und Managen großer Datenmengen betreffen. Durch das Anbieten und Eingehen von Kooperationen kann das entsprechende Unternehmen z. B. seine eigenen personellen und technischen Kapazitäten besser auslasten. Die Gründe für das Eingehen von Kooperationen sind sehr vielfältig, wie dies Bild 1.24 zeigt.

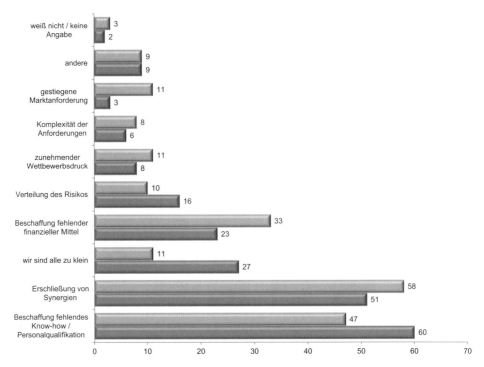

Bild 1.24 Vergleich der Gründe für das Eingehen von Kooperationen aus den Jahren 2012 und 2014, untere Säulen Studie 2012 (n = 100), obere Säulen Studie 2014 (n = 100) (nach Edelmann 2014)

Wie erfolgreich Kooperationen in der Vergangenheit eingegangen wurden, zeigen die beiden folgenden Graphiken. In Bild 1.25 werden die Ergebnisse für die Gruppe der Kooperations-Champions vorgestellt. Bei den „Champions" handelt es sich um erfolgreiche Kooperationen. Wurden die zuvor als wichtig bzw. unwichtig erachteten Ziele positiv bzw. negativ erreicht, erfolgte eine Einstufung als Kooperations-Champions. Wurde es z. B. als unwichtig erachtet, dass Daten zwischen den Unternehmen ausgetauscht werden und dieses Ziel anschließend in der Kooperation auch nicht erreicht, wurde dies als Erfolg gewertet. Das Unternehmen wurde dann in die Gruppe der „Champions" aufgenommen. Dies zeigt sich in Bild 1.25 durch das Übereinanderliegen der Kurven „wichtig" und „zutreffend". Zutreffend bedeutet, dass dieses Ziel erreicht wurde.

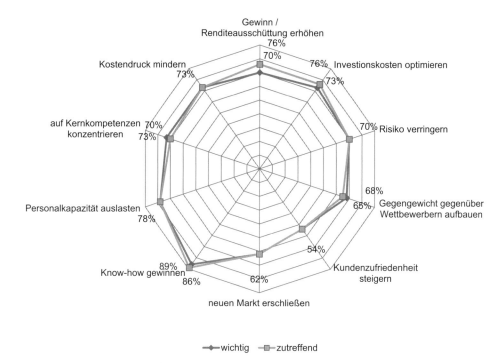

Bild 1.25 Erreichung von Kooperationszielen in der Gruppe der „Champions" (nach Kurtz 2009)

Bild 1.26 zeigt hingegen die Gruppe der „Learner", was in dem Auseinanderfallen der beiden Kurven für „wichtig" und „zutreffend" erkennbar ist. Ist z. B. der Aufbau eines gemeinsamen Abrechnungssystems als wichtig erachtet worden, was aber in der Kooperation nicht erreicht werden konnte, wurde dieses entsprechend als negative Abweichung bewertet und führte zur Einstufung in die Gruppe der „Learner".

Im Vergleich der beiden Bilder fällt auf, dass in der Gruppe der „Learner" einige der Ziele mit einer höheren Wichtigkeit eingebracht wurden als bei den „Champions". Wie sich dies in der Erfolgserreichung wiederspiegelt, lässt sich an dieser Stelle leider nicht sagen. Im Jahr 2012 hielten gerade drei Prozent der Befragten solche Kooperationen für Erfolg versprechend. Dies hat sich zum Jahr 2014 geändert, wo 15 Prozent der Befragten davon überzeugt waren, dass Kooperationen erfolgreich sind (Edelmann 2014).

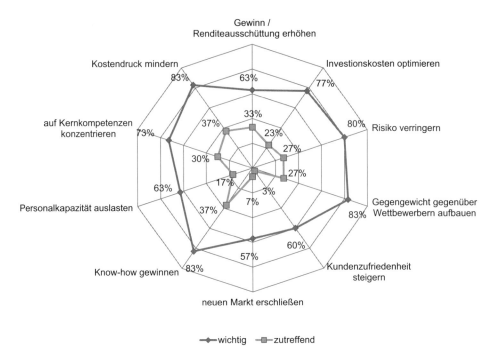

Bild 1.26 Erreichung von Kooperationszielen in der Gruppe der „Learner" (nach Kurtz 2009)

Als ein zentrales Geschäftsfeld geben die Manager von Stadtwerken das Angebot von Smart Metering an (Edelmann 2014). Dies ist der zukunftsträchtige Markt der Energie-Informations- und Kommunikationstechnologie (Energie-IKT). Von den in dieser Studie befragten Vorständen und Geschäftsführern von 100 Stadtwerken und regionalen Energieversorgern, von denen mehr als die Hälfte der Unternehmen in Versorgungsgebieten mit maximal 50 000 Menschen tätig sind, will jedes dritte Stadtwerk diesen Sektor in den kommenden drei bis fünf Jahren erschließen. 32 Prozent der Unternehmen gaben an, dort bereits aktiv zu sein (Edelmann 2014).

In das Marktsegment Energie-IKT fällt auch der Bereich Smart Grid. Mittels Energie-IKT werden Erzeugung, Verteilung und Verbrauch von Energie intelligent koordiniert. Hier sind bereits 44 Prozent der Unternehmen heute schon tätig bzw. planen einen Einstieg in den folgenden fünf Jahren (Edelmann 2014).

Insgesamt sind mehr als zwei Fünftel der in der Studie (Edelmann 2014) befragten Manager davon überzeugt, dass sich ihr Geschäftsmodell und damit der deutsche Energiemarkt in den nächsten Jahren stark ändern werden.

1.5 Energiewirtschaft in der EU

Die Europäische Union besteht aktuell aus 28 Mitgliedsstaaten (s. Bild 1.27). Deutschland befindet sich geografisch relativ zentral zwischen östlichen/westlichen und südlichen/nördlichen Ländern. So kommt Deutschland als Energieaustauschpartner, aber auch als Transferland innerhalb der EU eine wichtige Bedeutung zu.

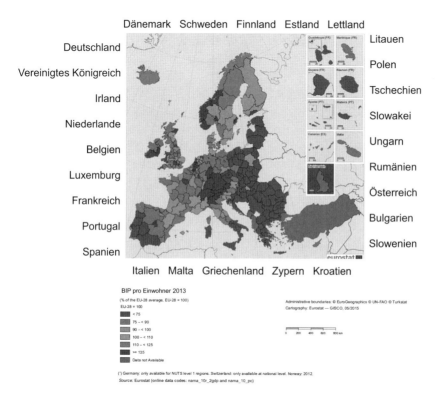

Bild 1.27 Die 28 Mitgliedsstaaten in der EU (Eurostat o. J.-b)

Aufgrund der unterschiedlichen Größe der einzelnen Länder bestehen zwischen ihnen erhebliche Unterschiede in Bezug auf installierte Leistung, Netto-Erzeugung und Stromverbrauch (s. Tabelle 1.5). Dabei liegt Deutschland in allen drei Bereichen an erster Stelle, während Malta als kleinstes EU-Land in allen drei Bereichen das Schlusslicht bildet.

Tabelle 1.5 Europäische Stromzahlen

Land	Installierte Leistung (2015) [MW] (BWE 2015)	Netto-Stromerzeugung (2013) [TWh] (Eurostat o. J.-e)	Stromverbrauch (2011) [TWh] (Stromvergleich 2011)
Belgien	k. A.	80,2	84,78
Bulgarien	k. A.	39,8	28,3
Tschechische Republik	k. A.	80,9	53,42
Dänemark	5064	33,1	33,41
Deutschland	44946	596,7	544,5
Estland	k. A.	11,8	7,08
Irland	k. A.	25,1	26,99
Griechenland	k. A.	52,6	59,53
Spanien	23025	274,5	267,5
Frankreich	10358	548,7	460,9
Kroatien	k. A.	13,0	k. A.
Italien	8958	278,8	314,5
Zypern	k. A.	4,1	k. A.
Lettland	k. A.	5,8	6,836
Litauen	k. A.	4,5	10,3
Luxemburg	k. A.	2,9	6,453
Ungarn	k. A.	28,0	42,7
Malta	k. A.	2,1	1,991
Niederlande	k. A.	96,8	112,5
Österreich	k. A.	65,9	65,67
Polen	5100	150,0	132,2
Portugal	5079	50,4	48,27
Rumänien	k. A.	54,1	50,59
Slowenien	k. A.	15,1	14,7
Slowakei	k. A.	27,2	28,75
Finnland	k. A.	68,3	83,09
Schweden	6025	149,5	132,1
Vereinigtes Königreich	13602	341,3	k. A.
Norwegen	k. A.	133,6	k. A.
Montenegro	k. A.	3,8	k. A.
EJR Mazedonien	k. A.	5,7	k. A.
Albanien	k. A.	7,0	k. A.
Serbien	k. A.	37,2	k. A.
Türkei	4694	229,0	k. A.

Mit den anderen Mitgliedsstaaten steht Deutschland in einem intensiven Im- und Exportverhältnis (s. Bild 1.28). Die größten Stromexporte von Deutschland gingen im Jahr 2015 in die Länder Niederlande, Österreich und Schweiz. Der größte Import kam aus Frankreich. Weitere große Importe kamen aus Tschechien und Dänemark. Frankreichs hoher Stromexport nach Deutschland beruht auf der kostengünstig produzierten Atomenergie. Der hohe Stromimport der Niederlande aus Deutschland ist darauf zurückzuführen, dass die Stromproduktion in Deutschland billiger ist als die Eigenproduktion von Strom in den Niederlanden (Sorge 2012).

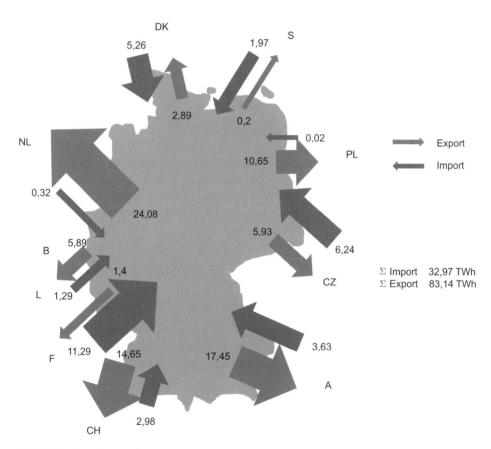

Bild 1.28 Strom-Ex- und -Importe europäischer Nachbarländer im Austausch mit Deutschland 2015 [TWh] (Exporte (nach Statista o. J.-d), Importe (nach Statista o. J.-e))

Die Niederlande verfügen hauptsächlich über Erdgasvorkommen, welches in ihren Gaskraftwerken eingesetzt wird. Gaskraftwerke werden in Deutschland aufgrund der hohen spezifischen Brennstoffpreise und der geringen spezifischen Investitionskosten nur im Spitzenlastbetrieb eingesetzt. Nach (Sorge 2012) ist der in der Grundlast produzierte Strom in den Niederlanden zuletzt vier bis acht Euro pro

Megawattstunde teurer gewesen als in Deutschland. Dies bedeutet, wenn Deutschland „billigen" Strom mit erneuerbaren Energien (hauptsächlich Windkraft und Photovoltaik) ins Netz einspeist, werden in den Niederlanden die Kraftwerke gedrosselt und der Strom aus Deutschland importiert.

Ein intensiver Stromhandel besteht nicht nur zwischen Deutschland und seinen Nachbarstaaten, sondern in der gesamten europäischen Union, wie dies in Bild 1.29 dargestellt ist.

Physical energy flows

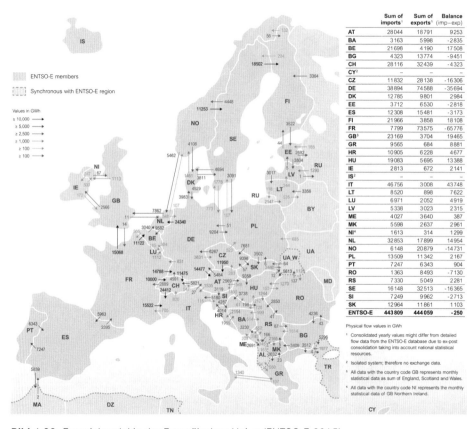

Bild 1.29 Energiehandel in der Europäischen Union (ENTSO-E 2015)

Die Gründe für den Handel liegen u. a. an den Strukturen der eigenen Vorkommen an Primärenergieträgern, die zur Stromerzeugung eingesetzt werden. In Bild 1.30 und Bild 1.31 sind für die Länder Frankreich und Spanien exemplarisch die Anteile der Energieträger an der Stromerzeugung aufgezeigt. Es zeigt sich, dass die Stromerzeugung in jedem Land durch eine unterschiedliche Kombination an Energieträgern gedeckt wird.

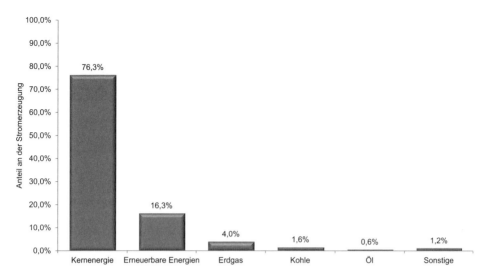

Bild 1.30 Anteil der Energieträger an der Stromerzeugung in Frankreich im Jahr 2015 (nach Statista o. J.-b)

Spanien verfügt über keine eigenen Öl- und Gasvorkommen (Brauch 1997). Diese müssen aus anderen Ländern gekauft und importiert werden. In der Vergangenheit wurde ein Großteil der Energie über Kernkraft gedeckt (s. Bild 1.31). Dahingegen besitzt es ein hohes Potenzial an Sonnenenergie, welches es zukünftig weiter in den Stromexport einbringen kann.

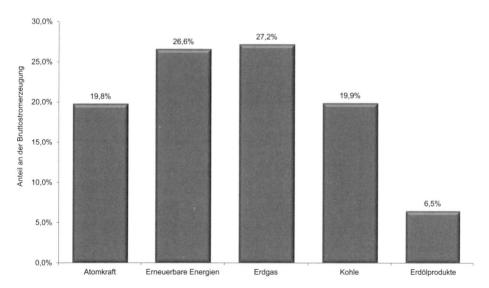

Bild 1.31 Anteil der Energieträger an der Bruttostromerzeugung in Spanien im Jahr 2010 (nach Statista o. J.-a)

Österreich hat seine Stromerzeugung umgestellt. Während es im Jahr 2002 noch hauptsächlich Strom aus dem fossilen Energieträger Braunkohle gewonnen hat (1,5 Terawattstunden), spielt dieser Energieträger seit zwei Jahren keine Rolle mehr. Den Großteil an Strom produziert Österreich heutzutage mit Wasserkraft in Form von Lauf- und Speicherkraftwerken (Statista o. J.-h). Österreich verfügt nur über eine geringe heimische Produktion an fossilen Energieträgern, so dass es einen Großteil davon importieren muss (bmwfw 2014). Die Importe von Öl (ca. 43 % an den Gesamtenergieimporten), gefolgt von Gas mit einem Anteil von 37 % spielen in Österreich eine wichtige Rolle.

Norwegen ist ebenfalls ein interessanter Staat in Europa. Norwegen deckt an die 99 Prozent seines Strombedarfs durch Wasserkraft. Das Land verfügt über umfangreiche fossile Vorräte, was es zu den weltweit führenden Erdöl- und Erdgas-Produzenten macht. Und doch ist der Anteil der fossilen Energieträger an der eigenen Stromerzeugung mit unter 0,5 % verschwindend gering. Ebenso ist bemerkenswert, dass das Land im Gegensatz zu Frankreich komplett auf Kernenergie verzichtet.

Innerhalb der Europäischen Union können sich die Länder zur Sicherung ihrer Energieversorgung untereinander austauschen. Dazu bedarf es aber eines gemeinsamen europäischen Rahmens. Je nachdem wie die Rahmenbedingungen gesetzt werden, können sich zur Stromversorgung innerhalb der Europäischen Union die eingesetzten Energieträger, wie in Bild 1.32 dargestellt, entwickeln. Folgt man dieser Prognose, so ist erwartungsgemäß davon auszugehen, dass der Einsatz von Erdöl und Kohle in den kommenden Jahren sinkt, hingegen die erneuerbaren Energien zunehmend genutzt werden. Erstaunlich ist, dass für Kernenergie ein stabil bleibender bzw. sogar leicht steigender Einsatz prognostiziert wird.

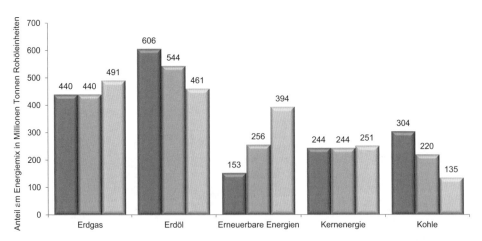

Bild 1.32 Prognostizierte Entwicklung des europäischen Energiemix nach Energieträgern von 2008 bis 2035 in Millionen Tonnen Rohöleinheiten, linke Säule 2008, Mitte 2020, rechts 2035 (nach Statista o. J.-f)

In den Zielen der Europäischen Union sind unter anderem die Aspekte Klimaschutz, Bezahlbarkeit von Energie und Versorgungssicherheit enthalten. Beim Thema Klimaschutz geht es um den Zusammenhang von Energieerzeugung und Klimaschutz. Ein Faktor, der die Bezahlbarkeit von Energie beeinflusst, ist der Handel im EU-Binnenmarkt. Zur Gewährleistung einer Versorgungssicherheit ist die Stabilität der Netze relevant. Hierfür bedarf es einer entsprechenden EU-Außenpolitik.

Ein Ziel unter dem Aspekt Klimaschutz ist die Steigerung des Anteils der erneuerbaren Energien bis 2020 auf 20 % am Gesamtenergieverbrauch (Richtlinie 2009/28/EG), wobei für jedes EU-Mitglied individuelle Zielvorgaben bestehen. So liegt die Vorgabe für Deutschland bei 18 %; der Istwert für das Jahr 2014 liegt bei 13,8 % (für EU28: 16 %) (Eurostat 2016). Biokraftstoffe sollen bis 2020 in jedem EU-Mitgliedsstaat einen Anteil von 10 % am Benzin- und Dieselkraftstoffverbrauch ausmachen (Richtlinie 2009/28/EG). Hier schwanken die in 2014 erreichten Werte zwischen 0,2 % in Estland und 21,6 % in Finnland (Eurostat 2016). In der Wahl der Technologien zur Umsetzung der Ziele sind die Länder frei.

Zur Förderung der Stromerzeugung aus erneuerbaren Energien existieren in der EU zwei Fördermodelle. Ein Modell ist das deutsche Einspeisungsmodell des EEG, welches mittlerweile von den meisten Mitgliedsstaaten übernommen wurde. Darin enthalten sind die bekannten Modelle: das EEG-Vergütungsmodell, das Marktprämienmodell und das Ausschreibungsmodell. In Schweden existiert ein Quotenmodell. Die Erzeuger müssen nach diesem Modell bestimmte Quoten für den Strom aus erneuerbaren Energien erfüllen. Ist dies nicht möglich, können sie Zertifikate für „grün" erzeugten Strom erwerben. Um die CO_2-Emissionen in der EU zu vermindern und die Mitgliedsstaaten zur Einsparung von CO_2-Emissionen zu bewegen, wurde das EU-Emissionshandelssystem (ETS) aufgebaut. Da zeitgleich verschiedene nationale Förderregimes zur Förderung der erneuerbaren Energien existieren, ist das Zusammenspiel der beiden Systeme umstritten. Denn aufgrund des „Merit-Order-Effekts" werden teurere konventionelle Kraftwerke z. B. durch Windkraft und Photovoltaik-Anlagen aus dem Markt gedrängt, da diese günstigere Grenzkosten aufweisen. Die Merit-Order (englisch für Wert-Reihenfolge) gibt die sortierte Grenzkostenkurve der Stromerzeugung wieder. Durch diese Kurve ist es möglich, für eine gegebene Stromnachfrage zu jedem Zeitpunkt das Kraftwerk zu bestimmen, mit welchem diese Nachfrage am kostengünstigsten gedeckt werden kann (Roon 2010). Somit erfolgt auch unter den konventionellen Kraftwerken in Bezug auf die Grenzkosten in diesem Rahmen ein Wettbewerb. Da die Preise für Braunkohle durch unterschiedliche Effekte gesunken sind, ist der Einsatz von Kohlekraftwerken günstiger als der von umweltfreundlichen und hocheffizienten Gaskraftwerken. Zudem sind in Deutschland die meisten Kohlekraftwerke bereits abgeschrieben, während viele Gaskraftwerke erst in den letzten Jahren gebaut und damit noch nicht abgeschrieben sind. Dies führt ebenfalls zu höheren Grenzkosten. Gründe für das Sinken der Kohlepreise liegen z. B. in dem Schiefergas-Boom der USA, wodurch die Nachfrage nach Kohle auf dem Weltmarkt gesunken ist. Jedoch führt derzeit der „Merit-Order-Effekt" speziell in Deutschland durch das EEG zu steigenden Strompreisen für Kunden in der Grundversorgung. Denn durch den Vorrang der erneuerbaren Energien stehen diese jetzt an der ersten Stelle in der Merit-Order unabhängig von ihren Grenzkosten. Erst danach folgen die anderen Kraftwerke entsprechend ihren Grenzkosten. Der bestehende Strombedarf wird dann unter Umständen zu einem Großteil bereits durch die erneuerbaren Energien abgedeckt und es kommen nur noch die billigen Stromproduktionen zum Zug. Dies bedeutet, dass eventuell der ganze Strombedarf durch erneuerbare Energien und Braunkohlekraftwerke abgedeckt wird. Das führt dazu, dass der gesamte Strom zum Preis für Braunkohlestrom verkauft wird. Die Differenz zwischen diesem Preis und der EEG-Einspeisevergütung geht in die EEG-Umlage. Die EEG-Umlage wird auf die Kunden in der Grundversorgung (Kleinkunden) umgelegt. Großkunden kaufen ihren Strom an der Börse. Dort können sie diesen zu einem deutlich niedrigeren Preis einkaufen. Zudem sind Großkunden ganz oder teilweise von der EEG-Umlage befreit. Würde die Europäische Union eine Harmonisierung der Fördersysteme für erneuerbare Energien durchführen, ließe sich dieser Konflikt lösen (Offenberg 2014). Dies kann jedoch nur gelingen, wenn ein europäisches Stromnetz und ein gemeinsamer Binnenmarkt für Energie geschaffen werden. Ansonsten kommt es bei der Umstellung zu einer temporären Investitionsunsicherheit (Offenberg 2014). Weiterhin trägt der durch die Wirtschaftskrise und den damit verbundenen Produktionsrückgang in der EU entstandene Überhang an Emissionszertifikaten innerhalb des ETS zum vermehrten Einsatz von Kohlekraftwerken statt Gaskraftwerken bei. Diesem wird entgegengewirkt, indem mehrere Mitgliedsstaaten in der EU weniger Zertifikate an der Börse anbieten, was als „Backloading" bezeichnet wird, wodurch es zu einer Verknappung der Angebote und damit einem Anstieg der Preise für CO_2-Zertifikate kommt (DWN 2014). Dies hat bisher jedoch nicht den erwünschten Effekt auf den CO_2-Preis. Die genauen Einflüsse auf den CO_2-Preis konnten bis Ende 2014 noch nicht ermittelt werden (Dehmer 2014). Seit 2013 ist ein gewisser Anstieg der CO_2-Preise zu verzeichnen (s. Bild 1.33].

Weiterhin hat die EU in 2014/2015 eine „Marktstabilitätsreserve" eingeführt (BMWi o. J.-c). Ein entsprechender Vorschlag wurde am 22.01.2014 durch die Europäische Kommission für einen Beschluss im europäischen Parlament und des Rates vorgelegt (Europäische Kommission 2014). Dieser sieht vor, dass basierend auf einer jährlich ermittelten Überschusssituation im Emissionshandelsmarkt eine Anpassung des Angebotes an Zertifikaten erfolgt (BMWi o.J.-c). Am 1. Januar 2019 soll die Marktstabilitätsreserve starten (BMWi o.J.-c). Die als Backloading zurückgehaltenen 900 Mio. Zertifikate sollen dann direkt in diese Reserve fließen. Darüber hinaus kann die EU bei zu großem Überschuss an Zertifikaten diese zurückhalten und bei Sinken des Überschusses Reserven auflösen. Liegt die Überschussmenge an Zertifikaten oberhalb 833 Mio., wird die Versteigerungsmenge des jeweiligen Jahres um 12 % des Überschusses verringert. Unterschreitet die Überschussmenge die Anzahl an 400 Mio. Zertifikaten oder kommt es zu starken Preissprüngen, wird die jährliche Versteigerungsmenge an Zertifikaten um 100 Mio. aus den Reserven erhöht.

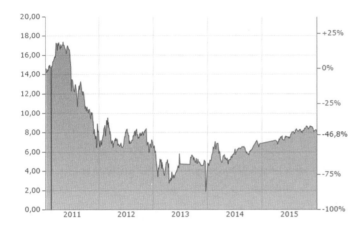

Bild 1.33 Entwicklung des CO_2-Preises in den letzten fünf Jahren, Währung EUR (finanzen.net 2014)

Um einen EU-Binnenmarkt zu gestalten, muss ein Rahmen geschaffen werden, der es neuen Anbietern ermöglicht, grenzüberschreitend auf dem EU-Markt aufzutreten. Gleichzeitig muss Geschäfts- und Privatkunden die freie Wahl des Anbieters ermöglicht werden. Um dies zu erreichen, hat die Europäische Union in den Jahren zwischen 1996 und 2009 drei Legislativpakete zur Liberalisierung und Harmonisierung des EU-Binnenmarktes für Energie verabschiedet (Kerebel 2016). Darin wurden folgende Themen festgeschrieben:

- Marktzugang
- Transparenz und Regulierung
- Verbraucherschutz
- Förderung des Verbunds
- Versorgungssicherheit

1996 kam dazu die erste EU-Richtlinie zur Elektrizitätsmarktliberalisierung (Richtlinie 96/92/EG vom 19. Dezember 1996) (Müller 2001, enprimus.de 2016). 1998 folgte die erste EU-Richtlinie zur Gasmarktliberalisierung (Richtlinie 98/30/EG des Europäischen Parlaments und des Rates vom 22. Juni 1998) (Saurer 2014, enprimus.de 2016). Dem folgten weitere Richtlinien, die dazu dienen (enprimus.de 2016):

- Dritten im EU-Raum einen Netzzugang zu Übertragungs- und Verteilnetzen zu ermöglichen,
- die Netznutzungsentgelte und Netzanschlussbedingungen zu regulieren und
- die Netzbetreiber zu entflechten, um für Dritte einen diskriminierungsfreien Wettbewerb zu gewährleisten.

Die Entflechtung der Netzbetreiber wurde 2009 in der dritten Stromrichtlinie festgeschrieben, die Folgendes vorschreibt (Boom 2012):

- die eigentumsrechtlichen Zusammenhänge mit den Tochtergesellschaften zu entflechten oder
- einen unabhängigen Netzsystembetreiber (ISO – Independent System Operator) zu etablieren oder
- die Tochtergesellschaften in einen unabhängigen autonomen Übertragungsnetzbetreiber (ITO – Independent Transmission Operator) umzuwandeln.

In Deutschland wurde zur Erreichung dieses Ziels die eigentumsrechtliche Entflechtung als Variante gewählt. Diese ist in § 8 des Energiewirtschaftsgesetzes geregelt (EnWG 2005/2016). Zusätzlich gibt es in Deutschland auch die Variante der ITO. Da die Mitgliedsstaaten der EU zur Umsetzung der EU-Vorgaben erst eigene Gesetze auf den Weg bringen müssen, verläuft die Umsetzung zeitlich sehr unterschiedlich und ist noch nicht abgeschlossen.

Eine weitere EU-Strategie zum Energiebinnenmarkt betrifft den Aufbau transeuropäischer Netze für den Transport von Strom und Gas (Kerebel 2016). Dazu beschloss der Rat der EU im Rahmen einer Sitzung am 22. Mai 2013, dass bis 2015 jeder Mitgliedsstaat ins europäische Gas- und Stromnetz integriert sein soll (Offenberg 2014). Nach einem Bericht des Rates der EU vom 13. Juni 2014 wird dieses Ziel noch nicht erreicht (Council 2014). Jedoch konnte bereits vieles umgesetzt werden. So wurde zwischen Italien und Malta im April 2015 die Stromleitung eingeweiht (Europäische Kommission 2015-a). Da der Eastlink zwischen Finnland und Estland und die NordBalt-Verbindungsleitung zwischen Litauen und Schweden aufgebaut ist, können die baltischen Staaten am NordPool-Strommarkt teilnehmen. Ebenfalls wurde 2015 zwischen Litauen und Polen sowie Frankreich und Spanien die Verbindungsleitung in Betrieb genommen. Weitere wichtige Projekte in diesem Rahmen konnten in 2015 umgesetzt werden (Europäische Kommission 2015-a).

Als klimafreundlicher Brennstoff ist Gas ein wichtiger Faktor bei der sicheren Energieversorgung in der EU. Aus diesem Grund wird seit der Eskalation des zwischenzeitlich dritten Gasstreits zwischen Russland und der Ukraine seit 2006 der Ausbau des transeuropäischen Gasnetzes verstärkt diskutiert.

Sowohl für den Transport von Gas als auch für Strom wurde der Verband Europäischer Übertragungsnetzbetreiber, kurz ENTSO-E (European Network of Transmission System Operators for Electricity; früher auch ETSO für European Transmission System Operators), für den Transport von Strom bzw. ENTSO-G für den Transport von Gas gegründet. ENTSO-E hat in 2009 basierend auf dem dritten EU-Legislative-Paket seine Arbeit aufgenommen (ENTSO-E 2016). Es besteht europaweit aus 41 Übertragungsnetzbetreibern aus 34 europäischen Staaten (ENTSO-E 2016). Auf der Stromseite stellt dieser Verbund keinen technischen Zusammenschluss der einzelnen Verbundnetze zu einem einzigen großen Verbundnetz dar, da dies aus technischen Gründen nicht möglich ist. Vielmehr geht es um den organisatorischen Zusammenschluss von verschiedenen Übertragungsnetzbetreibern. Eine entsprechende Verordnung wurde am 13. Juli 2009 durch das europäische Parlament und den Rat erlassen (Verordnung (EG) 714/2009 2009). Die ENTSO-E hat folgende Aufgaben zu übernehmen (Offenberg 2014):

- Alle zwei Jahre soll ein Zehn-Jahres-Plan für den Netzausbau veröffentlicht werden. Der erste Report erschien 2010.
- Ausarbeitung von Netzwerk-Codes, die die europäischen Regelungen zur Planung und zum Betrieb des Stromnetzes zusammenfassen und europaweit harmonisieren (ENTSO-E 2014).
- Die Netzwerk-Interoperabilität soll gesichert werden. Dies bedeutet, dass Geräte bei vergleichbarer Netzumgebung in der Lage sind, mit anderen Geräten desselben Standards hardwareunabhängig zu kommunizieren.
- Entsprechende Berichte zur Stromerzeugung sollen veröffentlicht werden.

Weiterhin wurde eine Agentur für die Kooperation der Energieregulatoren (Agency for the Cooperation of Energy Regulators – ACER) gegründet, die mit ENTSO-E kooperiert (Offenberg 2014). Dies ist in der Verordnung (EG) Nr. 713/2009 festgelegt, der folgende Aufgaben zukommen (Verordnung (EG) 713/2009 2009):

- Begutachtung und Formulierung einer Stellungnahme zu den nicht bindenden gemeinschaftsweiten zehnjährigen Netzentwicklungsplänen der ENTSO-E und ENTSO-G.
- Übernahme einer Beratungsfunktion gegenüber den EU-Organen in Energiefragen.
- Unterstützung bei der Erstellung europäischer Netzvorschriften.
- Verbesserung der Koordination der Arbeit der nationalen Energieregulierungsbehörden (z. B. Bundesnetzagentur und E-Control), wie auch die Konsultation und Kooperation zwischen den nationalen Regulierungsbehörden.

ENTSO-G, in der 39 Fernleitungsnetzbetreiber organisiert sind, hat nach (Offenberg 2014) folgende Aufgaben:

- Erarbeitung eines nicht bindenden gemeinschaftsweiten Zehn-Jahres-Plans zur Entwicklung des Gasnetzwerks.
- Standardisierung, Vergabe und Verwaltung von Netzwerk-Codes.

- Verbesserung des Informationsflusses zwischen Übertragungsnetzbetreibern und Marktteilnehmern.
- Schaffung gemeinsamer Arbeitsmittel für die Koordination des Betriebs des Netzwerkes.

Als weiterer wichtiger Punkt ist die Stabilität der Netze zu nennen. Die Stabilität betrifft nicht nur die Stromnetze, sondern in besonderem Maße die Gasnetze. Für die Stromnetze sind viele wichtige und wesentliche Maßnahmen ergriffen worden. Dies muss auch auf der Seite der Versorgung mit Gas erfolgen. Gas ist eine wichtige Brückentechnologie auf dem Weg der Transformation im Rahmen der Energiewende. Noch ist eine Versorgung ausschließlich auf Basis erneuerbarer Energien nicht zu leisten. Ca. ⅔ des in der EU verbrauchten Gases müssen von Ländern außerhalb der EU importiert werden (Offenberg 2014). Eine sichere Versorgung mit Gas ist jedoch seit Ausbruch der Ukraine-Krise und dem erneuten Gasstreit zwischen Russland und der Ukraine nicht wirklich gewährleistet. Hier sind vor allem Maßnahmen im Rahmen der Außenpolitik erforderlich. Bei der Europäischen Union stehen die beiden folgenden Punkte im Fokus:

- Diversifizierung der Gasbezugsquellen und Lieferwege

  Im Jahr 2013 bezog die EU über 80 % ihrer Gasimporte aus den drei Staaten Russland (39 %), Norwegen (29,5 %) und Algerien (12,8 %) (Pongas 2014). Innerhalb der EU sind die Abhängigkeiten von Russland sehr unterschiedlich. 12 Mitgliedsstaaten (darunter Österreich, Finnland, Ungarn, die baltischen Staaten und Polen) bezogen mehr als 75 % ihrer Gasimporte aus Russland, während diese bei neun Staaten (u. a. Dänemark, Frankreich, Irland, Spanien und Großbritannien) weniger als 25 % ausmachten. Deutschland, Italien und die Niederlande bezogen jeweils weniger als 50 % ihrer Gasimporte aus Russland. Dabei geht es bei den Abhängigkeiten nicht nur um die Lieferung selbst, sondern auch um die Durchsetzung von Marktpreisen. Im Zusammenhang mit der Diversifizierung der Lieferungen müssen neue Wege gesucht werden, um dieses Ziel zu erreichen. Dazu bedarf es einer sicheren Kenntnis über die Nachfrage (Offenberg 2014). Diese ist nur möglich, wenn durch die Europäische Union für die Mitgliedsstaaten gemeinsame klare EU-Klima- und Energieziele definiert werden. Erst dann ist es möglich, eine entsprechende Strategie zu entwickeln und eine einheitliche Vorgehensweise innerhalb Europas festzulegen. Mit der Diversifizierung hängen auch die Marktpreise zusammen.

  2014 hat die EU-Kommission eine Strategie zur Energieversorgungssicherheit vorgelegt, um die hohe Abhängigkeit einzelner Mitgliedsstaaten von russischem Gas, verbunden mit der Gefahr von Versorgungsunterbrechungen bei Krisen, zu verringern. Bereits 2009 hatte der Gasstreit zwischen Russland und dem Transitland Ukraine in mehreren EU-Mitgliedsstaaten zu Versorgungslücken geführt (Europäische Kommission o. J.). Die Annexion der Krim durch Russland und die verschärften Auseinandersetzungen zwischen Russland und der Ukraine beförderten diese Entscheidung. Die Schaffung einer Energieunion wurde daraus als zentrales politisches Ziel der EU-Kommission abgeleitet (Europäische Kommission 2015-b).

Um sichere Lieferwege zu gewährleisten, ist der Ausbau der Gasleitungen von Bedeutung. In diesem Zusammenhang ist die South-Stream-Kontroverse zu nennen, bei der es um den Bau einer Gaspipeline von Russland durch das Schwarze Meer nach Bulgarien geht. Der russische Präsident Putin hat das Projekt gestoppt. Als Ersatz für das Projekt wird der „Südliche Gaskorridor" vorangetrieben, für den alternative Pipelines zur Beförderung von Gas aus dem kaspischen Raum nach Europa gebaut werden sollen. Dabei konkurrieren zwei Pipeline-Projekte, die Trans-Anatolische Pipeline (TANAP) und die Nabucco-Pipeline, miteinander. Bei dem anderen Projekt handelt es sich um die „Trans-Adria-Pipeline" (TAP), die das Gas von der türkisch-griechischen Grenze über Griechenland und Albanien nach Italien leitet (Offenberg 2014). In besonderem Interesse der EU ist die Errichtung der Transkaspischen Pipeline. Diese führt Gas aus Turkmenistan durch das Kaspische Meer, welches in Aserbaidschan über die Trans-Anatolische Pipeline (TANAP) und Trans-Adria-Pipeline (TAP) nach Europa weiter transportiert wird.

Eine weitere Möglichkeit zur Sicherstellung der Gasversorgung ist die Herstellung und der Einsatz von Liquefied Natural Gas (LNG). USA und Kanada sind hierfür mögliche Exporteure. Weiterhin ist die Schiefergas-Förderung (Fracking) zu nennen, die auch in Deutschland mittlerweile diskutiert wird. In den USA ist diese Technologie zu einem wichtigen Aspekt im Rahmen der Versorgungssicherheit mit Gas geworden. Diese Technologie hat jedoch viele umweltrelevante Aspekte, weshalb sie in Deutschland in der Bevölkerung keine große Akzeptanz findet.

- Stärkung der Verhandlungsposition der Kommission gegenüber Gas-Exporteuren

  Durch die Versorgung Europas mit Gas über alternative Wege und damit die Möglichkeit einer besseren Preisgestaltung kann ihre Position in Verhandlungen gestärkt werden.

Werden die aufgezeigten Ziele mit den genannten Maßnahmen in der geplanten Zeit erreicht, sind wichtige Voraussetzungen für die erfolgreiche Transformation des Energiesystems in der Europäischen Union gelegt.

Im Februar 2016 hat die Europäische Kommission auf dem Weg zu einer Energieunion ein weitergeführtes Paket mit mehreren Maßnahmen vorgelegt, welches dazu beitragen soll, die gesetzten Ziele zu erreichen und damit eine nachhaltige, sichere und wettbewerbsfähige Energieversorgung zu ermöglichen (Europäische Kommission 2016). Dieses Paket legt damit auch die Basis für die weitere Gestaltung der Energiewende und die Sicherung der Energieversorgung bei Gas-Lieferunterbrechungen aus anderen Staaten. Das Paket setzt das Pariser Übereinkommen um, welches die Staats- und Regierungschefs in Paris am 12. Dezember 2015 angenommen haben. Es legt folgende Maßnahmen fest (Europäische Kommission 2016):

- Eine Drosselung der Energienachfrage.
- Die Steigerung der Energieproduktion in Europa (auch aus erneuerbaren Quellen).
- Die Weiterentwicklung eines gut funktionierenden und vollständig integrierten Energiebinnenmarkts.
- Die Diversifizierung der Energiequellen, -lieferanten und -versorgungswege.

Um eine sichere Gasversorgung zu erreichen, schlägt die Kommission vor, von einem nationalen zu einem regionalen Ansatz überzugehen (Europäische Kommission 2016). Weiterhin sollen die zwischenstaatlichen Abkommen mit Drittstaaten transparenter werden und in allen Punkten mit dem EU-Recht vereinbar sein. Flüssiggas (LNG) und die Speicherung von Gas spielen zukünftig eine immer wichtigere Rolle für eine sichere Versorgung. Darum hat die Kommission eine Strategie festgelegt, mit der sie den Zugang aller Mitgliedsstaaten zu LNG als alternative Gasversorgungsquelle verbessern will. Etwa die Hälfte der insgesamt in der EU verbrauchten Energie entfallen auf die Wärme- und Kälteerzeugung für Gebäude und Industrie. Aus diesem Grund zielt das Paket auf eine gesteigerte Energieeffizienz von Gebäuden sowie Produktionsverfahren und den verstärkten Einsatz erneuerbarer Energien ab.

Im Rahmen der Energieunion sollen mit diesem Paket auch mehr Transparenz auf dem europäischen Energiemarkt und mehr Solidarität zwischen den Mitgliedsstaaten geschaffen werden.

2 Flexibilisierung der Energieerzeugung und des Energieverbrauchs

Aufgrund der intensiven Einbindung volatiler erneuerbarer Energien in das deutsche wie auch das europaweite Energiesystem stellt sich die Frage, welche Konzepte für eine sichere Versorgung angedacht sind und welche erfolgversprechend sein können.

■ 2.1 Betrachtung der erneuerbaren Energien unter Nachhaltigkeitsaspekten

Die unterschiedlichen erneuerbaren Energien (wie Sonnenenergie, Windenergie, Geothermie, Wasserkraft, Bioenergie) werden unter dem Blickwinkel der Ökologie, Ökonomie und sozialer/politischer Aspekte betrachtet. Dabei wird neben klassischen Betrachtungen zu ökologischen Auswirkungen z. B. auf die unterschiedlichen Gestehungskosten und die damit verbundenen Probleme eingegangen. Darüber hinaus werden Auswirkungen auf den Arbeitsmarkt analysiert. Ebenso wird beleuchtet, welcher Umsatz mit den einzelnen EE bereits heute am Markt erzielt wird.

2.1.1 Ökologische Aspekte erneuerbarer Energien

Grundlage dieses Kapitels bildet die Studie (Memmler 2014) des Umweltbundesamtes. Im Rahmen der Studie wurden Ökobilanzen für die Strom- und Wärmebereitstellung aus unterschiedlichen technologischen Möglichkeiten an erneuerbaren Energien aufgestellt, analysiert und bewertet. Betrachtet wurden dabei in der Netto-Bilanz sowohl die Emissionen an Treibhausgasen und sonstigen Luftschadstoffen, die durch die Substitution fossiler Energiebereitstellung vermieden werden, wie auch die Emissionen, die durch den Einsatz erneuerbarer Energien verursacht werden.

Die Studie basiert auf der Methode der Lebenszyklusanalyse (Klöpffer 2009). Sie berücksichtigt die bei der Umwandlung von Primär- und Sekundärenergieträgern in Endenergieträger auftretenden Emissionen, wie diese z. B. bei der Verbrennung fossiler wie auch biogener Energieträger auftreten, die sogenannten direkten Emissionen. Es werden aber auch die indirekten Emissionen in Ansatz gebracht, die durch Vorketten der Umwandlungsprozesse verursacht werden, wie z. B. bei der Herstellung von Anlagen zur Energieumwandlung, Gewinnung und Bereitstellung von Energieträgern oder dem Bau von Gebäuden.

Es werden in der Studie acht Schadstoffe bzw. Schadstoffsummen betrachtet, die in Tabelle 2.1 dargestellt sind.

Tabelle 2.1 Übersicht der betrachteten Treibhausgase und Luftschadstoffe (Memmler 2014)

Kategorie	Name	Chemische Bezeichnung	Relatives Treibhausgas- bzw. Versauerungspotenzial (für Strom/Wärme/Verkehr)	
			Äquivalenzfaktor	Einheit
Treibhausgase	Kohlenstoffdioxid	CO_2	1	kg CO_2eq
	Methan	CH_4	21/25	
	Distickstoffoxid (Lachgas)	N_2O	310/298	
Säurebildende Schadstoffe	Schwefeldioxid	SO_2	1	kg SO_2eq
	Stickstoffoxide	NO_x	0,696	
Weitere Luftschadstoffe	Staub	–	–	–
	Kohlenstoffmonoxid	CO		
	Flüchtige organische Verbindungen (ohne Methan)	NMVOC		
CO_2eq – CO_2-Äquivalent, SO_2eq – SO_2-Äquivalent				

Im Rahmen einer Ökobilanz wird den einzelnen Emissionen eine Referenzsubstanz (Wirkungsindikator) zugeordnet, hier CO_2 bzw. SO_2 (Nagel 2015). Die Emissionen werden über einen Faktor, den Äquivalenzfaktor, umgerechnet und einer Wirkungskategorie, in diesem Fall dem Treibhausgaspotenzial (GWP) bzw. dem Versauerungspotenzial, zugeordnet (Nagel 2015). Das Ergebnis wird dann als CO_2eq (CO_2-Äquivalente) bzw. SO_2eq (SO_2-Äquivalente) angegeben.

Im Folgenden wird ausschließlich das Treibhausgas CO_2 betrachtet.

Aus den durchgeführten Betrachtungen wird errechnet, in welchem Umfang die Treibhausgas- und Luftschadstoffemissionen aus dem Einsatz fossiler Energieträger durch die Substitution mit erneuerbaren Energien vermieden werden können. Es ergibt sich ein spezifischer Netto-Vermeidungsfaktor (VF_{netto}). Um diesen zu berechnen, werden zunächst brutto vermiedene Emissionen ($E_{v,\,brutto}$) errechnet (Memmler 2014):

$$E_{v,brutto} = EEB_{ern} \cdot \Sigma\ SF_m \cdot EF_{fossil,m} \tag{2.1}$$

mit den Faktoren:

$E_{v,brutto}$ – brutto vermiedene Emissionen [t]: Fossile Energieträger werden durch die Bereitstellung von Endenergie aus erneuerbaren Energien substituiert.

EEB_{ern} – Endenergie aus erneuerbaren Energien [GWh]: Basisparameter der Emissionsbilanz.

SF_m – Substitutionsfaktoren [%]: jeweiliger Anteil der fossilen Energieträger (z. B. Öl, Gas, Braun- und Steinkohle), der durch die Endenergiebereitstellung aus erneuerbaren Energien (EEB_{ern}) verdrängt wird. Sie spiegeln den Mix der Substitution fossiler Energieträger durch die Nutzung erneuerbarer Energieträger wider.

$EF_{fossil,m}$ – Emissionsfaktor des jeweiligen Energieträgers $\left[\frac{g}{kWh}\right]$: Zusammenfassung der Gesamt-Emissionen über die jeweilige Energiebereitstellungskette. Dabei werden sowohl die direkten wie die indirekten (Vorketten – Gewinnung, Aufbereitung und Transport der Brennstoffe über die Herstellung der Anlagen bis zum Einsatz von Hilfsenergie und Hilfsstoffen im Anlagenbetrieb einschließlich deren Vorketten) Emissionen angesetzt. Sie repräsentieren den durchschnittlichen Anlagenbestand in Deutschland.

Erneuerbare Energien verursachen bei ihrer Umwandlung in Endenergie (EEB_{ern}) jedoch ebenfalls Emissionen (E_u [t]). Diese lassen sich wie folgt berechnen (Memmler 2014):

$$E_u = EEB_{ern} \cdot EF_{ern} \tag{2.2}$$

mit

EF_{ern} – jeweiliger erneuerbarer Emissionsfaktor $\left[\frac{g}{kWh}\right]$

Um nun die netto vermiedenen Emissionen ($E_{v,netto}$ [t]) aus der Endenergiebereitstellung aus erneuerbaren Energien zu ermitteln, wird die Differenz aus den brutto vermiedenen Emissionen ($E_{v,brutto}$ [t]) und den durch erneuerbare Energien verursachten Emissionen (E_u [t]) gebildet (Memmler 2014):

$$E_{v,netto} = E_{v,brutto} - E_u \tag{2.3}$$

Ist das Ergebnis der Subtraktion positiv, werden mehr Emissionen aus erneuerbaren Energien vermieden, als durch deren Umwandlung erzeugt werden. Dies hat ebenfalls eine positive Wirkung auf die Umwelt, die in diesem Fall durch den Einsatz erneuerbarer Energien zur Herstellung von Endenergie entlastet wird.

Als letzter Faktor ist der spezifische Netto-Vermeidungsfaktor ($VF_{netto}\left[\frac{g}{kWh}\right]$) interessant, der sich aus folgender Gleichung ergibt (Memmler 2014):

$$VF_{netto} = \frac{E_{v,netto}}{EEB_{ern}} = \Sigma \ SF_m \cdot EF_{fossil,m} - EF_{ern} \qquad (2.4)$$

Wird die Endenergiebereitstellung aus biogenen Energieträgern betrachtet, die nicht Reststoffe oder Abfälle sind, kann es zu Landnutzungsänderungen kommen. Dies ist ein wichtiger Faktor, der auf das Ergebnis einen entsprechenden Einfluss haben kann. Weitere Informationen können direkt der Studie (Memmler 2014) entnommen werden.

Die Berechnung der Ökobilanz zeigt, dass im Jahr 2013 Treibhausgasemissionen in Höhe von 146 Mio. t CO_2-Äquivalente durch unterschiedliche Maßnahmen vermieden werden konnten. 72 % (105,4 Mio. t CO_2-Äquivalente) davon wurden durch die Strombereitstellung aus erneuerbaren Energien hervorgerufen. Der Großteil davon (84 Mio. t CO_2-Äquivalente) stammt aus Anlagen mit EEG-Vergütung. Im Wärmebereich konnte eine Senkung der Treibhausgasemissionen von 35,6 Mio. t (25 %) und im Kraftstoffbereich von 4,8 Mio. t (3 %) CO_2-Äquivalente erreicht werden. Bild 2.1 fasst die Ergebnisse zusammen.

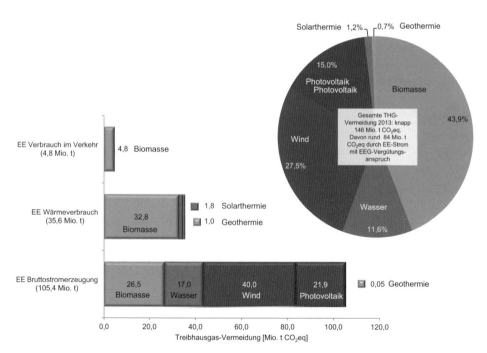

Bild 2.1 Netto vermiedene Treibhausgasemissionen durch die Nutzung erneuerbarer Energien im Jahr 2013 (nach Memmler 2014)

Wie stark die einzelnen Sektoren (Strom, Wärme, Verkehr) zur Reduzierung der Treibhausgase beitragen, ist sehr unterschiedlich (s. Bild 2.2). Die höchste Vermeidung an Treibhausgasen konnte im Sektor Stromerzeugung mit 72 % erreicht werden, obwohl dieser Bereich nur 47 % an der gesamten bereitgestellten Energie aus erneuerbaren Energien im Jahr 2013 ausmachte. Etwas mehr als die Hälfte (53 %) an Endenergie aus erneuerbaren Energien wurde in den Sektoren Wärme und Verkehr genutzt. Doch lag deren Vermeidungspotenzial zusammen nur bei 28 %. In diesen beiden Sektoren zeigt sich ein noch größeres bestehendes Potenzial.

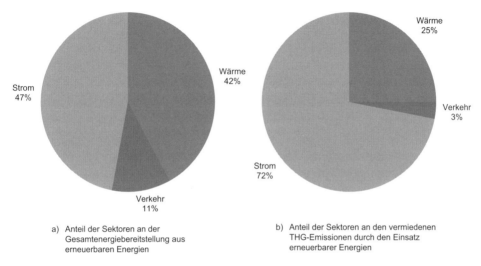

a) Anteil der Sektoren an der Gesamtenergiebereitstellung aus erneuerbaren Energien

b) Anteil der Sektoren an den vermiedenen THG-Emissionen durch den Einsatz erneuerbarer Energien

Bild 2.2 Anteile der Sektoren an der Endenergiebereitstellung aus erneuerbaren Energien und den dadurch vermiedenen Treibhausgasemissionen (THG-Emissionen) im Jahr 2013 (nach Memmler 2014)

Zwischen den drei Sektoren kommen bei den Berechnungen unterschiedliche Einflüsse zum Tragen. So ist bei der Strom- und Wärmeerzeugung entscheidend, welche fossilen Energieträger durch erneuerbare Energien ersetzt werden. Bei den Biokraftstoffen sind Art und Herkunft der Rohstoffe entscheidend. Hinzu kommen Verdrängungseffekte und sekundäre Landnutzungsänderungen, die zu Unsicherheiten bei der Bilanzierung führen.

In Tabelle 2.2 sind die Netto-Vermeidungsfaktoren für die drei Sektoren und die netto vermiedenen Emissionen aufgeführt. Die im Stromsektor erreichten hohen spezifischen Treibhausgasvermeidungen beruhen auf dem vorrangigen Einsatz von Technologien zur Umwandlung von elektrischer Energie aus Strömungs-, Wind- und solarer Strahlungsenergie. Diese Technologien erzeugen nur geringe direkte Emissionen. Zudem substituieren diese die relativ verlustreichen thermischen Kraftwerke, die einen hohen fossilen Energieträgereinsatz haben, wodurch hohe direkte Emissionen verursacht werden.

Durch die geringen Unterschiede der Energiequellen und Umwandlungstechnologien bzw. deren Nutzungsgrade können im Wärme- und Transportsektor nur geringe Mengen direkter Emissionen vermieden werden. Da die Wärmeerzeugung wie auch die Biokraftstoffe auf nachwachsenden Rohstoffen beruhen, kommen signifikante indirekte Emissionen durch deren Anbau hinzu.

Tabelle 2.2 Netto-Vermeidungsfaktoren für die Sektoren Strom-, Wärme- und Kraftstoffbereitstellung im Jahr 2013 (Memmler 2014)

Treibhausgas		EE-Brutto-Stromerzeugung gesamt: 150 878 GWh		EE- Wärmeverbrauch[1] gesamt: 134 430 GWh		EE-Verbrauch im Verkehr[2] gesamt: 31 205 GWh	
		Netto-Vermeidungsfaktor [g/kWh]	netto vermiedene Emissionen [1000 t]	Netto-Vermeidungsfaktor [g/kWh]	netto vermiedene Emissionen [1000 t]	Netto-Vermeidungsfaktor [g/kWh]	netto vermiedene Emissionen[3] [1000 t]
Treibhauseffekt	CO_2	708	106 807	270	36 283	209	6 521
	CH_4	0,45	67,8	0,04	5,9	-0,26	-8,2
	N_2O	-0,06	-9,1	-0,02	-2,6	-0,16	-5,0
	CO_2eq	**699**	**105 401**	**265**	**35 603**	**154**	**4 808**

[1] inkl. Biodiesel, der in der Landwirtschaft verwendet wird
[2] nur Biokraftstoffe, ohne Berücksichtigung des Stromverbrauchs im Verkehrssektor
[3] vorläufige Schätzung auf Basis des Vorjahresrohstoffmixes und unter Verwendung der typischen THG-Werte für Biokraftstoffe nach RL 2009/28/EG

Im Folgenden werden für die drei Sektoren Strom, Wärme, Verkehr die Treibhausgasvermeidungen, aufgeschlüsselt nach Energieträger bzw. Technologien der Endenergiebereitstellung, getrennt beschrieben.

Erneuerbare Energien im Stromsektor

Zur Stromerzeugung aus erneuerbaren Energien kommen unterschiedliche Energieträger bzw. Energieformen zum Einsatz, wie der biogene Anteil des Abfalls, Deponiegas, Klärgas, Biogas, flüssige Biomasse, feste Biomasse, Geothermie, Photovoltaik, Windenergie (offshore), Windenergie (onshore) oder Wasserkraft. Wie in Bild 2.3 ersichtlich ist, sind die vermiedenen und verursachten Treibhausgasemissionen und damit auch deren netto vermiedenen Emissionen (rechte Spalte) sehr unterschiedlich. Die besten Werte erreicht die Onshore-Windenergie. Biogas weist einen hohen Wert für die brutto vermiedenen Emissionen auf. Durch die verursachten Treibhausgasemissionen bei der Biogaserzeugung fällt die Netto-Vermeidung mit 10 697 kt jedoch nicht so hoch aus.

Das folgende Bild 2.3 sowie Bild 2.4 sind wie folgt zu lesen:
- Rechte Säulen (blau): brutto vermiedene Emissionen als positive Werte. Sie ergeben sich durch die Substitution fossiler Energieträger.

- Linke Säulen (rot): die durch den Einsatz erneuerbarer Energien verursachten Emissionen als negative Werte.
- Rechte Spalte (grün): Aus den brutto vermiedenen und den verursachten Emissionen ergeben sich die Treibhausgasvermeidungen für die untersuchten Technologien. Deren Wert wird als Zahl am rechten Rand angegeben.

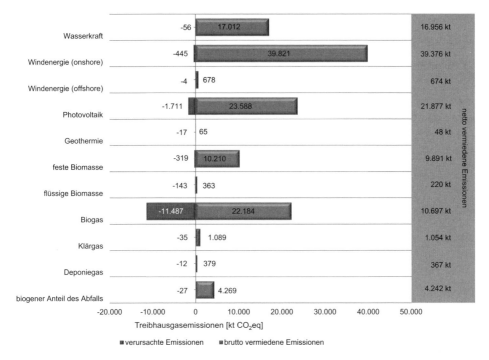

Bild 2.3 Durch den Einsatz erneuerbarer Energien zur Brutto-Stromerzeugung vermiedene und verursachte Treibhausgasemissionen im Jahr 2013 nach Energieträgern (nach Memmler 2014)

Werden die spezifischen Treibhausgasemissionen der Brutto-Stromerzeugung betrachtet, ergibt sich ein interessanter Zusammenhang, wie er in Bild 2.4 dargestellt ist.

Zunächst ist auffällig, dass die Brutto-Vermeidungsfaktoren der unterschiedlichen Technologien nicht stark voneinander abweichen. Jedoch sind bei der Betrachtung der spezifischen Werte (pro kWh) mehr Technologien mit dem Emissionsfaktor belastet. Dies führt dazu, dass die spezifischen Netto-Vermeidungsfaktoren deutlich voneinander abweichen. Spezifisch betrachtet, erreichen die Wasserkraft und die Endenergieerzeugung aus biogenen Abfällen die höchsten Netto-Vermeidungsfaktoren. Dahingegen schneiden der Einsatz von Biogas, flüssige Biomasse und Geothermie am schlechtesten ab. Sie haben die niedrigsten spezifischen Netto-Treibhausgasvermeidungen (Memmler 2014).

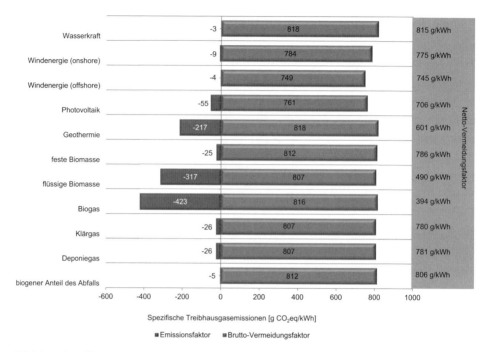

Bild 2.4 Spezifische Treibhausgasemissionen der Brutto-Stromerzeugung aus erneuerbaren Energien im Jahr 2013 nach Energieträgern (nach Memmler 2014)

Dieses Ergebnis zeigt klar auf, dass zukünftig vermehrt der biogene Anteil des Abfalls zur Stromerzeugung eingesetzt werden sollte. Auf diese Weise lassen sich die höchsten Werte bei den spezifischen Netto-Vermeidungsfaktoren erzielen. Das EEG 2014 mit der Förderung der Energieumwandlung aus biogenen Abfallstoffen trägt dem Rechnung.

Im Vergleich zu den hier betrachteten Treibhausgasemissionen einzelner Technologien erneuerbarer Energien werden in Tabelle 2.3 die Emissionsfaktoren für die Stromerzeugung aus fossilen Energien angegeben.

Tabelle 2.3 Emissionsfaktoren für die Stromerzeugung aus fossilen Energien (Memmler 2014)

	CO_2eq	CO_2	CH_4	N_2O
	[g/kWh]			
Braunkohle	1070,1	1059,5	0,021	0,033
Steinkohle	919,0	850,2	3,106	0,011
Gas	429,7	400,1	1,265	0,010
Öl	777,3	768,7	0,222	0,013

Erwartungsgemäß weisen Braun- und Steinkohle die höchsten Emissionsfaktoren auf. Gas verursacht von den fossilen Energieträgern beim Einsatz zur Stromerzeugung die geringsten Emissionen und wird aus diesem Grund berechtigt als Brückentechnologie zur Transformation der Energiewende betrachtet.

In welchem Ausmaß wird nun angenommen, dass die fossilen Energieträger substituiert werden? In Tabelle 2.4 sind die Substitutionsfaktoren zusammenfassend aufgeführt. Es zeigt sich, dass Braunkohle eine besondere Stellung aufweist. Dies hängt mit dem in Kapitel 1 erläuterten Merit-Order-Effekt zusammen. Braunkohle wird nur dann verdrängt, wenn die gesamte Stromerzeugung aus erneuerbaren Energien sehr hoch ist, was in Schwachlastzeiten, bei Starkwind und hoher Sonneneinstrahlung vorliegt. Gleichzeitig dürfen aber auch keine freien Netzkapazitäten für Stromexporte vorliegen.

Tabelle 2.4 Variationsbreite der Substitutionsfaktoren für die Stromerzeugung aus erneuerbaren Energien (Memmler 2014)

	Braunkohle [%]	Steinkohle [%]	Gas [%]	Öl [%]
Erneuerbare Energien	2,6 – 3,0	73,4 – 80,1	16,6 – 24,0	0,0

Die größte Verdrängung erfolgt bei der Steinkohle. Die Verdrängung der umweltfreundlichen Gaserzeugeranlagen liegt im unteren Viertel. Anlagen mit einer Ölfeuerung werden quasi gar nicht verdrängt. Weiterhin ist keine Abhängigkeit der Substitutionsfaktoren von volatilen Energien wie der Windenergie zu erkennen.

Bei der Erstellung der Ökobilanz wurde einberechnet, dass bei hohen Anteilen an fluktuierender Erzeugung aus Windkraft- und Photovoltaik-Anlagen gewisse Kapazitäten aus regelbaren Kraftwerken vorgehalten werden müssen. Diese regeln die durch Prognosefehler auftretenden Kapazitätslücken durch Fahren im Teillastbetrieb aus. Treten Kapazitätslücken auf, müssen die Anlagen entsprechend in ihrer Leistung hochgefahren werden. Diese Fahrweise führt zu Wirkungsgradverlusten sowie einem Anstieg der Emissionen (Roth 2005, Wagner 2004). Wie hoch diese Wirkungsgradverluste sind, wurde in der Studie (Ziems 2012) ermittelt. Darin wurde festgestellt, dass sich der mittlere Jahreswirkungsgrad von Steinkohle- und GuD-Erdgaskraftwerken im Jahr 2023 um lediglich ca. 2 bis 3 Prozent verringern wird.

Im Folgenden werden zu den einzelnen Technologien der erneuerbaren Energien einige Aspekte aufgeführt.

- Photovoltaik

    Waren Photovoltaik-Anlagen zu Beginn der Entwicklung nur Nischenprodukte, haben sie aufgrund der Förderung durch das EEG und der extrem starken Verringerung der Herstellungskosten am Markt stark zugenommen. Die Solarzellen werden aus unterschiedlichen Materialien und Herstellungsverfahren produziert. Die Anlagen können in kristalline Silizium-Zellen (monokristallin, polykristallin) und Dünnschichtzellen (unter anderem amorphes Silizium, Cadmium-Tellurid, Kupfer-Indium-Diselenid) unterschieden werden. Auch wenn kristalline Zellen auf dem Markt überwiegen, weisen Dünnschichtzellen den Vorteil auf, dass es für deren Herstellung nur eines geringen Material- und Energieeinsatzes bedarf (Memmler 2014). Photovoltaik-Anlagen speisen fluktuierend Tag und Nacht mit saisonalen und geografischen Unterschieden in das Stromnetz ein. Dies führt bereits heute schon zu einem erhöhten Innovationsdruck im Rahmen der Energiewende, da Lösungen für die Strombereitstellung in Zeiten fehlender Produktion aus Photovoltaik-Anlagen gefunden werden müssen.

- Windenergie an Land (onshore)
Für die Energieerzeugung aus Windenergie gilt das Gleiche wie für Photovoltaik. Aufgrund des hohen Windaufkommens und der fehlenden Berge befinden sich die Anlagen schwerpunktmäßig im Norden und in der Mitte Deutschlands. Zumeist sind die Anlagen in sogenannten Windparks organisiert. Im Jahr 2013 waren an Land insgesamt etwa 23 656 Windkraftanlagen mit einer elektrischen Gesamtleistung von ca. 33 745 Megawatt in Betrieb (Memmler 2014). Die Windenergie stellt in Deutschland die bedeutendste Technologie zur Stromerzeugung dar und wird entsprechend durch das EEG gefördert. Gerade auf dem Gebiet der technologischen Entwicklung fanden bei Windkraftanlagen viele Innovationssprünge statt. Um 1990 wurden Windkraftanlagen mit einem durchschnittlichen Rotordurchmesser von ca. 23 m und einer Nabenhöhe von ca. 30 m gebaut, die eine elektrische Leistung von weniger als 200 kW aufwiesen. Neue Anlagen aus dem Jahr 2013 haben mit einer elektrischen Leistung von ca. 2,6 MW und einem Rotordurchmesser von 95 m bei einer Nabenhöhe von über 117 m eine mehr als 10-fache Leistungssteigerung erfahren (Memmler 2014). Anlagenoptimierungen trugen ebenfalls zur Leistungssteigerung bei. Diese Entwicklungen haben natürlich auch Auswirkungen auf die Ausnutzungsdauer/Effizienz und auch die Emissionsbilanz von Windkraftanlagen und deren Nutzung. Durch die Leistungssteigerung können mehrere alte Anlagen durch eine neue Anlage ersetzt werden. Dies führt zu einer Verringerung des Flächenbedarfs.

- Windenergie auf See (offshore)
Die ersten Offshore-Windkraftanlagen erzeugten im Sommer 2009 Strom für das deutsche Stromnetz. Im Jahr 2013 wurden insgesamt 219 Anlagen mit einer elektrischen Gesamtleistung von ca. 915 MW in der deutschen See installiert (Memmler 2014). Da die Möglichkeit der Nutzung der zum Teil starken Winde auf See interessant ist, sind weitere Anlagen in Planung bzw. befinden sich im Bau.

In Bezug auf die Betrachtung ökologischer Faktoren bei der Herstellung, dem Betrieb und der Entsorgung von Windkraftanlagen offshore sind der hohe Materialeinsatz (i. d. R. Stahl und Beton) für die Gründung sowie die höheren energetischen Aufwendungen für Instandhaltung und Wartung der Anlage von Bedeutung (Lohmann 2012).

- Wasserkraft

Bei Wasserkraftwerken wird in Deutschland zwischen den drei Anlagentypen Laufwasserkraftwerke, Speicherkraftwerke und Pumpspeicherkraftwerke unterschieden. Diese nutzen die kinetische und potenzielle Energie des Wassers, um in Deutschland überwiegend Strom zu erzeugen. Entscheidende Faktoren beim Bau von Wasserkraftanlagen sind der Wasserdurchfluss und die Fallhöhe. Diese beeinflussen nicht nur die Anlagenleistung, sondern auch Größe, Art, Ausnutzung und Effizienz der Anlagen. Diese Faktoren bestimmen die Auslegung des Baukörpers und der Turbinenform. In Deutschland gibt es ca. 7500 Wasserkraftanlagen, deren elektrische Leistung von weniger als 1 MW bis über 10 MW reicht (Memmler 2014). Die elektrische Gesamtleistung beträgt ca. 5600 Megawatt (inkl. Pumpspeicherkraftwerke mit natürlichem Zufluss). Die Höhe der Emissionen, gerade in den vorgelagerten Ketten der Anlagenherstellung, ist von der spezifischen Anlage abhängig.

Wasserkraftwerke haben in den vergangenen Jahren nur ein geringes Zuwachspotenzial verzeichnet, das vorrangig durch Standortreaktivierung oder Anlagenmodernisierung erreicht wurde. Konkret konnten seit 1990 nur etwas über 1600 Megawatt an Nettoleistungszuwachs gemessen werden. Hauptsächliche Aspekte dieser geringen Zuwachsrate sind vor allem die konkurrierenden Nutzungsansprüche und die begrenzten Ausbaupotenziale. So soll in Deutschland z. B. der ökologische Zustand der Fließgewässer verbessert werden, was der Nutzung von Wasserkraft entgegenspricht. Aus diesem Grund befindet sich ein Großteil der Anlagen in Deutschland an großen Flussläufen in der Mitte und im Süden des Landes. Wie sich die produzierte elektrische Gesamtleistung (5600 MW) der Wasserkraftwerke in Deutschland in den Leistungsklassen < 1 MW, 1 bis 10 MW und > 10 MW sowie den Pumpspeicherkraftwerken mit natürlichem Zulauf aufteilt, ist in Bild 2.5 dargestellt.

Wasserkraft weist ein gleichmäßiges Einspeiseprofil auf. Jedoch treten aufgrund unterschiedlicher Regenzeiten saisonale Unterschiede auf. Während des Betriebs verursacht Wasserkraft keine Emissionen.

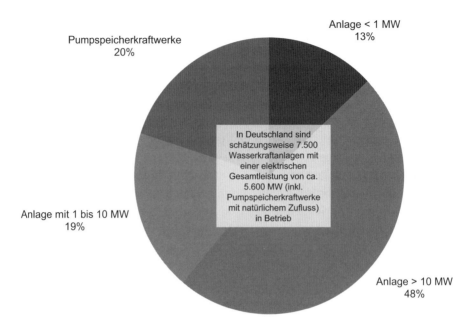

Bild 2.5 Aufteilung der Wasserkrafttechnologien in Deutschland (nach Memmler 2014)

- Geothermie

    Diese Technologie spielt bei der Stromerzeugung nur eine untergeordnete Rolle. Für die Stromerzeugung sind das Temperaturniveau des betrachteten Bodenreservoirs, die Mächtigkeit bzw. Ausdehnung des Reservoirs sowie dessen Förderrate (Fließrate) entscheidend. Sind die Rahmenbedingungen positiv, können über einen Sekundärkreislauf z. B. der Organic-Rankine-Prozess (ORC) oder der Kalina-Rankine-Prozess zum Einsatz kommen. Diese Technologien nutzen die Niedertemperatur, um daraus Strom zu produzieren. In Deutschland existiert ein großes, ökologisch-technisches Potenzial, welches sich jedoch nur langsam entwickelt (Memmler 2014). Als Standorte eignen sich das Norddeutsche Becken, der Oberrheingraben sowie das Süddeutsche Molassebecken. Die Geothermie wird nach der Art der Nutzung in oberflächennahe Geothermie (bis in ca. 400 m Tiefe) und tiefe Geothermie unterteilt. Der Übergang von oberflächennaher zu tiefer Geothermie ist dabei fließend. Relevant für die Geothermie ist der geothermische Gradient. Dieser gibt an, wie schnell die Erdtemperatur mit der Tiefe zunimmt. In Deutschland liegt dieser Wert im Mittel bei ca. 3 K je 100 m Bohrtiefe. Im Oberrheingraben sind es 4 K je 100 m Bohrung. Dies bedeutet, dass zur Stromerzeugung Bohrtiefen von mindestens ca. 3000 m Tiefe erzielt werden müssen, um ein nutzbares Temperaturniveau zu erreichen (Memmler 2014).

- Feste Biomasse

    Der Einsatz fester Biomasse zur Stromerzeugung wird seit Inkrafttreten des EEG stark gefördert. Durch die Verknappung nachhaltig verfügbarer Holzreserven ist die Zuwachsrate in den letzten Jahren stark zurückgegangen (Memmler 2014). Eine Klassifizierung der Stromerzeugung aus fester Biomasse kann nach folgenden Kriterien erfolgen (Memmler 2014):

- Welche Leistungsgröße haben (Heiz-)Kraftwerke bzw. BHKW (von 1 kW bis 100 MW)?
- Welche Technik zur Energieumwandlung wird eingesetzt (z. B. Dampfturbine, Entnahmekondensationsturbine, ORC, Holzgas-BHKW, Dampfmotor, Stirlingmotor)?
- Um welche Art des eingesetzten Brennstoffs handelt es sich und woher kommt dieser (z. B. Altholz Klasse I bis IV, Sägerestholz, Waldrestholz, Landschaftspflegeholz, Pellets)?
- Welcher immissionsschutzrechtlichen Genehmigung unterliegt die Anlage (TA-Luft, 13. BImSchV, 17. BImSchV)?

Die größeren (Heiz-)Kraftwerke für feste Biomasse sind auf Dauerbetrieb mit einer hohen Volllaststundenzahl von über 6000 h ausgelegt. Entsprechend speisen diese konstant in das Stromnetz ein.

- Biogas und Biomethan

Biogas wurde ebenfalls durch das EEG seit dem Jahr 2000 stark gefördert. In der Vergangenheit waren vorrangig Energiepflanzen im Fokus, wohingegen seit Novellierung des EEG 2014 biogene Reststoffe und Abfallstoffe gefördert werden. Dies führt dazu, dass das Wachstum extrem abgenommen hat. Im Jahr 2013 wurden über 7700 Biogasanlagen mit einer elektrischen Leistung von 3400 MW gezählt (Scheftelowitz 2013). Die hier durchgeführte Ökobilanz beruht auf dem Einsatz von Energiepflanzen, die anders zu bewerten sind als biogene Rest- und Abfallstoffe. Durch die Förderung der nachwachsenden Rohstoffe (NawaRo) kam es zu einem starken Zuwachs des regionalen Energiepflanzenanbaus zur Biogasproduktion verbunden mit einer zunehmenden Flächenkonkurrenz und negativen Auswirkungen auf die Emissionen.

Eine weitere zu verzeichnende Entwicklung ist die Aufbereitung des Biogases zu Biomethan. Dieses kann z. B. in das örtliche Erdgasnetz eingespeist, dort gespeichert und bedarfsgerecht in Strom und Wärme umgewandelt werden. Bei der Betrachtung der ökologischen Faktoren im Rahmen der Nachhaltigkeit sind verschiedene Einflussfaktoren relevant, von denen einige exemplarisch aufgeführt werden (Memmler 2014):

- Um welchen Einsatzstoff handelt es sich – nachwachsende Rohstoffe (NawaRo) oder Rest- und Abfallstoffe?
- Welche Leistung und Bauart hat das Blockheizkraftwerk – wie ist der Wirkungsgrad, welches Einsatzregime wird gefahren, wieviel Motorschlupf besteht, besitzt der Motor eine Zünd- und Stützfeuerung?

- Wie ist die Anlage ausgelegt und ausgestattet – ist das Gärrestlager gasdicht abgedeckt, sind die biogas- und methanführenden Anlagenteile wie Fermenter, Gasspeicher und Gärrestlager luftdicht, gibt es eine Notfackel, hat der Motor einen Katalysator oder eine Nachverbrennung zur Luftreinhaltung, wie groß ist der Eigenstrombedarf und gibt es einen Wärmespeicher?
- Ist die Anlage immissionsschutzrechtlich genehmigt und sind Techniken zur Abgasnachbehandlung eingeführt?

- Flüssige Biomasse (Pflanzenöl)

  Anlagen zur Stromerzeugung basierend auf Pflanzenöl werden bereits seit 1980 eingesetzt (Memmler 2014). Die ersten Anlagen zielten auf eine dezentrale, vorrangig wärmegeführte Fahrweise. Durch das EEG wurden diese Anlagen gefördert, so dass es in den Jahren zwischen 2005 und 2008 zu einem Anlagenzuwachs von jährlich bis zu 800 Neuanlagen kam. Diese Anlagen wiesen einen größeren Leistungsbereich ab 300 kW auf und fuhren eher in einer stromgeführten Betriebsweise. 2009 wurden Pflanzenöl-BHKW aus dem EEG ausgeschlossen bei gleichzeitig steigenden Palmölpreisen, was zum Rückgang der Strom- und Wärmeproduktion aus pflanzenölbasierten BHKW führte. Auch hier hängen die Emissionen von den Einsatzstoffen ab. Je nachdem, ob es sich um Palmöl oder Rapsöl handelt, kommen unterschiedliche Schritte in der Vorkette zur Bereitstellung der Einsatzstoffe zum Tragen. Ebenso spielen auch hier die BHKW mit ihren Wirkungsgraden, Einsatzregimes und anderen Größen eine wichtige Rolle. Zudem sind andere BHKW-spezifische Faktoren, wie zuvor beim Biogas aufgeführt, relevant. Rapsöl kommt vorrangig bei Anlagen mit einer Leistung bis 10 kW zum Einsatz (Scheftelowitz 2013). Der Großteil der Anlagen (ca. 80 %) hat eine Leistung ab 150 kW. Dabei werden hauptsächlich Anlagen im Leistungsbereich 300 bis 400 kW_{el} mit einem hohen elektrischen Wirkungsgrad betrieben. Aus wirtschaftlichen Gründen werden diese Anlagen mit Palmöl betrieben. Bei den BHKW handelt es sich um umgerüstete Diesel-Serienmotoren. Diese sind oftmals nicht nach BImSchV genehmigungspflichtig, so dass zumeist keine Techniken zur Abgasnachbehandlung existieren.

- Klärgas

  Die Nutzung von Klärgas zur Strom- und Wärmeerzeugung ist bereits seit vielen Jahren Stand der Technik, schon lange bevor das EEG eingeführt wurde. Klärschlamm bietet sich dazu an, durch eine anaerobe Schlammbehandlung in einem Fermentationsprozess weiter aufbereitet zu werden. Dadurch kann der Energiebedarf der Klärschlammstabilisierung reduziert und der eigene Strom- und Wärmebedarf mit der eigenen Anlage gedeckt werden. Diese Möglichkeit ist vorrangig für kommunale Kläranlagenbetreiber interessant (Memmler 2014). Diese nutzen auch die Möglichkeit der Stromeinspeisung in das Stromnetz, um zusätzliche Erlöse zu erzielen. Dies führt zu einem gesteigerten Anreiz für die kommunalen Betreiber.

Für die Stabilisierung von Klärgas ist ein kontinuierlicher Betrieb der Anlage erforderlich. Aus diesem Grund weisen Klärgas-betriebene BHKW sehr hohe Volllaststunden von mehr als 7500 h/a auf.

- Deponiegas

In Deponien, deren Oberfläche abgedeckt ist, entsteht beim Abbau von organischen Siedlungsabfällen unter den anaeroben Bedingungen ein Faulgas, das Deponiegas. Dieses Gas kann zur Strom- und Wärmeerzeugung in BHKW eingesetzt werden. Aufgrund der für einen Wärmeabnehmer meist ungünstigen geografischen Lage der Deponien kann die Wärme oft nicht genutzt werden, was zu einer Verschlechterung des Gesamtwirkungsgrades führt.

- Biogener Anteil des Siedlungsabfalls

Seit 2005 besteht ein Verbot für die Deponierung unbehandelter Siedlungsabfälle. Nach (Hofmann 2011) beträgt der biogene Anteil des Siedlungsabfalls etwa 50 % (energetisch). Um Siedlungsabfall von Industrieabfall und fester Biomasse abzutrennen, werden in Tabelle 2.5 die nach der Verordnung (EG) Nr. 1099/2008 des Europäischen Parlamentes und des Rates vom 22. Oktober 2008 über die Energiestatistik gegebenen Definitionen vorgestellt (Verordnung (EG) Nr. 1099/2008). In der Verordnung werden diese Siedlungsabfälle in den Punkten 6 bis 8 aufgeführt.

Tabelle 2.5 Energieprodukte nach (Verordnung (EG) Nr. 1099/2008)

Energieprodukt	Definition
6. Industrieabfälle (nicht erneuerbare Quellen)	Industrieabfälle (fest oder flüssig) als nicht erneuerbare Energiequelle, die zur Erzeugung von Elektrizität und/oder Wärme direkt verbrannt werden. Die verbrauchte Brennstoffmenge sollte als Nettoheizwert angegeben werden. Industrieabfälle aus erneuerbaren Energiequellen sind in den Kategorien feste Biomasse, Biogas und/oder flüssige Biobrennstoffe zu erfassen.
7. Siedlungsabfälle:	Abfälle aus Haushalten, Krankenhäusern und dem tertiären Sektor (GHD), die in besonderen Anlagen verbrannt werden.
7.1. davon: erneuerbare Energiequellen	Der Anteil der Siedlungsabfälle, der biologischen Ursprungs ist.
7.2. davon: nicht erneuerbare Energiequellen	Der Anteil der Siedlungsabfälle, der nicht biologischen Ursprungs ist.
8. Feste Biomasse:	Organisches, nicht fossiles Material biologischen Ursprungs, das als Brennstoff zur Erzeugung von Wärme oder Elektrizität genutzt werden kann. Folgende Formen werden unterschieden:
8.1. davon: Holzkohle	Feste Rückstände der zerstörenden Destillation und der Pyrolyse von Holz und sonstigem Pflanzenmaterial.
8.2. davon: Holz, Holzabfälle und sonstige Abfälle	Zum Zwecke der Energiegewinnung angebaute Energiepflanzen (Pappeln, Weiden usw.) sowie viele in industriellen Prozessen (insbesondere in der Holz- und Papierindustrie) als Nebenprodukte anfallende oder direkt aus der Land- und Forstwirtschaft gelieferte Holzmaterialien (Brennholz, Holzschnitzel, Rinde, Hack-, Säge- und Hobelspäne, Schwarzlauge usw.) und Abfälle wie Stroh, Reisspelzen, Nussschalen, Geflügeleinstreu oder Weintreber. Diese festen Abfälle werden vorzugsweise verbrannt. Die verbrauchte Brennstoffmenge sollte als Nettoheizwert angegeben werden.

Die energetische Umwandlung von Siedlungsabfall in Strom und Wärme erfolgt im Normalfall im Dauerbetrieb, so dass hohe Volllaststunden auftreten und das Leistungsprofil ausgeglichen ist.

Erneuerbare Energien im Wärmesektor

Zur Deckung des Wärmebedarfs auf Basis erneuerbarer Energien stehen unterschiedliche Technologien zur Verfügung, die jedoch bisher nicht im gewünschten Maße zum Einsatz kommen. Hier fehlt es nach wie vor an einer Durchdringung des Marktes. Bereits im Jahr 2009 wurde das Erneuerbare-Energien-Wärmegesetz (EEWärmeG) eingeführt, welches den Ausbau erneuerbarer Energien im Wärme- und Kältesektor vorantreiben soll. Bis zum Jahr 2020 soll nach den Zielen des EEWärmeG der Anteil der erneuerbaren Energien am Endenergieverbrauch auf 14 % gesteigert werden (EEWärmeG 2008/2015). Dies soll durch die Vorgaben des EEWärmeG erreicht werden. In diesem ist geregelt, dass jeder Eigentümer eines neuen Gebäudes seinen Wärmeenergiebedarf anteilig mit erneuerbaren Energien decken muss. Unterstützend wurde ein entsprechendes Marktanreizprogramm aufgelegt, welches Zuschüsse des Bundesamtes für Wirtschaft und Ausfuhrkontrolle wie auch zinsgünstige Darlehen und Tilgungszuschüsse durch die Kreditanstalt für Wiederaufbau vorsieht (BMWi o. J.-d).

Vor dem Hintergrund der vermiedenen Emissionen wird nachfolgend betrachtet, welcher Energieträger mit welcher Technologie zum Einsatz kommen sollte. In Bild 2.6 sind für unterschiedliche biogene Energieträger und deren technologische Einsatzmöglichkeiten sowie für den Wärmepumpen-Mix, die Tiefengeothermie und die Solarthermie die netto vermiedenen Emissionen aufgeführt. Vorrangig feste Biomasse in Haushalten (HH) basierend auf Einzelfeuerungen und in der Industrie erzielt die größten netto vermiedenen Treibhausgasemissionen. Insgesamt liegen in der Substitution fossiler Energieträger in Haushalten die größten Emissionsminderungspotenziale. Ihr Anteil mit 26 808 kt CO_2-Äquivalenten beträgt ca. 75 % der gesamten vermiedenen Treibhausgasemissionen von 35 348 kt CO_2eq.

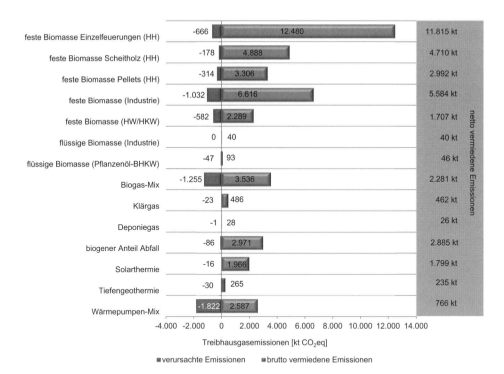

Bild 2.6 Durch den Verbrauch von Wärme aus erneuerbaren Energien vermiedene und verursachte Treibhausgasemissionen im Jahr 2013 nach Energieträgern (nach Memmler 2014)

Auch bezogen auf die spezifischen vermiedenen Treibhausgasemissionen schneiden die festen biogenen Energieträger sehr gut ab (s. Bild 2.7).

Es zeigt sich, dass die Brutto-Vermeidungsfaktoren im Wärmesektor relativ nah beieinander liegen. Jedoch ergeben sich unterschiedliche Emissionsfaktoren zwischen den einzelnen erneuerbaren Energieträgern bzw. Verwendungsbereichen. Dies führt dazu, dass der betrachtete Wärmepumpenmix in der Gesamtbilanz den geringsten Netto-Vermeidungsfaktor aufweist, wohingegen die vielen Einsatzbereiche der Wärmeerzeugung aus fester Biomasse und auch der Einsatz flüssiger Biomasse (Industrie), von biogenem Abfall sowie Deponie- und Klärgas die höchsten Werte erreichen. Es ist dabei zu berücksichtigen, dass die Wärme dort erzeugt werden muss, wo sie benötigt wird, sofern kein Fernwärmenetz vorhanden ist.

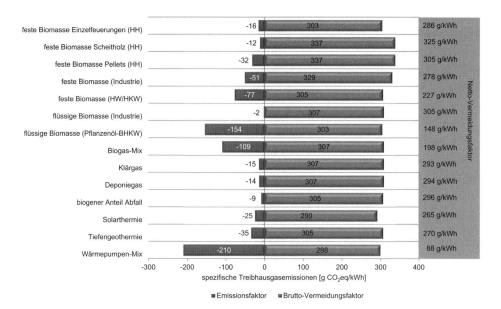

Bild 2.7 Spezifische Treibhausgasemissionen des Wärmeverbrauchs aus erneuerbaren Energien im Jahr 2013 nach Energieträgern (nach Memmler 2014)

Erneuerbare Energien im Verkehrssektor

Für den Transformationsweg ist die Einbindung des Verkehrssektors ein wichtiger Aspekt. Bereits 2009 wurde in der EU-Richtlinie 2009/28/EG als Ziel festgelegt, dass die erneuerbaren Energien bis 2020 am gesamten Ottokraftstoff- und Dieselverbrauch 10 % Anteil haben sollen (Richtlinie 2009/28/EG). Deutschland hat sich dahingegen in seinem nationalen Biomasseaktionsplan dafür entschieden, bis zum Jahr 2020 den Anteil von Biokraftstoffen am gesamten Kraftstoffverbrauch so weit zu steigern, dass dies einer 7 %-igen Netto-Treibhausgasminderung gegenüber fossilen Kraftstoffen gleichkommt (Richtlinie 2009/28/EG). Dies erfolgt nach dem Gesetz zur Änderung der Förderung von Biokraftstoffen vom Jahr 2009 (BioKraftFÄndG 2009) nach einem Stufenplan. Dabei soll ein Mindestanteil an Otto- und Dieselkraftstoffen durch Biokraftstoffe ersetzt werden, so dass der Treibhausgasanteil verursacht durch Otto-, Diesel- und Biokraftstoffe gesenkt wird:

- ab dem Jahr 2015 um 3 %
- ab dem Jahr 2017 um 4,5 %
- ab dem Jahr 2020 um 7 %

Biokraftstoffe unterliegen zudem bestimmten Nachhaltigkeitskriterien, die in der EU-Richtlinie zur Förderung der Nutzung von Energie aus erneuerbaren Quellen aus dem Jahr 2009 definiert sind (Richtlinie 2009/28/EG). Diese sollen auch für flüssige Brennstoffe gelten. Darin sind Mindestanforderungen zu den folgenden Kriterien festgelegt:

- Nachhaltige Bewirtschaftung landwirtschaftlicher Flächen.
- Schutz natürlicher Lebensräume.
- Minderung der Treibhausgasemissionen um mindestens 35 % (ab 2017 mind. 70 %) gegenüber der Nutzung konventioneller Kraftstoffe.

Diese EU-Richtlinie muss in deutsches Recht überführt werden. Dazu wurden im Jahr 2009 zum einen die „Biomassestrom-Nachhaltigkeitsverordnung" (BioSt-NachV) und zum anderen eine Verordnung über die Anforderungen an eine nachhaltige Herstellung von Biokraftstoffen (Biokraftstoff-Nachhaltigkeitsverordnung – Biokraft-NachV) verabschiedet.

Im Vergleich zur Emissionsvermeidung im Strom- und Wärmesektor erreicht der Einsatz biogener Kraftstoffe im Verkehrsbereich nur relativ geringe Werte. In Summe macht dieser Sektor nur 3 % an der gesamten Netto-Emissionsvermeidung aus (Memmler 2014). Daher wird an dieser Stelle auf eine detaillierte Analyse verzichtet.

2.1.2 Ökonomische Aspekte erneuerbarer Energien

Unter dem ökonomischen Aspekt der Nachhaltigkeit ist es sinnvoll, die Stromgestehungskosten genauer zu betrachten. Diese haben Einfluss darauf, ob und wann welche Technologie sich am Markt durchsetzen wird. Basis der Analyse ist die Studie des Fraunhofer Instituts für Solare Energiesysteme ISE (Kost 2013). Laut dieser Studie sind in den letzten Jahrzehnten die Stromgestehungskosten aller erneuerbaren Energietechnologien kontinuierlich gesunken. Grund für diese Kostensenkungen sind vielfältige technologische Innovationen, wozu z. B. der Einsatz günstigerer und leistungsfähigerer Materialien oder die Reduzierung des Materialverbrauchs gehören; auch wurden die Produktionsprozesse effizienter gestaltet und der Wirkungsgrad von Anlagen gesteigert. Die Einführung automatisierter Massenproduktionen von Komponenten tut ihr Übriges dazu. Die Stromgestehungskosten werden von mehreren Parametern beeinflusst, von denen folgende insbesondere Einfluss auf die Gestehungskosten haben (Kost 2013):

- Spezifische Anschaffungsinvestitionen:
  werden durch den Bau und die Installation der Anlagen verursacht.
- Standortbedingungen:
  sind in Bezug auf die erneuerbaren Energien die regional unterschiedlichen Strahlungs- und Windangebote.
- Betriebskosten:
  treten während der Nutzungsdauer der Anlage auf.

- Lebensdauer der Anlage:
  beeinflusst, wie lange die Anlage nach der steuerlichen Abschreibung noch weiter betrieben werden kann.
- Finanzierungsbedingungen:
  sind ein wichtiger Aspekt, in den mehrere unternehmensspezifische Rahmenbedingungen eingehen wie der Anteil an Eigen- und Fremdkapital oder die länderspezifischen Finanzierungsangebote.

Im Rahmen einer Marktstudie wurden die spezifischen Investitionskosten für erneuerbare Energietechnologien für aktuelle Kraftwerksinstallationen erhoben (s. Tabelle 2.6).

Tabelle 2.6 Spezifische Investitionen unterschiedlicher erneuerbarer Energietechnologien in Euro/kW bei aktuellen Kraftwerksinstallationen (Kost 2013)

Euro/kW Nennleistung	PV	PV	PV	Wind	Wind	Biogas	Braunkohle	Steinkohle	GuD
	klein	groß	Fläche	onshore	offshore				
Investment 2013 niedrig	1300	1000	1000	1000	3400	3000	1250	1100	550
Investment 2013 hoch	1800	1700	1400	1800	4500	5000	1800	1600	1100

Es zeigt sich, dass Biogasanlagen zusammen mit Windkraftanlagen offshore die höchsten Investitionen aufweisen.

Betrachtet man die Lebensdauern der Anlagen, so schneiden erneuerbare Energietechnologien im Vergleich zu fossilen Anlagen deutlich schlechter ab, deren Lebensdauer teilweise doppelt so hoch ist (s. Tabelle 2.7). Auch kann davon ausgegangen werden, dass bei fossilen Anlagen der Eigenkapital-Anteil mit 40 % am höchsten und der Fremdkapitalanteil entsprechend niedrig ist (s. Tabelle 2.7). Jährliche fixe Betriebskosten fallen aufgrund der Bereitstellung von Einsatzstoffen wie Kohle für fossile Anlagen oder Maissilage für Biogasanlagen nur bei diesen Technologien an (s. Tabelle 2.7). Variable Betriebskosten, wie bei Windkraftanlagen, werden z. B. durch den Fremdbezug von Eigenstrom verursacht. Für die Wirtschaftlichkeit ist der Kauf von CO_2-Zertifikaten im Rahmen des Emissionshandels ebenfalls zu berücksichtigen. Dies betrifft jedoch nur die fossilen Anlagen (s. Tabelle 2.7).

Tabelle 2.7 Auswahl relevanter Parameter zur Berechnung einer Wirtschaftlichkeit, Werte gelten für Deutschland (Kost 2013)

	PV	PV	PV	Wind	Wind	Braun-kohle	Stein-kohle	GuD	Bio-masse
	klein	groß	Fläche	onshore	offshore				
Lebensdauer [Jahre]	25	25	25	20	20	40	40	30	20
Eigenkapital-Anteil	20%	20%	20%	30%	40%	40%	40%	40%	30%
Fremdkapital-Anteil	80%	80%	80%	70%	60%	60%	60%	60%	70%
Jährliche var. Betriebskosten [Euro/kWh]				0,018	0,035				
Jährliche fixe Betriebskosten [Euro/kW]	35	35	35			36	32	22	175
CO_2-Emissionen [kg/kWh]						0,36	0,34	0,20	

In Bild 2.8 werden die Stromgestehungskosten der im Rahmen der Studie (Kost 2013) zugrunde gelegten Anlagentechnologien berechnet. Demnach weist die Stromproduktion aus Biomasse die höchsten Stromgestehungskosten auf, gefolgt von der Windenergie offshore. Diese können trotz ihrer erreichten 3200 Volllaststunden keine günstigen spezifischen Stromgestehungskosten erzielen. Die höheren Kosten für Windkrafträder offshore haben mehrere Gründe. Ein Grund liegt in den vergleichsweise teuren Krediten für die Offshore-Anlagen (Duwe 2012, Kost 2013). Aufgrund des hohen Risikos, welches diesen Projekten innewohnt, verlangen Banken erhebliche Sicherheiten für deren Finanzierung, wenn sie überhaupt direktes Fremdkapital zur Verfügung stellen. Zudem sind für die Anlagen vor der Küste widerstandsfähigere Materialien sowie die Verankerung am Meeresgrund erforderlich. Auch die Anlieferung der Komponenten und die folgende Installation sind mit mehr Aufwand verbunden. Ferner ist der Wartungsaufwand aufgrund der extremeren Umwelteinflüsse deutlich höher als bei Windkraftanlagen an Land. In der Betrachtung sind die Kosten für die Anbindung der Offshore-Windparks an das Stromnetz noch nicht berücksichtigt (Duwe 2012, Kost 2013). Dies führt zu weiteren Kostenvorteilen der Windräder an Land.

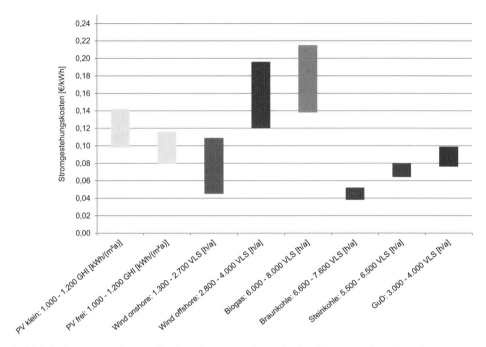

Bild 2.8 Streuwerte der spezifischen Stromgestehungskosten für erneuerbare Energien und konventionelle Kraftwerke im Jahr 2013. Der Wert unter der Technologie bezieht sich bei PV auf die solare Einstrahlung (GHI) in kWh/(m²a), bei den anderen Technologien gibt sie die Volllaststundenzahl (VLS) der Anlage pro Jahr an. Spezifische Investitionskosten wurden für jede Technologie berücksichtigt, sie sind je Technologie mit einem minimalen und einem maximalen Wert eingegangen (nach Kost 2013)

Es ist allerdings dabei zu bedenken, dass im Gegensatz zur reinen Strombereitstellung aus den volatilen Energien, wie Windenergie und Photovoltaik, Biomasse neben der Bereitstellung von regelbarer Energie zusätzlich auch Wärme bereitstellen kann. Dies wurde in dieser Studie nicht berücksichtigt. Durch die Möglichkeit der zusätzlichen Wärmeerzeugung ist Bioenergie höher zu bewerten. Ist aber kein Wärmeabnehmer in der Nähe, verpufft dieses Potenzial und es erfolgt u. a. eine Bewertung rein über die Stromgestehungskosten. Da zum heutigen Zeitpunkt die Verstromung z. B. von Biogas oftmals im ländlichen Raum direkt bei der Biogasproduktion erfolgt, befindet sich kein erforderlicher Wärmeabnehmer in unmittelbarer Nähe. Daraus lässt sich ableiten, dass künftig neben der Wärmebereitstellung zusätzliche Umsetzungskonzepte anzudenken bzw. auszubauen sind. Hierzu zählt z. B. die Methanisierung zur Einspeisung ins Gasnetz oder Bereitstellung an Erdgastankstellen.

Der Mehrwert der Energieerzeugung aus Biomasse ist aus den Umsatzanteilen nach Bild 2.9 zu erkennen. Während Biomasse im Jahr 2014 für Strom- und Wärmebereitstellung einen Umsatzanteil von 7,3 Milliarden Euro (gut 50 %) erwirtschaftete, erzielte die deutsche Photovoltaik-Branche einen Umsatz in Höhe von rund 1,4 Milliarden Euro, das entspricht einem Umsatzanteil von knapp 10 % (Statista o. J.-k, FNR 2015-b). Der Gesamtumsatz aus allen erneuerbaren Energietechnologien betrug 2014 14,4 Mrd. Euro (FNR 2015-c). Bezieht man dies auf die installierte elektrische Leistung im Jahr 2014, so kann ein spezifischer Umsatz je erneuerbarer Energietechnologie ermittelt werden:

- Biomasse: 0,62126 Mrd €/$GW_{install.\ Leistung}$
- Wasserkraft: 0,0488 Mrd. €/$GW_{install.\ Leistung}$
- Windkraft gesamt: 0,04886 Mrd. €/$GW_{install.\ Leistung}$
- Photovoltaik: 0,03732 Mrd. €/$GW_{install.\ Leistung}$

Die Daten der je erneuerbarer Energietechnologie zugrunde gelegten elektrischen Leistung beziehen sich auf die Ergebnisse von (BMWi 2015-b). Die Ergebnisse beruhen nur auf der Stromerzeugung. Es zeigt sich, dass die Biomasse bezogen auf die installierte Stromleistung am besten abschneidet.

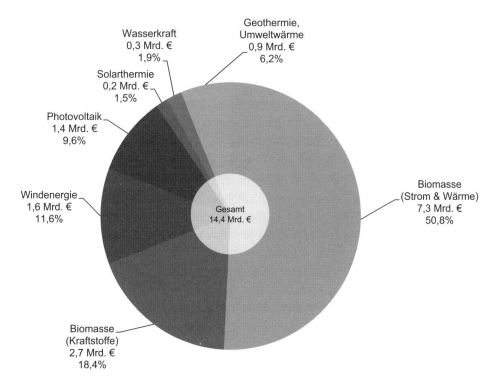

Bild 2.9 Umsatzanteile der Erneuerbaren-Energie-Branche in Deutschland nach Energiequellen im Jahr 2014 (nach FNR 2015-c)

Somit haben die typischen Merkmale der Windenergie- und Photovoltaikanlagen mit niedrigen Vollbenutzungsstunden und einer fluktuierenden Erzeugung eine Auswirkung auf die vergleichsweise geringe Kapitalproduktivität (Karl 2013). Auch ist die geringe Energiedichte ihres Dargebots zu nennen, die zu umfangreichen, über große Flächen verteilten Investitionen führt. Dies trifft ebenso auf die Bioenergie zu, für deren Produktion beträchtliche Anbauflächen benötigt werden, sofern nicht biogene Rest- und Abfallstoffe eingesetzt werden. In allen drei Fällen treten somit Flächenkonkurrenzen auf. Bei der Windkraft und der Photovoltaik führen die Unsicherheiten dazu, dass davon ausgegangen wird, dass nur bei Windkraft 5 bis 10 % und von der Photovoltaik nur 1 % der installierten Leistung als sicher verfügbar betrachtet werden können (dena 2010-b).

2.1.3 Soziale und politische Aspekte erneuerbarer Energien

Einige politische Aspekte wurden bereits in den vorangegangenen Kapiteln erläutert. Zusammenfassend lässt sich festhalten, dass die Bundesregierung in ihrem Energiekonzept aufgrund des großen Potenzials trotz der aktuell noch geringeren Wettbewerbsfähigkeit und Versorgungssicherheit gegenüber konventionellen Kraftwerken insbesondere auf die Stromerzeugung aus Wind und Sonne setzt (Karl 2012). Wie die Entwicklung der erneuerbaren Energien in Zukunft voranschreiten wird, hängt unter anderem maßgeblich von den politischen Rahmenbedingungen ab.

Unter dem sozialen Aspekt der Nachhaltigkeit wollen wir an dieser Stelle die Anzahl der Beschäftigten betrachten. Der Großteil der Beschäftigten ist im Bereich der Windkraft tätig gefolgt von der Energieerzeugung aus Biomasse (s. Bild 2.10). Diese beiden Branchen hatten zwischen 2004 und 2014 auch die größten Zuwachsraten zu verzeichnen. Bezogen auf die Gesamtanzahl Erwerbstätiger mit Wohnsitz in Deutschland von rund 43 Millionen Menschen (Statista o. J.-g) sind im Windenergiebereich ca. 0,35 % und im Bioenergiebereich ca. 0,28 % der Erwerbstätigen beschäftigt. Der prozentuale Anteil an der Gesamtzahl der Erwerbstätigen ist sicherlich nicht so interessant wie die Tatsache, dass die Branche der erneuerbaren Energien einen starken Zuwachs verzeichnet.

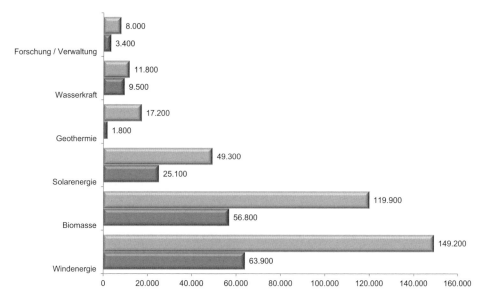

Bild 2.10 Anzahl Beschäftigter im Sektor erneuerbare Energien nach Bereichen in Deutschland im Jahresvergleich 2004 (obere Säulen) und 2014 (untere Säulen) (nach Statista o.J.-c)

Bild 2.11 zeigt eine Trendumkehr bei der Zahl der Beschäftigten in der konventionellen bzw. erneuerbaren Energieversorgung. In 2007 ist die Zahl der Beschäftigten im Sektor der erneuerbaren Energieversorgung zum ersten Mal höher als im Sektor der konventionellen Energieerzeugung und nimmt in den Folgejahren bis 2012 weiter zu.

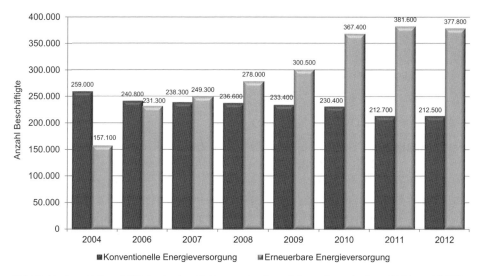

Bild 2.11 Anzahl Beschäftigter in den Sektoren der Energiebranche zwischen 2004 und 2012 (Bruttobeschäftigte) (nach Scheurer 2014)

2.2 Die Rolle der erneuerbaren und konventionellen Energien im Energiemarkt

Die zentrale Frage in diesem Kapitel beschäftigt sich mit dem Zusammenspiel der erneuerbaren und konventionellen Energien am Energiemarkt. Dabei ist zu bedenken, dass einige Energieumwandlungsanlagen ohne Einsatz von Brennstoffen arbeiten können, wie z. B. Windkraftanlagen und Photovoltaik. Dagegen benötigen konventionelle Heiz-/Kraftwerke Brennstoffe, wie Gas oder Kohle. Auch Anlagen auf der Basis von biogenen Energieträgern, wie Biogas oder Bioethanol, benötigen zur Erzeugung von Strom und Wärme weitere Technologien, z. B. Blockheizkraftwerke. Im Folgenden liegt die Konzentration auf den Technologien, die Brennstoffe für die Energieumwandlung benötigen. Aufgrund der Komplexität des Energiemarkts werden nur ausgewählte Aspekte diskutiert.

Die Möglichkeiten, wie der Strom- und Wärmebedarf gedeckt werden kann, sind technologisch vielfältig, ebenso wie die Kombinationen, wie die unterschiedlichen Technologien zusammengefügt werden können. Im Wärmesektor werden die konkreten Temperaturniveaus ausschlaggebend sein, um thermodynamisch eine möglichst effiziente Versorgung zu erreichen. Eine zentrale Frage wird dabei immer wieder sein, inwieweit ein wirtschaftlicher Einsatz erreicht werden kann. Insbesondere wird es darauf ankommen, wie sich die Erlöse entwickeln, um die entstehenden Kosten decken zu können. Möglichkeiten für Erlöse sind (LBD 2015):

- Verkauf von erzeugter elektrischer Arbeit.
- Verkauf erzeugter Wärme bei Kraft-Wärme-Kopplung oder reinen Heizwerken.
- Vorhaltung elektrischer Leistung (gegebenenfalls aus einem Kapazitätsmarkt).
- Sonstige Erlöse (zum Beispiel aus der Bereitstellung von Systemdienstleistungen).

Weitere Aspekte liegen in Kostenvorteilen zur Senkung der Betriebskosten. Dazu gehören Kostenvorteile bei:

- der Brennstoffbeschaffung,
- der Beschaffung von CO_2-Zertifikaten.

Wie schwierig dies ist, zeigt beispielhaft Bild 2.12, welches die Entwicklung der Grenzkosten der letzten 12 Jahre darstellt. Die Grenzkosten basieren im Wesentlichen auf den variablen Betriebs- und Wartungskosten, den Brennstoffkosten sowie den Kosten für CO_2 Zertifikate (AEE 2013, Paschotta 2013). Die Grenzkosten stellen mathematisch die erste Ableitung der Kostenfunktion und damit die Steigung dieser dar und liegen für moderne Kohlekraftwerke niedriger als für moderne GuD-Anlagen (GuD-Anlagen – Gas-und-Dampf-Kombikraftwerk). In der Betriebswirtschaftslehre sind dies die Kosten, die durch die Produktion einer zusätzlichen

Mengeneinheit eines Produktes entstehen (Bode 2013). Ein wirtschaftlicher Betrieb von GuD-Anlagen in Konkurrenz zu einem Kohlekraftwerk ist unter diesen Bedingungen schwierig.

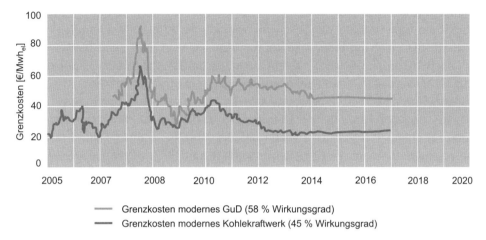

Bild 2.12 Entwicklung der Grenzkosten von Referenzkraftwerken (modernes GuD, modernes Kohlekraftwerk) auf Grundlage von Terminmarktprodukten für das jeweils folgende Lieferjahr (nach LBD 2015)

Einige Möglichkeiten, wie erneuerbare und konventionelle Energien kombiniert werden können, werden im Folgenden diskutiert.

Wird das Ziel verfolgt, die hohen Primärenergieverluste und die u. U. damit verbundenen CO_2-Emissionen zu vermeiden, die beim Betrieb bestehender thermischer Kraftwerke auftreten, bietet es sich an, fluktuierende erneuerbare Energien in Kombination mit flexiblen Residualkraftwerken basierend auf Kraft-Wärme-Kopplung einzusetzen.

Im Bereich der Wärmeerzeugung bestehen ebenfalls Möglichkeiten. So können heute z. B. Wärmepumpen eingesetzt werden, die den CO_2-freien Strom aus fluktuierenden erneuerbaren Energietechnologien nutzen. Dadurch kann eine konventionelle Verbrennung ersetzt werden. Eine weitere Möglichkeit zur flexiblen Nutzung des Stroms aus volatilen erneuerbaren Energien stellt die Einbindung von Nachtspeicherheizungen, elektrischen Warmwasserbereitern oder Wärmespeichern in Verbindung mit KWK-Anlagen dar. Eine interessante Möglichkeit ist die Einbindung von Elektrodenheizkesseln in Konzepte von Energieversorgern. Diese Technologien können den Strom aus Biogasanlagen, Biomethan-BHKW, Biomasseheizkraftwerken und anderen KWK-Anlagen auch im Verbund eines virtuellen Kraftwerks nutzen. Gerade im Zusammenspiel mit Windkraftanlagen ist dieses Konzept von Interesse. Es wird hierbei von Power-to-Heat (PtH) gesprochen. Das Konzept kann eingebunden werden, um z. B. Wärme in ein Fernwärmenetz einzuspeisen oder in der industriellen Produktion einzusetzen und so als flexible Last zu dienen. Dieses Konzept findet z. B. seit November 2012 bei den Stadtwerken Lemgo Anwendung (Stadtwerke Lemgo 2013). Ein weiteres Beispiel sind die Stadtwerke Flensburg, die den Strom aus Windkraft in einem PtH-Modul in Wärme umwandeln (Diermann 2014). Hierbei ist abzuwägen, wie hoch die Effizienzverluste durch die Umwandlung von Strom in Wärme sind. Erfolgt die Kombination des PtH-Moduls nicht mit einer Windkraftanlage, sondern mit einem Biogas-BHKW (Biomethan-, Erdgas-BHKW), besteht auch hier die Möglichkeit der Bereitstellung von Regelenergie. Dadurch könnte ein Abregeln von Stromproduzenten, wie Windrädern, verhindert oder eingeschränkt erforderlich werden. Jedoch gilt es zu bedenken, dass der wertvolle Energieträger Biogas (Biomethan, Erdgas) in Kombination mit einem PtH-Modul aufgrund der Regelung dann nicht mehr wie üblich gespeichert und nachverstromt wird, sondern mit Effizienzverlusten in Wärme umgewandelt wird (Schwill 2014).

Gründe für das Abregeln wurden bereits diskutiert. So gehören dazu zum einen Netzrestriktionen aufgrund von Netzüberlastung (netzbedingte Überschüsse) und zum anderen negative Preise (marktbedingte Überschüsse) an der Strombörse. Nach (Agora 2014) ist das Konzept Power-to-Heat eine kostengünstige Technologie, die für die Energiewende viele Vorteile bietet.

Insbesondere hybride Lösungen, wie Wärmepumpen, die auch einen Betrieb auf Erdgasbasis ermöglichen, stellen interessante Lösungen dar.

Überschussstrom kann auch durch die Einbindung von Elektromobilität genutzt werden. Strombasierte Systeme, wie Elektromotoren mit Batterie oder Brennstoffzellen, können dann konventionelle Verbrennungsmotoren ersetzen, wodurch CO_2-Emissionen eingespart werden.

Bei der Auslegung des Energiemarktes kann zwischen zwei Fällen unterschieden werden:

1. Positive Residuallast

   Die Stromerzeugung durch volatile und nicht regelbare Energien (Wind, Sonne, Laufwasser) reicht nicht aus, um die Nachfrage zu decken.

2. Negative Residuallast

   Es besteht ein Überschuss aus volatiler und nicht regelbarer Energieerzeugung.

Um eine Effizienzmaximierung des gesamten Energiesystems zu erreichen, schlägt Henning (Henning 2013) die in Bild 2.13 dargestellte mögliche Betriebsführung vor.

Sowohl bei positiver wie bei negativer Residuallast werden zunächst Batteriespeicher als effizienteste Option ge- bzw. entladen. Erst wenn diese geladen sind, werden weitere Technologien herangezogen. Ähnliches erfolgt auf dem Wärmesektor. Hier werden bei einem Überangebot an Wärme aus solarthermischen Anlagen ebenfalls zunächst Wärmespeicher bis zur maximalen oberen Ladetemperatur gefüllt bzw. bei Unterdeckung die Wärmespeicher maximal bis zum Leerstand entladen. Erst dann erfolgen weitere technische Maßnahmen. Besteht zur gleichen Zeit ein Stromüberschuss, werden elektrische Wärmepumpen auch bei noch nicht leeren Wärmespeichern verwendet.

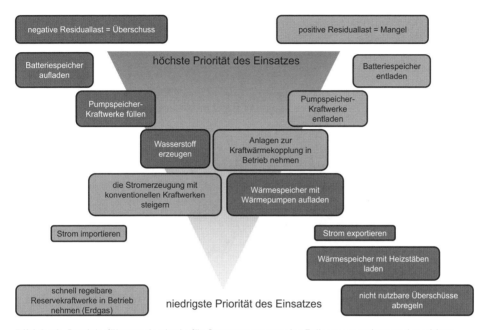

Bild 2.13 Betriebsführungskaskade für Stromerzeugung im Fall von negativer und positiver Residuallast (nach Henning 2013)

Interessant ist nicht nur die Umwandlung von Strom in Wärme, sondern auch in Kälte. Weiterhin spielt die Umwandlung von Strom zu Gas (Power-to-Gas, PtG) eine wichtige Rolle. Die Einbindung von Kraft-Wärme-Kopplungsanlagen spielt in der Energiewende auch in Zukunft eine wesentliche Rolle. Diese Aspekte werden in den folgenden Kapiteln näher beleuchtet. Die Konzepte PtH und PtG stellen Speichersysteme dar. Sie werden in Kapitel 3.1 unter technologischen Aspekten näher beschrieben.

Zukünftig wird unser Energieversorgungssystem nicht ohne Speicher auskommen. In (Adamek 2012) wurde ermittelt, dass bis zu einem Anteil von 40 % der Stromerzeugung aus fluktuierenden erneuerbaren Energien durch das Nutzen von Flexibilitätspotenzial im Erzeugungs- und Verbrauchsbereich die Einsatzoptimierung thermischer Kraftwerke und die Übertragungsnetze aufgefangen werden können. Schon heute sind bei einem höheren Gesamtanteil der volatilen Stromerzeugung sowie in regional begrenzten Einzelfällen leistungsfähige Speicher für unterschiedliche Anwendungen erforderlich. Das Potenzial für ein zukünftiges flexibles Energiesystem kann durch mehrere technologische Konzepte gehoben werden (s. Bild 2.14).

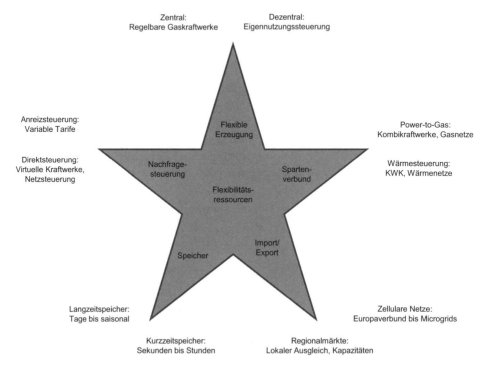

Bild 2.14 Ressourcen für die Flexibilisierung des deutschen Energiesystems (nach Karg 2014)

Anhand des Konzeptes Power-to-Heat werden die Auswirkungen auf die konventionellen wie auch erneuerbaren Energien diskutiert.

2.2.1 Power-to-Heat (PtH)

Nach der Studie (Agora 2014) wurden drei Rahmenbedingungen ermittelt, in denen aus ökologischer und volkswirtschaftlicher Sicht PtH-Konzepte sinnvoll sind:

1. Regelenergie
2. Abregelung von erneuerbaren Energien durch lokale/regionale Netzengpässe
3. Abregelung von erneuerbaren Energien durch negative Preise am Strommarkt

Für den ersten Fall der Regelenergie finden die Anbieter einen leistungsbeschränkten Markt vor, innerhalb dessen ein wirtschaftlicher Betrieb umgesetzt werden muss. Dies führt zu drei Effekten:

1. Reduzierung der Must-run-Kapazität konventioneller Kraftwerke

   Diese Kraftwerke sorgen für die Spannungs- bzw. Frequenzhaltung und können auch Blindleistung zur Verfügung stellen. Um das zu gewährleisten, sind sie immer mit einer Mindestkapazität am Netz, der sogenannten Must-run-Kapazität.

   Durch den flexiblen Einsatz von PtH-Modulen können sie bei Leistungsbedarf im Netz abgeschaltet werden; dafür wird Energie aus erneuerbaren Energien ins Stromnetz eingespeist. Die PtH-Module würden damit die Systemdienstleistung der konventionellen Kraftwerke bei Bereitstellung positiver Regelleistung (plötzliche erhöhte Nachfrage) übernehmen.

2. Reduktion der Kosten

   Der unter a) aufgeführte Zusammenhang führt durch die verringerte Bereitstellung von Must-run-Kapazitäten automatisch zu einer Reduzierung der Kosten.

   Ein weiterer Effekt tritt bei der Bereitstellung negativer Regelleistung auf, wenn die Nachfrage im Netz zu gering ist. Eine negative Nachfrage führt dazu, dass Verbraucher, die negative Regelleistung zur Verfügung stellen, aus dem Netz genommen werden. Diese Systemdienstleistung (Bereitstellung negativer Regelenergie) kann in Zukunft z. B. durch Windenergie in Kombination mit PtH-Modulen übernommen werden. Dabei würden keine Verluste mehr verursacht, da die Windkraftanlage nicht abgeregelt werden muss. Es wird dann statt ins Stromnetz in ein PtH-Modul eingespeist.

   Beide Effekte führen zu einer verbesserten Volllaststundenzahl, womit eine bessere Ausnutzung der erneuerbaren Energien einhergeht, was zu einer Senkung der Kosten führt.

3. Reduzierung der Gesamtemissionen der konventionellen Kraftwerke

   Werden durch die PtH-Module Must-run-Kapazitäten verringert, hat dies auch positive ökologische Auswirkungen, da konventionelle Kraftwerke im System entfallen.

Im zweiten Fall der Abregelung durch lokale/regionale Netzengpässe besteht ein lokaler bzw. regionaler Markt, der vom Netzausbau abhängig ist. Speziell in den Regionen Schleswig-Holsteins kann es dazu kommen, dass Strom aus erneuerbaren Energien, wie z. B. Windenergieanlagen, nicht in das Stromnetz eingespeist werden kann (Agora 2014). Die erneuerbaren Energieanlagen werden dann von den Netzbetreibern abgeregelt. Dies wird Einspeisemanagement (EinsMan) genannt. Die Betreiber erhalten dennoch ihre Vergütung. Der Einsatz von PtH-Modulen führt zu ökologischen, aber auch ökonomischen Effekten, da es zu einer Entlastung der Netzentgelte kommt. Allein in Schleswig-Holstein betrug im Jahr 2012 die Ausfallarbeit 346 GWh Strom aus erneuerbaren Energien (Agora 2014). Das entspricht 3,5 % der Stromerzeugung aus erneuerbaren Energien mit einem Kostenvolumen von ca. 37 Millionen Euro.

Im dritten Fall liegt ein deutschlandweiter Markt vor, der jedoch von der Strommarktentwicklung abhängig ist. Ziel der Maßnahme ist es, dass erneuerbare Energie-Anlagen in der Direktvermarktung auch im Falle stark negativer Preise an der Strombörse nicht abgeregelt werden. Das wird erreicht, indem PtH-Anlagenbetreiber den Strom zu diesen stark negativen Preisen einkaufen. Dabei ist es wichtig, dass eine Nutzung des Stroms aus konventionellen Kraftwerken ausgeschlossen wird. Die ökologischen Effekte wären ansonsten wieder vernichtet.

Für die Umsetzung bzw. den Einsatz von PtH-Modulen stehen unterschiedliche Konzepte des Strombezugs zur Verfügung. In Bild 2.15 werden anhand der Kombination mit einer KWK-Anlage drei Möglichkeiten aufgezeigt.

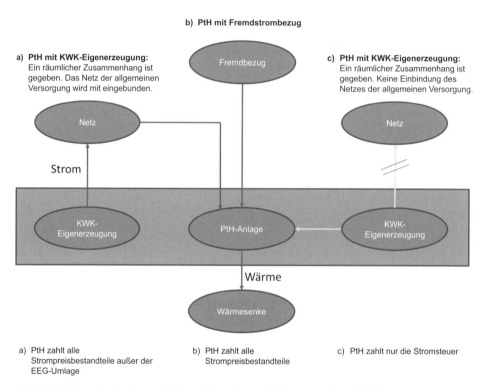

Bild 2.15 Konzepte für den möglichen Strombezug bei Power-to-Heat-Modulen (nach Agora 2014)

Jede Variante des Strombezugs ruft eine andere Zahlung der Strompreisbestandteile hervor, wie Entgelte, Umlagen, Abgaben und Steuern, die von der Rechtslage abhängen (Agora 2014). Dies hat jeweils Auswirkungen auf die Höhe der Strombezugskosten.

Eine Möglichkeit ist der Betrieb bei reinem Fremdstrombezug. In diesem Fall sind alle Strompreisbestandteile zu zahlen.

Eine zweite Möglichkeit sieht die Verwertung des selbst erzeugten Stroms unter Nutzung des öffentlichen Netzes vor. Dabei liegt ein räumlicher Zusammenhang zwischen dem PtH-Modul und der KWK-Anlage vor. Zusätzlich müssen KWK- und PtH-Betreiber identisch sein. In diesem Fall sind alle Strompreisbestandteile außer der EEG-Umlage zu zahlen.

Eine dritte Möglichkeit sieht die Eigenstromverwendung ohne Einbeziehung des öffentlichen Netzes vor. Auch hier muss der KWK-Betreiber mit dem PtH-Betreiber identisch sein. In diesem Modell ist nur die Stromsteuer fällig.

Eine wichtige Voraussetzung für den sinnvollen Einsatz von PtH-Modulen ist die Flexibilität der Stromerzeugung aus erneuerbaren Energien. KWK-Anlagen, die auf den Grundlastbetrieb ausgelegt sind, wie z.B. bei Müllheizkraftwerken, sind nicht geeignet. Prinzipiell sind flexible KWK-Anlagen in Fernwärmenetzen besonders geeignet. Wärmespeicher spielen in diesem Zusammenhang eine wichtige Rolle. Mit der Novellierung des Kraft-Wärme-Kopplungs-Gesetzes am 19.07.2012 wurden erstmals gesetzliche Rahmenbedingungen für den Einsatz von Wärmespeichern geschaffen (KWKG 2012). Eine genauere Betrachtung von Speichern erfolgt in Kapitel 3.1. Berechnungen zeigen, dass bei einem Anteil von 50% an erneuerbaren Energien im Netz starke Extremfälle mit Laständerungen von ca. 40 GW innerhalb von vier Stunden gedeckt werden müssen (IAEW 2011). Nur ein entsprechend flexibles Stromsystem wird in der Lage sein, diese Anforderungen zu meistern.

2.2.2 Lastenteilung

In der Vergangenheit mit reinen oder vorrangig konventionellen Heiz-/Kraftwerken erfolgte eine Aufteilung in Grund-, Mittel- und Spitzenlast. Diese Aufteilung wird es künftig nicht mehr geben. Schon heute wird vorrangig von Residuallast und regelbaren Kraftwerken gesprochen. So werden konventionelle Heiz-/Kraftwerke auf Kohle- und Gas-Basis in Zukunft immer stärker geregelt arbeiten. Windkraftanlagen und Photovoltaik werden die Basis der Stromversorgung übernehmen. Die anderen Stromsysteme werden z.B. über Smart Grids geregelt und Speichersysteme optimiert eingesetzt. Bedarf an konventionellen Kraftwerken wird nur bestehen, wenn wenig Sonne scheint oder wenig Wind weht. Zusätzlich kann es bei steigender Nachfrage dazu kommen, dass ins System eingegriffen werden muss.

Die Grundlast wurde früher über konventionelle Kraftwerke gedeckt, die ca. 40 GW Leistung zur Verfügung gestellt haben, die immer und zu jeder Zeit verfügbar sein musste. Durch den im EEG geregelten Einspeisevorrang erneuerbarer Energien werden die konventionellen Grundlastkraftwerke aus ihrer alten Aufgabe herausgedrängt und die erneuerbaren Energien übernehmen diese Aufgabe. Die Anzahl der Vollbenutzungsstunden der konventionellen Kraftwerke wird sinken, da deren Gesamtmenge an erzeugtem Strom sinkt.

In Bild 2.16 ist exemplarisch für das Jahr 2014 die Aufteilung der Jahresvolllaststunden für den deutschen Kraftwerkspark dargestellt. Kernenergie und Braunkohlekraftwerke deckten damit immer noch den Großteil der Nachfrage.

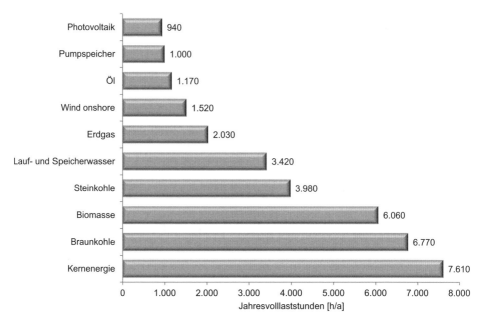

Bild 2.16 Jahresvolllaststunden aller Anlagen in Deutschland zur Stromerzeugung (gesamte Elektrizitätswirtschaft) 2014 (nach BDEW o. J.)

Nach (Pyc 2013) werden bei einem Anteil der erneuerbaren Energien von ca. 40 % die Kapazitäten der konventionellen Kraftwerke auf 10 bis 15 GW zurückgehen, was mit einem Absinken der Vollbenutzungsstunden auf 6000 bis 7000 Stunden im Jahr einhergehen wird. Das bedeutet auch, dass die konventionellen regelbaren Kraftwerke in Sekundenschnelle reagieren müssen, um die Schwankungen auszugleichen und die gesicherte Kraftwerksleistung zu gewährleisten. Die gesicherte Kraftwerksleistung ist die Leistung, die zu jeder Zeit sicher zur Deckung der Nachfrage verfügbar ist (Höflich 2012). Sie steht mit hoher, aber nicht totaler Sicherheit ständig mindestens zur Verfügung. Sie kann aus der Differenz der installierten Leistung und der Summe der nicht verfügbaren Leistungen (Revisionen, Ausfälle, nicht einsetzbare Leistung, Reserve für Systemdienstleistungen) ermittelt werden (50hertz 2013).

Auch Kraft-Wärme-Kopplungsanlagen (KWK) wie auch Biomasse(heiz)kraftwerke werden sich in Zukunft weiter neuen Herausforderungen stellen müssen. In der

Vergangenheit wurden diese Anlagen vorrangig wärmegeführt gefahren. Strom wurde nur nebenbei produziert. Mit Voranschreiten der Energiewende und der Förderung durch das EEG wird eine Konzentration auf die regelbare Stromproduktion erfolgen. Diese Anlagen werden in Deutschland mittelfristig einen Großteil der regelbaren Kraftwerksleistung bereitstellen (Agora 2013).

Ein Problem in diesem Zusammenhang stellt die Prognostizierbarkeit der fluktuierenden Energien dar. So gibt es nicht nur tageszeitliche, sondern auch Schwankungen über ein gesamtes Jahr hinweg. Wenn man sich die Stromerzeugung aus Windkraft betrachtet, so lag diese im Jahr 2015 an Binnenstandorten um ca. 17,2 % und in Küstengebieten um ca. 8,8 % über dem Durchschnitt der vorangegangenen fünf Jahre (Vergleich des Jahres 2015 mit den Jahren 2010 bis 2014), während es beim Vergleich des Jahres 2010 mit den letzten fünf Jahren (2009 bis 2005) jeweils negative Abweichungen gab. Dort lagen die Werte an Binnenstandorten um ca. 23,8 % und in Küstenregionen um ca. 15,2 % unter den Durchschnittswerten der vorangegangenen fünf Jahre (IWR o.J.). Das zukünftige Energiesystem muss für solche Schwankungen entsprechend ausgelegt sein.

Ein wichtiger Aspekt in diesem Zusammenhang ist die Homogenisierung der Lastgänge (s. Kap. 2.4). Durch das Zusammenwirken von Lastmanagement und Speichersystemen wird es möglich werden, die Kraftwerksparks effizient zu nutzen. In Bild 2.17 sind die Lastgänge ohne Maßnahmen zur Homogenisierung und Speicherung dargestellt. Dies zeigt den hohen Bedarf an Lastanpassungen.

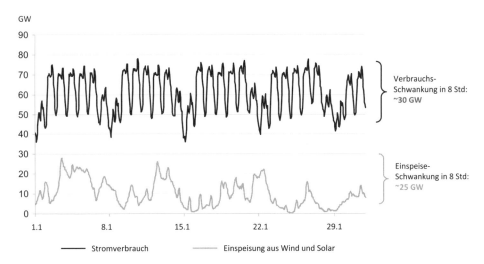

Bild 2.17 Tageszeitliche Lastschwankungen des Stromverbrauchs und der Stromeinspeisung aus Anlagen auf Basis von Wind und Sonne in Deutschland im Winter 2012 (nach Lambertz 2012)

Aus diesem Grund wurden die in Deutschland zuletzt errichteten Neubau-Kraftwerke (Erdgas-GuD, neue Steinkohle- und neue Braunkohlekraftwerke) für einen besonders flexiblen Betrieb ausgelegt (Lambertz 2012). Heute existieren am Markt quasi keine reinen Grundlastkraftwerke mehr. Alte Bestandsanlagen wurden soweit modernisiert, dass sie den Anforderungen des flexiblen Betriebs nachkommen.

Anhand eines Beispiels aus dem Jahr 2012 zeigt sich die Aufteilung der Lasten zwischen den konventionellen Kraftwerken und der Windkraft (s. Bild 2.18).

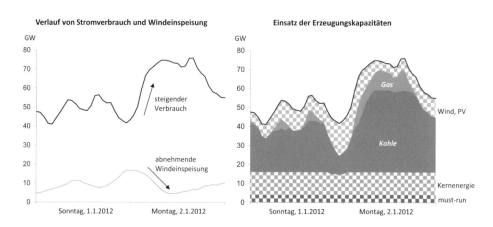

Bild 2.18 Stromverbrauch und Kraftwerkseinsatz in Deutschland am 1. und 2. Januar 2012 (Lambertz 2012)

Als besonders kritisch ist der Moment hervorzuheben, an dem die Nachfrage steigt und die Windkraft gleichzeitig nachlässt. Dieser gegenläufige Effekt führte dazu, dass binnen Sekunden weitere Kraftwerke hochgefahren werden mussten. Es ist weiterhin zu erkennen, dass die Kernenergie aufgrund der sehr günstigen variablen Stromerzeugungskosten nicht variabel eingesetzt wird, obwohl dies technisch möglich wäre. Dies erfolgt im deutschen Strommarkt aber erst, nachdem die Lastanpassungsfähigkeit der fossil gefeuerten Kraftwerke ausgeschöpft ist. Eine Lastanpassung erfolgte in diesem Beispiel vollständig von den Kohle- und Gaskraftwerken. Weiterhin wurden Gaskraftwerke aufgrund ihres im Vergleich zu den Kohlekraftwerken teureren Teillastbetriebs vom Netz genommen, während Kohlekraftwerke weiter liefen (Lambertz 2012). In Bild 2.18 ist zu erkennen, dass die ersten Einspeisungen der Gaskraftwerke nach einer etwa ein- bis vierstündigen Anfahrphase in den Morgenstunden erfolgten. Die folgenden Lastanpassungen über den Tagesverlauf wurden hauptsächlich durch die Einspeisung der Gaskraftwerke geregelt. Braun- und Steinkohlekraftwerke hingegen fuhren in dieser gesamten Zeitspanne im Volllastbetrieb.

Zur Darstellung der Flexibilität konventioneller Kraftwerke dient zum einen das Verhältnis aus Mindestlastpunkt zu Nennlastpunkt (Lambertz 2012). Ein weiterer

Parameter, der die Flexibilität charakterisiert, ist die durchschnittliche Laständerungsgeschwindigkeit. Beispielhaft sind in Tabelle 2.8 diese Parameter für Gas- und Kohlekraftwerke dargestellt.

Tabelle 2.8 Beispielhafte Darstellung der Flexibilitätsparameter für Kohle- und Gaskraftwerke (Lambertz 2012)

Parameter	Einheit	Erdgas GuD-Neubau[1]	Steinkohle Neubau	Braunkohle Neubau	Steinkohle Bestandsanlage (optimiert)
Leistungsklasse	MW	800	800	1100	300
Mindestlastpunkt/ Nennlastpunkt (P_{Min}/P_{Nenn})	%	~ 60	~ 25 bis 40	~ 25[2] bis 40	~ 20
Durchschnittliche Laständerungsgeschwindigkeit[4]	%	~ 3,5	~ 3[3]	~ 3	~ 3

[1] Im Regelbetrieb von zwei Gasturbinen und einer Dampfturbine
[2] Mindestlastpunkt von 25 % durch das BoAplus Design (s. (RWE o. J.-b)) heute möglich, aber bislang nicht realisiert
[3] Im unteren Lastbereich von 25 bis 40 % gilt ein hiervon abweichender Betriebsgradient
[4] Bezogen auf die Nennlast

In Tabelle 2.9 sind weitere Kenngrößen mit ihrem Optimierungspotenzial angegeben.

Tabelle 2.9 Optimierungspotenzial fossiler Kraftwerke – Angabe des Optimierungspotenzials (erste Zahl) und des heute üblichen Standes (Zahl in Klammern) je 1000 MW (Agora 2013)

Parameter	Einheit	Steinkohle-kraftwerk	Braunkohle-kraftwerk	Gas- und Dampf-kraftwerk	Gasturbine
Mindestlast	MW	200 (400)	400 (600)	300 (500)	200 (500)
maximale Änderung der Last in 5 Minuten	MW	300 (75)	200 (50)	400 (100)	750 (400)
Anfahrtszeit Kaltstart	h	4 (10)	6 (10)	2 (4)	< 0,1

Durch diese Maßnahmen der Flexibilisierung wird es möglich, die erforderliche Mindesteinspeisung (Must-run-Kapazität) aus thermischen Kraftwerken zu reduzieren (Plattform Erneuerbare Energien 2012).

Welche Rolle die konventionellen Kraftwerke in der Zukunft spielen werden, ist heute noch nicht auszumachen. Technisch sind sie in der Lage, den Transformationsprozess zu begleiten.

2.2.3 Kraft-Wärme-Kopplung (KWK)

Die Kraft-Wärme-Kopplung ist eine sehr effiziente Technologie, da die aus dem Verbrennungsprozess entstehende Abwärme als Nutzwärme zur Verfügung gestellt wird. Damit verbunden ist gleichzeitig das Problem, dass sich nicht immer ausreichend viele Abnehmer für die zur Verfügung stehende Nutzwärme in unmittelbarer Nähe befinden. Zusätzlich liegen die spezifischen Investitionskosten im Vergleich zu konventionellen Großkraftwerken und Heizwerken oft höher, insbesondere dann, wenn ein Fern-/Wärmenetz erst aufgebaut werden muss. Diese Mehrkosten können durch die Effizienzsteigerung nur unter bestimmten Bedingungen ausgeglichen werden (LBD 2015):

- hohe Brennstoffpreise
- hohe Kohlenstoffdioxid(CO_2)-Zertifikatspreise
- hohe Volllaststunden der KWK-Anlage

Insbesondere die niedrigen Brennstoffpreise und CO_2-Zertifikatspreise haben eine negative Auswirkung auf die Betriebskosten der KWK-Anlagen, so dass die Effizienzsteigerung nicht zur Wirkung kommen kann.

Im Zusammenspiel mit Speichern ist die Technologie zukünftig ein wichtiges Element zur Flexibilisierung der Stromerzeugung. Im Jahr 2007 wurde von der Bundesregierung im Rahmen des „Integrierten Energie- und Klimaprogramms" das Ziel beschlossen, welches später in das Kraft-Wärme-Kopplungsgesetz (KWK-G) aufgenommen wurde, dass der Anteil von KWK an der Stromerzeugung durch unterschiedliche Förderstufen bis zum Jahr 2020 25 % betragen soll (KWKG 2012). Bis zum Jahr 2015 betrug der Anteil der KWK an der Stromerzeugung 16 % (LBD 2015). 2015 erfolgte eine Novellierung des Gesetzes, welches zum 1.1.2016 in Kraft getreten ist. Darin heißt es, dass die Nettostromerzeugung aus Kraft-Wärme-Kopplungsanlagen auf 110 TWh bis zum Jahr 2020 und weiter auf 120 TWh bis zum Jahr 2025 gesteigert werden soll. Diese Maßnahme soll der Energieeinsparung sowie dem Umwelt- und Klimaschutz dienen (KWKG 2015). Niedrige Preise für CO_2-Zertifikate, niedrige Strompreise und sinkende Brennstoffpreise machen den Effizienzvorteil jedoch wieder zunichte.

Konzepte der Kraft-Wärme-Kopplung lassen sich in die folgenden vier Segmente einteilen:

- Allgemeine Versorgung (insbesondere Fernwärme-KWK)
- Industrie-KWK
- KWK in der Objektversorgung
- Biogene KWK

In Tabelle 2.10 werden die unterschiedlichen KWK-Segmente einander gegenübergestellt.

Tabelle 2.10 Übersicht über die KWK-Segmente im Energiemarkt (Gores 2014, LBD 2015)

Förderinstrument	Kraft-Wärme-Kopplungs-Gesetz (KWK-G)			EEG
KWK-Segment	KWK der allgemeinen Versorgung (insbes. Fernwärme)	Industrie-KWK	kleine KWK-Anlagen (insbes. Objektversorgung)	biogene KWK
Akteure	Überwiegend kommunale Unternehmen	Industriebetriebe, seltener Dienstleister (Kontraktoren)	Hausbesitzer, Immobiliengesellschaften, Betriebe (Gewerbe, Handel, Dienstleistungen (GHD)), seltener Dienstleister (Kontraktoren)	Objektversorgung, Landwirte, geringe Anteile der allgemeinen Versorgung und der Industrie (z. B. Papierwerke)
Brennstoffe	Gas/Kohle (seltener Holz, Abfall)	Gas/Kohle	Gas	Biomasse/-gas
Typische/repräsentative Anlagengrößen (elektrische Leistung)	10 MW – 800 MW	500 kW – 20 MW	1 kW – 50 kW	50 kW – 2 MW
Anlagengrößen im Markt (elektrische Leistung)	1 MW – 800 MW	500 kW – 300 MW	1 kW – 1 MW	50 kW – 20 MW, bei industriellen Anlagen auch über 50 MW
Erschließung der Wärmesenke	Fernwärmenetze in städtischen Räumen	lokal oder über Nahwärmenetze in Industriearealen	lokal oder über Nahwärmenetze (Quartierslösungen)	lokal, Nahwärmenetze
Wärmenutzung	Heizwärme, Warmwasser	Prozesswärme, Heizwärme	Heizwärme, Warmwasser	Heizwärme, Warmwasser
Anteil des selbst verbrauchten Stroms	3 %	84 %	60 %	5 %

Welchen Anteil das jeweilige Segment bei der Stromerzeugung einnimmt, zeigt Bild 2.19.

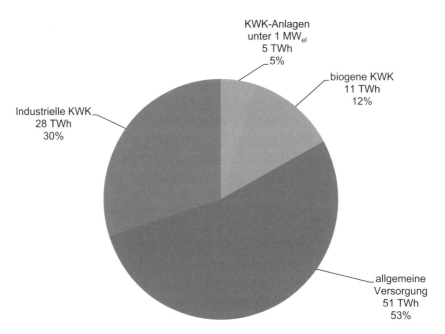

Bild 2.19 Anteile der KWK-Segmente an der KWK-Strommenge im Jahr 2012 (nach LBD 2015)

Die größte Strommenge produzieren Industrie-KWK mit 53 % gefolgt von dem Segment „allgemeine Versorgung" mit 30 %. Als Brennstoff kommt hauptsächlich Gas mit 58 % zum Einsatz. Biomasse hat nur einen Anteil von 18 % (s. Bild 2.20).

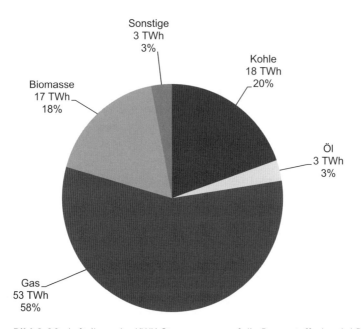

Bild 2.20 Aufteilung der KWK-Strommenge auf die Brennstoffe (nach LBD 2015)

Die vier Segmente haben sich leicht unterschiedlich entwickelt (s. Bild 2.21). Bei dem Segment „allgemeine Versorgung" kann man von einer Stagnation sprechen, während die anderen Bereiche Zuwächse verzeichnen konnten.

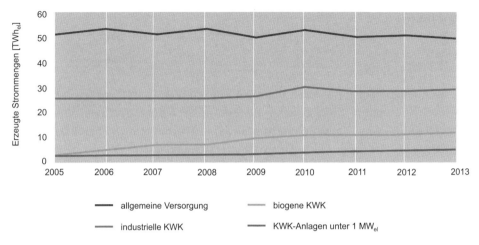

Bild 2.21 Entwicklung der KWK-Segmente in den Jahren 2005 bis 2013 (nach LBD 2015)

Den stärksten Zuwachs hat aufgrund der EEG-Förderung das Segment der biogenen KWK. Ein interessantes Segment stellen kleine KWK-Anlagen auf Erdgasbasis dar. Seit dem Jahr 2005 mit einer Strommenge von 2,1 TWh haben sich diese im Jahr 2013 auf 4,9 TWh mehr als verdoppelt (LBD 2015). In Summe ist ihr Anteil zwar noch gering, aber sie befinden sich im Wachstum. Eine interessante Technologie sind erdgasbetriebene Mikrogasturbinen, die in jedem Haushalt eingesetzt werden können.

Eine Entscheidung über den Weiterbetrieb bestehender KWK-Anlagen bzw. die Investition in Neuanlagen wird insbesondere im Segment „allgemeine Versorgung" nicht positiv gesehen. In den anderen Segmenten ist dies abhängig von den Erlösen aus dem Selbstverbrauch bzw. der Förderung durch das EEG (Tabelle 2.11).

Tabelle 2.11 Entscheidung über Weiterbetrieb von bzw. Neuinvestition in KWK-Anlagen in Abhängigkeit von den unterschiedlichen Segmenten (Klotz 2014, LBD 2015)

KWK-Typ	Brennstoff	Weiterbetrieb von Bestandsanlagen wirtschaftlich?	Investition in Neuanlagen wirtschaftlich?
allgemeine Versorgung (insbesondere Fernwärme)	Gas	nein	nein
	Kohle	ja	nein
Industrie	Gas	ja, Ausnahmen in der stromintensiven Industrie mit geringen Selbstverbrauchsvorteilen	bei hohen Erlösen aus Selbstverbrauch

Tabelle 2.11 Entscheidung über Weiterbetrieb von bzw. Neuinvestition in KWK-Anlagen in Abhängigkeit von den unterschiedlichen Segmenten (Klotz 2014, LBD 2015) *(Fortsetzung)*

KWK-Typ	Brennstoff	Weiterbetrieb von Bestandsanlagen wirtschaftlich?	Investition in Neuanlagen wirtschaftlich?
Objektversorgung	Gas	ja	bei hohen Erlösen aus Selbstverbrauch
biogene KWK	biogene Brennstoffe	ja	100 MW p. a. gefördert durch das EEG

Die Technologie der KWK kann über das Konzept Power-to-Heat (PtH) eine noch stärkere Anwendung finden. Unter Power-to-Heat werden Technologien zusammengefasst, die eine Umwandlung von Strom in Wärme ermöglichen. Damit wird gewährleistet, dass z. B. Mikrogasturbinen unabhängig von der Wärmenachfrage Strom produzieren können, aber gleichzeitig die Wärmenachfrage immer flexibel und unabhängig von der Situation am Strommarkt gedeckt werden kann. Dies ist nicht nur im privaten Bereich möglich, sondern z. B. auch in größeren Fernwärmenetzen. Folgende Speichersysteme können unterschieden werden:

- Drucklose Speicher

    Sie erreichen eine Wassertemperatur von maximal etwas unter 100 Grad Celsius. Sie bestehen aus einem einzigen Behälter, der mit zunehmender Größe über günstigere Oberflächen-zu-Volumen-Verhältnisse verfügt. Mit zunehmendem Volumen treten erhebliche Kostendegressionen auf.

- Druckspeicher

    Die Temperatur des Heißwassers liegt hier im Bereich üblicher Fernwärmevorlauftemperaturen großer Wärmenetze (ca. 130 °C (Steag 2011)). Es kommen in Serie geschaltete straßentransportfähige Behälter zum Einsatz.

Bei den spezifischen Investitionskosten dieser Warmwasserspeicher-Technologien besteht ein Zusammenhang zwischen dem Speichervolumen und dem Speicherprinzip (druck/drucklos). Bild 2.22 zeigt den degressiven Verlauf der spezifischen Investitionskosten in Abhängigkeit vom Wärmespeichervolumen.

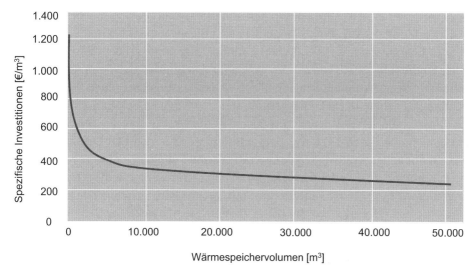

Bild 2.22 Spezifische Investitionskosten für große Heißwasserspeicher (nach Agora 2014)

Die Wärmespeicher ermöglichen eine Steigerung der Volllaststunden von KWK-Anlagen und tragen so dazu bei, dass ihre fixen Jahreskosten auf mehr Betriebsstunden umgelegt werden können. Dadurch verringern sich die Erzeugungskosten und der Betrieb wird wirtschaftlicher. In Bild 2.23 wird anhand des Beispiels eines 1-MW-BHKW dargestellt, wie sich die Größe eines Wärmespeichers auf die Volllastbenutzungsstunden auswirkt. Dieses Beispiel zeigt, dass ein Speicher mit einer Größe von 200 m³ bzw. einem 6-Stunden-Betrieb ein gutes Kosten-Nutzen-Verhältnis aufweist (Agora 2014).

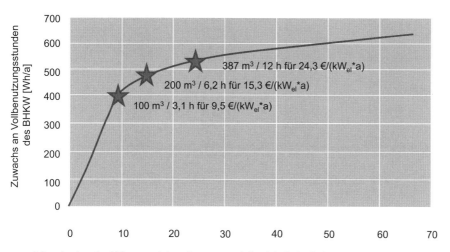

Bild 2.23 Zusammenhang Vollbenutzungsstunden BHKW und Jahreskosten des Wärmespeichers am Beispiel eines 1-MW-BHKW (nach Agora 2014)

Da es bei der Energiewende insbesondere um das Thema „Dekarbonisierung" geht, ist die Senkung der CO_2-Emissionen ein wesentlicher Aspekt bei der Transformation des Energiesystems. KWK-Anlagen können hier einen großen Beitrag leisten. In der Studie (LBD 2015) wurden Szenarien für den Einsatz und die Auswirkungen des KWK-Einsatzes untersucht. In Bild 2.24 ist das Ergebnis einer Simulationsrechnung zu sehen. Darin ist dargestellt, welche Menge an CO_2-Emissionen durch den Einsatz von KWK-Anlagen vermieden werden kann. Dabei werden die CO_2-Emissionen, die durch KWK-Anlagen emittiert werden, den CO_2-Emissionen, die in konventionellen Kraftwerken ohne Kraft-Wärme-Kopplung emittiert worden wären, gegenübergestellt. Bei den konventionellen Kraftwerken ohne Kraft-Wärme-Kopplung wird von einem Verdrängungsmix gesprochen. Es handelt sich um sogenannte Grenzkraftwerke, welche heute zumeist Steinkohlekraftwerke, in Zukunft möglicherweise häufiger Gaskraftwerke sind. Die Reduzierung der CO_2-Emissionen des Verdrängungsmixes in den nächsten Jahren hängt mit der Zunahme erneuerbarer Energien und anderen Effekten wie der Entwicklung der Speichertechnologien zusammen.

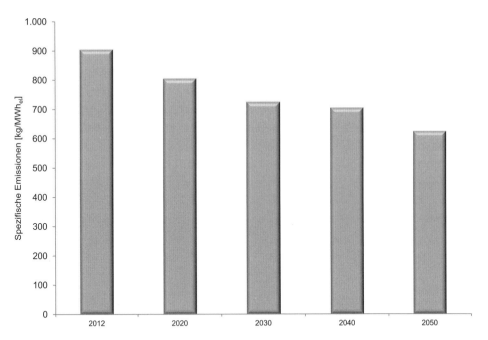

Bild 2.24 Prognose der vermiedenen spezifischen Emissionen im KWK-Verdrängungsmix (nach LBD 2015)

Demzufolge würden in Zukunft Emissionsvermeidungskosten für den Sektor „Gasgefeuerte Fernwärme-KWK" von 66 bis 100 €/t CO_2 und für den Sektor „Objektversorgung" von 133 bis 266 €/t CO_2 entstehen (LBD 2015).

2.3 Volatile Energien und deren Potenziale in Deutschland

Deutschland baut im Rahmen der Energiewende im ersten Punkt auf die Windkraft und im zweiten auf Photovoltaik. Eine Alternative zu diesen beiden technischen Möglichkeiten der Stromproduktion existiert derzeit nicht (Agora 2013). Beide Energieformen sind volatil und führen dazu, dass eine Transformation des Energiesystems hin zu einem flexiblen regelbaren System mit Einbindung von Speichern, Netzen und weiteren technologischen Systemen erfolgen muss. Dabei ähnelt das Einspeiseprofil der Photovoltaik dem täglichen Strombedarfsgang und ergänzt sich zudem saisonal mit der Windenergie (Gerlach 2012, BDEW 2013). Interessant ist die Betrachtung, wie das fluktuierende Dargebot in Deutschland räumlich verteilt ist. Dies lässt Rückschlüsse zu, worauf bei der Gestaltung des zukünftigen Energiesystems geachtet werden muss. Dazu werden im Folgenden zunächst die beiden Energieformen Wind und Sonne in ihrer regionalen und zeitlichen Auflösung vorgestellt, um z. B. Aussagen über mögliche Dargebotsüberschneidungen zu erhalten. Im Rahmen der Studien (Mono 2014, Mono 2012, Glasstetter 2013) wurden die räumlichen und zeitlichen Potenziale an Wind- und Sonnenenergie in Deutschland untersucht.

2.3.1 Windenergie

Windenergie ist eine tragende Säule in der Energiewende. Der Zubau von Windkraftanlagen hat über die letzten 13 Jahre u. a. aufgrund von Fördermaßnahmen stetig zugenommen (s. Bild 2.25). Speziell die installierte Leistung zur Stromerzeugung der Windkraft offshore ist in 2015 sprunghaft angestiegen.

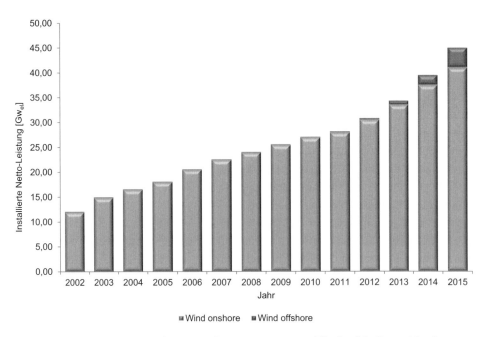

Bild 2.25 Installierte Netto-Leistung zur Stromerzeugung aus Windkraft in Deutschland (nach ISE o. J.)

An der Brutto-Stromerzeugung im Jahr 2014 war die Windenergie mit 9,1 % (55,9 TWh) gefolgt von der Bioenergie mit 8 % (49,1 TWh) am stärksten beteiligt (FNR 2015-b). Die vorläufigen Werte aus 2015 geben das gleiche Bild (Windenergie 12,3 % (79,2 TWh), Bioenergie 6,9 % (44,5 TWh) (Statistisches Bundesamt 2016-a)). Unter den erneuerbaren Energien trug in 2014 die Windenergie zur Stromerzeugung mit 34,8 % bei, gefolgt wiederum von der Biomasse mit 30,6 %. Im Jahr 2015 lagen diese Werte für Windenergie schon bei 44,3 % und Biomasse bei 22,7 % (BMWi o. J.-b). Dies zeigt, dass Windkraft schon heute eine tragende Stütze unter den erneuerbaren Energien ist. Das Windenergiepotenzial wird nach der durchschnittlichen Stärke des Windes beurteilt. Diese ist über dem Meer und im Norddeutschen Tiefland tendenziell höher als in abseits der Küste gelegenen südlichen Regionen Deutschlands. Um eine ausreichende Versorgungssicherheit und Netzstabilität zu erreichen, ist die Frage nach dem regionalen Ausbau zu beantworten. Diese hängt unter anderem von der räumlichen und zeitlichen Verteilung der Windkapazitäten ab. In Bild 2.26 ist die Verteilung der Windgeschwindigkeit in Deutschland dargestellt, die den Norden Deutschlands als windstarke Region ausweist.

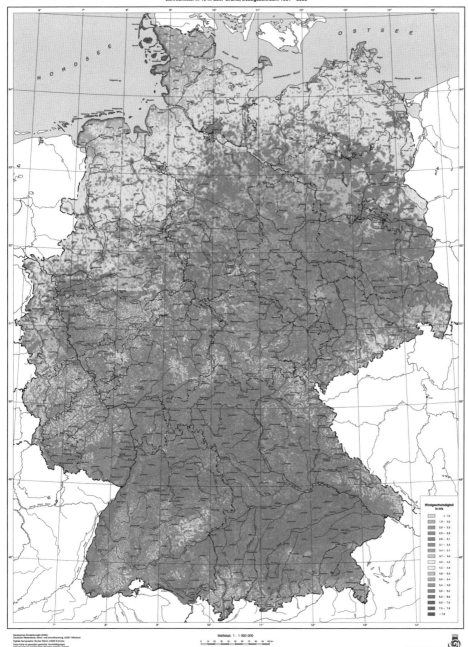

Bild 2.26 Verteilung der Windgeschwindigkeit in der Bundesrepublik Deutschland: Jahresmittel in 10 m über Grund in den Jahren zwischen 1981 bis 2000 (DWD 2009)

Dabei erfolgt eine jahreszeitlich unterschiedliche Verteilung der Stromproduktion aus Windkraft, wie in Bild 2.27 dargestellt. So wird in den Wintermonaten mehr Strom produziert als in den Sommermonaten.

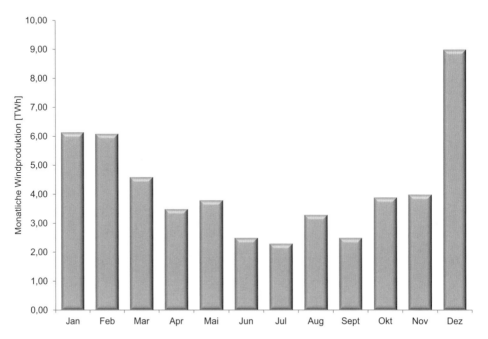

Bild 2.27 Monatliche Produktion Wind (nach ISE 2015)

Im Jahr 2014 erfolgte eine umfangreiche Analyse der Wind- und Solarenergie in Deutschland (Mono 2014, Mono 2012). Darin wurden der raumzeitliche Vergleich des Wind- und Solarpotenzials in Deutschland aufgezeigt und Muster für Regionen mit ähnlicher Windgeschwindigkeit bzw. Globalstrahlung anhand einer Clusteranalyse herausgearbeitet. Dazu wurden 32 fiktive Standorte über einen Zeitraum von 2008 bis 2012 ausgewertet. Die Berechnungen der Windgeschwindigkeiten an den 32 Standorten zeigen, dass die orographischen Bedingungen, die Reliefstruktur der Erdoberfläche, einen erheblichen Einfluss auf das Winddargebot vor Ort besitzen. So sind die Windgeschwindigkeiten erwartungsgemäß im flachen Norddeutschen Tiefland und über der See aufgrund der geringen Oberflächenrauigkeit in der Regel höher als in den reliefierten und gegliederten süddeutschen Regionen. Werden nicht gerade exponierte Höhenlagen der Mittelgebirgsregionen, Mittel- und Süddeutschlands mit ähnlich hohen Windgeschwindigkeiten betrachtet, so sind in den tiefer liegenden und ebenen Landschaften, wie z. B. im Oberrheingraben oder im Alpenvorland, die niedrigsten Windgeschwindigkeiten zu messen (Mono 2014). Die Regionen mit den zehn höchsten durchschnittlichen Windgeschwindigkeiten in Deutschland sind in Tabelle 2.12 dargestellt.

Tabelle 2.12 Gebiete mit den höchsten arithmetischen Mittelwerten der Windgeschwindigkeiten zwischen 2008 und 2012 (Auswahl Regionen mit den 10 höchsten Windgeschwindigkeiten) (Mono 2014)

Position	Standort	∅ Geschwindigkeit Wind 2008–2012 [m/s]	Volllaststunden pro Jahr [h/a]
1	Offshore Nordsee	8,74	4280
2	Nordfriesland	8,22	4148
3	Ostfriesland	7,84	3815
4	Wagrien	7,67	3712
5	Offshore Ostsee	7,67	3484
6	Vorpommern	7,53	3598
7	Uckermark	7,2	3285
8	Minden-Lübbecke	7,09	3141
9	Lausitzer Bergland	7,09	3013
10	Thüringer Wald	7,01	2626

Neben der Windgeschwindigkeit ist die Stetigkeit des Windes von entscheidender Bedeutung. Diese Kennzahl ist eine zentrale Größe in Bezug auf die Stabilität der Stromnetze. Standorte in Sachsen-Anhalt, Brandenburg und Niedersachsen schneiden hier am besten ab und können mit hoher Wahrscheinlichkeit Windenergie mit stabiler Stärke nutzen und ins Stromnetz einspeisen. Weitere Analysen zeigen, dass in den zentralen Mittelgebirgen die Wahrscheinlichkeit für geringe stundenweise Schwankungen am höchsten ist (Mono 2012). Als Ergebnis lässt sich festhalten, dass hohe Jahreswindgeschwindigkeiten nicht mit einer hohen Stabilität der Windgeschwindigkeit einhergehen.

Um zu erfahren, welche Regionen über ähnliche Windgeschwindigkeiten verfügen, wurden die Regionen einer Clusteranalyse unterzogen. Acht Cluster konnten herausgearbeitet werden, in denen ähnliche Windgeschwindigkeiten auftreten und damit vergleichbare wirtschaftliche Bedingungen für die Errichtung von Windkraftanlagen vorzufinden sind (s. Bild 2.28). Ist die Stetigkeit des Windes weniger zuverlässig, ist das ein Zeichen, dass diesem Effekt in diesen Regionen z. B. über Speicher entgegengewirkt werden muss, um die Systemstabilität nicht zu gefährden.

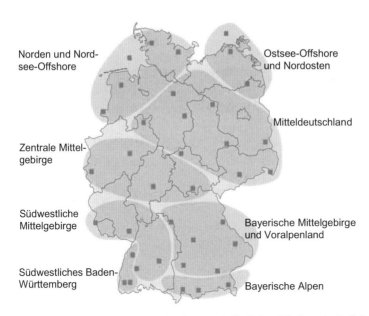

Bild 2.28 Clusterbildung von Regionen mit ähnlicher Windgeschwindigkeit (Mono 2012)

Weiterhin ist relevant, inwieweit Ausgleichseffekte zwischen den Regionen erreicht werden können. Dadurch, dass Anlagen in Regionen gebaut werden, in denen mit hoher Wahrscheinlichkeit Wind weht, wenn dieser in anderen Regionen nicht weht, kann in Gesamtdeutschland für eine gleichmäßig hohe Stromerzeugung gesorgt werden (Mono 2012).

Dabei treten in Deutschland zwei Phänomene auf:

1. Es windet in allen Regionen mehr oder weniger gleichzeitig.
2. Ein schwacher Wind im Norden geht mit starkem Wind im Süden einher (bzw. umgekehrt).

Der zweite Effekt ermöglicht durch den gezielten Ausbau von Windkraftanlagen im nördlichen und nordöstlichen Teil sowie im Süden und Südwesten Deutschlands, dass entsprechende Ausgleichseffekte nutzbar gemacht werden. Damit lässt sich eine ausgewogene Stromproduktion erzielen. In Bild 2.29 ist dieser Effekt dargestellt. Dabei wurde die Wahrscheinlichkeit betrachtet, in welchen Regionen der Wind überdurchschnittlich stark weht, wenn im Nordwesten Schwachwind mit einer Geschwindigkeit von weniger als 5 m/s weht.

Als Ergebnis der Studie (Mono 2012) kann festgehalten werden, dass eine regional ausgewogene Verteilung von Windenergieanlagen für eine erhebliche Verstetigung der erzeugten Windenergie sorgt. Dem Bedarf für Regelenergie, Speicher und den Ausbau der Stromnetze könnte auf diese Weise entgegengewirkt werden.

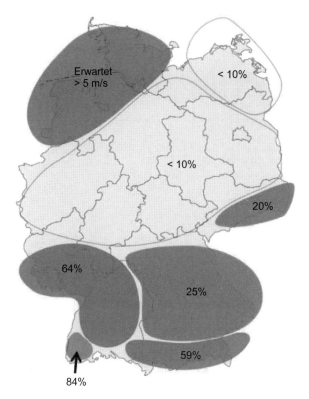

Bild 2.29 Wahrscheinlichkeit von überdurchschnittlich hoher Windgeschwindigkeit in nicht norddeutschen Regionen bei stark unterdurchschnittlichem Winddargebot im Norden [in Prozent] (Mono 2012)

2.3.2 Solarenergie

Wie die Nutzung der Windenergie gehört die Nutzung der Sonnenenergie zur zentralen Stütze bei der Gestaltung der Energiewende in Deutschland. Mit über 1,4 GW neu installierter Leistung im Jahr 2015 liegt Deutschland auf dem zweiten Platz hinter dem Vereinigten Königreich (s. Bild 2.30).

Dabei befand sich im Jahr 2014 die Photovoltaik mit einem Anteil von 5,7 % an der Brutto-Stromerzeugung innerhalb der erneuerbaren Energien an dritter Stelle (2015 betrug dieser Wert 6,0 % (vorläufige Angaben) (Statistisches Bundesamt 2016-a)). Auch insgesamt trug sie als drittgrößte Kraft unter den erneuerbaren Energien mit 22,2 % zur Stromerzeugung bei (2015 betrug dieser Wert 20,6 % (vorläufige Angaben) (Statistisches Bundesamt 2016-a)). Damit ist sie zusammen mit der Windkraft die zweitstärkste volatile Kraft, die das Energiesystem der Zukunft gestaltet.

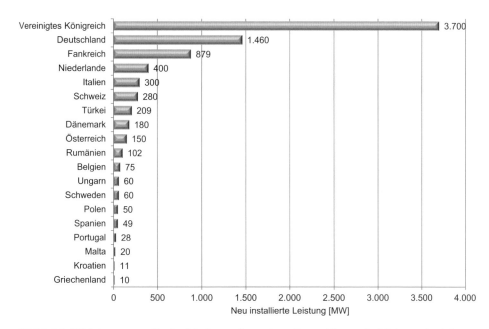

Bild 2.30 Wichtigste europäische Länder nach neu installierter Photovoltaikleistung im Jahr 2015 (in Megawatt) (nach SolarPower Europe 2016)

Betrachtet man den Wärmebedarf deutscher Haushalte 2015, so trägt die Solarenergie mit nur 1 % zu deren Deckung bei (BSW 2016). Aus diesem Grund wird dies im Folgenden nicht weiter betrachtet.

Um auch hier einen guten Ausbau der Anlagen zu erreichen, ist eine raum-zeitliche Analyse der Solarstrahlung in Deutschland von hohem Interesse. Eine zweite Betrachtung bezieht sich darauf, wie Wind- und Sonnenenergie einander im raumzeitlichen Kontext ergänzen können (s. Kapitel 2.3.3). Dazu wurden in der Studie (Glasstetter 2013) 27 Standorte hinsichtlich ihrer Globalstrahlung und der stündlichen Verteilung zwischen den Jahren 2007 und 2009 untersucht und ebenso wie bei der Windenergie einer Clusteranalyse unterzogen.

Solarstrahlung weist u. a. wetterbedingte Schwankungen auf, woraus sich die Frage ergibt, ob dieses durch eine entsprechend räumlich breite Verteilung von Photovoltaikanlagen ausgeglichen werden kann. Tabelle 2.13 zeigt die drei Standorte mit der höchsten Globalstrahlung, die sich jeweils in Bayern befinden.

Diese Aussage wird unterstützt, wenn man sich in Bild 2.31 die Verteilung der mittleren Globalstrahlung in Deutschland anschaut, welche erwartungsgemäß den Süden als sonnenreichste Region in Deutschland ausweist.

Tabelle 2.13 Standorte mit der höchsten Globalstrahlung in den Jahren 2007 bis 2009 (Glasstetter 2013)

Standort	Mittlere jährliche Globalstrahlung 2007 – 2009 [kWh/m²]
Fürstenzell	1184,0
Würzburg	1138,3
Weißenburg	1138,0

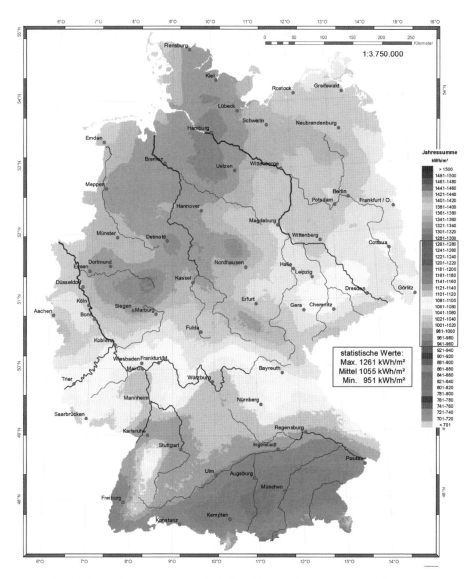

Bild 2.31 Mittlere Jahressummen der Globalstrahlung in Deutschland im Zeitraum von 1981 – 2010 (DWD 2012)

Dabei verteilte sich die deutschlandweite monatliche Stromproduktion, wie in Bild 2.32 dargestellt. Es ist deutlich zu erkennen, dass die Stromproduktion in den Sommermonaten am höchsten ist. Die Darstellungen in Bild 2.31 und Bild 2.32 machen die räumlichen und zeitlichen Qualitätsunterschiede deutlich.

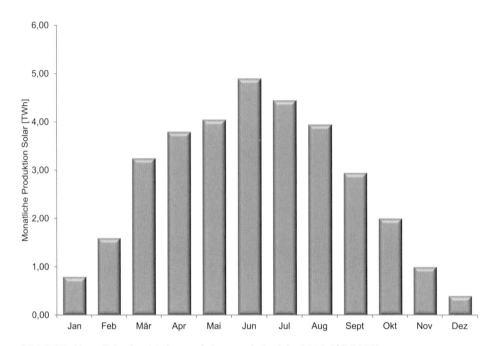

Bild 2.32 Monatliche Produktion an Solarenergie im Jahr 2014 (ISE 2015)

Im Jahr 2012 befanden sich 43 % der installierten PV-Gesamtleistung in Bayern und Baden-Württemberg (BSW 2013). Dies hängt zu einem gewissen Anteil mit der in diesen Ländern höheren Globalstrahlung und der damit verbundenen höheren Wirtschaftlichkeit zusammen. Bild 2.33 zeigt, wie sich die PV-Anlagen auf die einzelnen Bundesländer verteilen und wie hoch deren Beitrag zur Stromproduktion im Jahr 2014 war. Der Beitrag der beiden Bundesländer Bayern und Baden-Württemberg zur Stromproduktion korreliert mit der Menge an installierter Leistung. Insbesondere Bayern weist ein sehr großes Potenzial an Photovoltaik-Anlagen auf. Das Bundesland Nordrhein-Westfalen ist sowohl in Bezug auf die installierte Leistung wie auch die Stromproduktion an dritter Stelle und leistet einen großen Beitrag zur Nutzung der Sonnenenergie im Rahmen der Energiewende.

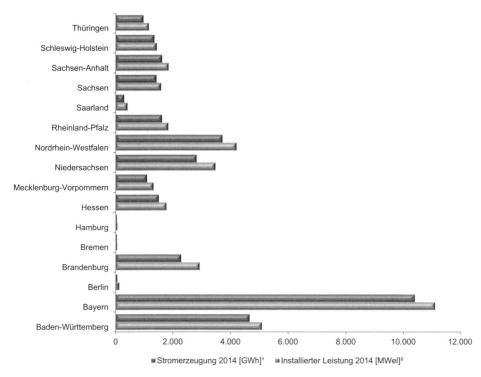

Bild 2.33 Beitrag der einzelnen Bundesländer zur Stromproduktion aus Photovoltaik im Vergleich zu deren installierter Leistung ([1] (nach Statista o. J.-i), [2] (nach AEE 2015-a))

Eine breitere Verteilung der PV-Anlagen könnte aus systemischer Sicht zu einer gleichmäßigeren und damit stabileren Stromproduktion führen.

Wie bei der Windkraft wurde auch bei der Solarstrahlung die Stetigkeit untersucht. Dazu wurde berechnet, wie stark die stündlichen Integrale um die ermittelten Mittelwerte der Solarstrahlung streuen. Als Wert für die Stetigkeit wurde die Standardabweichung herangezogen (Glasstetter 2013). Die drei Standorte mit der höchsten Stetigkeit an Solarstrahlungsdargebot sind in Tabelle 2.14 dargestellt. Diese liegen jeweils in nördlichen Regionen Deutschlands. Als weiterer Wert wurde die relative Stetigkeit angesetzt. Diese errechnet sich aus dem Verhältnis von absoluter Standardabweichung zum Mittelwert (Glasstetter 2013). Hier weisen drei Städte aus südlichen Regionen Deutschlands die höchsten Werte auf. Dies sind jedoch nicht die Stationen mit den höchsten jährlichen Globalstrahlungswerten. Vielmehr sind es im intraregionalen Vergleich schwächere südliche Standorte.

Tabelle 2.14 Die drei Standorte mit der höchsten Stetigkeit absolut (Standardabweichung) am Solarstrahlungsdargebot und der höchsten Stetigkeit relativ (Variationskoeffizient) zwischen 2007 und 2009 (Glasstetter 2013)

Station	Standardabweichung [Wh/m²]	Station	Standardabweichung/Mittelwert [Variationskoeffizient in Prozent]
Emden	191	Augsburg	95,1
Diepholz	203	Freiburg	95,6
Dörnick	204	Lahr	95,8

Bei den Untersuchungen hat sich vergleichbar zur Analyse des Windpotenzials weiterhin herausgestellt, dass Standorte, an denen die stärkste Sonnenstrahlung zu messen ist, auch die höchste Fluktuation aufweisen. Dazu wurde ein weiteres Kriterium herangezogen, welches die zwischenstündlichen Wechsel im Solarstrahlungsdargebot wiedergibt. Hierfür wurden die Werte erfasst und die Sprünge im Dargebot zwischen zwei Stundenintegralen analysiert.

Die Differenz des Dargebotes in den Sprüngen wurde in drei Kategorien eingeteilt (Glasstetter 2013):

1. Sprünge kleiner gleich 250 kJ/m²,
2. Sprünge in einer Höhe von 250 bis 500 kJ/m² und
3. Sprünge mit mehr als 500 kJ/m².

Die Anzahl an Sprüngen in den jeweiligen Kategorien an einem Standort wurde anschließend ins Verhältnis zur Gesamtzahl der Sprünge am jeweiligen Standort gesetzt (Tabelle 2.15). Dies zeigt, dass im Norden Deutschlands die Sprünge mit einem großen Unterschied (> 500 kJ/m²) in der Solarstrahlung zwischen zwei Stunden und damit die Fluktuation am geringsten sind.

Tabelle 2.15 Die drei Standorte mit dem geringsten Anteil an Sprüngen zwischen zwei Stundenintegralen mit mehr als 500 kJ/m² Unterschied (Glasstetter 2013)

Standort	Anteil an Sprüngen der Solarstrahlung > 500 kJ/m² zwischen zwei Stundenintegralen in Prozent (absolute Anzahl der Sprünge in Klammern)
Emden	9,5 (1409)
Dörnick	10,0 (1494)
Braunschweig/Gardelegen	10,5 (1669)

Im nächsten Schritt wurde auch für die regionale Solarstrahlung eine Clusteranalyse durchgeführt (s. Bild 2.34). Gebildet wurden Regionen, in denen eine hohe Wahrscheinlichkeit besteht, dass an allen Standorten innerhalb eines Clusters die Sonne zur gleichen Zeit mit ähnlicher Intensität scheint.

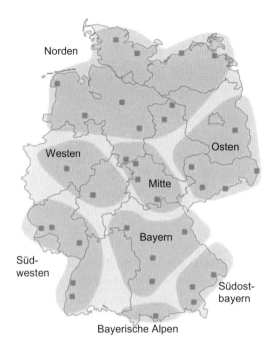

Bild 2.34 Clusterbildung für Regionen mit ähnlichem Solarstrahlungsaufkommen zwischen 2007 und 2009 (Glasstetter 2013)

Wie bei der Windkraft wird nach Lösungen für einen Ausgleich zwischen den Clustern gesucht. So wäre es relevant zu wissen, ob es durch eine andere Region aufgefangen werden könnte, wenn im Cluster Bayern keine Sonne scheint. Solaranlagen, die sich auf einer Nord-Süd-, Nordwest-Südost-, Nordost-Südwest- und Ost-West-streichenden Achse in größerer Entfernung gegenüber liegen, haben das Potenzial, einen Ausgleich zwischen den Solarstationen zu ermöglichen. Nach (Glasstetter 2013) ist dabei eine Entfernung von mindestens 400 km anzusetzen.

Bei der Berücksichtigung saisonaler Unterschiede des Solardargebotes ergeben sich bei der Clusteranalyse starke Abweichungen zwischen dem Sommer- und Winterhalbjahr (s. Bild 2.35).

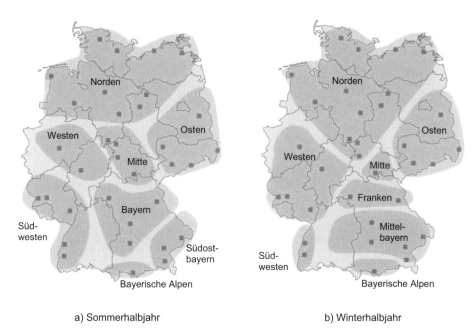

a) Sommerhalbjahr　　　　　　　　　b) Winterhalbjahr

Bild 2.35 Clusterbildung für Regionen mit ähnlicher Solarstrahlung für das a) Sommerhalbjahr (zwischen 7 und 17 Uhr) und b) Winterhalbjahr (zwischen 9 und 15 Uhr) in den Jahren zwischen 2007–2009 (Glasstetter 2013)

In Tabelle 2.16 werden die Standorte aufgeführt, die in den Sommermonaten das höchste bzw. niedrigste Solarstrahlungsdargebot aufweisen.

Tabelle 2.16 Stationen mit a) überdurchschnittlichem Solarstrahlungsdargebot und b) unterdurchschnittlichem Solarstrahlungsdargebot in den Sommerhalbjahren (zwischen 7 und 17 Uhr) (Glasstetter 2013)

a) Überdurchschnittliches Solarstrahlungsdargebot (Sommerhalbjahre) (Top 5)		
Standorte	Mittelwert	Standardabweichung
1) Fürstenzell	1,12	0,61
2) Schleswig	1,08	0,46
3) Würzburg	1,08	0,47
4) Weißenburg	1,06	0,56
5) Rostock/Greifswald	1,06	0,56
b) Unterdurchschnittliches Solarstrahlungsdargebot (Sommerhalbjahre) (unterste fünf Standorte)		
Standorte	Mittelwert	Standardabweichung
23) Dörnick	0,94	0,36
24) Diepholz	0,94	0,49
25) Göttingen/Leinefelde/Eisenach	0,92	0,48
26) Emden	0,90	0,47
27) Neuhaus am Rennsteig	0,88	0,50

Tabelle 2.17 zeigt dagegen die Werte für die Globalstrahlung in den Winterhalbjahren.

Tabelle 2.17 Stationen mit a) überdurchschnittlichem Solarstrahlungsdargebot und b) unterdurchschnittlichem Solarstrahlungsdargebot in den Winterhalbjahren (zwischen 9 und 15 Uhr) (Glasstetter 2013)

a) Überdurchschnittliches Solarstrahlungsdargebot (Winterhalbjahre) (Top 5)		
Standorte	Mittelwert	Standardabweichung
1) Garmisch-Partenkirchen	1,38	0,77
2) Lahr	1,26	0,64
3) Freiburg	1,24	0,72
4) Fürstenzell	1.20	0,63
5) Chieming/Mühldorf	1,19	0,62
b) Unterdurchschnittliches Solarstrahlungsdargebot (Winterhalbjahre) (unterste fünf Standorte)		
Standorte	Mittelwert	Standardabweichung
23) Rostock/Greifswald	0,82	0,48
24) Soltau	0,81	0,46
25) Diepholz	0,80	0,48
26) Emden	0,76	0,50
27) Dörnick	0,72	0,50

Auch bei der Betrachtung der höchsten und niedrigsten regionalen Globalstrahlung zeigen sich saisonale Unterschiede.

Um bei saisonaler Betrachtung Möglichkeiten zu schaffen, Zeiten mit geringer Solarstrahlung in einem Gebiet durch andere Gebiete mit in dieser Zeit höherer Globalstrahlung auszugleichen, wurden ebenfalls entsprechende Untersuchungen durchgeführt. Gerade in den Sommermonaten können PV-Anlagen in Regionen der nördlichen Landeshälfte für Ausgleich sorgen, wenn in den südlichen Regionen ein schwaches Strahlungsdargebot auftritt.

Zusammenfassend lässt sich aufführen (Glasstetter 2013):

1. Im Süden Deutschlands scheint die Sonne stärker als im Norden.

2. Ein stabileres Sonnendargebot ist an Standorten mit schwächerer Globalstrahlung vorzufinden, was zu einer gleichmäßigeren Stromproduktion führt. Dies hat beispielsweise Auswirkungen auf Ausgleichs- bzw. Regelenergie, Speicher und Netzstabilität.

3. Es bilden sich acht Regionen heraus, innerhalb derer die Sonne jeweils zur gleichen Zeit scheint.

4. Zur Erreichung einer deutschlandweit stabilen Solarstromproduktion ist die geografische Distanz der einzelnen Standorte zueinander ein wichtiger Aspekt. Erzeugungsschwerpunkte bilden dabei Standorte im Südwesten bzw. Südosten.

Standorte im Nordosten bzw. Nordwesten weisen eher geringere Sonnenpotenziale auf. Diese Standorte können sich entsprechend ergänzen.

2.3.3 Betrachtung der Gesamterzeugung aus Windenergie und Photovoltaik

Wird die kombinierte Produktion von Wind- und Sonnenenergie im Gesamten betrachtet und anschließend eine Clusteranalyse durchgeführt, ergibt sich Bild 2.36. Dieses Bild unterscheidet sich von den zuvor dargestellten Ergebnissen der Clusteranalysen, die jeweils nur auf die Betrachtung von entweder Windenergie oder Sonnenenergie fokussieren. Es können erneut acht Cluster ausgemacht werden, in denen ähnliche Bedingungen sowohl für Windstärke wie auch für Sonnenstrahlung vorliegen.

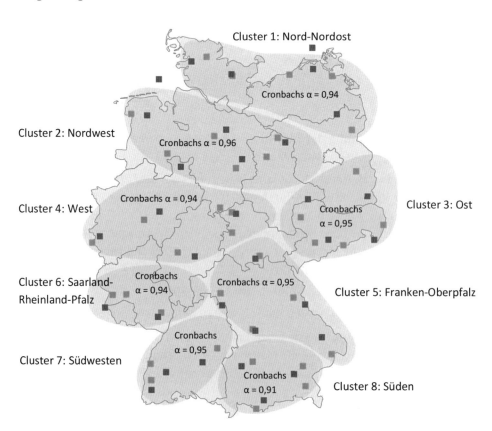

Bild 2.36 Clusteranalyse der regionalen Gesamterzeugung aus Windenergie und Photovoltaik (2008 – 2012) (Mono 2014)

Ein bekanntes Ergebnis ist, dass Windkraft und Photovoltaik negativ korrelieren. Dies bedeutet, wenn starke Sonnenstrahlung vorliegt, weht kein Wind und umgekehrt. Verdeutlicht wird das in Bild 2.37, auf dem die monatliche Stromproduktion von Solar- und Windenergie dargestellt ist.

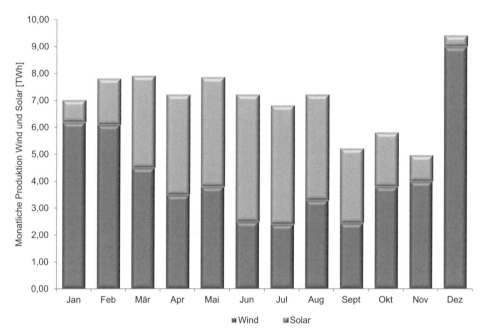

Bild 2.37 Durchschnittliche deutschlandweite monatliche Produktion an Solar- und Windenergie (nach ISE 2015)

Schaut man sich dagegen die wochenweisen Schwankungen der beiden Energieformen an, ist auffällig, dass Windenergie viel größere Schwankungen in der Stromproduktion aufweist, als dies bei Solarenergie der Fall ist (s. Bild 2.38 a) und b)).

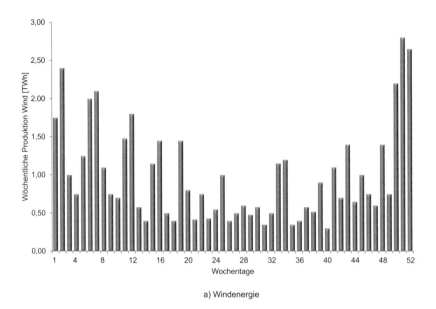

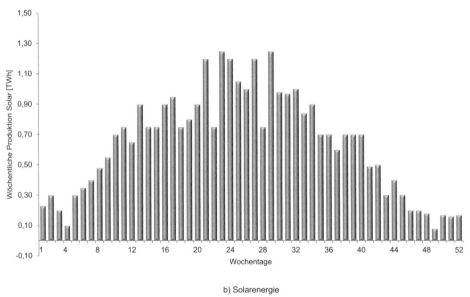

Bild 2.38 Wöchentliche Stromproduktion aus a) Windenergie und b) Solarenergie (nach ISE 2015)

Ebenso bekannt ist der Wegfall von Solarstrahlung in der Nacht, der entsprechend auszugleichen ist. Bei der Windkraft ist das unproblematisch. Es wird immer Windkraftanlagen in Deutschland geben, die Strom liefern, da praktisch ausgeschlossen werden kann, dass eine über das gesamte Land ausgedehnte Flaute oder ein starker Sturm zum Stillstand aller Anlagen führt (Günther 2015). Ebenso kann ausgeschlossen werden, dass alle Windkraftanlagen aufgrund eines über Deutschland gleichmäßig verteilten Windes gleichzeitig unter Volllast laufen (Günther 2015). Aufgrund ihres Potenzials haben beide Technologien auf lange Sicht die besten Möglichkeiten, den größten Beitrag zur Stromerzeugung zu leisten. Dabei ist das Potenzial der Windkraft doppelt so stark, wie das der Photovoltaik (Günther 2015).

Für den Ausbau der Photovoltaik sind der Wirkungsgrad der Anlagen und die verfügbare bebaubare Fläche ausschlaggebend. Nach (Sterner 2014) kann deutschlandweit von einer nutzbaren Fläche von 1620 km^2 ausgegangen werden. Die damit verbundene installierte Leistung würde etwa 275 GW betragen. Bei einer angenommenen durchschnittlichen Volllaststundenzahl von 900 Stunden je Anlage könnten 248 TWh Strom geliefert werden, das entspricht mehr als dem Sechsfachen der Stromerzeugung aus Photovoltaik im Jahr 2015 (38 TWh (BMWi 2016-b)). Um mit Onshore-Windkraftanlagen neben den raumzeitlichen Bedingungen gute Ergebnisse zu erreichen, kommt es vor allem auf das Rotor-Generator-Verhältnis, die Nabenhöhe und die nutzbare Fläche an. Nach (Bofinger 2011) sind 2 % der Landesfläche technisch und nachhaltig für Windkraftanlagen nutzbar. Dies würde eine installierte Leistung von 198 GW an Land bedeuten. Bei einer Volllaststundenzahl von 2000 h/a wäre ein Stromertrag von 390 TWh pro Jahr möglich, fast das Fünffache der Jahresproduktion 2015 (79,3 TWh (BMWi 2016-b)). Das größte Ausbaupotenzial besteht für Offshore-Windkraftanlagen, wobei im Gegensatz zu den Onshore-Windkraftanlagen bei den Offshore-Windkraftanlagen die Netzanbindung an Land und die Wartung auf dem Meer relevant sind. Wird von einer installierten Leistung von 54 GW bei nachhaltiger Nutzung aller Ost- und Nordsee-Flächen und einer Auslastung von 4778 h/a ausgegangen, wäre zukünftig ein Stromertrag von 258 TWh pro Jahr möglich (im Vergleich zu rund 8,7 TWh im Jahr 2015 (BMWi 2016-b, Rohrig 2013)).

Der zukünftige, strukturelle Ausbau dieser Technologien wird starke Auswirkungen auf die Bereitstellung von Residuallast, Reservelast, Ausbau der Stromnetze und die Bereitstellung von Speichern haben. Für die Formulierung politischer und gesetzlicher Vorgaben für den Ausbau der Wind- und Solarkraft liefert die vorgestellte Studie gute erste Ergebnisse.

2.4 Konzepte zur Homogenisierung der Lastgänge und des Bedarfs

Wie in Kapitel 2.3 aufgezeigt wurde, erzeugen die volatilen Energien aus Windkraft und Sonnenstrahlung starke Schwankungen in der Stromproduktion. Stellt man der Stromerzeugung den Stromverbrauch gegenüber, so sind Leistungsschwankungen auf beiden Seiten zu verzeichnen (s. Bild 2.39)

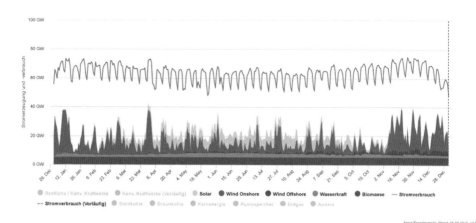

Bild 2.39 Gegenüberstellung von Stromerzeugung und -verbrauch im Jahr 2015 (Agora 2016-a)

Ein wichtiges Signal geben die Preise. So zeigt Bild 2.40, wie der Strompreis heute schon auf das Angebot reagiert.

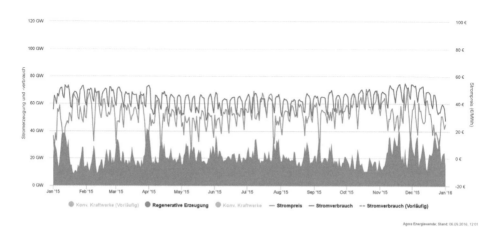

Bild 2.40 Stromerzeugung aus regenerativen Energien, Stromverbrauch und Strompreis im Jahr 2015 (Agora 2016-a)

Für die Zukunft ist eine Homogenisierung der Lastgänge nicht nur auf der Seite der Produktion, sondern ebenso auf der Seite des Verbrauchs wünschenswert. Dadurch werden teure An- und Abfahrvorgänge der Kraftwerke verringert und in Summe die Gesamtsystemkosten minimiert. Auf beiden Seiten, Stromerzeugung wie -verbrauch, existieren bereits Konzepte, wie eine Homogenisierung erfolgen kann. Unterschiedliche Schlagwörter sind dabei zu nennen, wie beispielsweise:

- Smart Grids

  Bei dem Begriff „Smart Grid" handelt es sich um den englischen Begriff, der für „Intelligente Stromnetze" steht. Intelligente Stromnetze sind in der Lage, Stromerzeuger, elektrische Verbraucher, Speicher und Elektrizitätsversorgung mit ihren Energieübertragungs- und -verteilungsnetzen kommunikativ zu vernetzen und zu steuern. Über die miteinander verbundenen Komponenten kann eine Optimierung und Überwachung der Energieversorgung und damit ein effizienter und zuverlässiger Systembetrieb gewährleistet werden. Um dies zu ermöglichen, bedarf es intelligenter Technologien, wie intelligente Stromzähler (Smart Meter). Diese stellen eine Schlüsseltechnologie dar.

- Smart Meter

  Zwischenzeitlich ist dieser Begriff ein Standard. Ein „intelligenter" Verbrauchszähler – Smart Meter genannt – erfasst die Daten für Energie, also z. B. Strom oder Gas. Stromverbrauchende Geräte wie Waschmaschinen können so zu intelligenten Verbrauchern werden.

- Elektromobilität

  Durch Elektrofahrzeuge ist eine Speicherung des Stroms möglich, der zu einem anderen Zeitpunkt abgerufen wird.

- Industrie 4.0

  Durch eine besser gesteuerte Produktion können Symbiosen des Strombedarfs genutzt bzw. erzeugt werden.

  Das mittelfristig erschließbare technische Potenzial in der Industrie wird auf etwa 4,5 GW geschätzt (Apel 2012).

- Speicher

  Die Kombination mit Speichern ermöglicht die bedarfsgerechte Bereitstellung des Stroms.

- Power-to-Heat (PtH)

  Überschussstrom kann in PtH-Modulen zur Bereitstellung von Wärme oder zur nachfolgenden Nachverstromung dienen.

- Power-to-Gas (PtG)

  Durch das Überdimensionieren von Kraftwerken oder KWK-Anlagen kann zum einen Regelenergie bereitgestellt oder aus einer temporären Überproduktion an Strom Wasserstoff erzeugt werden.

- Flexibilisierung konventioneller Kraftwerke

  Der noch bestehende Kraftwerkspark muss weiter umgerüstet werden, um den flexiblen Laständerungen folgen zu können und so Sprünge in der Stromproduktion durch volatile erneuerbare Energien auszugleichen.

- Virtuelle Kraftwerke

  Zusammenschluss mehrerer dezentraler Stromerzeugungsanlagen, wie beispielsweise Photovoltaik- und Biogasanlagen, Mini- bzw. Mikro-Blockheizkraftwerke, und weiterer erneuerbarer Energien zu einem zentralen virtuellen Kraftwerk. Diese sind in der Lage, nachfragegeführt elektrische Leistung zur Verfügung zu stellen. So können Schwankungen innerhalb dieses Zusammenschlusses direkt ausgeglichen werden.

- Stromnetze

  Durch den Ausbau der Stromnetze und andere Maßnahmen können regionale Schwankungen ausgeglichen werden.

- Tarifgestaltung

  Steuerung der Preise, so dass auf der Verbraucherseite Strom dann nachgefragt wird, wenn er besonders günstig und damit in großer Menge verfügbar ist. Auf der Erzeugerseite sollte der Strom dann eingespeist werden, wenn er besonders teuer ist, also gerade die Nachfrage hoch oder das Stromangebot gering ist.

- Stromhandel Europa

  Bei Engpässen kann Strom innerhalb der EU entweder hinzugekauft oder verkauft werden.

Neben ökonomischen Anreizen und technischen Lösungen wie Speichern ist vor allem die Kommunikation der einzelnen Komponenten untereinander von zentraler Bedeutung, um eine Homogenisierung der Last- und Verbrauchsnetze zu ermöglichen. Denn ohne diese Kommunikation können die technischen Komponenten nicht sinnvoll eingebunden und bestehende Preissignale und Tarife nicht berücksichtigt werden. Das macht deutlich, dass Smart Grids und Smart Meter die Basis für zukünftige stabile und sichere Energieversorgung sind.

2.4.1 Smart Meter

Ein Smart Meter zeigt dem Verbraucher den tatsächlichen Energieverbrauch für Strom, Wärme, Gas oder auch Wasser sowie die tatsächliche Nutzungszeit an. Der Zähler ist in ein Kommunikationsnetz eingebunden, um weitere Daten über Stromangebot, Preise etc. bereitzustellen. Eine der ursprünglichen Hauptaufgaben war die Übermittlung des Energieverbrauchs an das Versorgungsunternehmen bzw. die Abrechnungsstelle zur Erleichterung der Energiekostenabrechnung. Bereits seit den 1990er Jahren sind solche Zähler für Großkunden im Einsatz. Mit Beginn der Energiewende und der zunehmenden Komplexität der sicheren und effizienten Versorgung stehen solche Systeme seit etwa 2010 auch Privatkunden zu Verfügung. Für die Energieversorger ergibt sich über Smart Meter und deren automatisch übertragene Daten die Möglichkeit, ihre Netze und Ressourcen intelligent zu steuern. Das Ziel des Einsatzes von Smart Metern lässt sich wie folgt zusammenfassen (BMWi 2015-d):

- Stromangebot und -nachfrage können besser aufeinander abgestimmt werden.
- Strom aus erneuerbaren Energien kann besser in den Strommarkt integriert werden.
- Der Stromverbrauch kann durch Verbrauchstransparenz abgesenkt werden.

Derzeit sind drei Systeme auf dem Markt bzw. befinden sich in der Einführung (s. Tabelle 2.18).

Tabelle 2.18 Übersicht über bestehende und sich in der Einführung befindende Zähler und Messsysteme (EY 2013)

Bezeichnung	Messeinrichtung	Kommunikations-Modul	Beschreibung
„Konventionelle Zähler"	Standardlastprofil-Zähler (SLP) (Ferrariszähler oder vergleichbar)	Kein Modul	Repräsentatives Lastprofil zur Prognose des Verbrauchs, Ablesung einmal jährlich vor Ort
	Registrierende Leistungsmessung (Lastgangzähler – RLM-Zähler)	Kommunikation einmal pro Tag via TEA-Dose oder Modem	Messwertermittlung für jeweils 15 Minuten, Fernauslesung der Daten, für Kunden mit Verbrauch > 100 MWh pro Jahr
„Moderne Messsysteme" (Smart Meter)	EDL21-Zähler (elektronischer Basiszähler EDL21)	Kein Modul (Aufrüstung möglich)	Messwertermittlung für jeweils 15 Minuten, Auslesung über Display am Zähler vor Ort
	EDL40-Zähler (elektronischer Basiszähler EDL21)	MUC-Controller	EDL21-Zähler + Kommunikationsmodul, Fernauslesung und Weiterkommunikation der Daten möglich
„Intelligente Messsysteme" (Smart-Metering-Systeme)	Elektronischer Basiszähler plus Möglichkeit zur Integration in ein BSI- schutzprofilkonformes Kommunikationssystem (upgradefähige Messeinrichtung nach § 21c Abs. 5 EnWG)	Smart Meter Gateway nach BSI-Schutzprofil	Weiterentwicklung des EDL40-Systems nach BSI- Schutzprofil, Funktionalität wird auf SMGW konzentriert

Vorrangig befinden sich zurzeit so genannte EDL-Zähler (EDL – Energiedienstleistung) im Einsatz. Dabei wird zwischen dem EDL21 (Basissystem) und dem EDL40 (mit inkludiertem Kommunikationsmodul – MUC-Controller) unterschieden. Diese Zähler werden in nächster Zukunft durch Smart-Meter-Systeme ersetzt werden. Ein Zähler ist prinzipiell nichts anderes als ein Messsystem. Um die Sicherheit der Daten und den Datenschutz für den Verbraucher zu gewährleisten, werden Smart Meter zukünftig nach einer vom Bundesamt für Sicherheit in der Informationstechnik (BSI) vorgegebenen Architektur aufgebaut. Die Systemarchitektur entspricht nichts anderem als einem Netzwerk, in dem unterschiedliche Marktrollen und technische Komponenten miteinander kommunizieren (EY 2013). Ein Smart Meter besteht aus zwei Komponenten:

- moderne Messeinrichtung: Diese zählt den physikalischen Stromfluss.
- Smart Meter Gateway – diese Komponente ist in der Lage, Zählerwerte zu speichern, die Daten zu verarbeiten und mit einem Netzwerk durch Datenaustausch zu kommunizieren. Sie ist die zentrale Kommunikationseinheit des Messsystems, welches neben dem Smart Meter Gateway aus einer oder mehreren Messeinrichtungen und weiteren technischen Einrichtungen, wie z. B. Erzeugungsanlagen nach dem Erneuerbare-Energien-Gesetz oder dem Kraft-Wärme-Kopplungsgesetz, besteht (EY 2013).

Durch diese beiden Komponenten, die sich in einem Gerät befinden können, wird das Messgerät zu einem intelligenten Messgerät. Das Messgerät greift auf eine Messstelle zu, an der der Stromverbrauch gemessen wird. Es gibt zwei Möglichkeiten, wer die intelligenten Messsysteme installiert und betreibt. So genannte Messstellenbetreiber können sein (BMJV 2005):

- der lokale Stromverteilnetzbetreiber oder
- ein wettbewerblicher dritter Messstellenbetreiber – diese Dienstleistung erfolgt auf Wunsch des Kunden unabhängig vom Netzbetreiber.

Nach (BMJV 2005) sind Messstellenbetreiber verpflichtet, in Gebäuden, die neu an das Energieversorgungsnetz angeschlossen werden oder einer größeren Renovierung unterzogen wurden, Messsysteme einzubauen. Ebenso gilt dies für Letztverbraucher mit einem Jahresverbrauch größer 6000 Kilowattstunden. Auch Anlagenbetreibern nach dem Erneuerbare-Energien-Gesetz oder dem Kraft-Wärme-Kopplungsgesetz muss bei Neuanlagen mit einer installierten Leistung von mehr als 7 KW ein Messsystem eingebaut werden. Bei allen anderen Gebäuden ist die Frage nach der Wirtschaftlichkeit zu beantworten. Durch die Verbrauchstransparenz wird es für die Energieversorger zukünftig möglich sein, variable (z. B. zeit- und lastabhängige) Tarife anzubieten.

Ein wichtiger Diskussionspunkt im Zusammenhang mit Smart Metern ist der Umgang mit den persönlichen und vertraulichen Daten der Verbraucher. Durch die feingranulare Aufzeichnung von Stromverbrauchsdaten können z. B. Rückschlüsse auf den Tagesablauf eines Bürgers gezogen werden. In diesem Zusammenhang geht es um Fragen wie:

- Auf welche Weise werden die Daten verschlüsselt?
- Mit welchem Granulierungsgrad dürfen die Verbrauchsdaten gespeichert werden?
- Wo werden die Daten physikalisch gespeichert?
- Wer hat Zugang zu den Daten?
- Wie wird der Zugang zu den Daten ermöglicht?

Der Datenschutz sowie die Datensicherheit spielen also beim Einsatz von Smart Metern eine wesentliche Rolle. Das BSI hat im Auftrag des BMWi (Bundesministerium für Wirtschaft und Energie) einen Entwurf für die Anforderungen zur Gewährleistung von Datenschutz, Datensicherheit und Interoperabilität (Fähigkeit zur Zusammenarbeit von verschiedenen oder auch unabhängigen Systemen) erarbeitet. Darin sind Schutzprofile und technische Richtlinien für intelligente Messsysteme erklärt (BMWi 2015-d). Die Schutzprofile enthalten Mindestanforderungen an die Sicherheitsfunktionalität. Die technischen Richtlinien enthalten Vorgaben zu den Schnittstellen, damit gewährleistet ist, dass die verschiedenen technischen Komponenten im System über einheitliche Standards miteinander kommunizieren können. Der Entwurf sieht beispielsweise vor, dass Firewall-Mechanismen integriert sein müssen oder Verbindungen nur von innen nach außen, aber nicht umgekehrt, erfolgen dürfen. Die intelligenten Messgeräte müssen zudem ein Gütesiegel des BSI tragen. In dem Gesetzentwurf des BMWi zur Digitalisierung der Energiewende sind ebenfalls genaue Regelungen definiert, wer wann auf welche Daten zugreifen darf (BMWi 2015-d). Dieser Gesetzentwurf wurde am 4. November 2015 vom Bundeskabinett beschlossen. Der Umgang mit Smart Metern und deren Datensicherheit sowie Datenschutz ist weltweit sehr unterschiedlich. Deutschland gibt mit dem Gesetzentwurf des BMWi einen eigenen Weg vor, wie Smart Meter zukünftig sicher in das deutsche Netz integriert werden können. Bei der Einführung der Systeme will die Bundesregierung ein ausgewogenes Verhältnis zwischen Kosten und Nutzen erreichen, so dass die Anbieter oder Nutzer nicht mit erhöhten Kosten zu rechnen haben.

An ein Messstellensystem werden entsprechend von der Europäischen Union mehrere Mindestanforderungen gestellt, die in Tabelle 2.19 dargestellt sind.

Tabelle 2.19 Empfehlungen der EU für die Mindestanforderungen an intelligente Messsysteme ausgehend von unterschiedlichen Marktrollen (EY 2013, Amtsblatt der Europäischen Union 2012)

Marktrolle	Funktion	Details
Letztverbraucher	Direkte Bereitstellung der Messwerte.	Die Bereitstellung der Messwerte ermöglicht den Verbrauchern die Einsicht in ihre Verbrauchsdaten und ermöglicht so Energieeinsparungen auf der Nachfrageseite.
	Genormte Schnittstellen für die sichere Datenübertragung an den Verbraucher.	Stellt die Interoperabilität der verschiedenen Geräte sicher.
	Ausreichend häufige Aktualisierung der Messwerte (Konsens: mindestens 15-Minuten-Takt).	Endkunden müssen die Auswirkungen ihrer Handlung zeitnah erkennen können. Die Aktualisierungsrate der dargestellten Informationen soll an die Reaktionszeit der energieverbrauchenden oder -erzeugenden Produkte angepasst werden können.
	Möglichst zur Speicherung der Kundenverbrauchsdaten über einen angemessenen Zeitraum.	Ermöglicht eine Berechnung der verbrauchsbezogenen Kosten und bietet die Basis für Vergleiche.
	Bereitstellung genauer, benutzerfreundlicher und zeitnaher Messwerte.	Schlüssel zur Einbringung von „Demand-Response"-Dienstleistungen und „online"-Energieeinsparungen.
Messstellenbetreiber	Möglichkeit zur Fernablesung der Zähler.	Grundlage für Prozesskosteneinsparungen beim Ableseprozess.
	Bereitstellung eines bidirektionalen Kommunikationskanals.	Zwischen Messsystemen und externen Netzen für die Instandhaltung und Steuerung des Messsystems – Schlüsselfunktion – ermöglicht darüber hinaus die Steuerung von Geräten beim Letztverbraucher.
	Ermöglichung eines ausreichend häufigen Ablesens der Messwerte.	Erleichtert z. B. die zeitnahe Ablesung bei Kunden- und Lieferantenwechsel.
Kommerzielle Aspekte der Energieversorgung	Unterstützung fortschrittlicher Tarifsysteme.	Ermöglicht die Einführung fortschrittlicher Tarifstrukturen, Register über den Nutzungszeitpunkt sowie Tarif-Fernsteuerung.
	Automatische Übertragung von Informationen über fortschrittliche Tarifoptionen an die Endkunden.	Grundlage dafür, dass Endkunde unmittelbar auf Tarifsignale reagieren kann.
	Ermöglichung der Fern-Ein-/Ausschaltung der Versorgung und/oder von Lastflüssen oder einer Strombegrenzung.	Beschleunigt Prozesse, z. B. bei Umzügen, da die bisherige Versorgung schnell eingestellt und die neue Versorgung schnell freigeschaltet werden kann.
Sicherheit und Datenschutz	Bereitstellung einer sicheren Datenkommunikation.	Hohes Sicherheitsniveau für gesamte Kommunikation zwischen dem Zähler und dem Betreiber unerlässlich.
	Verhinderung und Aufdeckung von Betrug.	Für Schutz des Kunden, z. B. vor dem Fremdzugang durch Hacker.
Dezentrale Erzeugung	Bereitstellung von Import-/Exportmessungen und reaktiven Messungen.	Notwendig für die Berücksichtigung der Erzeugung erneuerbarer Energien und der Mikroerzeugung – erhöht die Zukunftssicherheit von Messsystemen.

Durch die Digitalisierung der Energieversorgung kommen neue Akteure auf den Energiemarktplatz. Marktteilnehmer, die zukünftig über den lokalen IKT-Gateway über den Energiemarktplatz kommunizieren, sind z. B. (Wietfield 2010):

- Messstellenbetreiber/Messdienstleister (MSB/MDL)
- Verteilnetzbetreiber (VNB)

    Dieser betreibt ein Strom- bzw. Gasnetz zur Verteilung an Endverbraucher, wie private Haushalte und Kleinverbraucher. Die Trennung des Betriebs der Netze dient der Entflechtung, welche nach dem Energiewirtschaftsgesetz (BMJV 2005) gefordert wird. Im Gegensatz zu Transportnetzen sind Verteilnetze oftmals stark vermascht und haben zudem eine stark verästelte Struktur. Da der Transport beim Endkunden endet, liegen zumeist relativ geringe Energieflüsse vor. Dies führt zu einem sehr spezifischen Betrieb des Netzes, wodurch bezogen auf die verteilte Energiemenge höhere Kosten entstehen im Vergleich zu Transportnetzen.

- Transportnetzbetreiber (TSO)

    Zu den Transportnetzen gehören Übertragungsnetze und Fernleitungsnetze, die den Strom oder das Gas über weitere Strecken transportieren. Diese können durch unterschiedliche Unternehmen betrieben werden. Grund ist ebenfalls der Gedanke der Entflechtung, wie es im Energiewirtschaftsgesetz (BMJV 2005) festgeschrieben ist. Transportnetzbetreiber haben u. a. die wichtige Aufgabe, die Stabilität des Gesamtnetzes zu sichern und das deutsche Netzsystem in das europäische Verbundnetz zu integrieren (Bundesnetzagentur 2006). Übertragungsnetzbetreiber haben höhere gesetzliche Anforderungen zu erfüllen als Verteilnetzbetreiber (Bundesnetzagentur 2006). Dazu gehört für die Zukunft der Ausbau internationaler Grenzkuppelstellen, an denen Energie in die EU-Nachbarstaaten verteilt wird. Zudem müssen für die Windenergie neue Übertragungskapazitäten innerhalb Deutschlands geschaffen werden. Auch der Fernleitungsnetzbetreiber hat entsprechende Aufgaben, wie den Ausbau von Flüssiggas-Anlagen oder den Neuanschluss von gasbefeuerten Kraftwerken sowie die Verlagerung der Aufkommensquellen und der Transportflüsse (Bundesnetzagentur 2006).

- Energiedienstleister (EDL)
- Energieversorgungsunternehmen (EVU)
- Weiße-Ware-Hersteller (WWH)

    Dies sind z. B. Hersteller von elektrischen Haushaltsgeräten, wie Kühlschrank oder Waschmaschine.

- Aggregator (AGG)

    Ein Aggregator sorgt für Lastverschiebungen. Er ist ein Dienstleister, der mit seinem Angebot Teil des Demand-Side-Managements (DSM) ist (VKU 2015). Seine Aufgabe besteht in der Identifikation flexibler Stromlasten in Unternehmen sowie darin, diese zu bündeln und gemeinsam zu vermarkten. Er kann damit entweder als reiner Dienstleister für flexible Stromlasten oder selbst als Stromlieferant auftreten (dena 2013-b). Auf unterschiedlichen Märkten kann er mit seinem Lastverschiebungspotenzial Erlöse erwirtschaften. Das Lastverschiebungspotenzial liegt z. B. in der Möglichkeit, über sehr schnellen Fernzugriff und IKT-Anlagen Signale zum Herunter- oder Herauffahren an Verbrauchseinrichtungen, wie z. B. Wärmepumpen, Produktionsanlagen oder Elektroheizungen, zu senden, die entsprechend ihre Last verringern oder erhöhen. Erlöspotenziale liegen für Aggregatoren in unterschiedlichen Märkten. Dazu gehören z. B. der Ausgleichs-/Regelenergiemarkt, der Spotmarkt bei der Vermeidung von Kosten für Spitzenlasterzeugung, die Abregelung der Erneuerbare-Energien-Produktion ebenso wie die Bereitstellung von Energiemengen zur Netzstützung im Rahmen des Redispatch (VKU 2015). Durch die Bündelung vieler Stromverbraucher mit ihren unterschiedlichen Stromlasten können höhere Verfügbarkeiten, längere Schaltzeiten und größere Schaltleistungen erreicht werden.

- Bilanzkreisverantwortliche (BKV)

  Exkurs: Neu aufgeführt ist der Bilanzkreisverantwortliche. Dabei entsteht die Frage, was ein Bilanzkreis ist? Das Stromnetz in Deutschland ist in vier Regelzonen aufgeteilt. Eine Regelzone ist ein Verbund von geografisch festgelegten Hoch- bzw. Höchstspannungsnetzen (Next Kraftwerke o. J.-c). Ein für diese Regelzone zuständiger Übertragungsnetzbetreiber (ÜNB) ist für die Gewährleistung der Netzstabilität in dieser Zone verantwortlich. Er muss dafür Sorge tragen, dass Frequenzschwankungen verhindert werden. Seit dem Jahr 2012 werden die vier Regelzonen von den Firmen TenneT TSO GmbH, 50 Hertz Transmission GmbH, Amprion GmbH und Transnet BW GmbH verwaltet (Next Kraftwerke o. J.-c). Die Regelzonen sind über Kuppelstellen miteinander verbunden. Jede Regelzone ist dabei wieder in mehrere 100 oder 200 Bilanzkreise aufgeteilt. Ein Bilanzkreis fasst mehrere Stromeinspeise- und -ausspeisepunkte zusammen. Man könnte es als ein virtuelles Energiemengenkonto für Strom (ebenso für Gas möglich) bezeichnen. Die Bildung solcher Bilanzkreise dient dazu, Einspeisemengen und Ausspeisemengen zu saldieren und ausgeglichen zu halten (BDEW 2012). Die Teilnehmer am Energiemarkt erhalten über diesen Weg die Möglichkeit, die Entnahmen durch Verbraucher mit den Einspeisungen, wie z. B. durch Kraftwerke oder durch Handelsgeschäfte, an der Energiebörse oder am Großmarkt (OTC) abzurechnen.

  Die Übertragungsnetzbetreiber (ÜNB) verwalten die Bilanzkreise in ihrer Regelzone. Die Bewirtschaftung der Bilanzkreise erfolgt wiederum durch so genannte Bilanzkreisverantwortliche (BKV) (Bundesregierung 2014). Ein BKV kann ein Kraftwerksbetreiber sein, der seine erzeugten Energiemengen selbst vermarktet, oder ein Energieversorgungsunternehmen, welches Endkunden versorgt. Die Aufgabe des BKV liegt darin, immer einen Tag im Voraus den voraussichtlichen

Verbrauch und die Erzeugung in Viertelstunden-Intervallen abzuschätzen. Ergibt sich eine Differenz der beiden Werte, wird diese durch Stromlieferverträge mit Akteuren außerhalb des Bilanzkreises ausgeglichen. Diese Daten müssen dem ÜNB übermittelt werden. Nun kommt es im Alltag vor, dass durch unvorhergesehene Kraftwerksausfälle oder Unfälle an Stromleitungen die Bilanz nicht nach Plan ausgeglichen wird. Über das Übertragungsnetz werden diese Abweichungen durch Bereitstellung von Regelenergie ausgeglichen. Diese Energiemengen, die zusätzlich zu den im Voraus vereinbarten Energielieferungen bereitgestellt werden, werden als Ausgleichsenergie bezeichnet. Dabei ist zwischen positiver und negativer Ausgleichsenergie zu unterscheiden. Liegt eine positive Ausgleichsenergie vor, handelt es sich um eine Unterdeckung des Verbrauchs im Bilanzkreis, was eine zusätzliche Stromlieferung erforderlich macht. Bei einer negativen Ausgleichsenergie besteht eine Überdeckung an Energie, die mit einem Abtransport der überschüssigen Energie verbunden ist. Die Kosten für die Ausgleichsenergie stellt der ÜNB dem BKV im Rahmen einer Umlage in Rechnung. Oft kommt es vor, dass zwischen den Bilanzkreisen innerhalb einer Regelzone ein Ausgleich erreicht werden kann, da der eine Bilanzkreis positive, der andere gleichzeitig negative Ausgleichsenergie benötigt. Der eigentliche Bedarf an Regelenergie ist damit meistens eher gering.

Betrachten wir nun das Smart Meter Gateway. Dieses befindet sich im Zentrum der Systemarchitektur und kann so die Kommunikationsschnittstelle zwischen den verschiedenen Parteien und deren Systemen bilden. In Bild 2.41 ist beispielhaft die Topologie für ein intelligentes Messsystem gemäß BSI dargestellt.

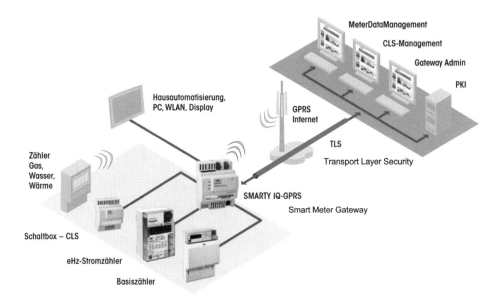

Bild 2.41 Darstellung der Systemkomponenten für die Topologie eines intelligenten Messsystems nach BSI (Dr. Neuhaus 2016)

Ein Smart Meter Administrator ist u. a. für die Installation, Konfiguration, Überwachung und Kontrolle des Smart Meter Gateway verantwortlich. Basierend auf dem Schutzprofil des Bundesministeriums für Sicherheit in der Informationstechnik (BSI) kann eine funktionale Systemarchitektur für intelligente Messsysteme angegeben werden (s. Bild 2.42).

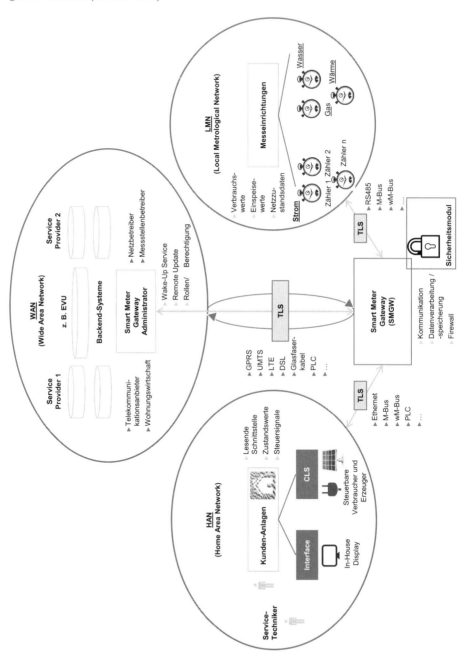

Bild 2.42 Vorschlag einer Architektur für intelligente Messsysteme basierend auf dem BSI-Schutzprofil (EY 2013)

Es zeigt sich in der vorgeschlagenen Systemarchitektur, dass eine Aufteilung der einzelnen Marktteilnehmer und der Komponenten in drei physikalisch separierte Netze zur Gewährleistung des Schutzprofils des BSI sinnvoll ist:

- LMN – lokales metrologisches Netz: Verbindung zu den elektrischen Messeinrichtungen.
- WAN – Weitverkehrsnetzwerk: Verbindung mit den externen Marktteilnehmern.
- HAN – Home Area Network: lokales Kommunikationsnetz der Letztverbraucher. Über die CLS-Schnittstelle (Controllable Local Systems) ist es auch möglich, energieverbrauchende Haushaltsgeräte, wie z. B. den Kühlschrank oder den Trockner, wie auch energieerzeugende Komponenten, wie z. B. eine Mikrogasturbine oder eine Photovoltaikanlage, zu steuern.

Für das Jahr 2016 ist der Rollout der smarten Messsysteme in Deutschland geplant. Bereits im Jahr 2012 hat die RWE ein Pilotprojekt abgeschlossen und die Stadt Mühlheim an der Ruhr flächendeckend mit Smart Metern ausgestattet (RWE o. J.-a). Damit liegen umfangreiche Erfahrungen mit diesen Systemen im Realbetrieb vor.

Die Innovation zur Bereitstellung von Smart Metern liegt eher in der Konzepterstellung eines sicheren Smart-Meter-Systems mit der zugehörigen Organisation der Daten als in der Entwicklung des eigentlichen Geräts.

2.4.2 Smart Grid

Der Ausbau unseres Stromnetzes hin zu einem intelligenten Netz ist elementar, um die fluktuierenden erneuerbaren Energien in das Stromnetz zu integrieren. Das Smart Grid ist Teil des zukünftigen E-Energy-Systems. Unter dem Begriff „E-Energy" versteht man die umfassende digitale Vernetzung sowie computerbasierte Kontrolle und Steuerung des Gesamtsystems der Energieversorgung (BMWi 2014-a). Im Smart Grid kommunizieren die unterschiedlichen Bausteine des Energiesystems miteinander. Die Kommunikation erfolgt über den Transport, die Speicherung und Verteilung bis hin zum Verbrauch (BMWi 2015-c). Der weitere Aufbau eines Smart Grid ist die Herausforderung, die jetzt zu bewältigen ist. Mit der Einführung der Smart Meter ist ein erster Schritt in diese Richtung gemacht, wobei Smart Meter eher für den Smart Market als für das intelligente Stromnetz relevant sind. Bei der Diskussion um Smart Grid wird darauf hingewiesen, dass die Unterscheidung zwischen Smart Grid und Smart Market erforderlich ist. Die Bundesnetzagentur hat in ihrem Eckpunktepapier (Bundesnetzagentur 2011) eine entsprechende Unterscheidung definiert. Wenn es um Fragen rund um die Netzkapazität („kW") geht, handelt es sich um Themen zum Smart Grid. Im Grundsatz ist das Kerngeschäft des Netzbetreibers die Bereitstellung von Leitungsquerschnitten, die Aussagen zur Netzkapazität geben. Steht hingegen die Energiemenge („kWh") im Mittelpunkt, handelt es sich um Themen des Smart Market. Energiemengen werden relevant, wenn es um den Betrieb von Erzeugungsanlagen und den Energievertrieb geht. Diese Aufgaben sind das Kerngeschäft anderer Marktrollen als der des Netzbetreibers.

Dabei erfolgt der Ausbau der Netze sehr heterogen, weil nicht an allen Netzabschnitten die gleichen Erfordernisse für den Umbau der Netze vorliegen. In Deutschland gibt es ca. 850 Elektrizitätsnetzbetreiber, von denen jeder über sein Verteilnetz entscheiden muss (Bundesnetzagentur 2011). Jeder entwickelt dabei seine eigene Strategie auf dem Weg der Ertüchtigung seines Netzes hin zu einem intelligenten Netz.

Um das bestehende konventionelle Netz intelligent zu machen, bedarf es Automatisierungs-, Mess-, Steuer- und Regeltechnik. Ebenso sind Kommunikationstechniken und IT-Komponenten erforderlich, um die Erfassung von Netzzuständen in „Echtzeit" zu ermöglichen. Durch den Einsatz von Steuer- und Regeltechnik können die bestehenden Netzkapazitäten voll ausgenutzt werden (Bundesnetzagentur 2011).

Beim Ausbau der Stromnetze in Deutschland sind je nach Netzebene unterschiedliche Maßnahmen relevant. Bei den Übertragungsnetzen steht der verstärkte konventionelle Ausbau der Netze im Fokus. Hier braucht es längere Leitungen bei Hoch- und Höchstspannungsleitungen (Bundesnetzagentur 2011). Weitere Maßnahmen sind z. B. die Erweiterung der Kapazität der bestehenden Leitungsabschnitte. Dies kann z. B. durch Hochtemperaturleiterseile erfolgen. Diese Leitungen ermöglichen den Transport von mehr Strom über die gleiche Stromtrasse und die Erhöhung der Lastaufnahme (Schmid 2014). Ein weiterer Netzausbau wäre dann in manchen Netzabschnitten nicht erforderlich. Diese Technologie befindet sich jedoch erst im Aufbau. Maßnahmen in Richtung Smart Grid sind oftmals nur in einem zweiten Schritt erforderlich, da die Netze bereits heute schon intelligent gesteuert werden (Bundesnetzagentur 2011). Es handelt sich eher um Verbesserungen oder Erweiterungen der bestehenden Technik und um die Einbindung neuer innovativer Entwicklungen. So wäre z. B. der Einbau von Leiterseilmonitoring für den zukünftigen Betrieb der Netze interessant. Diese Technologie ermöglicht die ferngesteuerte Überwachung der Leiterseiltemperatur. Bei Verteilnetzen sieht es anders aus. Diese bedürfen sowohl eines Ausbaus als auch einer Ertüchtigung in Richtung Smart Grid. Die Aufgabe von Verteilnetzen bestand in der Vergangenheit darin, Energiemengen von den oberen Spannungsebenen über die untere und mittlere Spannungsebene an die Letztverbraucher zu verteilen. Aufgrund der geänderten Strukturen und der Entstehung von Prosumern haben Verteilnetze heute zusätzlich die Aufgabe, die von dezentralen Anlagen auf Nieder- und Mittelspannungsebene erzeugten Strommengen aufzunehmen, zu verteilen und bei Bedarf an die jeweils darüber liegenden Spannungsebenen abzuführen (Bundesnetzagentur 2011). So kommt es in diesen Netzen zu unvorhergesehenen lokalen

Spannungsquellen und -senken, wodurch eine veränderte Betriebsführung und der Zugriff auf Dateninformationen über den Netzzustand erforderlich werden. An verschiedenen Stellen im Netz, wie z. B. an Ortsnetzstationen, liegen die erforderlichen Daten über die Verbraucher und Erzeuger in aggregierter Form vor und können dort erfasst und ausgewertet werden. So wird es dem Verteilnetzbetreiber möglich, z. B. die Netzspannung zu halten oder die benötigte Blindleistung zur Verfügung zu stellen. Prinzipiell ist das Management der Netze heute und zukünftig ein immer wichtigeres Thema im Hinblick auf den Netzausbau. Es gibt unterschiedliche Wege, wie ein Netzmanagement zukünftig erfolgen kann (Bundesnetzagentur 2011):

- Managen knapper Netzkapazitäten durch das Einführen variabler Netzentgelte.
- Abschalten von Verbrauchern bzw. Leistungsreduktion spezieller Geräte oder Anschlüsse durch vertragliche Regelungen auch in Verbindung mit gesonderten und individuell vereinbarten Netzentgelten.
- Anordnung der Maßnahme zum Abschalten bzw. Lastreduzieren von Erzeugern bzw. Verbrauchern durch den Netzbetreiber.

Ein Konzept geht davon aus, dass auch das Netz dezentraler organisiert wird, da die Komplexität des Verbundnetzes zukünftig zu hoch sein wird. Dies könnte also bedeuten, dass mehr kleinmaschige Zellen, so genannte Micro-Grids, aufgebaut werden, die sich autark verhalten und autonom den Netzausgleich durchführen. Über eine zentrale Netzführungsinstanz können diese zellulären Ansätze miteinander verbunden werden. Wie das Smart Grid in Zukunft aufgebaut sein könnte, wird in Bild 2.42 vorgestellt. Darin wird deutlich, auf welche Komplexität sich die Energiebranche einrichten muss.

Es zeigt sich, dass es weiterer politischer, wirtschaftlicher und technologischer Entscheidungen bedarf, wie das Netz der Zukunft aussehen und funktionieren wird. Hier stehen auch weitere Komponenten im Mittelpunkt der Diskussion, wie z. B. Speichermöglichkeiten. Dabei spielt der Aspekt der Wirtschaftlichkeit eine ganz wichtige Rolle.

Neben dem Aufbau der Netze und der Ertüchtigung hin zu smarten Netzen ist das Managen von Lasten ein wichtiger Punkt, um Leistungsspitzen und damit Netzkapazität abzubauen. Das so genannte Demand Side Management (Lastmanagement) kennen wir bereits aus anderen Produktionsorganisationen. In diesem Kontext handelt es sich um das Managen der Stromnachfrage in der Form, dass Stromlasten flexibel zur Anpassung der Stromnachfrage genutzt werden. In Deutschland steht alleine in der Industrie ein Potenzial von mehreren Tausend Megawatt zur Verfügung (Mahnke 2014-a). Im Zusammenhang mit dem Lastmanagement kommt den zuvor bereits erwähnten Marktrollen eine wichtige Funktion zu. Um flexibel agieren zu können, bedarf es mehrerer Marktrollen, die bezogen auf das Lastmanagement bestimmte Aufgaben übernehmen. Die einzelnen Marktrollen werden von bestimmten Unternehmen bzw. Organisationen ausgestaltet. Wesentlich für das Lastmanagement ist die Bereitstellung von Regelleistung, wie Sekundärregelleistung oder Minutenreserve. Welche Aufgaben mit der Ausgestaltung der Schnittstellen zwischen den Marktrollen und des Lastmanagements mit der Bereitstellung von Regelleistung verbunden sind, ist in Tabelle 2.20 aufgeführt.

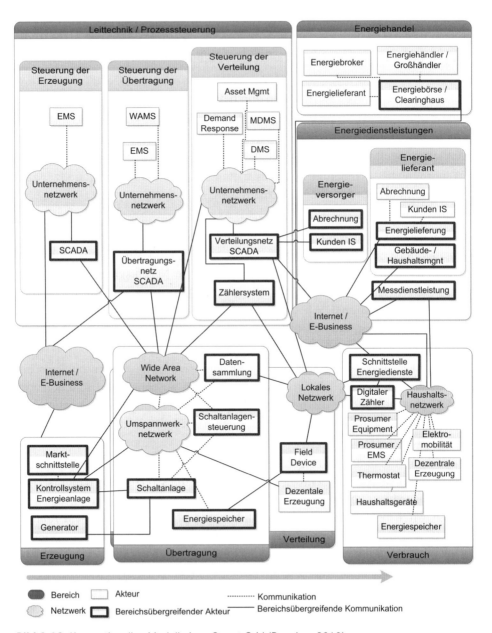

Bild 2.43 Konzeptionelles Modell eines Smart Grid (Beenken 2010)

Tabelle 2.20 Marktrollen und deren Aufgaben beim Lastmanagement (dena 2013-b)

Marktrolle	Schnittstelle zum Lastmanagement
Übertragungs-netzbetreiber (ÜNB)	- regelmäßige Ermittlung des Bedarfs an Regelleistung - Präqualifizierung der Anbieter - Ausschreibung und Vergabe der Vorhaltung von Regelleistung sowie Abruf von Regelleistung
Verteilnetzbetreiber (VNB)	- Netzanschluss der flexiblen Stromlast im Verteilnetz - sichere Netzführung auch bei Schaltungen von leistungsstarken, flexiblen Stromlasten im Verteilnetz
Aggregator – Vermarkter von flexiblen Stromlasten	- Identifizierung, Aggregation und Vermarktung von flexiblen Stromlasten für Regelleistung und ggf. andere Anwendungen - Treffen von Abstimmungen und Vereinbarungen mit den weiteren Marktrollen
Bilanzkreisverantwortlicher (BKV)	- Belieferung der Unternehmen mit Strom - Erstellung von Fahrplänen auf Basis von Verbrauchsprognosen - Abruf von Fahrplanänderungen
Unternehmen mit flexibler Last	- Identifizierung von flexiblen Stromlasten - Bewertung von Verfügbarkeit und Randbedingungen für den Einsatz - kontinuierliche Prozesskontrolle

Bei dem Konzept des Demand Side Managements handelt es sich nicht nur um netzdienliche, sondern auch um marktdienliche Aspekte, da die Preisentwicklung auf das Lastmanagement bzw. das Verhalten der Marktteilnehmer einen Einfluss haben wird.

Der Ausbau und die Ertüchtigung der Stromnetze ist trotz unter Umständen hoher finanzieller Belastungen ein wichtiger Baustein für die Energiewende. Allein die Strommengen, die im Jahr 2013 abgeregelt werden mussten, da keine ausreichenden Netzkapazitäten zur Verfügung standen, lagen bei 555 Mio. kWh. Das ist mehr als eine siebenfache Steigerung im Vergleich zum Jahr 2009 (74 Mio. kWh) (Bundesnetzagentur 2014-a). Dies erfolgte vorrangig über das Abregeln von Windkraftanlagen. Mit dieser Strommenge hätten 100 000 Haushalte mit Strom versorgt werden können. Mit Zunahme der volatilen Energien wird das Zusammenspiel zwischen den einzelnen technischen Komponenten im Netz immer wichtiger. Im Jahr 2014 lagen die Werte noch einmal deutlich höher. Hier mussten 1580 Mio. kWh abgeregelt werden, mehr als das 20-Fache im Vergleich zum Jahr 2009 und fast das Dreifache gegenüber 2013 (555 Mio. kWh) (Bundesnetzagentur 2016-a). Dies entspricht etwa dem durchschnittlichen jährlichen Stromverbrauch von 300 000 Haushalten. Von der Abregelung betroffen waren auch in 2014 vorrangig Windkraftanlagen (77,3 %).

3 Möglichkeiten neuer Technologien in den Zeiten volatiler Energieerzeugung

Damit unser zukünftiges Energiesystem funktioniert und wir weiterhin auf eine sichere und stabile Energieversorgung bauen können, müssen auch bereits bestehende Technologien weiterentwickelt und innovativen Prozessen unterworfen werden. In diesem Kapitel sollen drei Technologien herausgegriffen und näher beleuchtet werden. Dazu gehören zum einen Speichertechnologien, über die schon seit vielen Jahren diskutiert wird und die als wesentlicher Beitrag für die Energiewende angesehen werden. Neu hinzugekommen sind virtuelle Kraftwerke. Hier ist die Frage, worum es dabei geht, wie diese in unser Energiesystem eingebunden werden können und welchen Beitrag sie zur Energiewende leisten können. Als dritte Technologie wird die Bioenergie betrachtet. Bisher trägt diese dazu bei, mit stabiler Leistung die Grundlast abzudecken. Doch welche Anforderungen kommen in Zukunft auf diese Sparte zu?

■ 3.1 Energiespeicher und deren Möglichkeiten

In unserem Energiesystem können Speicher sehr unterschiedliche Funktionen wahrnehmen. Dazu gehören z. B. Verstetigungsaufgaben beim Einsatz virtueller Kraftwerke. Sie können aber auch durch die Lieferung von Regelenergie kurzfristige Bilanzungleichgewichte ausgleichen. Sie können zudem Energie zur Verfügung stellen bzw. aufnehmen, wenn über einen längeren Zeitraum entweder zu viel oder zu wenig erneuerbare Energie zur Verfügung steht und so die Versorgungssicherheit verbessern (Bundesnetzagentur 2011).

Energiespeicher sind marktdienlich, da sie mit Energiemengen handeln. Sie dienen dazu, einen zeitlichen Ausgleich zwischen Stromangebot und Nachfrage zu schaffen. Im Falle von Power-to-Gas kann z. B. sogar eine räumliche Verlagerung erreicht werden. Bei der Diskussion um Speicher finden sich im Sprachgebrauch Begriffe wie Einspeichern, Ausspeichern, Laden, Entladen. Dabei haben sich die

Begriffe Laden und Entladen eher in der Umgangssprache entwickelt, während Einspeichern und Ausspeichern in einem technisch-wissenschaftlichen Kontext verwendet werden.

Deutschland hat in den vergangenen Jahren bereits umfangreich Speicherkapazitäten aufgebaut. Dem deutschen Stromnetz standen im Jahr 2014 über 9500 MW Speicherleistung zur Verfügung (Mahnke 2014-a). Die Stromspeicherkapazität belief sich auf ca. 40 000 MWh, die vorrangig durch Pumpspeicherkraftwerke geleistet wurden. Zwischen 1,0 und 1,5 Prozent des deutschen Bruttostromverbrauchs konnten zwischen den Jahren 2000 und 2013 in Stromspeichern gespeichert werden (Mahnke 2014-a).

Deutschland nutzt nicht nur Speicher im eigenen Land, sondern auch EU-weit. Darunter fallen vor allem die beiden Länder Luxemburg und Österreich, die mit ihren Pumpspeicherkraftwerken Deutschland eine Leistung von 2888 MW zur Verfügung stellen (Mahnke 2014-a).

Von den in Deutschland zur Verfügung stehenden 9500 MW Speicherleistung entfallen knapp 97 % auf Pumpspeicherkraftwerke (s. Tabelle 3.1).

Tabelle 3.1 Aufteilung der Speicherleistung im Jahr 2014 (Bundesnetzagentur 2014-b)

	Leistung
Pumpspeicherkraftwerke	9240 MW
Druckluftspeicher Huntorf	321 MW
Summe	9561 MW

Wie das Zusammenspiel zwischen den erneuerbaren Energien und Stromspeichern aussehen kann, zeigt Bild 3.1.

Das Ziel ist, dass zukünftig Windkraft und Sonnenenergie den Strombedarf zu einem Großteil alleine decken können. Es zeigt sich aber auch, dass insbesondere Energie aus Biomasse einen wichtigen Beitrag leisten muss. Biogas-BHKW und andere Technologien auf Basis von Biomasse sind in der Lage, sehr schnell auf geänderte Stromlastbedingungen zu reagieren (Mühlenhoff 2013). Ebenso sind Wasserkraftwerke von Bedeutung. Zur Deckung der verbleibenden Residuallast können Speicher eingesetzt werden.

Die Höhe der restlichen Residuallast ist abhängig vom Ausbau der erneuerbaren Energien. Nach (Krzikalla 2013-a) könnte im Jahr 2030 der Erneuerbare-Energien-Anlagenpark einen Anteil von bis zu 79 % des Stromverbrauchs decken. Zur Deckung der verbleibenden Residuallast werden Stromspeicher alleine jedoch nicht ausreichen. Die gesamte Residuallast wird für das Jahr 2020 immer noch mit über 70 000 MW abgeschätzt (Krzikalla 2013-a).

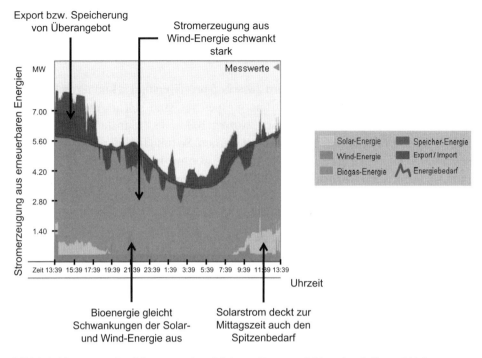

Bild 3.1 Einsatz von Speichern zum Ausgleich von Prognosefehlern (nach Knorr 2014)

Doch wie sieht es bei einem Überangebot an erneuerbaren Energien aus, also bei negativer Residuallast? Dies tritt ein, wenn mehr erneuerbare Energie im Netz zur Verfügung steht, als nachgefragt wird. Stundenweise ist ein solcher Fall möglich. Für das Jahr 2030 wird dieses Überangebot auf bis zu 84 GW geschätzt. Dies würde bedeuten, dass 34 500 GWh erneuerbarer Energie aufgefangen werden müssten (Krzikalla 2013-a). Speicher alleine können dieses Problem auch in Zukunft nicht lösen. Hinzu kommen die Wirkungsgradverluste, die mit dem Prozess des Speicherns von Strom verbunden sind. Wie bereits in Kapitel 2 beschrieben, ist der Ausbau der Stromnetze für die Zukunft entscheidend.

Welche Speicher mit welcher Leistung in Zukunft benötigt werden, hängt wesentlich von dem Gesamtkonzept der Gestaltung des deutschen Energiesystems ab. Zudem besteht für viele interessante Stromspeichertechnologien in Deutschland wie weltweit noch intensiver Forschungsbedarf. Manche Stromspeichertechnologien befinden sich bereits im Erprobungsstadium. Demnach ist dieser Markt noch in der Entwicklung. Zudem fallen bei steigender Produktion und verbesserten Prozessen der Speicherprodukte die Preise, wodurch neue Möglichkeiten im Markt entstehen. Für Lithium-Ionen-Batterien wird beispielsweise davon ausgegangen, dass deren Kosten pro Kilowattstunde Speicherkapazität sich in den nächsten fünf bis zehn Jahren halbieren werden (Schlick 2012).

3.1.1 Kategorisierung und Klassifizierung von Speichern

Stromspeichertechnologien lassen sich nach bestimmten Kriterien kategorisieren und klassifizieren.

Im Rahmen der Kategorisierung wird zwischen primären und sekundären Energiespeichern unterschieden. Primäre Energiespeicher sind solche, die nur einmal geladen und entladen werden können, wozu z. B. fossile Brennstoffe gehören, die beispielsweise in Erdöllagern gespeichert werden. Sekundäre Energiespeicher sind solche, die mehrfach geladen und entladen werden können. Dazu zählen z. B. Pumpspeicherwerke, Druckluftspeicher, Kondensatoren, Akkumulatoren (Sekundärbatterien), Schwungmassenspeicher, Spulen, Speichersysteme wie Power-to-Gas (PtG) oder Power-to-Liquid (PtL).

Daneben kann zwischen sektoralen und sektorenübergreifenden Speichersystemen unterschieden werden. Sektorale Speicher werden in einem Energiesektor, wie z. B. rein im Stromsektor, eingesetzt. Dazu zählen u. a. für den Stromsektor Pumpspeicher, für den Wärmesektor Pufferspeicher und für den Verkehrssektor Kraftstofftanks. Dahingegen sind sektorenübergreifende Speicher solche, die nicht in demselben Sektor ein- und ausspeichern, sondern sie kommen in einem oder mehreren Energiesektoren zum Einsatz. Dazu zählen Systeme wie z. B. Power-to-Heat, Power-to-Gas oder Power-to-Liquid. In Bild 3.2 ist anhand von Beispielen dargestellt, was das Einspeichern, Speichern und Ausspeichern für einen sektorenübergreifenden Stromspeicher bedeutet.

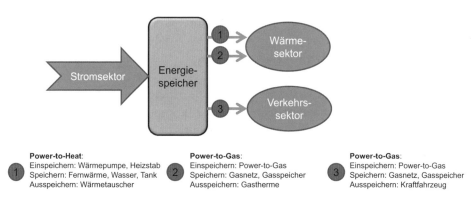

① **Power-to-Heat:**
Einspeichern: Wärmepumpe, Heizstab
Speichern: Fernwärme, Wasser, Tank
Ausspeichern: Wärmetauscher

② **Power-to-Gas:**
Einspeichern: Power-to-Gas
Speichern: Gasnetz, Gasspeicher
Ausspeichern: Gastherme

③ **Power-to-Gas:**
Einspeichern: Power-to-Gas
Speichern: Gasnetz, Gasspeicher
Ausspeichern: Kraftfahrzeug

Bild 3.2 Beispiele für sektorenübergreifendes Einspeichern, Speichern und Ausspeichern (nach Sterner 2014)

In Bild 3.2 gilt für die drei dargestellten Varianten (Sterner 2014):

1. Power-to-Heat:

   Verbindung über elektrisches Heizen, z. B. mit Wärmepumpe, Speicherofen oder Heizstab.

2. Power-to-Gas:

   Verbindung über vorhandene Gasspeicher oder Gasthermen zur Speicherung und Nutzung von Strom.

3. Power-to-Gas:

   Verbindung über Power-to-Liquid oder Power-to-Fuel: Nutzung des Stroms als Stromkraftstoff.

Weiterhin können Energiespeicher nach unterschiedlichen Eigenschaften klassifiziert werden. Folgend werden drei Beispiele herausgegriffen (s. Tabelle 3.2).

Tabelle 3.2 Ausgewählte Eigenschaften von Stromspeichern (Sterner 2014)

Physikalische Eigenschaften		
Eigenschaft	**Untergliederung**	**Beschreibung**
elektrisch	Elektroenergie	
	elektrostatische Energie	Zur elektrostatischen Speicherung werden Kondensatoren eingesetzt.
	elektromagnetische Energie	Die Speicherung der Energie erfolgt in alternierenden elektromagnetischen Feldern. Beispiele sind Doppelschichtkondensatoren oder supraleitende Spulen.
elektrochemisch		Wie bei Batterien oder Akkumulatoren. Bei diesen wird Energie in chemischer Form in den Elektrodenmaterialien oder Ladungsträgern, z. B. einer Redox-Flow-Batterie, gespeichert.
chemisch	Bindungsenergie	Dies erfolgt in natürlichen Prozessen im Rahmen der Photosynthese oder in technologischen Prozessen, wie Power-to-Gas oder Power-to-Liquid.
mechanisch	kinetische Energie	Schwungräder als kinetische Energiespeicher.
	potenzielle Energie	Ausnutzung von Lageenergie. Hierzu zählen z. B. Pumpspeicher als potenzielle Energiespeicher.
thermisch	kalorische Energie oder Wärme und Kälte	Dazu zählen sensible und latente Wärmespeicher. Bei sensiblen Wärmespeichern ist die Temperaturdifferenz vor und nach dem Laden „fühlbar". Bei latenten Wärmespeichern oder Phasenwechselmaterialien geht dies nicht. Hier erfolgt zum Ein- und Ausspeichern eine Änderung des Aggregatzustandes des Mediums unter Nutzung der entsprechenden Enthalpie (Sterner 2014).
Zeitliche Eigenschaften		
Eigenschaft	**Untergliederung**	**Beschreibung**
kurzzeitig		Im Bereich von Sekunden, Minuten, Stunden bis max. zu einem Tag, z. B. Pumpspeicher, Batterien.
langzeitig		Die Speicherzeit liegt im Rahmen von Wochen, Monaten und Saisons, z. B. Gasspeicher, Brenn- und Kraftstoffe.

Tabelle 3.2 Ausgewählte Eigenschaften von Stromspeichern (Sterner 2014) *(Fortsetzung)*

Räumliche Eigenschaften		
Eigenschaft	**Untergliederung**	**Beschreibung**
zentral		Wie z. B. Pumpspeicherkraftwerke.
dezentral		Kleine, verteilte Speichersysteme.
ortsfest		Fest installierte Speicher.
mobil		Bewegliche Speichersysteme, z. B. Elektromobilität.

Bild 3.3 gibt einen Überblick über die Speichersysteme, die für die Speicherung von Strom relevant sind.

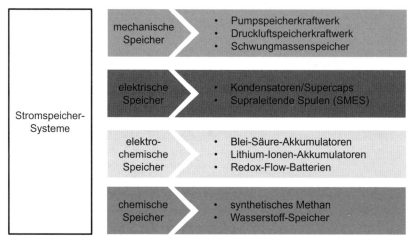

Bild 3.3 Zuordnung von Speichertechnologien zu physikalischen Eigenschaften (nach Mahnke 2014-a)

3.1.2 Vergleich technischer Eigenschaften von Stromspeichern

Speicher können aufgrund ihrer unterschiedlichen technischen Eigenschaften jeweils für verschiedene Aufgaben eingesetzt werden. Eine wichtige Aufgabe ist die bedarfsgerechte Ausspeicherung der Energie, die nicht nur über die Energiemenge beschrieben wird, sondern deren zeitliche Dauer zur Erfüllung der Aufgabe ebenfalls relevant ist (s. Bild 3.4).

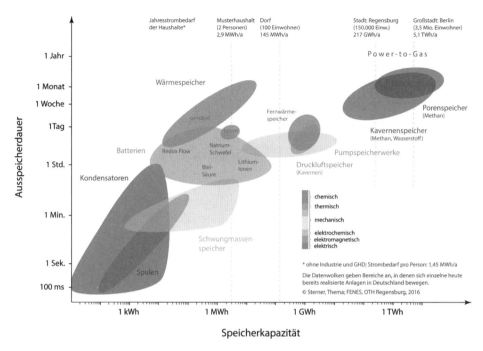

Bild 3.4 Einsatzgebiete von Speichern nach zeitlicher Ausspeicherung und Energiemengen (Sterner 2014)

Es wird deutlich, dass im Kurzzeitbereich nur eine geringe Speicherkapazität erforderlich ist, hingegen mit zunehmender Ausspeicherungszeit die Speicherkapazität zunimmt. So kann z. B. im Medizinbereich eine sehr kurze Reaktionszeit mit geringer Kapazität notwendig sein, während z. B. für große Produktionsmaschinen für einen längeren Zeitraum eine größere Speicherkapazität erforderlich ist. Tabelle 3.3 fasst einige technische Eigenschaften zusammen.

Tabelle 3.3 Technische Eigenschaften von Stromspeichersystemen (efzn 2013)

	Ansprechzeit (Aktivierungszeit, Dynamik)	typischer realisierter Leistungsbereich	typischer realisierter Leistungsgradient	typische realisierte (geplante) Speicherkapazität	Fähigkeit zur Blindleistungsbereitstellung	Beitrag zur Kurzschlussleistung	Kosten bezogen auf den Energieinhalt	Leistungsbezogene Kosten	Lebensdauer Zyklen	Lebensdauer Jahre
Pumpspeicherwerke	< 1 min bis wenige min	100 – 1000 MW	< 30 MW/s	400 bis 9000 MWh	ja	ja	100 – 250 €/kWh	700 – 1100 €/kW	> 40 000	40
Druckluftspeicher	Gesamtstartzeit bis Volllast 11 min für Gasturbinenstart, 6 min für Schnellstart, 6 min für Ladebetrieb, Umschaltzeit vom Stromerzeugungs- zum Ladebetrieb 36 min und umgekehrt 16 – 21 min (Gamrad 2012)	bis 290 MW	s. Ansprechzeit	580 MWh	ja	ja	40 – 100 €/kWh Output	k. A.	k. A.	40
Schwungmassenspeicher	5 – 20 ms	0,5 – 50 MW	1)	< 1 MWh	ja	1)	1000 – 80 000 €/kWh	100 – 500 €/kW	10^6	10 – 25
Supraleitende magnetische Energiespeicher	< 100 ms	< 10 MW	1)	< 20 MJ (= 0,005 MWh)	ja	1)	> 100 000 €/kWh	200 – 1000 €/kW	> 10^6	15 – 30

Tabelle 3.3 Technische Eigenschaften von Stromspeichersystemen (efzn 2013) *(Fortsetzung)*

	Ansprechzeit (Aktivierungszeit, Dynamik)	typischer realisierter Leistungsbereich	typischer realisierter Leistungsgradient	typische realisierte (geplante) Speicherkapazität	Fähigkeit zur Blindleistungsbereitstellung	Beitrag zur Kurzschlussleistung	Kosten bezogen auf den Energieinhalt	Leistungsbezogene Kosten	Lebensdauer Zyklen	Lebensdauer Jahre
Doppelschichtkondensatoren	< 100 ms	< 100 kW	1)	–	ja	1)	10 000 €/kWh	100 – 500 €/kW	> 500 000	10 – 20
Batterien	< 100 ms	< 50 MW	1)	24 MWh	ja	1)	150 – 2000 €/kWh	300 – 4000 €/kW	500 – 5000	6 – 20
Flussbatterien	< 100 ms	2 MW	1)	12 MWh	ja	1)	170 – 1000 €/kWh	1000 – 10 000 €/kW	> 13 000	15 – 20
Stoffliche Speicherung										
Methan	einige h bis 1 d	bis 2 GW, PtG-Konzept: 6 MW	–	Speicherung im Erdgasnetz: 792 PJ$_{th}$ bzw. 220 TWh$_{th}$ möglich	ja, bei Rückverstromung durch GuD-Kraftwerke	ja, bei Rückverstromung durch GuD-Kraftwerke	k. A.	k. A.	k. A.	ca. 30
flüssige Kraftstoffe	einige h bis 1 d	bis 10 GW	Verfügbarer Kavernenspeicher: 900 PJ bzw. 250 TWh (Mindestmenge, da Daten über andere Speicher nicht verfügbar)	Kavernenspeicher: 900 PJ bzw. 250 TWh (Mindestmenge, da Daten über andere Speicher nicht verfügbar)	mögliche weitere Nutzung zur Verstromung durch Ölkraftwerke (typische Werte)	mögliche weitere Nutzung zur Verstromung durch Ölkraftwerke (typische Werte)	k. A.	25.000 – 50 000 US$/bpd (barrel per day)	k. A.	ca. 30

Tabelle 3.3 Technische Eigenschaften von Stromspeichersystemen (efzn 2013) *(Fortsetzung)*

	Ansprechzeit (Aktivierungszeit, Dynamik)	typischer realisierter Leistungsbereich	typischer realisierter Leistungsgradient	typische realisierte (geplante) Speicherkapazität	Fähigkeit zur Blindleistungsbereitstellung	Beitrag zur Kurzschlussleistung	Kosten bezogen auf den Energieinhalt	Leistungsbezogene Kosten	Lebensdauer Zyklen	Lebensdauer Jahre
Elektrolyse	< 30 s aus dem Standby, 10 min aus dem OFF-Betrieb	AEL[2] bis max. 150 MW, PEM-EL[3] derzeit bis 100 kW, 2015 bis 2,1 MW, 2018 bis 90 MW, PEM-EL: jeweils 3fache kurzzeitige Überlastung möglich	PEM-EL, 10% der max. Leistung pro s Generell: PEM flexibler als AEL	–	In Abhängigkeit der Netzanbindung (Umrichtertechnologie)	In Abhängigkeit der Netzanbindung (Umrichtertechnologie)	k. A.	Status: AEL: 800 – 1500 €/kW (bei Leistungen > 500 kW, Druck-EL 20 % höher, PEM-EL 2000 – 6000 €/kW bei 1 – 10 Nm³/h, erwartete Potenziale	k. A.	AEL ca. 30; PEM ca. 20

[1] Abhängig von Anbindung über Leistungselektronik
[2] AEL: alkalische Elektrolyse
[3] PEM: Polymer-Elektrolyt-Membran

Die Speichersysteme unterscheiden sich in einer Vielzahl technischer Parameter. Ebenso sind die Wirkungsgrade der Systeme sehr unterschiedlich, wie Bild 3.5 zeigt.

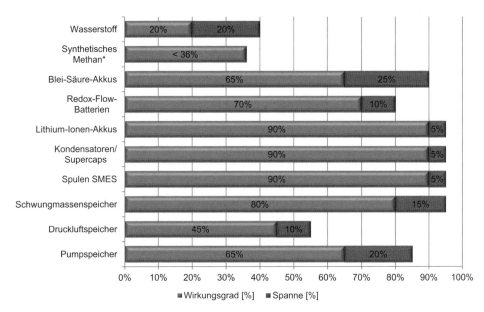

Bild 3.5 Wirkungsgrade ausgewählter Stromspeicher (nach Statista o. J.-l, Mahnke 2014-b)

Tritt ein Fall ein, in dem sehr schnell eine große Strommenge entweder im Netz fehlt oder zu viel vorhanden ist, kommt es auf die Leistung eines Speichers an und ob dieser für die Aufgabe geeignet ist. Ist ein Stromspeicher für den mobilen Einsatz wie in Elektroautos konzipiert, besteht die Anforderung, dass dieser leicht ist und wenig Volumen einnimmt. Diese Anforderung wird über die Energiedichte erfüllt. Einen wesentlichen Aspekt kennen wir aus Anwendungen von Batterien im Alltag. Dabei geht es um die Eigenschaft, wie oft ein Speicher be- und entladen werden kann (Zyklenfestigkeit), womit auch seine Lebensdauer verbunden ist. Die Zyklenfestigkeit und die Lebensdauer sind speziell bei elektrochemischen Speichern zwei Kriterien, die insbesondere die Speicherkosten beeinflussen. Weiterhin ist das Verhältnis von abgegebener Energie zu zugeführter Energie relevant. Dies drückt sich im Wirkungsgrad aus. Der Wirkungsgrad gibt auch Auskunft über die Effizienz eines Speichers. Daraus folgt, je höher der Anteil der Energie, der mit dem Speicher „verloren" geht, desto höher werden die Kosten und desto geringer ist die Effizienz. Kurzzeitspeicher weisen einen sehr hohen Wirkungsgrad auf. Auch können elektrochemische Speicher einen hohen Wirkungsgrad haben, der jedoch stark schwankt. Bei diesen beiden Technologien treten somit vergleichsweise geringe Verluste auf.

3.1.3 Wirtschaftliche Aspekte von Stromspeichern

Wie bereits erwähnt, befinden sich viele Arten von Energiespeichern noch in der Entwicklungs- oder Erprobungsphase. Zudem haben viele Energiespeicher mindestens einen spezifischen Einsatzbereich. Diese beiden Punkte machen deutlich, dass Aussagen dazu, welche Technologie für welchen Einsatzbereich am günstigsten ist, zurzeit nicht getroffen werden können. Ein Vergleich kann nur innerhalb eines bestimmten Einsatzbereiches mit dem dazugehörigen technologischen Anforderungsprofil erfolgen.

Unter dem wirtschaftlichen Aspekt von Stromspeichern sind die Speicherkosten relevant. Diese werden von unterschiedlichen Faktoren beeinflusst. Dazu gehören z. B. Stromgestehungskosten, Investitionskosten, Wartungskosten, energetische Verluste, die Anzahl der Speicherzyklen und die damit verbundene zeitliche und zyklische Lebensdauer (Rundel 2013).

Eine weitere Größe sind die Stromverlagerungskosten. Hierbei handelt es sich um spezifische Kosten, die anfallen, wenn man eine Kilowattstunde Strom in einen Speicher oder in das Stromnetz verlagert (Krüger 2013). Es geht also um eine örtliche oder zeitliche Verlagerung von überschüssigem Strom. Alternativ besteht auch die Möglichkeit der Abregelung der Produktion erneuerbarer Energie. Durch diese Maßnahme würde weniger Strom produziert, was sich in entgangenen Einnahmen ausdrücken ließe. In Bild 3.6 sind die Stromverlagerungskosten verschiedener Stromspeichertechnologien dargestellt.

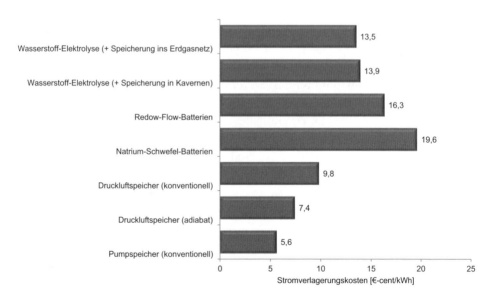

Bild 3.6 Prognose der Stromverlagerungskosten verschiedener Stromspeichertechnologien für das Jahr 2020 für eine Speicherung von sechs Stunden (nach Nitsch 2010)

Es zeigt sich, dass Pumpspeicherkraftwerke unter diesen Bedingungen am günstigsten sind. Würde dieser Strom alternativ ins Stromnetz eingespeist und dort gespeichert werden, sind die in Bild 3.7 aufgeführten Kosten zu erwarten. Hier wird angesetzt, dass eine örtliche Verlagerung von Strom über 400 km Stromnetz erfolgt (Krüger 2013). Je nach Übertragungstechnologie ergeben sich unterschiedliche Stromverlagerungskosten.

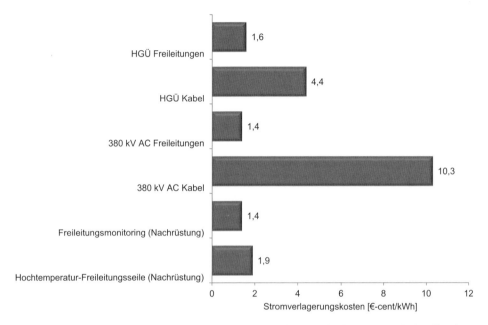

Bild 3.7 Prognose der Stromverlagerungskosten verschiedener Speichertechnologien für eine Distanz von 400 km für das Jahr 2020 (nach Krüger 2013)

Vergleicht man die Stromverlagerungskosten zwischen einer zeitlichen Verlagerung in Stromspeicher und einer räumlichen Verlagerung ins Stromnetz, so zeigt sich, dass eine räumliche Verlagerung in den meisten Fällen am günstigsten ist. Um für die Zukunft trotz heute prognostizierter erhöhter Stromverlagerungskosten viele unterschiedliche Flexibilisierungsoptionen bereitstellen zu können, ist der Ausbau von Speichern wesentlich.

Werden nun die spezifischen Kosten für das Abregeln dagegengestellt, zeigt sich ein neues Bild. Hierbei müssen indirekte Kosten berücksichtigt werden, die durch die Notwendigkeit der alternativen Strombereitstellung entstehen. Diese Kosten können nach (Nitsch 2012) mit 9 €/kWh für mittlere Stromgestehungskosten im Jahr 2020 angesetzt werden. Dabei wird angenommen, dass durch eine Abregelung keine Kosten entstehen bzw. dass die Kosten für die Abregelung selbst vernachlässigt werden können. Diese liegen somit im Feld der zeitlichen Stromverlagerungskosten in Stromspeichern.

Stromspeicher werden in Zukunft auch einen Einfluss auf die Strompreise haben. Es wird davon ausgegangen, dass sich die Preise an den Strombörsen durch den Einsatz von Stromspeichern verstetigen dürften (Connect 2014). Auch könnten extreme Schwankungen wie negative Preise bei Stromüberangebot vermieden werden. Gewisse Preisschwankungen sind jedoch wichtig, damit sich Anreize für den Einsatz verschiedener Technologien ergeben. Insbesondere für Pumpspeicherkraftwerke ergeben sich in Zukunft große Herausforderungen (Mahnke 2014-a). Heute werden Pumpspeicherkraftwerke in der Nacht geladen, wenn der Strom aufgrund geringer Nachfrage günstig ist, und tagsüber entladen, wenn verbrauchsstarke Zeiten mit hohen Strompreisen bestehen. Durch den vermehrten Einsatz fluktuierender erneuerbarer Energien ist der Anreiz des Tag-Nacht-Betriebs nicht mehr in dieser Form existent. Wenn mittags der Wind weht und die Sonne scheint, können die Nachfragespitzen und die damit verbundenen hohen Preisspitzen über Strom aus Wind und Sonne abgedeckt werden. Auch sind die Großhandelspreise aufgrund des starken Stromüberangebots sehr niedrig. Diese Aspekte führen dazu, dass die Rentabilität von Pumpspeicherkraftwerken sinkt. Zudem besteht eine Preiskonkurrenz zwischen den unterschiedlichen Speichertechnologien. Gleichzeitig wird der Einsatz von Batteriespeichern zur besseren Ausnutzung von Solarstrom für den Eigenverbrauch interessanter.

3.1.4 Speichertechnologien

Seit vielen Jahren wird gezielt auf dem Gebiet der Speicher geforscht und entwickelt. Daraus haben sich einige interessante Technologien herausgebildet. Im Folgenden werden die Funktionen einiger aus heutiger Sicht wichtiger Speichersysteme sowie deren Perspektiven vorgestellt.

Mechanische Energiespeicher – Pumpspeicherkraftwerke

Bereits Anfang des 20. Jahrhunderts kamen Pumpspeicher zum Speichern von Energie in Deutschland zum Einsatz (Giesecke 2009). Die Nutzung der Wasserkraft als Energiequelle ist eine der ältesten Methoden (WILO 2016).

Deutschland verfügt derzeit über 32 Pumpspeicherkraftwerke mit einer Leistung von 9240 MW (Bundesnetzagentur 2014-b). Dazu gehören auch fünf Pumpspeicher im Ausland, die Bestandteil des deutschen Stromnetzes sind, sowie das zurzeit stillgelegte Pumpspeicherkraftwerk Happurg des E.ON-Konzerns. Weltweit spielen Pumpspeicherkraftwerke mit einer installierten Leistung von 135 000 MW eine bedeutende Rolle (REN21 2014). Sie verfügen über eine einfache Funktionsweise, einen hohen Wirkungsgrad und eine ausgereifte Technologie.

Pumpspeicherkraftwerke speichern große Mengen Wasser sowohl in natürlich vorkommenden Seen als auch in Wasserreservoiren, die durch Staumauern oder

-dämme künstlich geschaffen wurden. Das Wasser wird in Zeiten, wenn kostengünstiger Strom vorhanden ist, von einem niedrig gelegenen Wasserbecken in ein höher gelegenes Becken gepumpt und dient dort als potenziell gespeicherte Energie. Werden die Schleusentore geöffnet und das Wasser strömt in das tiefer gelegene Becken, werden Turbinen angetrieben, die wiederum Stromgeneratoren antreiben. Treten Stromspitzenlasten des Verbrauchs auf oder Engpässe aufgrund von Ausfall fluktuierender Energien, kann mithilfe des herabströmenden Wassers zusätzlicher Strom bereitgestellt werden. Die Größe der Speicherbecken und der Höhenunterschied zwischen dem Ober- und dem Unterwasser bestimmen die Energiemenge. Die Leistung der Turbinen und der Generatoren und deren Anzahl sind natürlich ebenfalls ausschlaggebend. Die Funktionsweise eines Pumpspeicherkraftwerks ist in Bild 3.8 dargestellt.

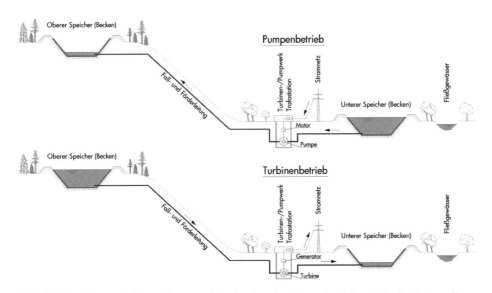

Bild 3.8 Funktionsprinzip von Pumpspeicherkraftwerken (Ingenieurbüro Alwin Eppler 2016)

In Ostdeutschland betreibt z. B. die Firma Vattenfall Pumpspeicherkraftwerke mit einer Leistung von ca. 2500 MW. Diese tragen erheblich zur Systemstabilität des Übertragungsnetzbetreibers 50 Hertz Transmission bei (Faber 2015).

Deutschland verfügt über weiteres Ausbaupotenzial an konventionellen Pumpspeicherkraftwerken. Deutschlandweit sind 23 Projekte mit einer Leistung von mehr als 7800 MW in Planung, wobei noch weiteres Potenzial besteht (Moser 2014). Über die wirtschaftlichen Schwierigkeiten wurde bereits diskutiert. Diese machen die Umsetzung der vorgesehenen Projekte entsprechend schwierig.

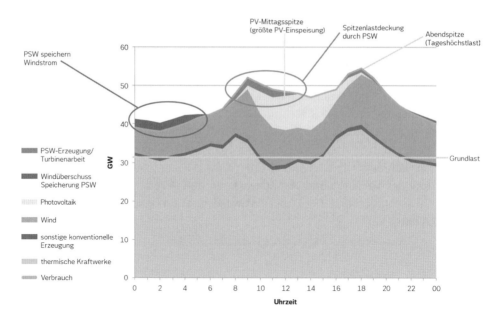

Bild 3.9 Einbindung eines Pumpspeicherkraftwerkes an einem beispielhaften Tag im Herbst mit viel Sonne und Wind (Faber 2015)

Pumpspeicherkraftwerke sind ideale Langzeitspeicher zur Sicherung und Stabilisierung der Stromversorgung. Besonders hervorzuheben ist deren Möglichkeit, dass sie aus dem Stillstand innerhalb von wenigen Minuten Strom erzeugen können. Dies wird als Schwarzstartfähigkeit bezeichnet. Dadurch sind sie auch besonders geeignet, um Spitzenlasten abzudecken und so den Stromlastgang zu glätten sowie unerwartete Lastschwankungen im Stromverbrauch aufzunehmen.

Mechanische Energiespeicher – Druckluftspeicherkraftwerke

Druckluftspeicherkraftwerke (Compressed Air Energy Storage, CAES) arbeiten mit normaler Umgebungsluft. Dabei wird die Luft in Kompressoren unter Aufwendung von elektrischer Energie verdichtet. Es erfolgt auf diese Weise eine Umwandlung von elektrischer in mechanische Energie. Die komprimierte Luft kann in Turbinen entspannt werden und einen Generator antreiben. So erfolgt die Rückgewinnung der elektrischen Energie. Die Luft wird dabei in unterirdischen Kavernen gespeichert. Es gibt zwei unterschiedliche Systeme:

1. diabater Druckluftspeicher
2. adiabater Druckluftspeicher

Diabate Druckluftspeicher befinden sich bereits im Einsatz, wobei es weltweit nur zwei Anlagen gibt (s. Tabelle 3.4). Eine Anlage befindet sich seit 1978 in Huntorf, Deutschland, im Einsatz (E.ON o.J.). Diese Anlage hat eine Nettoleistung von 321 MW. Eine weitere diabate Druckluftspeicher-Anlage ist seit 1991 in McIntosh,

Alabama USA, in Betrieb. Sie leistet 110 MW, die innerhalb von 14 Minuten nach dem Systemstart während einer Spitzenlastphase freigesetzt werden können (PowerSouth Energy Cooperative 2016).

Tabelle 3.4 Erfahrungswerte mit Druckluftspeicherkraftwerken (CAES) (Höflich 2010, dena 2010-a)

Anlage	Leistung [MW]	Entladedauer [Stunden]	Speichervolumen/ Salzkaverne [m³]	Wirkungsgrad [%]
Huntorf Deutschland	321	2	2 x 15 000	42
McIntosh Alabama, USA	110	26	1 x 538 000	54

Adiabate Druckluftspeicher befinden sich noch in der Entwicklung. Ihre Besonderheit liegt in der Speicherung der auftretenden Kompressionswärme, die dann im Turbinenprozess genutzt werden kann.

RWE Power, General Electric, Züblin und das Deutsche Zentrum für Luft- und Raumfahrt e. V. (DLR) haben zur Entwicklung von Druckluftspeichern das Projekt ADELE gestartet (EnergieAgentur.NRW 2016). Das Projekt ist noch nicht abgeschlossen. Es ist geplant, dass zu Zeiten eines hohen Stromangebots über einen Kompressor Luft angesaugt und auf ca. 70 bar komprimiert wird. Dabei entsteht Wärme mit einer Temperatur von ca. 600 °C. Die Innovation in diesem Projekt ist, dass die Wärme nicht einfach an die Umgebung abgegeben wird und damit verpufft, sondern in einem speziellen druckfesten und wärmeisolierten Wärmespeicher eingespeichert wird. Die warme Druckluft strömt in einem verzweigten Rohrnetz durch keramische Materialien, die die Wärme aufnehmen. Anschließend wird die Luft, die jetzt nur noch eine Temperatur von ca. 40 °C besitzt, unterirdisch in Salzkavernen zwischengespeichert. Wird die eingespeicherte Energie bei steigendem Strombedarf wieder benötigt, fließt die Luft unter hohem Druck Richtung Turbine. Damit die Luft unterwegs nicht einfriert, wird sie mit der Wärme aus dem Wärmespeicher wieder aufgeheizt, wodurch eine fast verlustfreie Rückgewinnung der Wärme erfolgt. So kann sie anschließend in der Turbine ihre Energie abgeben und einen Generator zur Stromerzeugung antreiben.

Nachfolgend werden beide Systeme näher beschrieben.

a) Diabater Druckluftspeicher

Das Funktionsprinzip des diabaten Druckluftspeichers ist relativ einfach. Strom aus erneuerbaren Energien, wie z. B. Windenergie, treibt den Motor eines Kompressors an, der die angesaugte Umgebungsluft verdichtet. Durch eine Zwischenkühlung der Druckluft im Verdichter auf eine Temperatur von ca. 50 °C ist diese vortemperiert für die Speicherung in einer Kaverne. Damit die Druckluft in der

Turbine Arbeit verrichten kann, muss sie wieder erwärmt werden. Dazu wird in der Brennkammer ein Gemisch aus Druckluft und Erdgas eingeblasen und bei einer Temperatur von 550 °C verbrannt (Hoffeins 1980). Bei der anschließenden Entspannung in der Turbine kann die Energie zurückgewonnen werden, indem ein Generator zur Stromerzeugung angetrieben wird. In Bild 3.10 ist das Prinzip eines diabaten Druckluftspeichers dargestellt.

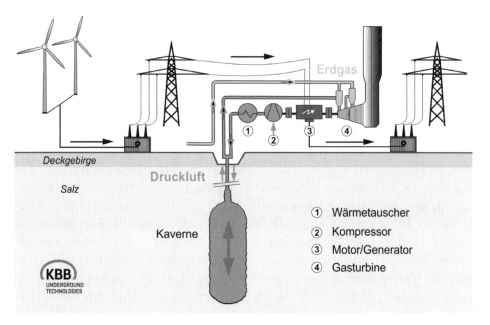

Bild 3.10 Darstellung der Funktionsweise eines diabaten Druckluftspeichers
© KBB Underground Technologies (Donadei 2016)

b) Adiabater Druckluftspeicher

Der adiabate Druckluftspeicher ist eine Weiterentwicklung des diabaten Druckluftspeichers. Im Gegensatz zum diabaten Druckluftspeicher wird hier, wie beim Projekt ADELE beschrieben, die bei der Kompression entstandene Wärme über einen Wärmeübertrager in einem Wärmespeicher zwischengespeichert (EnergieAgentur.NRW 2016). Die Speicherung der Druckluft erfolgt ebenfalls in Kavernen. Bei einem Anstieg der Nachfrage wird die Druckluft aus den Kavernen über die Rückgewinnung der Wärme im Wärmespeicher zur Stromerzeugung einer Turbine zugeführt. Dies macht eine Verbrennung z. B. von Erdgas zur Erzeugung dieser Wärme überflüssig. Das Prozessschaltbild ist in Bild 3.11 dargestellt.

Da die Turbine mit Luft betrieben wird, sind hohe Eintrittstemperaturen, eine hohe Leistungsdichte sowie ein großer Betriebsbereich erforderlich (Nowi 2006, Zunft 2006).

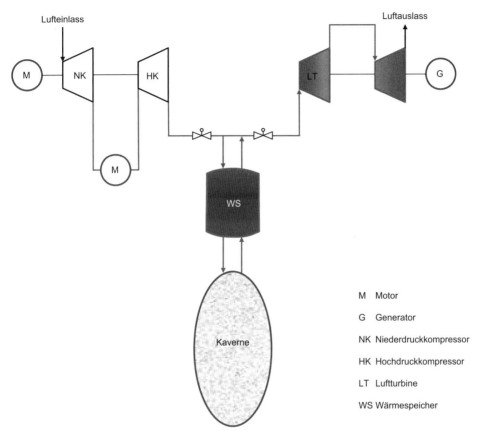

Bild 3.11 Darstellung der Funktionsweise eines adiabaten Druckluftspeichers (nach Bullough 2004, RWE 2010)

Für Druckluftspeichersysteme sind Kavernen erforderlich. Kavernen sind entweder größere natürliche unterirdische Hohlräume oder künstlich geschaffene, unterirdisch angelegte geschlossene Bauwerke. Dazu bedarf es entsprechender geeigneter Gesteinsstrukturen. Als geeignet eingestufte Strukturen sind poröses Gestein, Salzgestein, Felsgestein oder Aquiferstrukturen (Crotogino 2003, Kruck 2008). Es können auch bestehende Strukturen verwendet werden, wie z. B. Erdgas- und Erdöllagerstätten sowie stillgelegte Bergwerke (Oertel 2008).

Elektrochemische Energiespeicher – Batterien und Akkumulatoren

Elektrochemische Energiespeicher besitzen eine gute Speicherkapazität, jedoch ist deren Wirkungsgrad nur begrenzt. In diesem Zusammenhang tauchen Begriffe wie Batterien und Akkumulatoren auf. Das Funktionsprinzip erfolgt über Elektroden, die über einen Elektrolyten als ionenleitende Phase miteinander verbunden sind. Es laufen chemische Reaktionen ab, bei denen elektrische Ladungen übertragen werden.

Elektrochemischen Energiespeichern kann entweder, wie bei allgemeinen Batterien, rein elektrische Energie entnommen werden oder, wie bei Akkumulatoren, zusätzlich auch Energie eingespeichert werden. Sie können in Niedertemperatur-Batterien, wie z. B. Blei-, Nickel- und Lithium-Batterien, und Hochtemperatur-Batterien, wie z. B. Natrium-Schwefel-Batterien, eingeteilt werden. Die meisten Batterien besitzen einen internen Speicher. Es gibt aber auch Batterien, bei denen der Speicher extern angebracht ist, wie dies bei Redox-Flow-Batterien der Fall ist. Aufgrund der Vielzahl an und der schnellen Weiterentwicklung von Batterien und Akkumulatoren wird im Folgenden nur der Lithium-Ionen-Akkumulator (Li-Ionen-Akkumulator) vorgestellt. Weitere Informationen zu Batterien und Akkumulatoren können (Sterner 2014) entnommen werden.

Lithium-Ionen-Akkumulatoren zeichnen sich durch eine hohe Energiedichte mit 100 bis 160 Wh/kg, eine hohe Leistungsdichte von 400 bis 660 W/kg und eine zyklische Lebensdauer von 600 bis 2000 Zyklen aus (Hartmann 2014-b). Besonders die hohe Energiedichte macht sie für die mobile Anwendung wie Smartphones oder Elektromobilität interessant. Das Funktionsprinzip beruht auf einer Lithium-Ionen-Zelle. Diese besteht aus einer Grafit-Elektrode (negativ) und einer Lithium-Metalloxid-Elektrode (positiv) (s. Bild 3.12).

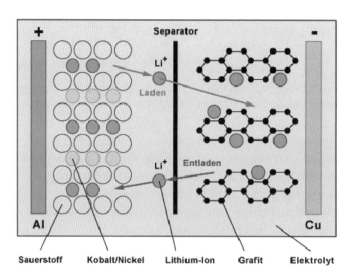

Bild 3.12 Aufbau einer Lithium-Ionen-Zelle (Elektronik-Kompendium o. J.-b)

Als Metall im Lithium-Metalloxid kommen unterschiedliche chemische Elemente in Frage, z. B. Nickel, Kobalt oder Mangan. Wie das Lithium-Metalloxid zusammengesetzt ist, hat Auswirkungen auf die Eigenschaften des Lithium-Ionen-Akkumulators. Dieser unterscheidet sich von Hersteller zu Hersteller und nach der Güteklasse. Aufgrund der hohen Reaktionsfreudigkeit von Lithium mit Wasser wird als Elektrolyt ein wasserfreies, organisches Lösungsmittel in Kombination mit Lithiumsalz eingesetzt (Hartmann 2012). Heutige Lösungsmittel sind leicht brennbar. Ein Separator trennt die beiden Elektroden. So wird ein Kurzschluss zwischen den Elektroden verhindert. Dabei muss der Separator für die Lithium-Ionen durchlässig sein. Die Kathode hat die Eigenschaft, wie ein Schwamm viele Ionen aufnehmen zu können. Dies führt zu der genannten hohen Energiedichte.

Damit Akkumulatoren eine lange Lebensdauer haben, werden sie nach einem bestimmten Ladeverfahren geladen. Das Laden der Lithium-Ionen-Akkumulatoren erfolgt nach dem I/U-Ladeverfahren. Bei diesem Verfahren wird der Akkumulator zunächst mit Konstantstrom und dann mit Konstantspannung aufgeladen. Bei diesem Vorgang wandern die Li-Ionen in das Grafitgitter und lagern sich zwischen den Molekülebenen ein. Wird der Akkumulator entladen, wandern die Li-Ionen wieder zurück zur Lithium-Metalloxid-Elektrode.

Elektrische Energiespeicher – Kondensatoren – Supercaps

Superkondensatoren wurden bereits in den 1960er Jahren hergestellt. Sie besitzen eine hohe Leistungsdichte und können große Leistungen in einem begrenzten Zeitraum zur Verfügung stellen. Sie gehören damit eher zu den Leistungsspeichern als zu den Energiespeichern. Sie sind besonders geeignet zur Bereitstellung von Startenergie. Ihr Einsatzgebiet ist in Bild 3.13 dargestellt. Dabei zeigt sich, dass der Großteil der Anwendungen im Transportbereich liegt. Weiterhin können sie zur Stützung von Versorgungssystemen im Zusammenhang mit der Ausfallsicherheit und zur Überbrückung bzw. zum Ausgleich kurzzeitiger Lastschwankungen besonders gut eingesetzt werden.

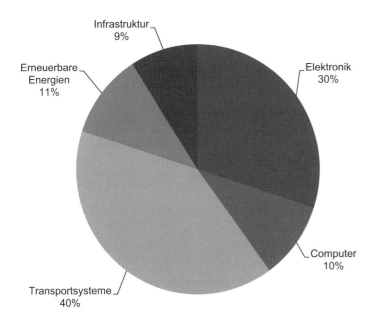

Bild 3.13 Einsatzgebiete von Superkondensatoren und deren Marktanteile in 2012 (nach Sterner 2014)

Ein Kondensator arbeitet über die Aufrechterhaltung eines elektrischen Feldes. Darüber wird die Energie gespeichert. Dies wird erreicht, indem zwei gegenüberliegende Elektroden durch ein Dielektrikum voneinander getrennt werden (s. Bild 3.14).

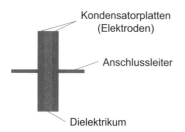

Bild 3.14
Beispielhafte Skizze eines Plattenkondensators (nach Elektronik-Kompendium o. J.-a)

In einem Dielektrikum sind die Ladungsträger nicht frei beweglich. Liegt ein äußeres Feld an, werden die Ladungsträger polarisiert. Es entsteht eine sogenannte Polarisationsladung an der Oberfläche des Dielektrikums (s. Bild 3.15). Man nennt diesen Vorgang eine Verschiebepolarisation. Die Polarisationsladungen können Ausgangs- und Endpunkte von elektrischen Feldlinien sein. Damit dies möglich ist, fließen von der Oberfläche des Dielektrikums zusätzliche Ladungen auf die Kondensatorplatten. Dies erhöht die Kapazität des Kondensators.

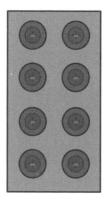 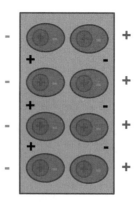

1. Isolator
Kein äußeres elektrisches Feld vorhanden:

- Ladungsschwerpunkt der Elektronen in der Atomhülle und der Ladungsschwerpunkt des positiv geladenen Atomkerns fallen zusammen.

2. Dielektrikum
Ein äußeres elektrisches Feld ist vorhanden:

- Ladungsschwerpunkte verschieben sich.
- Leichte Elektronen der Atomhülle werden von den äußeren positiven Ladungen angezogen.
- Der schwere Atomkern wird ein wenig von den äußeren negativen Ladungen angezogen.
- Atome im Isolator werden polarisiert und zu kleinen elektrischen Dipolen.
- Isolator wird daher Dielektrikum genannt.

Bild 3.15 Polarisation eines Dielektrikums (nach Greulich 1998, Riedle 2007)

Der Aufwand für die Wartung von Kondensatoren ist im Vergleich zu Batterien gering. Aus diesem Grund können sie sehr gut an Stellen eingesetzt werden, die schwer zugänglich sind. Ein Beispiel sind Windkraftanlagen, insbesondere bei Offshore-Anlagen. Dort dienen sie dazu, die Energie zu liefern, um über einen elektrischen Motor die Rotorblätter z. B. bei zu hohen Windgeschwindigkeiten aus dem Wind zu drehen. Dabei wird für nur einen kurzen Zeitraum eine sehr hohe Leistung abgerufen, wofür ein Superkondensator bestens geeignet ist.

Chemische Energiespeicher – Power-to-Gas, Power-to-Liquid

Bei diesen Technologien wird Strom aus erneuerbaren Energien in Wasserstoff umgewandelt. Der Wasserstoff kann dann in gasförmigem oder flüssigem Zustand wie auch in chemisch gebundener Form oder in porösen Medien gespeichert werden (DCTI 2013).

Mittels des Prozesses der Elektrolyse wird Wasser in Wasserstoff und Sauerstoff zerlegt. In einer weiteren Stufe kann der Wasserstoff z. B. in Methan umgewandelt werden. Das auf diesem Weg hergestellte Methan wird auch als Synthetic Natural Gas (SNG) bezeichnet. Dieses lässt sich gut im Erdgasnetz speichern und kann aus dem Netz wieder herausgeholt werden, wo und wann es gebraucht wird. Über einen anderen technologischen Weg ist die Umwandlung in flüssigen Kraftstoff möglich (Power-to-Liquid – PtL). Für diese Veredelungsschritte ist eine Kohlenstoff-Quelle (C-Quelle) erforderlich. Die Umsetzung der C-Quelle mit Wasserstoff wird als Hydrolyse bezeichnet. Dabei können je nach technischem Verfahren gasförmige Kohlenwasserstoffe, z. B. Methan, oder flüssige Kohlenwasserstoffgemische, z. B. Benzin oder Diesel, als auch hochwertige chemische Grundstoffe für die weiterverarbeitende Industrie, wie Methanol, hergestellt werden (s. Bild 3.16).

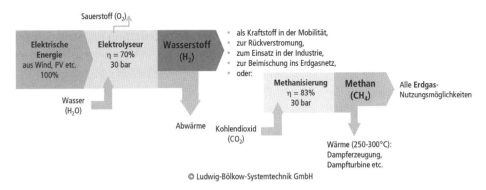

Bild 3.16 Möglichkeiten der Veredelung regenerativ erzeugten Wasserstoffs (LBST 2014)

Bei der Umwandlung von Wasser mittels Elektrolyse in Wasserstoff oder weiter in Methan wird ein relativ geringer Wirkungsgrad erreicht. Dieser liegt in Abhängigkeit von der Anlagengröße aktuell zwischen 60 und 80 % (IFAM 2014). Findet eine

Rückverstromung von reinem Wasserstoff sowie dem Erdgas-Wasserstoff-Gemisch statt, können Wirkungsgrade von bis zu 60 % erreicht werden. Der maximale Gesamtwirkungsgrad (Umwandlung elektrischer Energie in H_2 und wieder zurück in elektrische Energie) beträgt 48 % (IFAM 2014). Dies macht diese Technologie für den Einsatz als Langzeitspeicher interessant. So können mehrtägige oder sogar mehrwöchige Phasen überbrückt werden, in denen weder Wind weht noch die Sonne scheint.

Der Einsatz der Technologie Power-to-Gas (PtG) kann dabei helfen, den Strommarkt weiter zu flexibilisieren. Diese Technologie befindet sich noch vor der Markteinführungsphase (Mahnke 2014-a). Dadurch hat sie noch ein großes Kostensenkungspotenzial. Im Folgenden wird die Technologie Power-to-Gas (PtG) und deren Wirkweise näher vorgestellt.

Bei der Technologie PtG wird Strom aus erneuerbaren Energien in Wasserstoff oder Methan umgewandelt. Gas kann leicht transportiert und gespeichert werden. Die Nutzung des Gases zur Strom- und Wärmeerzeugung ist zeit- und ortsunabhängig. Der Einsatz als Kraftstoff im Mobilitätssektor ist ebenfalls möglich. Es lassen sich vier Nutzungspfade für PtG-Technologien aufzeigen (dena 2013-a):

- Kraftstoff für die Mobilität

  Im Vergleich zu flüssigen Kraftstoffen aus erneuerbaren Energieträgern ist die Erzeugung von Wasserstoff und Methan aus volatilen erneuerbaren Energien technologisch einfacher umzusetzen.

- Wärmesektor

  Insbesondere Methan kann ins Erdgasnetz eingespeist werden und in Wärmeversorgungsanlagen privater und gewerblicher Nutzer in Raumwärme umgewandelt werden. Besonders effizient ist der Einsatz in KWK-Anlagen.

- Langzeitspeicher

  Über das Erdgasnetz ist es möglich, große Mengen Methan über einen langen Zeitraum zu speichern und bei Bedarf z. B. in Gaskraftwerken oder BHKW wieder zu verstromen.

- Industrielle Nutzung

  In der Industrie kann erneuerbar produzierter Wasserstoff dazu beitragen, fossil produzierten Wasserstoff zu substituieren. Sein Einsatz ist z. B. in der chemischen Industrie, Raffinerien oder auch Stahlwerken zur Direktreduktion möglich. Ebenso kann er auch den direkten fossilen Erdgaseinsatz ersetzen.

Die Technologie ermöglicht damit systemübergreifende Lösungen zur Integration erneuerbarer Energien in das Energiesystem und hilft, CO_2-Emissionen zu verringern sowie Schwankungen in der Stromerzeugung auszugleichen.

Es wird zwischen drei Verfahren zur Herstellung von Wasserstoff unterschieden (IFAM 2015):

- Alkalische Elektrolyse (AEL)
- PEM-Elektrolyse (PEM – proton exchange membrane – Protonen-Austausch-Membran-Elektrolyse)
- Hochtemperatur-Elektrolyse (HTEL/SOEL)

Die Technologie der alkalischen Elektrolyse kommt bereits seit mehr als 100 Jahren zum Einsatz (DCTI 2013). Die PEM-Elektrolyse findet bisher nur in wenigen kommerziellen Projekten Anwendung. Ein Verfahren, welches sich noch im Stadium der Entwicklung befindet, ist die Hochtemperatur-Elektrolyse (DCTI 2013). Die Markteinführung ist für 2016 geplant (Bilfinger 2016). Tabelle 3.5 zeigt einige Kennzahlen für die beiden sich am Markt befindenden Verfahren.

Tabelle 3.5 Kennzahlen von Elektrolyseuren (dena 2013-a)

Eigenschaften	Alkalische Elektrolyse	PEM-Elektrolyse
Investitionskosten	800 bis 1500 €/kW	2000 bis 6000 €/kW
Wirkungsgrad bezogen auf den oberen Heizwert	67 – 82 %	44 – 86 %
Spezifischer Energieverbrauch	4,0 bis 5,0 kWh/Nm^3 H$_2$	4,0 bis 8,0 kWh/Nm^3 H$_2$

Zur Einbindung von Elektrolyseuren in ein PtG-Konzept ist die Fähigkeit, Leistungsschwankungen folgen zu können, ein zentraler Aspekt. Die Herausforderung für alkalische Elektrolyseure liegt gerade in dieser Flexibilisierung. PEM-Elektrolyseure können sehr schnell auf Lastwechsel reagieren und im unteren Teillastbereich arbeiten. In der Startphase erreichen sie zudem nach sehr kurzer Zeit ihre Betriebstemperatur. Dadurch sind diese Systeme technologisch besser in der Lage, schwankendem Leistungseintrag zu folgen, als alkalische Elektrolyseure. Wie Tabelle 3.5 zeigt, liegen dafür die Investitionskosten von PEM-Elektrolyseuren höher als die von alkalischen Elektrolyseuren, was eine Hürde in der Marktverbreitung darstellt. Die alkalische Elektrolyse befindet sich ebenfalls in der Weiterentwicklung und verbessert sich ständig. Vor dem Aspekt der technischen Einbindung in PtG-Konzepte ist die PEM-Elektrolyse der alkalischen Elektrolyse zum jetzigen Zeitpunkt vorzuziehen (dena 2013-a). Aber auch PEM-Elektrolyseure benötigen noch weitere Forschung und Entwicklung, um sie großtechnisch verfügbar zu machen. Die verfahrenstechnischen Prozesse müssen weiter optimiert und geeignetere Werkstoffe gefunden werden (dena 2013-a).

Die Hochtemperatur-Elektrolyse befindet sich noch im Stadium der Grundlagenforschung. Sie arbeitet bei Temperaturen von 800 bis 1000 °C (IFAM 2014). Sie wird in Zukunft besonders dann interessant sein, wenn nutzbare Abwärme auf hohem Temperaturniveau vorhanden ist, wie bei der Geothermie, der Solarthermie oder industriellen Prozessen. Die hohen Temperaturen unterstützen den endothermen Prozess der Wasserzersetzung, wodurch der Strombedarf sinkt. Sie kann dadurch jedoch nur schlecht auftretenden Lastwechseln folgen.

Beide Produkte aus der PtG-Technologie, Wasserstoff und Methan, besitzen eine hohe Energiedichte, wodurch die Möglichkeit der längerfristigen Speicherung großer Mengen elektrischer Energie möglich ist. Da die Energiedichte höher ist als z. B. bei Druckluft- und Pumpspeichern, wird diese Technologie in Zukunft immer interessanter. Mit ihrem genannten Wirkungsgrad bei bisherigen Anlagen auf dem Nutzungspfad Strom-Gas-Strom, der von der Betriebsweise und Leistungsgröße abhängt, sind Wirkungsgrade von ca. 40 % (dena 2013-a) bis zu 48 % möglich (IFAM 2014). In diesem Wirkungsgradbereich finden sich auch konventionelle Kraftwerke, so dass davon ausgegangen werden kann, dass diese Technologie konkurrenzfähig sein wird.

Wesentlicher Aspekt der PtG-Technologie sind zukünftig die Investitionskosten. Nach (dena 2013-a) liegen die spezifischen Investitionskosten je nach Anlagengröße zwischen 2500 und 3500 Euro pro Kilowatt elektrischer Leistung (€/kW$_{el}$). Für die alkalische Elektrolyse liegen die spezifischen Investitionskosten bei ca. 1500 €/kW$_{el}$.

Weiterhin sind die Betriebskosten relevant, die insbesondere von den Konditionen des Strombezugs abhängen. In Bezug auf die Methanisierung sind nicht nur die Kosten für die Bereitstellung des CO_2 relevant, sondern auch dessen Verfügbarkeit.

Im Folgenden werden die beiden Prozessschritte Elektrolyse und Methanisierung beschrieben:

a) Elektrolyse

Die Erzeugung von Wasserstoff durch das Verfahren der Elektrolyse ist der Kernprozess des Power-to-Gas-Konzeptes. In Bild 3.17 ist beispielhaft das Verfahren der Wasserstoffproduktion dargestellt.

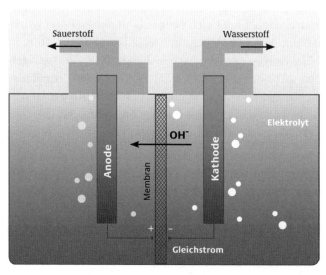

Bild 3.17 Beispielhafte Darstellung der Wasserstoffproduktion anhand der alkalischen Elektrolyse (dena 2013-a)

Bei der Elektrolyse wird in einem Elektrolyseur Wasser mit Hilfe von Strom in Wasserstoff und Sauerstoff zerlegt. Elektrolyseure haben einen Wirkungsgrad von ca. 80 %. Dies bedeutet, dass 80 % der eingebrachten Energie in Wasserstoff umgewandelt werden. Insbesondere die Wärmeverluste haben einen großen Einfluss auf den Wirkungsgrad. Die im Elektrolyseur ablaufenden chemischen Prozesse können fast ohne Verluste auf Lastwechsel reagieren. Probleme treten allerdings an den Komponenten der Peripherie auf, wie an Druckreglern, Laugenpumpen und Produktgasseparatoren (dena 2013-a). Diese mechanischen Komponenten sind für häufige Lastwechsel und komplettes Herunterfahren nicht ausgelegt. Durch diese Art der Prozessführung treten Störungen im Wärmehaushalt des Systems auf, wodurch die Lebensdauer des Systems verringert wird.

Es wird zwischen der atmosphärischen Elektrolyse und der Druckelektrolyse unterschieden, die beide bei der alkalischen wie bei der PEM-Elektrolyse Anwendung finden. Atmosphärische Elektrolyseure arbeiten bei einem Systemdruck knapp unter Normaldruck, während Druckelektrolyseure bei Systemdrücken um die 30 bar arbeiten, wobei Drücke bis zu 60 bar möglich sind. Ein Vorteil der Druckelektrolyse liegt in der kompakteren Bauweise. Da für die Druckelektrolyse Druck benötigt wird, kann dieser Prozess gut an viele industriell druckgeführte Anwendungen angekoppelt werden, was ein weiterer Pluspunkt ist. Auch die Anbindung an die Infrastruktur des Erdgasnetzes ist möglich.

Eine Speicherung von Wasserstoff wie auch Methan kann in geeigneten Großspeichern erfolgen. Dies können sowohl Poren- als auch Kavernenspeicher mit entsprechenden geologischen Formationen sein. Eine dezentrale Speicherung kann durch Drucktanks, Röhrenspeicher sowie Flaschenbündel erfolgen (Wurster 2013, Hewicker 2013).

Gegenüber anderen Großspeichern, wie Druckluft- und Pumpspeicherkraftwerken, haben PtG-Speichersysteme den Vorteil, dass sie eine hohe Speicherdichte besitzen (e-mobil BW 2012). Dadurch wird ihnen als einzige Technologie das Potenzial zugeschrieben, mit einer Wochen- und Monatskapazität als Langzeitspeicher eingesetzt zu werden. Dies wird deutlich, wenn man die Energiespeicherkapazität von Wasserstoff und Methan in Kavernen betrachtet, die im Vergleich zur Nutzung einer entsprechenden Kaverne für Druckspeicherkraftwerke um das 50- bis 500-fache höher liegt. Kurzfristige Speicherungen machen einen flexiblen Einsatz im Rahmen des Nachfragelastmanagements möglich (e-mobil BW 2014).

Interessant für die Zukunft könnte ein Konzept der dezentralen Nutzung von Wasserstoff im Zusammenhang mit Brennstoffzellen sein, z. B. in einem dezentralen Kraft-Wärme-Kälte-Wasserstoff-Energiesystem. Das Konzept würde einige Vorteile bieten (e-mobil BW 2014):

- Eine stationäre Wasserstoff-Brennstoffzelle besitzt eine hohe Stromwandlungseffizienz.

- Wasserstoff-Brennstoffzellenfahrzeuge weisen eine hohe Gesamteffizienz auf.

- Die Leistung der Wasserstoff-Produktionseinheit kann bei gleichbleibend hohem Wirkungsgrad modular erweitert werden, so dass ihr ein hoher Grad an Systemmodularität innewohnt.
- Durch die hohe Anlagenmodularität können niedrige Investitionskosten bzw. -risiken erreicht werden.

Wasserstoff ist ein Sekundärenergieträger. Bis heute wird er vorrangig aus wasserstoffhaltigen fossilen Rohstoffen hergestellt, wie bei der Dampfreformierung aus Erdgas und Naphta, oder er fällt als Nebenprodukt an, wie z. B. in Raffinerien (s. Bild 3.18) (e-mobil BW 2014, Nitsch 2002).

Zukünftig könnte Wasserstoff eine sehr wichtige Rolle im Rahmen der Energiewende spielen. Interessant ist die Weiterverarbeitung zu Methan, die nachfolgend beschrieben wird.

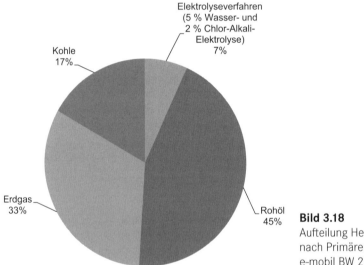

Bild 3.18
Aufteilung Herkunft Wasserstoff nach Primärenergieträgern (nach e-mobil BW 2014, Nitsch 2002)

b) Methanisierung

Es wird zwischen der katalytischen und der biologischen Methanisierung unterschieden.

Die biologische Methanisierung stellt eine noch junge Verfahrensvariante dar. Derzeit befinden sich mehrere Verfahrenskonzepte auf dem Stand der Forschung und Entwicklung (s. Bild 3.19).

Beim Verfahrenskonzept a) wird einer konventionellen Biogasanlage temporär H_2 zudosiert. Anschließend wird das Biogas aufbereitet. Das Verfahrenskonzept b) zeichnet sich dadurch aus, dass die biologische Methanisierung in einem separaten Methanisierungsreaktor erfolgt. In c) wird das Biogas aufbereitet und das erhaltene Schwachgas in einem separaten Methanisierungsreaktor weiter verarbeitet. Ein separat aufbereitetes Rauchgas wird im Verfahrenskonzept d) verwendet, welches anschließend ebenfalls in einem separaten Methanisierungsreaktor eingesetzt wird. Die Wirkungsgrade der Verfahrenskonzepte variieren zwischen 53 und 69 % in Abhängigkeit der Anlagengröße, der Berücksichtigung des Einsatzes der benötigten Prozessenergie für die Gaseinbringung und -verdichtung sowie der Prozessintegration mit z. B. der Biogasanlage (Graf 2014).

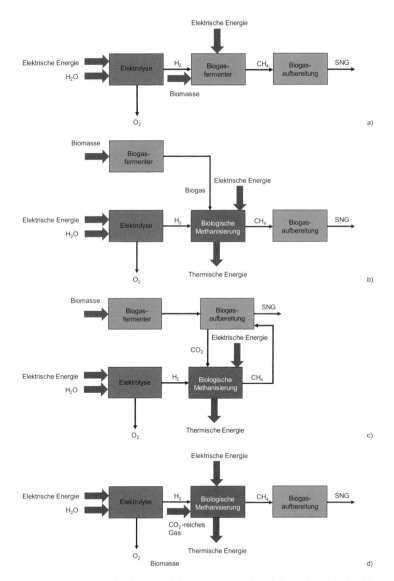

Bild 3.19 Unterschiedliche Verfahrenskonzepte der biologischen Methanisierung (nach Graf 2014)
  a) Integration der biologischen Methanisierung in die Biogasanlage,
  b) Erzeugung Biogas in separatem Reaktor mit Rein- bzw. Spezialkultur,
  c) Umsetzung von Schwachgas aus der Biogasaufbereitung,
  d) Umsetzung eines CO_2-reichen Gases aus einem Industrieprozess mit einer Reinkultur in einem separaten Reaktor

Über die Methanisierungsstufe lässt sich ein synthetisches Erdgas (SNG) herstellen, welches brenntechnische Eigenschaften wie fossiles Erdgas aufweist. Damit ist eine Einspeisung ins Erdgasnetz, wie bei Biomethan aus Biogasanlagen, möglich.

Bei der katalytischen Methanisierung wird regenerativ erzeugter Wasserstoff aus der Elektrolyse in einer nachgeschalteten, chemischen Methanisierungsstufe unter Nutzung von Kohlenstoffdioxid in Methan umgewandelt (s. Bild 3.20). Das erforderliche Kohlendioxid (CO_2) kann aus Biogasanlagen, Biomassevergasungsanlagen, Brauereien, Ethanolherstellungsprozessen oder aus Klärgasen zur Verfügung gestellt werden. Daneben besteht die Möglichkeit, CO_2 aus konventionellen Kraftwerken, der Zement- oder der Stahlindustrie zu verwenden. Dort würde der Prozess zur Reduktion der CO_2-Emissionen beitragen.

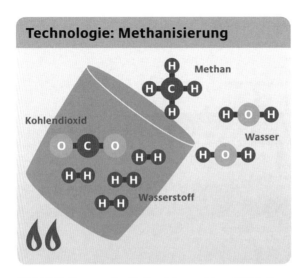

Bild 3.20 Prozess der Methanisierung (dena 2013-a)

Es kann bei der katalytischen Methanisierung zwischen 2-Phasen-Systemen und 3-Phasen-Systemen unterschieden werden (IFAM 2015). Die Reaktionen laufen jeweils exotherm ab, was eine gleichmäßige Wärmeabfuhr erfordert. Die 2-Phasen-Systeme laufen in Wirbelschichtreaktoren, Festbettreaktoren oder beschichteten Reaktoren ab. Im großtechnischen Maßstab finden bisher die Wirbelschicht- und Festbettreaktoren Anwendung. In Blasensäulenreaktoren werden die 3-Phasen-Systeme umgesetzt. Diese besitzen eine hohe Flexibilität, wodurch sie Lastschwankungen besser abbilden können als 2-Phasen-Systeme (IFAM 2015). Das macht sie für den Einsatz in PtG-Systemen besonders interessant, wobei sie sich ebenfalls noch im Stadium der Forschung und Entwicklung befinden.

Die der Elektrolyse nachgeschaltete Methanisierung kann Wirkungsgrade von 75 % bis 85 % erreichen (IFAM 2014a). Dabei wird vorausgesetzt, dass das CO_2 aus

Biogasanlagen oder CCS-Anlagen (CCS – Carbon Capture and Storage) stammt. Diese Wirkungsgrade werden jedoch nur erreicht, wenn die Abwärme aus dem Prozess mitgenutzt wird. Im Gegensatz zum reinen Wasserstoff verursacht Methan niedrigere Speicherkosten und kann im Erdgasnetz gespeichert werden (Wurster 2013).

Das aus den Prozessen der katalytischen Methanisierung gewonnene synthetische Methan enthält inklusive der Bereitstellung von CO_2 nur noch ca. 58 % der ursprünglichen Energie im Gegensatz zu Wasserstoff, welcher noch ca. 70 % der ursprünglichen elektrischen Energie enthält (ETG 2013).

Neben dem Konzept Power-to-Gas stellt das Konzept Power-to-Liquid (PtL) ebenfalls ein interessantes System dar. Um aus dem Wasserstoff einen flüssigen Kohlenwasserstoff herzustellen, eignet sich besonders die Fischer-Tropsch-Synthese. Dabei wird Kohlenstoffmonoxid mittels Wasserstoff zu einem Gemisch aus Kohlenwasserstoffen nach folgender Formel hydriert:

$$n\,CO + 2\,n\,H_2 \rightarrow (CH_2)_n + n\,H_2O \tag{3.1}$$

Als Nebenprodukt entsteht Wasser. Das Gemisch aus Kohlenwasserstoffen ähnelt in seinen chemischen wie physikalischen Eigenschaften dem Erdöl. Durch eine Aufbereitung in Raffinerien können flüssige Treibstoffe, wie Benzin, Diesel oder Kerosin, hergestellt werden.

Der Prozess der Fischer-Tropsch-Synthese (FTS) läuft bei einem Druck zwischen 20 und 45 bar ab. Es werden Temperaturen von 190 °C bis 250 °C erreicht. Bei dem Verfahren werden Kobaltkatalysatoren eingesetzt (Bartholomew 2005). Die bei der Reaktion frei werdende große Wärmemenge kann in dieser oder einer anderen Prozesskette eingesetzt werden. Die Fischer-Tropsch-Synthese erreicht einen Wirkungsgrad von maximal 80 %, wobei nur 85 bis 95 % des eingesetzten Kohlenstoffs in flüssige Kohlenwasserstoffe umgesetzt werden (Bartholomew 2005). Gasförmige Kohlenwasserstoffe mit einem hohen Energiegehalt fallen als Nebenprodukt an, das noch weiter verwendet werden kann. Der Wirkungsgrad des Gesamtprozesses Power-to-FTS bei einem Elektrolysewirkungsgrad von 75 % beträgt in Abhängigkeit der Nutzung der Nebenprodukte 51 bis 60 % (Bartholomew 2005).

Nachteilig an diesem Verfahren ist der weiterführende Prozessschritt der Raffinerie. Jedoch wird davon ausgegangen, dass aufgrund der Ähnlichkeit zu Erdöl die Erdölinfrastruktur, wie z. B. die Untergrundspeicher, genutzt werden kann (Bartholomew 2005). Auch ist eine entsprechende Langzeitstabilität gegeben.

3.2 Virtuelle Kraftwerke (VK)

Eine Möglichkeit, um flexibel auf die volatilen Laständerungen zu reagieren, ist der Einsatz virtueller Kraftwerke. Unter einem virtuellen Kraftwerk wird die zentrale Steuerung mehrerer dezentraler Stromerzeugungsanlagen verstanden. Dabei müssen die Anlagen räumlich nicht beieinander liegen. Ziel eines virtuellen Kraftwerks ist es, positive strategische Effekte zu erreichen, wie z. B. eine gemeinsame Vermarktung. Weiterhin ist es Ziel, strategisch Verantwortung zu übernehmen, z. B. durch die Bereitstellung von Regelenergie. Auch sollten positive betriebswirtschaftliche Effekte für den Betreiber entstehen. Nach (Albersmann 2012) können virtuellen Kraftwerken folgende Attribute zugeordnet werden:

- dezentrale Erzeugung an mehreren Standorten
- vernetzte Erzeugungsanlagen durch IKT (Informations- und Kommunikationstechnik)
- zentrale Steuerung und Fernüberwachung über IKT
- flexible Erzeugungskapazitäten
- Dargebots- und Nachfrage-orientierte Fahrweise des Anlagenverbundes
- strategisch individuell einsetzbarer Anlagenverbund
- gemischte Erzeugungsarten

Im Jahr 2013 betrieb die Next Kraftwerke GmbH eines der deutschlandweit größten virtuellen Kraftwerke (Roland Berger 2013). Darin sind rund 800 einzelne, dezentrale Stromerzeugungsanlagen der erneuerbaren Energien (Biogasanlagen, Kraft-Wärme-Kopplungs-, Windkraft-, Solar- und Wasserkraftanlagen) ab einer Anlagenleistung von ca. 300 kW über eine zentrale Leitwarte auf IKT-Basis miteinander vernetzt. Die Anlagen bilden zusammen ein virtuelles Kraftwerk, welches intelligent gesteuert werden kann. Durch einen gemeinsamen Auftritt auf den Strommärkten kann eine für alle Seiten gewinnbringende Vermarktung erfolgen.

Da bei virtuellen Kraftwerken viele Freiheitsgrade im Hinblick auf die Art der Anlagentechnik (konventionelle, erneuerbare Energien) und die Leistungsgröße bestehen, ist eine klare Zielstellung über die Aufgaben des virtuellen Kraftwerks sinnvoll. Erst daraus kann abgeleitet werden, wie der Anlagenpark zusammengestellt werden sollte. Es lassen sich aus diesem Ansatz eine strategische und eine operative Dimension der Anlagenauslegung ableiten (s. Tabelle 3.6). Über beide Dimensionen lässt sich klären, wozu die virtuellen Kraftwerke betrieben werden (Was ist die Strategie dahinter?) und was für deren Betrieb benötigt wird (Wie funktioniert ein operativer Betrieb?).

Tabelle 3.6 Strategische und operative Dimension für die Auslegung von virtuellen Kraftwerken (Albersmann 2012)

Strategische Dimension	Operative Dimension
Möglichkeiten und Ziele des betrieblichen Einsatzes	Zielmodell und Strategie der zu verwendenden Erzeugungs- und Speichertechnologien
	Vermarktungs- und Vergütungsansätze
Strategie und Umsetzung der Informations- und Steuerungstechnologien	Betreiber- und Eigentumsmodelle

Die Ausgestaltung dieser beiden Dimensionen fällt je nach Betreiber und Betreiberansatz unterschiedlich aus. Tabelle 3.7 stellt beispielhaft zwei Konzepte für ein virtuelles Kraftwerk vor.

Tabelle 3.7 Konzeptentwicklung für ein virtuelles Kraftwerk anhand der strategischen und operativen Dimension (Albersmann 2012)

Dimension	Merkmal	Ausprägung VK 1	Ausprägung VK 2
strategisch	Möglichkeiten und Ziele des betrieblichen Einsatzes	CO_2-Reduktion mittels Einsparung fossiler Primärenergieträger	Einsparung fossiler Primärenergieträger, CO_2-Reduktion, Bereitstellung von Regelenergie und Maßnahmen zur Effizienzsteigerung
	Vermarktungs- und Vergütungsansätze	Vermarktung auf Grundlage der gesetzlichen Mindestvergütung und der Abnahmepflicht gemäß EEG	Vermarktung auf Grundlage der gesetzlichen Mindestvergütung und der Abnahmepflicht gemäß EEG und KWKG, Handel am Spotmarkt der EEX, Vermarktung von Regelenergie
operativ	Zielmodell und Strategie der zu verwendenden Erzeugungs- und Speichertechnologien	Offshore-Windpark mit einer Gesamtleistung von 30 MW (6 Anlagen à 5 MW) und zwei Onshore-Windparks mit jeweils 15 MW Gesamtleistung (15 Anlagen à 1 MW)	Zwei Offshore-Windparks mit einer Gesamtleistung von 75 MW (13 Anlagen à 5 MW), 500 Mini-BHKW mit einer Gesamtleistung von 25 MW, Gasturbine mit 200 MW Leistung
	Strategie und Umsetzung der Informations- und Steuerungstechnologien	Dezentrale Steuerung: lokale Steuerung bei weitgehend homogener Anlagenstruktur in räumlicher Nähe, wenig Einflussmöglichkeiten bei begrenztem Aufwand	Kontrollcenteransatz: zentrale Steuerung bei heterogener Anlagenstruktur mit starker räumlicher Streuung, Bereitstellung von Daten für die kommerzielle Verarbeitung
	Betreiber- und Eigentumsmodelle	Das wirtschaftliche Eigentum sowie der Betrieb des Anlagenverbunds liegen bei einem einzigen Unternehmen	Kontrolle und Steuerung des VK sowie das wirtschaftliche Eigentum der Windparks und der Gasturbine liegen bei einem einzigen Unternehmen, das wirtschaftliche Eigentum der Mini-BHKW liegt bei mehreren Industrieunternehmen

Zwei weitere Aspekte zu virtuellen Kraftwerken wurden in der Studie (Albersmann 2012) näher beleuchtet:

1. Anforderungsprofil
2. Risikoprofil

Aus den vorgestellten Dimensionen ergibt sich für jedes VK-Konzept ein Anforderungsprofil, von dem ein Risikoprofil abgeleitet werden kann. Bezüglich des Anforderungsprofils lassen sich Anforderungen an einen bestimmten Wissensstand (Know-how), ein definiertes Investitionsvolumen und einen abgegrenzten Bedarf an Organisations- und Kontrollfunktion ableiten.

Das Risikoprofil lässt sich in die Teilaspekte Anpassungs-, Mengen- und Preisrisiko untergliedern. Dabei beschreibt das Anpassungsrisiko die Möglichkeit, wie effizient das VK an eine volatile Nachfrage angepasst werden kann. Je besser die Möglichkeiten der Anpassung sind, desto geringer ist das Anpassungsrisiko. Sind viele Anlagen der erneuerbaren Energien mit Sonnen- und Windkraft in einem VK vereint, ist eine planbare Vorhersage zur Menge und dem genauen Zeitpunkt der Bereitstellung des Angebotes schwierig. Daraus ergibt sich ein Mengenrisiko. Für viele der Anlagen der erneuerbaren Energien besteht eine Dargebotsabhängigkeit. Je mehr dieser Anlagentypen in einem VK zusammengeführt werden, desto höher ist das Mengenrisiko. Das Preisrisiko wird durch unterschiedliche Faktoren gegeben, wie z. B. die Nachfrage oder sich ändernde politische Rahmenbedingungen.

Aus der strategischen Dimension mit der sich daraus ergebenden operativen Dimension lassen sich das Anforderungsprofil und daraus das Risikoprofil bestimmen. In Bild 3.21 zeigt sich für die beiden vorgestellten Beispiele virtueller Kraftwerke, wie das jeweilige Anforderungs- und Risikoprofil ausfällt. Ausgangspunkt für die Ausprägungen der einzelnen Eigenschaften der Profile ist die strategische Dimension.

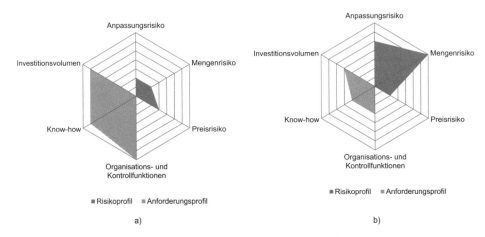

Bild 3.21 Anforderungs- und Risikoprofil für die Beispiele a) VK 1 und b) VK 2 (nach Albersmann 2012)

Aus Bild 3.21 lässt sich ableiten, dass die Anforderungen an das System mit der Komplexität und Heterogenität eines VK steigen. Die Komplexität nimmt mit der Anzahl und vor allem mit der Diversität der im VK zusammengefassten Anlagen zu. Gleichzeitig nimmt die Flexibilität des VK mit der Zunahme der Komplexität zu. Ist das VK zentral gesteuert und besteht ein bidirektionaler Informationsfluss, kann das VK einen wichtigen Beitrag zur Steigerung der Netzstabilität leisten. Damit ein VK diese Funktion innerhalb des Smart Grid wahrnehmen kann, muss der VK-Betrieb so konzipiert sein, dass eine optimale Verschiebung der Lasten möglich ist. Durch diese Lastflussoptimierung können Lastspitzen im Netz abgebaut werden (von Roon 2006).

Das Betriebskonzept eines VK kann wie folgt ausgelegt werden (Albersmann 2012):

- Ausgleich der Spitzenlast (Peak Shaving)
- Ersatz für bestehende Kraftwerke
- Einsatz als Regelleistungskraftwerk
- Einbindung in die Lastflussoptimierung

Beim Konzept des Spitzenlastausgleichs wird darauf abgezielt, dass einzelne Anlagen eines VK zu Zeiten in das Netz einspeisen, wenn der Strompreis an der Strombörse hoch ist. Da zwischen dem Tagesverlauf des Stromlastgangs und den Preisen an den Börsen ein Zusammenhang besteht, können VK gewinnbringende Einnahmen erzielen. In der Vergangenheit bis heute werden für den Spitzenlastausgleich u. a. konventionelle Reserve- oder Spitzenlastkraftwerke eingesetzt, deren Betrieb hohe Kosten verursacht (Karl 2006). Photovoltaikanlagen wären z. B. für dieses Betriebskonzept geeignet, da sie in den Mittagsstunden zu Spitzenlastzeiten den meisten Strom produzieren. Findet bei den Verbrauchern eine flexible Strompreisgestaltung Anwendung, können Stromgestehungskosten vermieden werden. Dies ist möglich, wenn die Verbraucher ihren Strom aus einer nahegelegenen Anlage des VK statt aus dem Netz des Versorgungsunternehmens beziehen. Wenn es um die Einspeisung ins öffentliche Netz geht, stehen die VK mit anderen Kraftwerken im Rahmen der Merit-Order in Konkurrenz. Entscheidend für die Einsatzreihenfolge sind dann die Stromerzeugungskosten. Bei VK orientieren sich die Stromgestehungskosten hauptsächlich an den verwendeten Erzeugungstechnologien im Anlagenmix (Albersmann 2012). Es ist davon auszugehen, dass EE-Anlagen im Kraftwerksverbund eines VK einen wesentlichen Anteil haben. Da vor allem Anlagen aus Wind- und Sonnenkraft im Vergleich zu konventionellen Mittel- und Spitzenlastkraftwerken aufgrund fehlender Brennstoffkosten niedrigere Grenzkosten haben, werden sie sich in der Merit-Order vor diesen einordnen. In Bild 3.22 zeigt sich, dass mit zunehmender Auslastungsdauer eines VK dessen variable Kosten steigen und über denen von Steinkohlekraftwerken und Atomkraftwerken liegen. Dies macht deutlich, dass sie für den Einsatz als Spitzenlastkraftwerk geeignet sind.

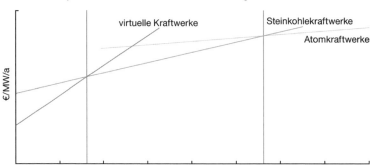

Bild 3.22 Variable Kosten in Abhängigkeit der Auslastungsdauer (Albersmann 2012)

In Deutschland wurden bereits und werden weiterhin viele konventionelle Kraftwerke aufgrund von fehlender Flexibilität und der damit verbundenen Rentabilität abgeschaltet. Die Frankfurter Allgemeine berichtete neben vielen anderen Zeitungen bereits im Jahr 2015 davon, dass in Deutschland eine große Zahl an Kraftwerken stillgelegt werden soll (FAZ 2015). Die Bundesnetzagentur beziffert die Größenordnung im Jahr 2016 mit 11 171,5 MW (Bundesnetzagentur 2016-b). Um die Versorgungssicherheit zu gewährleisten, muss diese Lücke „zeitnah", kostenproportional und am Bedarf orientiert geschlossen werden, z. B. über viele dezentrale Erzeugeranlagen, die über ein virtuelles Kraftwerk zusammengeschlossen sind (von Roon 2006). Bei entsprechend großer elektrischer Leistung, wie einem Großkraftwerk, sind VK auch für Energieversorgungsunternehmen interessant (Albersmann 2012). Das VK könnte wie die anderen Kraftwerke im Kraftwerkspark in die Kraftwerkseinsatzplanung integriert werden. Weiterhin unterstützt der Merit-Order-Effekt bei der Entscheidung über den Ersatz eines Großkraftwerkes durch ein VK.

Wird das Betreiberkonzept eines VK auf ein virtuelles Regelleistungskraftwerk abgestimmt, kann es einen wesentlichen Beitrag zur Sicherung der Netzstabilität leisten. Durch eine gezielte Zusammensetzung des Anlagenparks mit erneuerbaren Energien und eine intelligente Steuerungs- und Informationstechnologie kann das VK dem Netz flexibel nachgefragte Energiemengen zur Verfügung stellen. Um am Regelenergiemarkt teilnehmen zu können, muss ein virtuelles Regelleistungskraftwerk bestimmte Voraussetzungen erfüllen, wie z. B. eine Präqualifikation gemäß TransmissionCode 2007 beim Übertragungsnetzbetreiber. Erst nach Erfüllung aller Voraussetzungen kann ein Betreiber eines virtuellen Regelleistungskraftwerks Primär-, Sekundär- und Minutenreserve bereitstellen.

Der Wegfall der Kernkraftwerke und die Zunahme der erneuerbaren Energien führen in Zukunft dazu, dass immer mehr Maßnahmen ergriffen werden müssen, den Lastfluss zu verschieben (Lastflussverschiebungen). Dies führt zu dem Betreiberkonzept „VK als Instrument der Lastflussoptimierung" (Albersmann 2012). Ist der Ausbau des europäischen Stromnetzes und der Grenzkuppelstationen erfolgt, übernehmen diese in weiten Teilen die Aufgabe der Lastflussoptimierung. Das Betreiberkonzept „VK als Instrument der Lastflussoptimierung" kann hierzu einen wichtigen Beitrag leisten. VK bedeuten nicht, dass mehr Kraftwerkskapazität geschaffen wird, da es sich nur um den intelligenten Zusammenschluss und die intelligente Steuerung bestehender Kraftwerke handelt. Jedoch ergibt sich bei entsprechend großer Clusterung und Schwerpunktbildung sowie intelligenter Steuerung die Möglichkeit der Lastflussoptimierung. So können VK, die viele Erzeugungsanlagen verbrauchsnah installiert haben, direkt in die Verteilernetze einspeisen und darüber eine regionale Versorgung erreichen, was zu einer Entlastung der höheren Netzspannungsebenen führt. Auch werden so Netznutzungsentgelte vermieden.

Ein wichtiger Aspekt für VK ist die Informations- und Kommunikationstechnik (IKT). Die IKT-Komponenten im System müssen zum Teil bereits heute und zukünftig immer stärker folgende Eigenschaften erfüllen (Albersmann 2012):

- hohe Integrationsfähigkeit
- Unterstützung von Standards
- hohe Performance und Reaktionsgeschwindigkeit bis hin zur Echtzeitverarbeitung
- hohes Verarbeitungspotenzial für wachsendes Datenvolumen

Dabei müssen Lösungen gefunden werden, die sowohl zur Anlagentechnik als auch zum Betreibermodell passen. Sind die Anlagen nicht in einer Betreiberhand, wird der Prozess der IKT-Auswahl und -Integration erschwert.

Die Aufgabe der IKT ist, sowohl die Steuerung der Anlagen zu gewährleisten als auch die Meldung von Daten zu ermöglichen. Der Datenfluss erfolgt auf mehreren Ebenen (Albersmann 2012):

1. Ebene – Ebene der Anlagenbetreiber

    Daten wie Beteiligungsverhältnisse, Limits und Vertragsparameter werden auf dieser Ebene vorgehalten.

2. Ebene – Vermarktung

    Darunter fällt die operative Steuerung des Verkaufs am Markt und die Bewirtschaftung des dahinterliegenden Energie- und Risikoportfolios. Managen des kommerziellen Datenaustauschs zwischen den betroffenen Marktpartnern.

    Die Informationen aus der folgenden 5. Ebene müssen für Planungs-, Steuerungs- und Datenaufbereitungszwecke verdichtet werden. Zur Erstellung von Einsatzplänen und Prognosen müssen die Verfügbarkeits- und Erzeugungsprofile auf der Ebene einzelner Anlagen oder Anlagencluster bekannt sein. Dies beinhaltet Informationen über z. B. den aktuellen Betriebszustand, Störungen und Wartungsmaßnahmen. Die Daten müssen in aggregierter Form zur Verfügung gestellt werden. Um Prognosen erstellen zu können, sind die Daten der Vergangenheit relevant. Dazu werden die vergangenen Einsatzdaten mit Angaben, wann welche Mengen und Leistungen geliefert wurden, gespeichert.

3. Ebene – erste technische Steuerungsebene

Über eine zentrale Steuerung werden die kommerziellen Vorgaben in konkrete Einsatz- und Steuerbefehle für die einzelnen Anlagen umgesetzt. Dies können sowohl gezielte Steuerungsbefehle an einzelne Anlagen als auch gebündelte an eine Reihe technisch gleichartiger Anlagen sein. Entscheidend ist hierbei die Genauigkeit von Planungs- und Prognosefunktionen. Es sind hochgenaue und frühzeitige Prognosen für besonders dynamische Erzeuger- und Verbraucherlastgänge erforderlich.

4. Ebene – technische Plattform

Auf dieser Ebene werden die technischen Steuerungs- und Regelungseinrichtungen der einzelnen Anlagen angesprochen.

5. Ebene – lokale Steuerungsebene

Hier erfolgen Meldungen über den technischen Zustand der Anlage, abgelesene Mess- und Zählwerte wie auch Meldungen über Störungen und Schutzmaßnahmen zur Sicherung der Anlage. Ebenso sind einsatzrelevante Infrastrukturinformationen aus dem Netz zu erfassen, wie z. B. Verfügbarkeit oder Störungsmeldungen relevanter Netzabschnitte. Sämtliche Informationen auf dieser Ebene müssen erfasst, ausgewertet und logisch verknüpft werden.

6. Ebene – VK-Betreiberebene

Nun gelangen die Monitoring-Daten zum Betreiber. Dieser kann anhand der Vergangenheitsdaten die Leistung, den Ertrag und die Effizienz seiner Anlagen überprüfen. Ist der Betreiber Teil eines Verbundes, ergibt sich aus den Daten der Anteil an der Gesamterzeugung des VK. Zudem können anhand der Daten Abrechnungen erstellt und Rechnungen überprüft werden.

7. Ebene – technische IT

Es müssen unterschiedliche Programmsysteme zur Verfügung gestellt und miteinander verbunden werden. Dazu gehören Prozessleitsysteme mit Funktionen, wie z. B. SCADA (Supervisory Control and Data Acquisition), mit der technische Prozesse mittels eines Computer-Systems überwacht und gesteuert werden können. Wichtig sind auch Automatisierungstechniken, wie speicherprogrammierbare Steuerungen (SPS) oder Fernzähleinrichtungen. Dazu sind weiterhin Systeme erforderlich, wie z. B. Fernwirksysteme, Zählerfernauslesesysteme und Betriebsdatenerfassungssysteme mit den entsprechenden übertragungstechnischen Komponenten. Zur Verbindung technischer und kommerzieller IT findet die Integration von Energiedatenmanagementsystemen, Portfoliomanagementsystemen und Betriebsmittelinformationssystemen in den Informationsfluss statt.

8. Ebene – unternehmerische Systeme

   Die unternehmerischen Aufgaben eines Anlagenbetreibers müssen ebenfalls unterstützt werden. Dazu gehört, die vorhandenen Ressourcen möglichst effizient für den betrieblichen Ablauf einzusetzen. Dies kann über ERP-Systeme (Enterprise-Resource-Planning) erfolgen, wodurch die Steuerung von Geschäftsmodellen optimiert werden kann. Das ERP-System stellt dazu die notwendigen betriebswirtschaftlichen Daten und Funktionen bereit, so dass ein Informationsaustausch mit den Anlagenbetreibern und weiteren Stakeholdern gewährleistet ist.

9. Ebene – Optimierungs-Systeme

   Optimierungsansätze, wie Schwarmintelligenz, Evolutionstheorie und andere, helfen dabei, in Abhängigkeit vom Betreibermodell die technischen Anlagen und Komponenten des Energiesystems und die kommerziellen Vorgaben so zu verknüpfen, dass zu jedem Zeitpunkt unter technischen, ökologischen und vor allem ökonomischen Gesichtspunkten ein optimaler Anlageneinsatz erreicht werden kann.

10. Ebene – Kommunikation mit externen Marktpartnern

    Hier müssen Standards geschaffen werden, die einen Austausch von Informationen über die Systemgrenzen hinweg ermöglichen. Ein Standard wäre z.B. das CIM (Common Information Model). Dabei handelt es sich um eine sogenannte Domänenontologie. Darunter ist eine Ontologie mit einem spezifischen Vokabular für einen speziellen Anwendungszweck in einer Domäne zu verstehen (Uslar 2012).

Zur Bewältigung dieser komplexen Aufgabe empfiehlt es sich, zur Auswahl, Integration und zum Betrieb von IKT-Systemen einen Dienstleister einzubinden.

Anhand einer Betreiberumfrage wurde ermittelt, welche Anlagentypen in den Anlagenmix eines VK gehören (Bild 3.23). Es wurden 18 Vertreter befragt, u.a. von Stadtwerken und Übertragungsnetzbetreibern. Danach zeigt sich, dass Kraft-Wärme-Kopplungsanlagen den höchsten Stellenwert einnehmen. Anlagentechnologien auf Basis von Biomasse werden ebenfalls als wichtiger Teil eines VK angesehen und werden in ihrer Wichtigkeit noch vor der Photovoltaik eingestuft.

Bild 3.23 Betreiberumfrage zu Erzeugungstechnologien innerhalb eines Anlagenmix für virtuelle Kraftwerke (nach Albersmann 2012)

Bei der Betrachtung des optimalen Erzeugungsmix innerhalb eines VK wurde der größte Wert auf eine möglichst heterogene Anlagenstruktur gelegt. Dabei ist den Betreibern wichtig, dass schaltbare Verbraucher für einen flexiblen Einsatz angeschlossen sind (s. Bild 3.24).

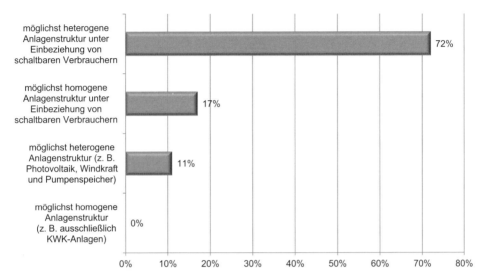

Bild 3.24 Betreiberumfrage zum optimalen Erzeugungsmix innerhalb eines virtuellen Kraftwerks (nach Albersmann 2012)

Virtuelle Kraftwerke können, wie andere Anlagentechnologien auch, auf unterschiedlichen Märkten aktiv sein. Dabei ist die Frage, welche besonderen Stärken den virtuellen Kraftwerken in den Zielmärkten beigemessen werden. In der Umfrage stellte sich heraus, dass die Betreiber bei virtuellen Kraftwerken eine besondere Stärke im Regelenergieeinsatz sehen. Im Weiteren werden VK so eingeschätzt, dass sie besonders für die Integration in das Smart Grid geeignet sind (s. Bild 3.25). Das Ergebnis zeigt aber auch, dass die Betreiber virtuelle Kraftwerke weniger dazu geeignet sehen, zur Eigenbedarfsdeckung eingesetzt zu werden.

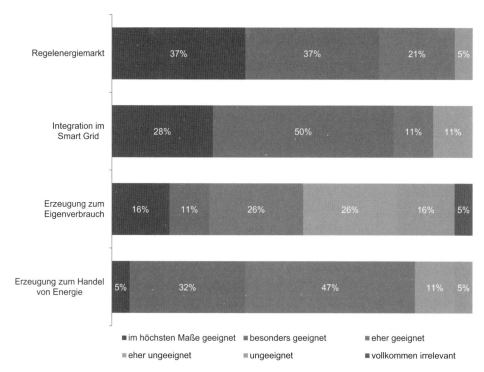

Bild 3.25 Betreiberumfrage zu den Stärken eines virtuellen Kraftwerks in deren Zielmärkten (nach Albersmann 2012)

Entscheidend für den Einsatz von virtuellen Kraftwerken ist deren Betriebskonzept. Auch dazu wurden die Antworten von Betreibern im Rahmen der Umfrage ausgewertet (s. Bild 3.26).

Demnach bevorzugen die Betreiber das virtuelle Regelleistungskraftwerk als Betreiberkonzept und sehen dort offenbar den größten wirtschaftlichen Erfolg. Dem Betreiberkonzept zur Einsparung an Primärenergie geben die Experten die geringsten Erfolgschancen. Daraus ließe sich auch ableiten, dass den VK eine gute Marktchance zugeschrieben wird und sie einen wichtigen Beitrag im Gesamtkonzept der Energiewende leisten können.

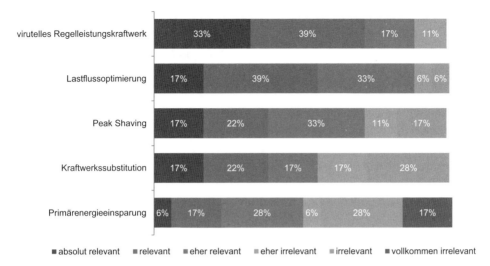

Bild 3.26 Betreiberumfrage nach dem Betriebskonzept für virtuelle Kraftwerke (nach Albersmann 2012)

74 % der Befragten haben sich bereits kritisch mit dem Thema „virtuelles Kraftwerk" auseinandergesetzt. Bei diesem Prozess wurden sie auch mit der Frage konfrontiert, ob sie das Konzept „virtuelle Kraftwerke" für ihr eigenes Unternehmen oder allgemein für die Entwicklung des deutschen Energiesystems als wichtig erachten (s. Bild 3.27).

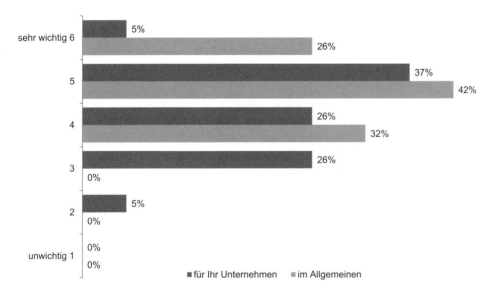

Bild 3.27 Betreiberumfrage zur Wichtigkeit des Themas „virtuelle Kraftwerke" (nach Albersmann 2012)

Bis zum Jahr 2012 sahen die befragten Betreiber für ihr Unternehmen jedoch noch einige Schwierigkeiten bei der Umsetzung eines solchen Projektes. Gründe lagen z. B. in der Unternehmensgröße oder in den Problemen bei der Einbindung in größere Konzernverbände. Dies führte dazu, dass sich 24 % gegen ein Projekt „virtuelles Kraftwerk" ausgesprochen haben (Albersmann 2012).

Bereits heute und auch zukünftig werden virtuelle Kraftwerke eine wichtige Rolle im Rahmen der Energiewende spielen. Abschließend bleibt noch hervorzuheben, dass die Kopplung mit dem Wärmemarkt durch den Einsatz dezentraler Blockheizkraftwerke und anderer Technologien, wie Wärmepumpen, interessante Marktchancen eröffnen. In Berlin beispielsweise findet dieses Konzept durch den Energieversorger Vattenfall bereits Anwendung (Vattenfall o. J.).

3.3 Die Bedeutung biogener Energieerzeugung

Die Energie, die in Pflanzen steckt, ist bereits gespeicherte Sonnenenergie. Aus diesem Grund ist diese Energie weder wetterabhängig noch volatil, wie dies Wind- und Sonnenenergie sind. Energie aus Biomasse kann wie in der Vergangenheit eine stabile Stromversorgung für die Grundlast leisten. Zudem lassen sich Bioenergieträger wie Biogas oder Holz leicht, verlustfrei und kostengünstig lagern bzw. speichern (Mühlenhoff 2013). Ebenso ist ein flexibler Betrieb der Bioenergieanlagen möglich. Das macht sie für die Energiewende besonders vorteilhaft. Im Zuge der Novellierung des EEG im Jahr 2014 wurde der Fokus nicht mehr auf nachwachsende Energieträger wie Mais gelegt, sondern auf die Nutzung von Rest- und Abfallstoffen (EEG 2014). Dies ist vor dem Hintergrund der Diskussion „Tank oder Teller" sinnvoll. Nach Aussage des Bundesministeriums für Umwelt, Naturschutz, Bau und Reaktorsicherheit gab es in den letzten 20 Jahren einen deutlichen Anstieg von getrennt erfassten Bioabfällen im Rahmen der Siedlungsabfallentsorgung (BMUB o. J.-a). Während im Jahr 1990 die Sammlung von Bioabfällen bei weniger als einer Million Tonnen lag, liegt sie seit einigen Jahren bei ca. 12 Mio. Tonnen (s. Bild 3.28). Seit 2000 werden diese Bioabfälle zunehmend in Biogasanlagen umgesetzt und so zur Energiegewinnung genutzt. Im Jahr 2013 wurden ca. 12,87 Mio. Tonnen biologisch abbaubare Abfälle (als Bioabfälle in Anhang 1 Nummer 1 Bioabfallverordnung gelistet: im Wesentlichen aus der Biotonne, biologisch abbaubare Garten- und Parkabfälle, Marktabfälle, weitere biologisch abbaubare Abfälle aus verschiedenen Herkunftsbereichen) in Kompostierungsanlagen und Vergärungsanlagen (Biogasanlagen) behandelt (BMUB o. J.-a).

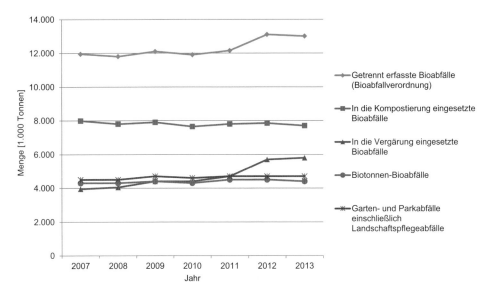

Bild 3.28 Bioabfallerfassung und Einsatz in Behandlungsanlagen vom Jahr 2007 bis zum Jahr 2013 (nach BMUB o.J.-b)

Im Jahr 2013 wurden 14 658 Tausend Tonnen Bioabfall den Bioabfallbehandlungsanlagen zugeführt (s. Bild 3.29).

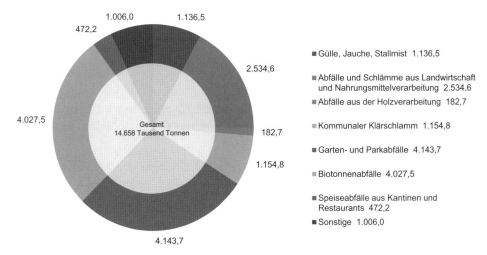

Bild 3.29 Zusammensetzung der an Bioabfallbehandlungsanlagen angelieferten Bioabfälle (nach UBA 2015)

Wie viel Energie aus Bioabfall gewonnen werden kann, hängt von der spezifischen Zusammensetzung des Abfalls und der verwendeten Biogastechnologie ab. In Tabelle 3.8 sind einige Werte für Bioabfall- und -reststoffe aufgeführt. Dies gibt einen differenzierten Blick darauf, dass nicht alle Bioabfall- und -reststoffe den gleichen Ertrag an Biogas bringen.

Tabelle 3.8 Grobe Richtwerte zur Biogasausbeute diverser Bioabfall- und -reststoffe (BIOPOWER 2016)

Biomasse	Biogasertrag [Nm³ Biogas/t]	CO_2-Anteil [kg CO_2/t]
Rinder-/Schweinegülle	20	14
Obsttrester	130	91
Gemüseabfälle	55	38
Grassilage	170	119
Mais-/Gerstenstroh	310	217
Biotonne aus Haushaltungen	100	70
Reiner Rasenschnitt frisch	80	77
Speiseabfälle	150	105
Altbrot	480	336
Molke	40	28
Käseabfall	670	469
Biertreber	75	60
Backabfälle	650	455
Fettabscheidermaterial entwässert	390	273
Altfrittierfett	870	609

Der Energiegehalt von 1 m³ Biogas entspricht ca. 5,0 bis 7,5 kWh$_{gesamt}$ (inkl. des Wärmeanteils), der rein elektrische Anteil beträgt 1,9 bis 3,2 kWh$_{el}$ (FNR 2015-b). 1 m³ Biogas entspricht einem Heizöläquivalent von ca. 0,6 l. Der Methangehalt von 1 m³ Biogas liegt bei 50 bis 75 % (FNR 2015-b).

Um eine Vorstellung davon zu bekommen, wieviel m³ Biogas in einer Biogasanlage abhängig vom Vergärungsverfahren produziert werden können, dient Bild 3.30.

Das erzeugte Biogas kann z. B. in einem Blockheizkraftwerk direkt eingesetzt werden und Strom produzieren (s. Bild 3.31). Rund 1100 Biogasanlagen für die Vergärung von Bioabfällen und organischen Abfällen wurden insgesamt bis September 2013 in Deutschland zugelassen (Scheftelowitz 2014). Im Jahr 2015 wurden insgesamt 8861 Biogasanlagen in Deutschland gezählt (Fachverband Biogas 2016).

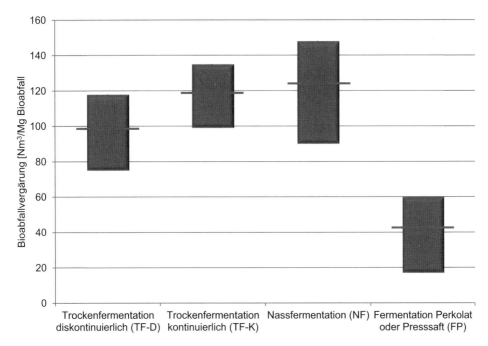

Bild 3.30 Spezifische Gasertäge je Mg Bioabfall differenziert nach Vergärungsverfahren (nach Kern 2010)

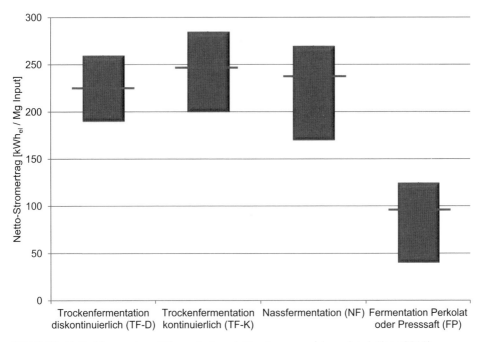

Bild 3.31 Netto-Stromertrag differenziert nach Vergärungsverfahren (nach Kern 2010)

Nach einer Studie des Fraunhofer Instituts für Windenergie und Energiesystemtechnik wurde zusammen mit weiteren Partnern eine Prognose darüber erstellt, welcher zusätzliche Speicherbedarf auftreten würde, wenn in Deutschland und den übrigen Staaten des europäischen Stromverbunds in Zukunft auf den Einsatz flexibel betriebener Biogas-BHKW und solarthermischer Kraftwerke verzichtet werden würde. Die Wissenschaftler errechneten, dass in Deutschland zusätzliche Speicher mit knapp 20 000 MW Leistung errichtet werden müssten (Norman 2014).

Mit der Novellierung des EEG 2014 und dem Wegfall der Förderung nachwachsender Rohstoffe ist der Anreiz zum Bau und Betrieb von Biogasanlagen gesunken. Jedoch spielen sie auch in Zukunft eine wichtige Rolle. Bild 3.32 zeigt, wie sich die Biomasse in Zukunft flexibel bei der Stromversorgung einbringen kann.

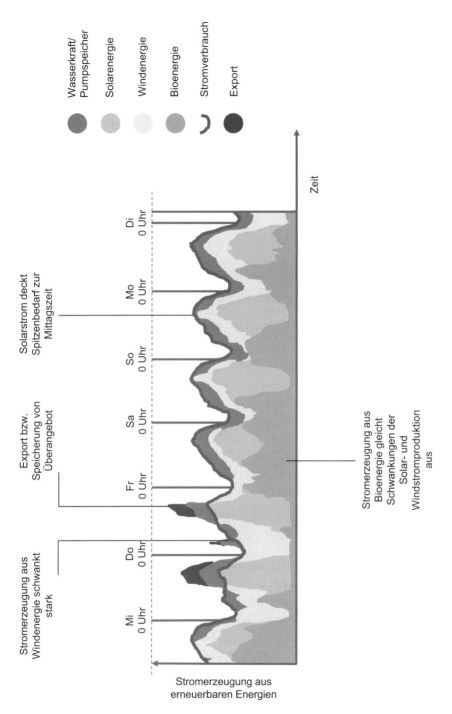

Bild 3.32 Simulation der Strombedarfsdeckung aus 100 % erneuerbaren Energien unter Einbeziehung flexibler Bioenergie (nach Mühlenhoff 2013)

Im Folgenden soll vorrangig auf die Stromerzeugung aus Biomasse fokussiert werden.

3.3.1 Anlagentechnologie für flexible Stromerzeugung

Bioenergieträger stehen in fester, flüssiger und gasförmiger Form zur Verfügung. So vielseitig die Bioenergieträger sind, so vielfältig ist auch die Anlagentechnologie. Doch welche Bedeutung hat die einzelne Technologie im Strommix? Welche Anlagen für den flexiblen Einsatz zur Deckung des Strombedarfs geeignet sind, stellt Tabelle 3.9 dar.

Tabelle 3.9 Bioenergieanlagen zur Stromerzeugung in Deutschland 2012 (Mühlenhoff 2013)

Anlagentechnologie	Installierte elektrische Leistung [MW_{el}]	Stromerzeugung [Mrd. kWh_{el}]	Potenzial und Bedeutung für flexible Stromerzeugung
Biogas-Blockheizkraftwerke (BHKW) (einschließlich mit Biomethan betriebene BHKW)	3180	20,5	ca. 7600 Anlagen, technisch sehr gut geeignet, bisher aber wenig für Flexibilisierung genutzt
Pflanzenöl-BHKW	ca. 100	1,1	ca. 560 Anlagen, Betrieb derzeit meist unwirtschaftlich, für flexible Stromerzeugung aber zu reaktivieren
Klär- und Deponiegas-BHKW	ca. 360	1,9	ca. 700 Anlagen, vergleichbar mit Biogas-BHKW
Holz(heiz-)kraftwerke	ca. 1500	12,5	ca. 360 Anlagen, geeignet für flexible Stromerzeugung, jedoch weniger reaktionsschnell als Biogas-BHKW
Holzvergaser, Holzgaskraftwerke	ca. 23	< 0,1	noch in der Markteinführung

Nicht aufgeführt ist in Tabelle 3.9 die Möglichkeit von Holzheizkraftwerken, deren Einsatzstoff Rest- und Abfallholz ist. Beispielsweise steht in Berlin ein Holzheizkraftwerk, welches von der RWE betrieben wird. Das Kraftwerk hat eine thermische Leistung von 65 MW_{th} und eine elektrische Leistung von 20 MW_{el} (degewo 2003). Rund 20 000 Wohnungen sowie einige Gewerbeobjekte versorgt das Holzheizkraftwerk mit Wärme. Hier steht klar das Konzept der Wärmeversorgung im Vordergrund. In Bezug auf die Stromerzeugung wird das Holzheizkraftwerk flexibel eingesetzt und nimmt am Regelenergiemarkt teil, wo es negative Minutenreserve bereitstellt. Meist sind Holzheizkraftwerke oder reine Holzkraftwerke große zentrale Anlagen mit einem konventionellen Dampfkessel und einer Turbine. Als Einsatzstoff kommen Altholz oder Holzhackschnitzel in Frage. Wie im vorgestellten Beispiel beschrieben, ist ein flexibler Betrieb dieser Anlagen möglich, jedoch sind sie nicht so reaktionsschnell wie z. B. Biogas-BHKW (Krzikalla 2013-b). Da es sich zumeist um große Anlagen handelt, werden sie häufig von regionalen Energieversorgern betrieben. Auch Unternehmen aus der Holz-, Forst- und Abfallwirtschaft sind zu finden (Rensberg 2012).

Vorrangig von Interesse sind jedoch Biogasanlagen. Diese Anlagen befinden sich in Deutschland zumeist in ländlichen Regionen dezentral verteilt. Mit der vermehrten Nutzung von Rest- und Abfallstoffen dürfte sich dieses Bild in Zukunft leicht verändern. Heute existieren viele kleine BHKW mit einer Leistung von bis zu 500 kW (Mühlenhoff 2013). Biogasanlagen im Allgemeinen bieten sehr gute technische Voraussetzungen für den flexiblen Einsatz bei der Stromerzeugung. Ist ein Wärmeverbraucher in der Nähe, wie z. B. Einzelgebäude, gewerbliche Einrichtungen oder ein Nahwärmenetz, kann die Anlage über die Kraft-Wärme-Kopplung gleichzeitig Wärme liefern. Dadurch wird nicht nur ein besserer Wirkungsgrad der Anlage erreicht, sondern es werden auch finanzielle Anreize für den Betreiber geschaffen. Aufgrund der bisherigen Vergütungsstruktur, die durch das EEG vorgegeben wird, produzieren die meisten Anlagen das gesamte Jahr zu jeder Uhrzeit eine möglichst gleichbleibend hohe Strommenge, laufen also mit hohen Volllaststunden. Anlagen, die nach dem EEG mit einem festen Vergütungssatz pro kWh vergütet werden und damit direkt vermarkten, erhalten keinen Anreiz für eine flexible Fahrweise. Wie in Kapitel 1 vorgestellt, hat sich dieses jedoch bereits geändert. So ist es das ausgesprochene Ziel, auch die Anlagen auf Basis biogener Einsatzstoffe in den Markt zu bringen, so dass entsprechende Anreize zur flexiblen Fahrweise gegeben sind. Noch erprobt heute nur ein geringer Teil der Betreiber von Biogas-BHKW eine flexiblere Stromerzeugung. Dabei ist es erforderlich, dass sie die Direktvermarktung über Stromhändler nutzen (Mühlenhoff 2013).

Blockheizkraftwerke auf der Basis von Klär- und Deponiegas weisen ähnliche Eigenschaften wie Biogas-BHKW auf und sind auch vergleichbar mit diesen flexibel bei der Stromerzeugung einsetzbar. Blockheizkraftwerke auf Basis von Pflanzenöl rentieren sich zum heutigen Zeitpunkt aufgrund gestiegener Preise für das Pflanzenöl wie auch der gegebenen politischen Rahmenbedingungen nicht. Diese Anlagen sind ebenfalls dezentral installiert und wären so interessant im Rahmen der Energiewende. Jedoch stehen viele der Anlagen still. Eine Reaktivierung dieser Anlagen ist theoretisch möglich. Holzvergaser und Holzgaskraftwerke sind bisher am Markt nur selten zu finden. Sie befinden sich noch in der Phase der Markteinführung. Im Leistungsbereich unter 200 kW hat die Forschung in den vergangenen Jahren einige technische Verbesserungen erreichen können. Da diese Anlagen aber noch nicht Stand der Technik sind, ist eine Aussage zum flexiblen Einsatz nicht möglich.

Eine ausführliche Beschreibung der aufgeführten Technologien zur Energieerzeugung aus Biomasse mit Fokussierung auf Biogasanlagen findet sich in (Nagel 2015).

Konventionelle Kraftwerke oder Heizkraftwerke auf Basis fossiler Energieträger, wie Kohle oder Gas, müssen ebenfalls diskutiert werden. Diese können bei entsprechender technischer Umrüstung zumeist ebenfalls biogene Einsatzstoffe nutzen. Die Eignung und Möglichkeiten der technischen Anpassung für einen flexiblen Betrieb müssen auch bei diesen konventionellen Anlagen gegeben sein.

Gute Voraussetzungen für einen flexiblen Einsatz bietet Biogas, nachdem es über eine Aufbereitungsstufe zu Biomethan weiter verarbeitet wurde. Durch diesen technologischen Schritt erhält das Biogas Erdgasqualität und kann in das Erdgasnetz eingespeist werden. Das Erdgasnetz dient zum einen als sehr guter Energiespeicher und zum anderen besteht eine räumlich und zeitlich differenzierte Möglichkeit der Energieerzeugung. Würde das vorhandene deutsche Gasnetz vollständig zur Speicherung für synthetisches Methan aus erneuerbaren Energien (Elektrolyse und Methanisierung von Wasserstoff, Biomethan) zur Verfügung stehen, entspräche das einer Stromspeicherkapazität von 138 Mrd. kWh (Mühlenhoff 2013). Dabei wird ein Gaskraftwerk mit einem Wirkungsgrad von 60 % und dem Einsatz von 240 Mrd. kWh Methan aus dem deutschen Gasnetz vorausgesetzt. Die Speicherung von Biogas ist für eine begrenzte Zeit auch in der Kuppel des Fermenters möglich. Durch die Hauben der Biogasanlagen und kleinere Radien schaffen es viele Anlagen, Gas über 12 Stunden zu speichern. Außerdem können leicht externe Speicher installiert werden. Dies reicht jedoch für die bestehenden Anforderungen nicht aus. Die Aufbereitung des Biogases zu Biomethan und die Einspeisung erfolgen am Ort der Erzeugung. Wie Bild 3.33 zeigt, steigt die Anzahl der Anlagen, die Biogas zu Biomethan aufbereiten, jährlich an. Das Biomethan kann zusammen mit Erdgas in einem BHKW oder einem bestehenden Erdgas-Kraftwerk oder Erdgas-Heizkraftwerk verbrannt werden.

Biogas und Biomethan bieten weiterhin einige Möglichkeiten, den Strom aus den volatilen Energien Sonne und Wind zu speichern oder rückzuverstromen. In Bild 3.34 sind drei Pfade aufgezeigt, wie heute schon ein flexibler Einsatz der Energieerzeugung aus Biomasse möglich ist. Dies wird in Zukunft unter Umständen dazu führen, dass nicht nur das Stromnetz, sondern auch das Gasnetz in Bezug auf seine Speicherkapazität ebenfalls geregelt und intelligent gesteuert werden muss.

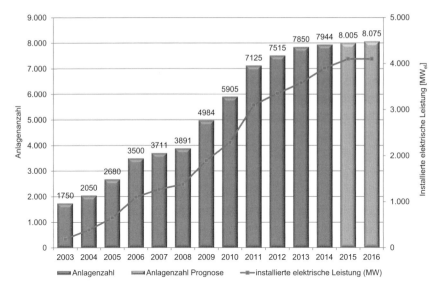

Bild 3.33 Entwicklung der Biomethananlagen in Deutschland und deren Einspeisekapazität (nach FNR 2015-a)

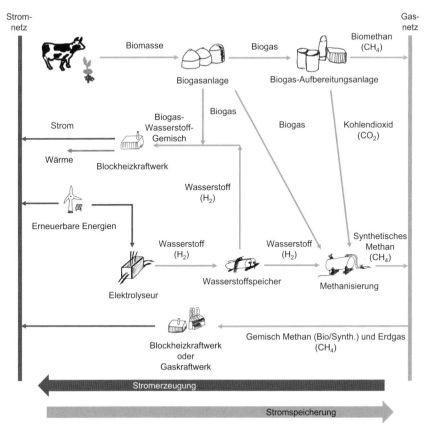

Bild 3.34 Mögliche Pfade zur Speicherung und Rückverstromung volatiler Energien mithilfe von Biogas und Biomethan (nach Mühlenhoff 2013)

In Bild 3.34 sind für die weitere Verwendung und den flexiblen Einsatz von Biogas die Nutzungspfade A, B und C aufgezeigt. Diese werden folgend beschrieben (Mühlenhoff 2013):

- Nutzungspfad A:

    Situation: Es besteht aufgrund von starkem Wind und Sonnenschein ein Überangebot an volatiler Energie.

    Maßnahme: Statt mit dem in einem Fermenter erzeugten Biogas ein BHKW zu betreiben und Strom zu produzieren, der in das öffentliche Stromnetz eingespeist wird, wird das BHKW zurückgefahren. Die einzuspeisende Strommenge aus dem BHKW sinkt oder ist sogar auf Null zurückgeführt. Durch diese Maßnahme werden im öffentlichen Stromnetz Kapazitäten für den volatilen Strom freigesetzt, der alternativ eingespeist werden kann.

    Was geschieht mit dem Biogas, welches nun nicht im BHKW verstromt wurde? Da es sich um einen Energieträger handelt, ist eine Speicherung und folgende energetische Umwandlung erforderlich. Als sehr schädliches Treibhausgas kann es nicht in die Umwelt entlassen werden.

    Es besteht die Möglichkeit, das Gas vor Ort zu speichern oder in einer Aufbereitungsstation das Biogas zu Biomethan (CH_4) umzuwandeln. Erfüllt das Biomethan die Vorgaben der Erdgasqualität, kann es ins Erdgasnetz eingespeichert werden.

    In einer Phase mit Flaute oder fehlendem Sonnenschein kann das Biomethan diese Angebotslücke flexibel durch die Rückverstromung im BHKW füllen.

- Nutzungspfad B:

    Situation: Es besteht aufgrund von starkem Wind und Sonnenschein ein Überangebot an volatiler Energie.

    Maßnahme: Es erfolgt eine Umwandlung des Erneuerbare-Energien-Stroms in einem Elektrolyseur zu Wasserstoff (H_2). Dieser kann gespeichert und je nach Bedarf zu einem späteren Zeitpunkt im Biogas-BHKW mitverbrannt werden. Der Erneuerbare-Energien-Strom wird damit wieder rückverstromt.

- Nutzungspfad C:

    Situation: Es besteht aufgrund von starkem Wind und Sonnenschein ein Überangebot an volatiler Energie.

    Maßnahme: In einem ersten Schritt wird erneut aus dem Erneuerbare-Energien-Strom in einem Elektrolyseur Wasserstoff (H_2) hergestellt. Dieser wird jetzt in einer zweiten Stufe, der Methanisierungsstufe, weiter zu synthetischem Methan (CH_4) (SNG) umgewandelt. Dazu kann entweder das CO_2 aus der Stufe der Biogas-Aufbereitung oder das Biogas direkt eingesetzt werden. Das synthetische Methan (SNG) kann dann ebenfalls im Erdgasnetz gespeichert und zu einem späteren Zeitpunkt zurückverstromt werden.

Nicht aufgeführt in den Nutzungspfaden ist eine Beimischung des Wasserstoffs aus dem Elektrolyseur direkt in das Gasnetz. Dies würde allerdings zu einigen Konsequenzen führen, wie z. B. der Senkung des Brennwertes des Erdgases, dem Auftreten möglicher Effekte auf eingesetzte Materialien des Gasnetzes oder einer ungewünschten Wärmebelastung des Brenners (Hüttenrauch 2010). In (Mühlenhoff 2013) wird ein Anteil des Wasserstoffs im Erdgasnetz von max. 5 % vorgeschlagen.

Welche Möglichkeiten bestehen für feste Biomasse? Bereits heute werden feste Biomasse, wie z. B. Holz, und biogene Anteile des Abfalls in Müllverbrennungsanlagen verfeuert. In Form von Ersatzbrennstoffen aus Bioabfall können diese entweder in konventionellen oder speziellen (Heiz-)Kraftwerken eingesetzt werden. In Kohle(-heiz)kraftwerken besteht die Möglichkeit, holzartige Biomasse mit zu verbrennen.

Weltweit hat Deutschland die besten Voraussetzungen, um den zukünftig steigenden Bedarf an Ausgleichsenergie abdecken zu können. In Deutschland sind ca. ⅔ aller Bioenergieanlagen weltweit installiert (Mühlenhoff 2013). Die Anlagentechnologien sind gut erforscht und im Alltagsbetrieb erprobt und bedürfen keiner neuen Markteinführungsstrategie.

3.3.2 Deckung der Residuallast

Die Residuallast wird sich in den nächsten Jahren mit Zunahme der erneuerbaren Energien am Energiemix stark entwickeln. Nach einem Szenario des Bundesverbandes Erneuerbare Energie (BEE) (Pieprzyk 2012) wird die Residuallast im Jahr 2030 sowohl positive wie negative Werte aufweisen. Bild 3.35 zeigt die Entwicklung der Residuallast bis zum Jahr 2030. Es ist demnach davon auszugehen, dass in Zukunft auch eine negative Residuallast auftritt. Positive Residuallast bedeutet, dass die erneuerbaren Energien die Nachfrage nicht decken können. Bei negativer Residuallast ist das Angebot an Strom aus erneuerbarer Energie höher als die Nachfrage.

Die im Stromnetz bestehende Residuallast, die heute noch von konventionellen Kraftwerken gedeckt wird, muss in Zukunft über andere Ausgleichs- und Verlagerungspotenziale übernommen werden. Bioenergie kann hier ihren Beitrag leisten. Nach dem Szenario beträgt die zu speichernde oder zu verlagernde Strommenge 34,5 Mrd. kWh aus erneuerbaren Energien. Dies sind 7,7 % des gesamten in 2030 erzeugten Stroms aus erneuerbaren Energien (Krzikalla 2013-b). Das Ausgleichspotenzial, welches Bioenergieanlagen bis zum Jahr 2030 zur Verfügung stellen können, wird auf +/− 16 000 MW geschätzt (Mühlenhoff 2013). Eine andere Studie des Fraunhofer Instituts Windenergie und Energiesystemtechnik (IWES) geht für Biogasanlagen für das Jahr 2030 von einer negativen Regelleistung in Höhe von

– 9,3 GW$_{el}$ und einer positiven Regelleistung von + 11,3 GW$_{el}$ aus (Graf 2014). Durch Abschalten, aber auch durch die Nutzung der unterschiedlichen Pfade für Biogas, könnten Biogas-BHKW sowie andere Bioenergieanlagen aus dem Netz genommen werden. Auf diese Weise würde die negative Residuallast abgedeckt werden. Um die positive Residuallast abzudecken, würden Bioenergieanlagen kurzfristig mit hoher Leistung anfahren. Dies ist der große Vorteil von BHKW, die mit Biogas, Klärgas, Deponiegas oder Holzgas betrieben werden. Sie lassen sich innerhalb von nur fünf Minuten von Stillstand auf die maximale Leistung hochfahren. Dazu muss der Anlagenbestand bedarfsorientiert auf Stromerzeugung umgestellt werden. Dies würde jedoch auch bedeuten, dass eine größere installierte Leistung an BHKW bzw. Verbrennungskesseln und Generatoren installiert werden müsste (Mühlenhoff 2013). Bei einer bedarfsorientierten Stromerzeugung aus Bioenergieanlagen wäre es möglich, die bereits genannten +/- 16 000 MW Ausgleichspotenzial aus Biogasanlagen für vier bis zwölf Stunden an Kapazität vorzuhalten. Würde der bedarfsorientierte Einsatz von Biomethan im Erdgasnetz mit einbezogen, wäre die Zeitdauer sehr viel größer und läge im Bereich von Wochen bis Monaten (Krzikalla 2013-b).

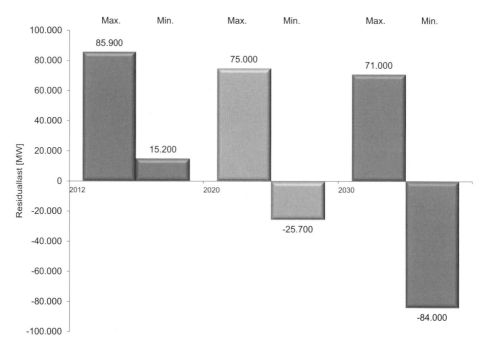

Bild 3.35 Entwicklung der Residuallast bis zum Jahr 2030 nach dem Szenario des BEE, maximale und minimale Werte (nach Krzikalla 2013-b)

Bioenergieanlagen können aber nicht nur dazu eingesetzt werden, die Residuallast abzudecken. Sie sind auch dazu geeignet, Systemdienstleistungen zu übernehmen, z. B. die Bereitstellung von Blindleistung zur Spannungshaltung oder von Primär-, Sekundär- wie auch Minutenreserve als Regelenergie zur Haltung der geforderten Frequenz von 50 Hz. Durch ihre Eigenschaften sind Bioenergieanlagen in der Lage, die Aufgabe der konventionellen Großkraftwerke zukünftig zu übernehmen und die Sicherung der Netzstabilität zu gewähren. Wie zuvor diskutiert wurde, können sie ebenfalls zur Steigerung der Transportkapazitäten von Stromnetzen beitragen.

3.3.3 Herausforderungen für den flexiblen Einsatz von Bioenergieanlagen

Auch wenn Bioenergie gute Möglichkeiten bietet, flexibel im neuen Energiemarkt eingesetzt zu werden, stehen einige Hürden auf dem Weg, die überwunden werden müssen. Dazu zählen beispielsweise (Mühlenhoff 2013):

- Zuverlässige Versorgung von Wärmeabnehmern
- Fahren im Teillastbetrieb
- Aufrechterhalten des biologischen Gärprozesses
- Wirtschaftlichkeit von Biogasanlagen

Zuverlässige Versorgung von Wärmeabnehmern

Ein sinnvoller Einsatz von Bioenergieanlagen liegt in der gekoppelten Erzeugung von Strom und Wärme, z. B. mit einem BHKW. Die produzierte Wärme dient zur Deckung des Wärmebedarfs in Wohngebäuden, öffentlichen Einrichtungen oder gewerblich genutzten Gebäuden, wie z. B. Stallungen. Ebenso kann die Wärme als Prozesswärme in einem Produktionsbetrieb eingesetzt werden. Diese Betriebsform wird in den meisten Fällen umgesetzt. Damit sind zwei Vorteile verbunden. Zum einen wird der Wirkungsgrad der Anlage erhöht. Bei reiner Stromerzeugung wird nur ein Wirkungsgrad von ca. 38 % erreicht. Anlagen mit Kraft-Wärme-Kopplung erreichen Wirkungsgrade von ca. 80 % (B.KWK 2016). Zudem können die Betreiber durch den Verkauf der Wärme eine zusätzliche Einnahme generieren.

Wird nun die Bioenergieanlage rein strombasiert gefahren, ist eine zuverlässige Versorgung mit Wärme wie in der Vergangenheit nicht mehr ohne weiteres möglich. Das Bioenergie-BHKW würde bei sinkender Stromnachfrage oder bei erhöhter Stromproduktion durch fluktuierende erneuerbare Energien, wie Windkraft, die Stromproduktion drosseln. Bei einem Überangebot an Strom bzw. bei geringer Nachfrage sinken ebenso die Einspeisepreise. Dies würde ein entsprechendes Signal an die Betreiber von Bioenergieanlagen zum Drosseln oder Abregeln der Anlagen senden, wodurch auch die Produktion von Wärme sinken würde. Erst bei steigender Nachfrage bzw. steigenden Preisen würde das Bioenergie-BHKW seine

Produktion, und damit auch die Wärmeproduktion, wieder hochfahren. Bevor also eine Anlage auf einen flexiblen Einsatz umgestellt wird, sollte der bestehende Wärmebedarf überprüft werden. Aus der Überprüfung des Wärmebedarfs ergeben sich zur Gewährleistung der Wärmebedarfsdeckung mehrere Lösungsansätze:

1. Nachrüstung der Bioenergieanlage mit einem separaten Wärmespeicher

   Ein Wärmespeicher deckt die Zeiten ab, in denen das Bioenergie-BHKW gedrosselt fährt oder still steht. Der Wärmespeicher muss dazu so ausgelegt sein, dass er für die Zeitdauer des BHKW-Stillstands ausreichend Wärme zur Deckung des bestehenden Wärmebedarfs abgeben kann. Wärmelastkurven sind meist gut prognostizierbar, so dass bei der Dimensionierung des Wärmespeichers diese Seite als bekannt angegeben werden kann. Wie sich die Stromseite entwickelt, ist hingegen schwerer zu prognostizieren. Zukünftig werden entsprechende Rechenprogramme Unterstützung bei der Bewältigung dieser Aufgabe geben. Es bleibt aber zu bedenken, dass Wärmespeicher einen gewissen Raumbedarf haben sowie große Wärmeverluste bei längeren Speicherzeiten verursachen. Für einen 500-l-Speicher betragen die Wärmeverluste etwa 80 W bis 100 W pro Stunde, also ca. 700 bis 1000 kWh/Jahr (KWK-Infozentrum 2016). Die Wärmepreise liegen nach (Kienzlen 2014) unter Anwendung der Vollkostenbetrachtung für Öl- und Gaskessel zwischen 10 und 15 Cent je kWh. Wird ein Wärmepreis von ca. 10 ct/kWh angenommen, entstehen Kosten für den Verbraucher von fast 100 € pro Jahr. Dies könnte zu Ablehnungen in der Bevölkerung führen. Weiterhin sind Speicher mit großem Speichervolumen am Markt noch nicht umfangreich eingeführt (Mühlenhoff 2013).

2. Modulare Erhöhung der BHKW-Leistung

   Je nach Alter und damit Abschreibung des bestehenden Bioenergie-BHKW kann es sinnvoll sein, in ein weiteres Bioenergie-BHKW oder sogar mehrere Anlagen zu investieren. Erst durch eine Wirtschaftlichkeitsbetrachtung lassen sich dazu genaue Aussagen machen.

3. Aufbau oder Nutzung eines Nahwärmenetzes

   Besteht noch kein Nahwärmenetz, kann es sinnvoll sein, das bestehende Versorgungskonzept mit weiteren Wärmeversorgern, wie einem Heizwerk, zu erweitern, so dass eine sichere Versorgung gewährleistet ist. Zudem bedarf es des Aufbaus eines Nahwärmenetzes, welches hohe Investitionskosten erfordert. Inwieweit solche Investitionen wirtschaftlich sind, hängt von den politischen und gesetzlichen Rahmenbedingungen ab. In jedem Fall wäre eine Optimierungsberechnung für die Auslegung des Bioenergie-Anlagenmix relevant (Nagel 1998).

   Gibt es in der Nähe bereits ein bestehendes Nahwärmenetz, kann dieses ggf. bereits ausreichen, um eine flexible Fahrweise des Bioenergie-BHKW auszugleichen, vorausgesetzt ein anderer im Wärmenetz integrierter Wärmeversorger ist bereit, sich auf die flexible Einspeisung des Bioenergie-BHKW einzustellen. Ein

Ausbau des bestehenden Nahwärmenetzes wäre unter Umständen auch hierbei erforderlich, was ebenfalls zu entsprechenden Investitionskosten führen würde.

4. Virtuelles Kraftwerk

   Durch die Einbindung eines Bioenergie-BHKW in ein virtuelles Kraftwerk entstehen in der Zukunft unter Umständen neue Möglichkeiten. Durch eine optimierte Fahrweise der Anlagen sowohl entlang des Strombedarfs und der Strompreise als auch entlang des Wärmebedarfs, verbunden mit den Füllständen der einzelnen Wärmespeicher, fallen die Schwankungen in der Wärmeproduktion möglicherweise nicht so stark aus. Ziel wäre es, dass immer nur jene Bioenergie-Anlagen abgeregelt würden, deren Wärmespeicher voll beladen wären.

5. Einschränkung der Flexibilität

   Die technischen und wirtschaftlichen Rahmenbedingungen könnten sich auch in der Form gestalten, dass ein flexibler Betrieb nur eingeschränkt oder gar nicht möglich wäre. Sofern dies für den Betreiber keine Nachteile bringt, sondern die Vorteile überwiegen, ist auch ein solcher Betrieb anzudenken.

6. Speicherung des Biogases

   Durch die Aufbereitung des Biogases zu Biomethan kann es bei bestehendem Erdgasnetz dort eingespeist werden. Das Erdgas kann dann wiederum in kleinen Gasthermen oder Mikrogasturbinen beim Verbraucher direkt in Wärme oder Wärme und Strom umgewandelt werden.

Die Ausführungen zeigen, dass es keine eindeutige oder einheitliche Lösung gibt. Die Wahrscheinlichkeit, dass in der Zukunft die Energieversorgung dezentraler und kleinteiliger wird, ist groß. Kleinteiliger bedeutet in diesem Sinne, dass mehr hybride Anlagen betrieben werden, die mehrere Energieträger in Strom- und/oder Wärme umwandeln können, oder mehr parallel betriebene Anlagen existieren.

Fahren im Teillastbetrieb

Die flexible Anpassung an den Strombedarf führt dazu, dass ein Bioenergie-BHKW auch im Teillastbetrieb gefahren wird, was zu einem Wirkungsgradverlust der Anlage und einem erhöhten Wartungsaufwand führt (Neumann 2013). Ebenso verringert ein häufiges Hoch- und Herunterfahren die Lebensdauer des Motors. Dabei sind BHKW in der Lage, ein schnelles Hoch- und Herunterfahren zu ermöglichen. Ist hingegen ein Holzheizkraftwerk im Einsatz, welches mit fester Biomasse befeuert wird und über einen Dampfprozess verfügt, ist eine Regelung des Lastbetriebes nur im Bereich zwischen Mindestlast und Höchstlast möglich (Mühlenhoff 2013). Auch sind diese Einrichtungen in ihrem Regelverhalten langsamer als gasgefeuerte BHKW.

Um dieser Herausforderung zu begegnen, muss darüber nachgedacht werden, die Bioenergieanlage modular aufzubauen. Über den Betrieb mehrerer kleinerer BHKW unterschiedlicher elektrischer Leistungsstärke ist die flexible Anpassung an den Strombedarf leichter abzudecken. Jedoch verursacht ein modularer Aufbau einer BHKW-Anlage höhere Investitionskosten. Kommt es z. B. dazu, dass ein Biogasanlagenbetreiber neben sein bestehendes und vielleicht bereits abgeschriebenes Biogas-BHKW ein zweites Biogas-BHKW mit gleicher elektrischer Leistung stellt, dann muss auch die Kapazität der Trafostation überprüft werden (Casaretto 2013). Die betroffene Netzebene muss ebenfalls so ausgebaut sein, dass sie in der Lage ist, die zu bestimmten Zeiten auftretenden erhöhten Lasten aufzunehmen. Unter Umständen muss der betroffene Netzabschnitt für diese neue Anforderung erst ertüchtigt werden.

Aufrechterhalten des biologischen Gärprozesses

Biogasanlagen stehen bei den Bioenergieanlagen im Fokus der Energiewende. Ihr Verfahren beruht auf dem biologischen Abbau von organischen Stoffen durch Mikroorganismen (Nagel 2015). Mikroorganismen produzieren beim Abbau der zugegebenen Einsatzstoffe, wie Rest- und Abfallstoffe, quasi kontinuierlich Biogas. Da es sich um lebende Organismen handelt, können diese nicht einfach ab- und angeschaltet werden. Vielmehr bedarf es einer kontinuierlichen Fütterung und Fahrweise des Fermenters, um den Prozess im Reaktor stabil zu halten. Der flexible Betrieb von Biogasfermentern zur bedarfsgerechten Produktion von Biogas wird in der Wissenschaft momentan intensiv untersucht, z. B. in (Liebetrau 2015). Die Ergebnisse zeigen, dass die Variation der Biogasproduktion durch Anpassung der Fütterung in bestimmten Bandbreiten möglich ist (Welteke-Fabricius 2016, Brookman 2016).

Andere Möglichkeiten sind, wie zuvor bereits erläutert, z. B. der Einsatz von Power-to-Gas-Systemen oder die Aufbereitung zu Biomethan mit nachfolgender Einspeisung ins Erdgasnetz. Ist die Aufbereitung zu Biomethan nicht sinnvoll, weil z. B. kein Erdgasnetz vorhanden ist und für andere Möglichkeiten die technischen und ökonomischen Rahmenbedingungen nicht stimmen, bieten sich ausreichend große Biogas-Zwischenspeicher an. In der Kuppel des Fermenters können je nach Größe Biogasmengen von ca. zwei bis zwölf Stunden Vergärungsprozess aufgefangen werden (Jacobi 2012, Frey 2012). Ist dies nicht ausreichend und es bedarf einer längeren Speicherung von z. B. 24 Stunden, ist zusätzliches Speichervolumen bereitzustellen. Dafür stehen Konzepte bereit wie die Vergrößerung der Lagerkapazität im Fermenter oder der Ausbau bzw. die Vergrößerung des Gärrestlagers zu einem Zwischenlager. Eine andere Lösung wäre die Bereitstellung eines separaten Gasspeichers in Form eines Folien-, Stahl- oder Membranspeichers. Durch die Produktion des Biogases entsteht ein gewisser Gasstrom. Dieser und auch der Gasdruck müssen in das Betriebskonzept der Bioenergieanlage eingepasst werden (Schug 2013).

Zudem verursachen diese Konzepte ein entsprechendes Investitionsvolumen, welches bedacht werden muss.

Wirtschaftlichkeit von Biogasanlagen

Unter dem wirtschaftlichen Aspekt ergeben sich für den Betreiber einer Bioenergieanlage mehrere Herausforderungen. Folgende Aspekte sollten dabei näher beleuchtet werden:

- Grenzkosten
- Niedrige Erlöse
- Variable Brennstoffkosten
- Planungssicherheit

Bioenergieanlagen weisen, wie in Kapitel 2.2 aufgeführt, hohe Grenzkosten auf. Die Grenzkosten ergeben sich aus den variablen Brennstoffkosten, Kosten für CO_2-Emissionsrechte sowie Betriebs- und Wartungskosten (AEE 2013, Paschotta 2016). Die Bioenergieanlagen konkurrieren an einem Energy-Only-Markt (EOM). Nur wenn eine Anlage eingesetzt werden darf und dann eine bestimmte Menge Strom in das Stromnetz einspeist, können Erlöse erzielt werden. Die produzierte Kilowattstunde ist somit ausschlaggebend. Ob Anlagen in das Stromnetz einspeisen dürfen, hängt von ihren individuellen Grenzkosten ab. Aus den Grenzkosten ergibt sich eine gewisse Einsatzreihenfolge, die Merit-Order. So unterliegen Bioenergieanlagen aufgrund ihrer erhöhten Grenzkosten dem Merit-Order-Effekt und befinden sich in der Reihenfolge der Kraftwerke auf dem Großhandelsmarkt im hinteren Bereich. Der zu einem bestimmten Zeitpunkt für alle Kraftwerke einheitliche Börsenpreis wird durch das so genannte Grenzkraftwerk bestimmt (Mühlenhoff 2013). Dieses Kraftwerk ist das teuerste Kraftwerk, welches in der Merit-Order zur Deckung des Bedarfs gerade noch ausgewählt wird. Aus dem Börsenpreis ergeben sich für jeden stromproduzierenden Betreiber die Gewinne. Diese sind somit abhängig von der Höhe des Börsenpreises und der eigenen Unkosten, zu denen neben den Grenzkosten u. U. auch die festen Kosten, wie z. B. die Investitionskosten für den Bau der Anlage, gehören. Für einen wirtschaftlichen Betrieb einer Bioenergieanlage muss ein Betreiber eine bestimmte Mindestmenge an Strom erzeugen, die er für einen Mindestpreis verkauft. Der Verkauf von Strom an der Börse im Rahmen der Merit-Oder wäre für Bioenergieanlagen, wie Biogasanlagen oder Holzheizkraftwerke, nur für eine sehr geringe Volllaststundenzahl wirtschaftlich, da nur während weniger Stunden im Jahr der Börsenstrompreis auf einem für die Bioenergieanlagenbetreiber kostendeckenden Niveau läge (Mühlenhoff 2013).

Im Vergleich zu anderen erneuerbaren Energien, wie Wind- und Sonnenenergie, hat die Bioenergiebranche den Nachteil, dass bei dieser Brennstoffkosten anfallen, die die Grenzkosten nach oben treiben und damit den Gewinn schmälern bzw. eine Erwirtschaftung von Gewinn erschweren. Durch beispielsweise die Einbindung in ein virtuelles Kraftwerk kann hier Abhilfe geschaffen werden.

Aufgrund der möglichen niedrigen Erlöse für Bioenergieanlagen fehlen Anreize für die Investition in neue Anlagen oder die Modernisierung bestehender Anlagen. Auch ein Zubau an flexiblen Kapazitäten, wie dies Bioenergieanlagen zur Sicherung der Netzstabilität und dem Ausgleich fluktuierender erneuerbarer Energien leisten können, wird durch die möglichen niedrigen Erlöse u. U. gebremst. Es kommt zu dem Missing-Money-Problem. Dieses Problem findet seine Ursache darin, dass Spitzenlastkraftwerke zur Deckung ihrer Fixkosten bestimmte Preise am Markt erzielen müssen. Da Spitzenlastkraftwerke nur an wenigen Zeitpunkten zum Einsatz kommen, müssen in dieser Zeit hohe Preise erzielt werden. Wird dies durch Preisobergrenzen verhindert, wie dies durch das Grenzkraftwerk gegeben ist, fehlen die Anreize für Investitionen in einen effizienten Anlagenpark (Agora o. J.).

Mit der neuen Ausrichtung des EEG, durch welche der Einsatz von Rest- und Abfallstoffen gefördert wird, ist das Thema der variablen Brennstoffkosten in eine andere Richtung gelenkt. Die Anlagen, die nach altem EEG betrieben werden, wonach nachwachsende Rohstoffe, wie z. B. Maissilage, gefördert und ihre Einsatzstoffe vom Landwirt bezogen werden, unterliegen der „alten" Preispolitik, die kurz- und mittelfristigen Schwankungen unterliegt. Der Abfallmarkt ist hart umkämpft. Je nach Region und Herkunft des Abfalls sind ebenfalls Kosten aufzuwenden. Es werden sich in Zukunft u. U. auch andere Betreiber herauskristallisieren, die in ihren Biogasanlagen Bioabfälle vergären. Schwankende Brennstoffpreise kennen konventionelle Anlagen ebenfalls. Jedoch beziehen Bioenergieanlagen, insbesondere Biogasanlagen, ihre Einsatzstoffe regional und können nicht auf globale Rohstoffmärkte ausweichen. Sie sind damit gezwungen, die regionalen Preise zu zahlen, und tragen auf diese Weise ein erhöhtes Risiko. Steigen z. B. die Preise für Maissilage, kann der Betrieb der Anlage unter den zu diesem Zeitpunkt bestehenden Rahmenbedingungen unwirtschaftlich werden. Wie sich die Preise für die Einsatzstoffe in Zukunft entwickeln, ob nun nachwachsende Rohstoffe oder Rest- und Abfallstoffe, ist ungewiss und regional differenziert. Konkrete Lösungen bestehen hier nicht.

Die Planungssicherheiten sind durch die Novellierungen des EEG seit 2014 nicht mehr in der Form gegeben. Auch Bioenergieanlagen sollen an den Markt herangeführt werden. In Zukunft sollen diese Anlagen ebenfalls an den Ausschreibungen teilnehmen. Durch geschickten Einsatz der Anlagen in Form eines modular gut aufgebauten Anlagenparks und unter Umständen gut eingebunden in ein virtuelles Kraftwerk sowie eine an den Strommarktpreisen optimierte Fahrweise ist ein wirtschaftlicher Einsatz dieser Anlagen erfolgversprechend. Eine wirtschaftliche Betrachtung wird jeweils regional je Anlage erfolgen müssen.

3.3.4 Marktwirtschaftliche Aspekte

Die Flexibilisierung von Bioenergieanlagen ist eine betriebswirtschaftliche Herausforderung. Gerade bei bestehenden Anlagen ist eine pauschale Aussage darüber, ob sich zukünftig ein bedarfsgerechter Einsatz zur flexiblen Stromerzeugung lohnt, nur schwer abzugeben. Es müssen die Chancen und Risiken der jeweiligen Anlage betrachtet werden. Bei neuen Bioenergieanlagen gelten andere Bedingungen. Diese können gezielt für eine flexible Stromerzeugung ausgelegt werden. Unter den gegebenen politischen, gesetzlichen und ökonomischen Rahmenbedingungen ist dann ein wirtschaftlicher Betrieb dieser Anlagen möglich. Welche der Maßnahmen des EEG von den Anlagenbetreibern bisher genutzt wurden, soll im Folgenden betrachtet werden.

Betreiber von Bioenergieanlagen haben die Möglichkeit, folgende Marktinstrumente zu verwenden:

- Direktvermarktung unter Nutzung der Marktprämie
- Direktvermarktung unter Nutzung der Flexibilitätsprämie
- Bereitstellung von Regelenergie: Primär-, Sekundär- und Minutenreserve

Im Folgenden werden diese Aspekte anhand der beiden Studien (Schäfer-Stradowsky 2015, Mühlenhoff 2013) diskutiert.

Die Direktvermarktung spielt für erneuerbare Energien eine zentrale Rolle. Die elektrische Leistung der Anlagen, die sich seit Januar 2012 bis Dezember 2014 an der Direktvermarktung beteiligen, ist fast um das 5-Fache gestiegen (s. Bild 3.36), wobei in 2014 zunächst ein starker Anstieg zu verzeichnen ist. Für den Großteil der Bioenergieanlagen (4,5 GW$_{el}$) wird das Marktprämienmodell genutzt (Schäfer-Stradowsky 2015).

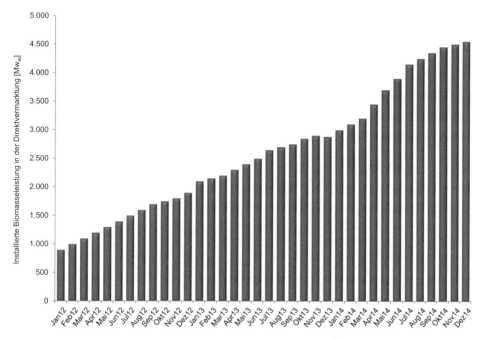

Bild 3.36 Entwicklung der elektrischen Leistung von Bioenergieanlagen in der Direktvermarktung seit Januar 2012 (nach Schäfer-Stradowsky 2015)

Es kann davon ausgegangen werden, dass sich in diesem Zeitrahmen, bezogen auf die Leistung, ca. 81 % der Bioenergieanlagen innerhalb der Direktvermarktung befanden (Schäfer-Stradowsky 2015). Seit dem 01.08.2014 ist die Teilnahme an der Direktvermarktung für Neuanlagen ab einer Leistung von 500 kW verpflichtend (BMWi 2014-c). Seit dem 01.01.2016 gilt dies bereits für Neuanlagen ab einer Leistung von 100 kW (BMWi 2014-c). Die Anzahl der Anlagen und damit der elektrischen Leistung in der Direktvermarktung wird weiter steigen.

In (Schäfer-Stradowsky 2015) wurde für Bioenergieanlagen überprüft, in welchem Besitzverhältnis sich die Bioenergieanlagen befinden, die an der Direktvermarktung teilnehmen (s. Bild 3.37). Dabei wurde im Rahmen der Befragung ermittelt, dass der Großteil der Bioenergieanlagen mit 42 % im Besitz von landwirtschaftlichen Betrieben ist, deren Inhaber privat in die Anlagen investiert haben. Zum anderen Teil mit 41 % gehören die Anlagen einem Zusammenschluss von Landwirten, die gemeinsam in eine solche Anlage investiert haben und diese gemeinsam betreiben. Ein Anteil von 12 % wird von sonstigen Anlagenbetreibern vermarktet und weitere 5 % entfallen auf Betriebsgesellschaften eines Anlagenbauers. In der Studie wurden Stadtwerke und externe Betreiber (Investoren) nicht befragt.

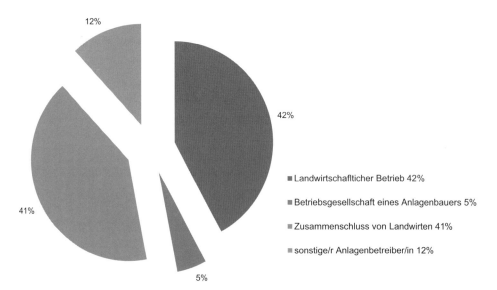

Bild 3.37 Aufteilung der Besitzverhältnisse von Bioenergieanlagen in der Direktvermarktung (Mehrfachnennungen möglich) (nach Schäfer-Stradowsky 2015)

Die Produktion von Wärme im Konzept der Energieerzeugung aus Bioenergieanlagen ist ein zentraler und wichtiger Aspekt. Insbesondere vor dem Hintergrund der Direktvermarktung spielt laut Aussage der Befragten die Nutzung der Abwärme eine zentrale Rolle. Dabei nutzen innerhalb der Direktvermarktung 95 % der Befragten ihre Abwärme extern und nur 5 % führen ihre Abwärme keiner externen

Nutzung zu. Dies bedeutet, dass knapp 60 % der Wärmemengen durch Dritte (extern) genutzt werden. Der Anteil der Eigennutzung der Wärmemenge für z. B. die Beheizung des Fermenters liegt damit bei ca. 40 %. In Bild 3.38 wird dargestellt, wie die Abwärme von Bioenergieanlagen in der Direktvermarktung genutzt wird.

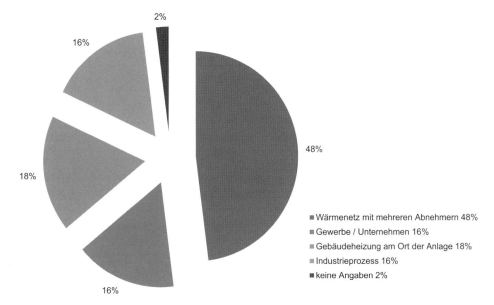

Bild 3.38 Art der Nutzung der Abwärme aus Bioenergieanlagen in der Direktvermarktung (Mehrfachnennungen möglich) (nach Schäfer-Stradowsky 2015)

Wie sich gezeigt hat, ist die Nutzung der Abwärme ein wichtiger Aspekt vor dem Hintergrund des wirtschaftlichen Einsatzes einer Bioenergieanlage im Rahmen der Direktvermarktung. Diese Anlagen werden eher wärmebedarfsorientiert betrieben und damit nicht flexibel im Strommarkt eingesetzt. Für strombedarfsorientierte Anlagen ist die Fähigkeit der flexiblen Steuerbarkeit eine wichtige Voraussetzung. Die befragten Stromhändler gaben ein recht unterschiedliches Bild ab, wie die technische Steuerbarkeit der Bioenergieanlagen ist (s. Bild 3.39).

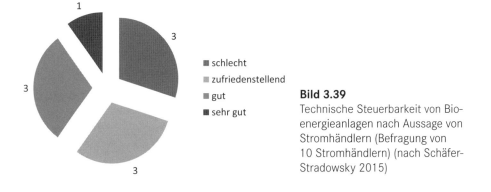

Bild 3.39
Technische Steuerbarkeit von Bioenergieanlagen nach Aussage von Stromhändlern (Befragung von 10 Stromhändlern) (nach Schäfer-Stradowsky 2015)

In Summe nutzt der Großteil der Stromhändler die Möglichkeit der flexiblen Steuerung, um auf niedrige bzw. negative Strompreise sowie auch auf Strompreisschwankungen zu reagieren. Sechs von zehn Stromhändlern handeln demnach flexibel im Rahmen der Direktvermarktung mit der Flexibilitätsprämie.

Ist die Direktvermarktung denn ein Mittel, um mit der Energieerzeugung aus Biomasse bessere betriebswirtschaftliche Ergebnisse im Vergleich zum klassischen Betrieb mit einer Festvergütung zu erzielen? Nach Bild 3.40 geben über 80 % der Anlagenbetreiber an, dass sie in dem Modell der Direktvermarktung bessere wirtschaftliche Chancen am Energiemarkt sehen.

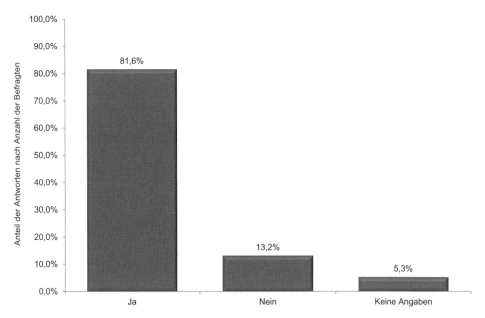

Bild 3.40 Aussage über die Einschätzung, bessere betriebliche Ergebnisse über die Direktvermarktung im Vergleich zum klassischen Betrieb zu erzielen (nach Schäfer-Stradowsky 2015)

Welche Art von Biomasse, ob fest, flüssig oder gasförmig, an der Direktvermarktung teilnimmt, wird in Bild 3.41 gezeigt. Demnach wird der Großteil der elektrischen Leistung für die Direktvermarktung (knapp 3 GW_{el}) von Anlagen erbracht, die gasförmige Biomasse einsetzen, wie z. B. Biogas. Dem folgt eine elektrische Leistung von ca. 1,5 GW_{el}, die von Anlagen mit fester Biomasse erbracht wird. Flüssige Biomasse hat im Rahmen der Direktvermarktung den geringsten Anteil mit ca. 150 MW_{el} (Schäfer-Stradowsky 2015).

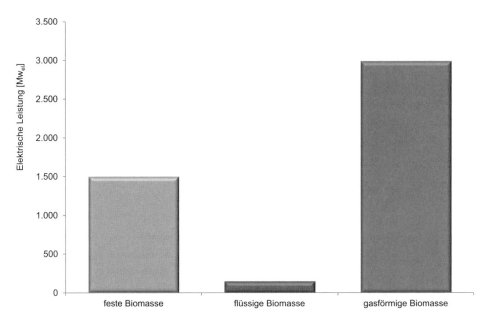

Bild 3.41 Installierte Leistung der Bioenergieanlagen in der Direktvermarktung, aufgeteilt nach Aggregatzustand, im Jahr 2014 (Schätzung) (nach Schäfer-Stradowsky 2015)

Wird die gasförmige Biomasse noch einmal unterteilt in Biogas und Biomethan, nimmt Biogas mit 96 % den größten Anteil ein (s. Bild 3.42). Hierfür wurden 417 Fragebögen ausgewertet (Schäfer-Stradowsky 2015).

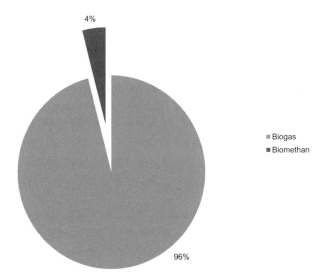

Bild 3.42 Installierte Leistung von Bioenergieanlagen in der Direktvermarktung, aufgeteilt nach Art der Biomasse, nach Aussage der Betreiber bei einer installierten elektrischen Gesamtleistung von ca. 45 MW$_{el}$ (417 ausgewertete Fragebögen) (nach Schäfer-Stradowsky 2015)

Ein ähnliches Bild bietet sich, wenn man sich anschaut, welche Art an Biomasse welchen Anteil an elektrischer Leistung einnimmt, die über Stromhändler abgewickelt wird (s. Bild 3.43). So überwiegt auch hier der Anteil an Biogas mit 84,2 %.

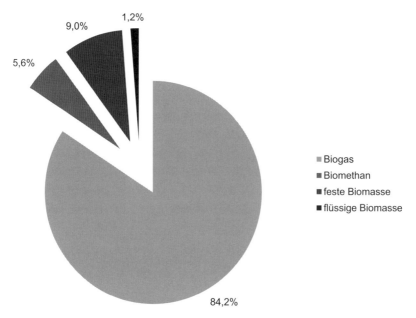

Bild 3.43 Prozentuale Aufteilung der Arten an Biomasse an der installierten Bioenergieleistung, die über Stromhändler über die Direktvermarktung abgewickelt werden. Befragung von acht Stromhändlern bei einer installierten elektrischen Gesamtleistung von ca. 1 222 MW_{el} (nach Schäfer-Stradowsky 2015)

Betrachtet man weiter das Anlagenportfolio für Biogasanlagen der Stromhändler für die Direktvermarktung, können Aussagen zu den sich im Portfolio befindenden Leistungsgrößen gemacht werden. So machen Biogasanlagen mit einer Anlagenleistung von 150 bis 500 kW_{el} den größten Anteil im Portfolio der Stromhändler aus. Die kumulierte Biogas-Anlagenleistung für diese Leistungsgröße liegt bei 1065 MW_{el} (s. Bild 3.44).

Wie schneidet die Bioenergie im Vergleich zu den anderen erneuerbaren Energien bei der Direktvermarktung ab? In dem Zeitrahmen zwischen 2012 und 2013 hat sich die Strommenge der Bioenergieanlagen, die am Direktmarkt vermarktet wird, fast verdoppelt (s. Bild 3.45). Den größten Anteil erzeugen Windkraftanlagen onshore mit über 40 000 GWh_{el}.

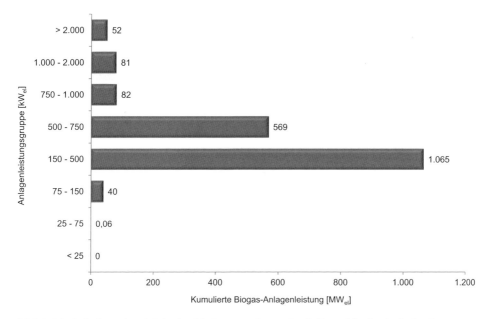

Bild 3.44 Aufteilung der sich in der Direktvermarktung durch Stromhändler befindenden Biogasanlagen nach Leistungsgruppen (nach Schäfer-Stradowsky 2015)

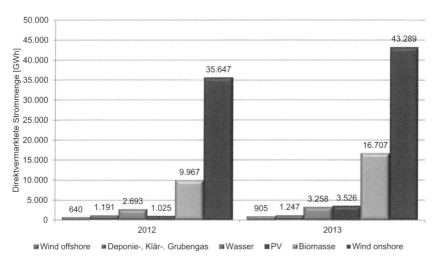

Bild 3.45 Bioenergie im Vergleich zu anderen erneuerbaren Energien im Bereich der Direktvermarktung in den Jahren 2012 und 2013 (Reihenfolge von Legende und Säulen von links nach rechts übereinstimmend) (nach Schäfer-Stradowsky 2014)

Direktvermarktung unter Nutzung der Marktprämie

Betrachtet man den Anteil der Bioenergieanlagen, die an der Vermarktungsart Marktprämie teilnehmen, so ist ihr Anteil zwar gewachsen, jedoch liegt die Windenergie onshore vor allen anderen erneuerbaren Energien (s. Bild 3.46). Insgesamt war bis Januar 2015 eine Erzeugerleistung von 46 561 MW_{el} in der Direktvermarktung mit Marktprämie gemeldet (Schäfer-Stradowsky 2015). Bioenergieanlagen lieferten im Juli 2014 in dieser Vermarktungsart demnach knapp 12 % der Leistung.

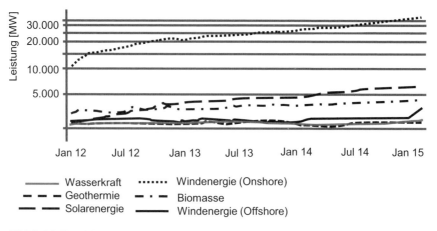

Bild 3.46 Entwicklung der elektrischen Leistung mit Teilnahme an der Vermarktungsart Marktprämie (nach Schäfer-Stradowsky 2015)

Diese Vermarktungsart hat für Bioenergieanlagenbetreiber einige Vor- und Nachteile, die in Tabelle 3.10 aufgeführt sind.

Tabelle 3.10 Beispiele für Vor- und Nachteile für Bioenergieanlagen in der Direktvermarktung nach dem Marktprämienmodell (Mühlenhoff 2013)

Vorteile/Chancen	Nachteile/Risiken
Es erfolgt ein Anreiz zu Mehrerlösen bei einer optimierten Betriebsweise und durch entsprechende Vermarktung. Dies gibt Signale zur Umstellung der Bioenergieanlagen auf eine bedarfsgerechte Stromerzeugung.	Noch sind die Mehrerlöse nicht ausreichend, um Anreize für Investitionen in Gas- oder Wärmespeicher oder zusätzliche BHKW-Kapazitäten für einen bedarfsorientierten Anlagenbetrieb zu schaffen (Krzikalla 2013-a).
Durch die Vermarktungsart Direktvermarktung nach dem Marktprämienmodell haben die Betreiber und Projektierer von Bioenergieanlagen einen Anreiz erhalten, das jeweilige Erlösmodell und die Betriebsabläufe vor dem Hintergrund möglicher Effizienzsteigerungen zu überprüfen. Diese Anlagen sind in den letzten Jahren auf die Übernahme von mehr Verantwortung zur Sicherung der Stabilität der Stromerzeugung vorbereitet worden. Eine Weiterführung der Bestrebungen besteht immer noch. Die Erzielung weiterer Erlöse durch den Verkauf von Wärme wird weiterhin benötigt. Dies schafft zusätzliche Anreize zur effizienten Nutzung der Biomasse in KWK-Anlagen.	Bei Bioenergieanlagen nach EEG 2012 mit Direktvermarktung nach dem Marktprämienmodell wird der Anreiz zur flexiblen Stromerzeugung durch die automatisch anfallende Managementprämie als Zusatzerlös gemindert. Ebenso entfällt die Forderung einen bestimmten Anteil der anfallenden Wärme zu nutzen. Dies schwächt wiederum den Anreiz der effizienten Nutzung der Biomasse in KWK-Anlagen (Gaul 2012).

Werden erneuerbare Energien betrachtet, deren Grenzkosten nahe Null sind, so hat das Marktprämienmodell völlig andere Auswirkungen als bei regelbaren Anlagen, wie z. B. Bioenergieanlagen (ISI 2012). Es ist somit keine pauschale Beurteilung möglich. Ein interessanter Vorteil ergibt sich für die Bioenergieanlagenbetreiber, die ihre Anlagen im Rahmen der Direktvermarktung nach dem Marktprämienmodell vermarkten, durch die damit verbundene Teilnahme am Regelenergiemarkt.

Direktvermarktung unter Nutzung der Flexibilitätsprämie

Eine weitere Möglichkeit stellt die Nutzung der Flexibilitätsprämie dar. Nach Bild 3.47 zeigt sich, dass die Flexibilitätsprämie gute Ergebnisse erzielt und die Anzahl wie auch die Leistung der Biogas- und Biomethananlagen stark angestiegen ist, die auf einen flexiblen Betrieb umgestellt wurden. Weiterhin bedeutet dies, dass sich knapp 39 % der sich in der Direktvermarktung befindenden Biogas- und Biomethananlagen auf bedarfsorientierte Fahrweise umgestellt haben und die Flexibilitätsprämie beziehen (Schäfer-Stradowsky 2015).

Auch in Bezug auf die Direktvermarktung mit Flexibilitätsprämie können speziell für Biogasanlagen einige Vor- und Nachteile aufgeführt werden (s. Tabelle 3.11).

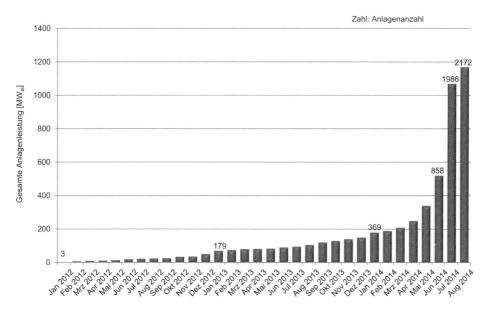

Bild 3.47 Anlagenanzahl und -leistung von Biogas- und Biomethananlagen mit Nutzung der Flexibilitätsprämie nach § 33i EEG 2012 (nach Schäfer-Stradowsky 2015)

Wie sich der Betrieb unter dem Vermarktungsmodell „optimierte Fahrweise in der Direktvermarktung mit Flexibilitätsprämie" tatsächlich umsetzen lässt, muss individuell für jede Anlage überprüft werden. Eine Integration in ein Modell der virtuellen Kraftwerke sollte mit betrachtet werden.

Tabelle 3.11 Beispiele für Vor- und Nachteile für Biogasanlagen aus der Direktvermarktung mit Flexibilitätsprämie (Mühlenhoff 2013)

Vorteile/Chancen	Nachteile/Risiken
Durch die Flexibilitätsprämie wird ein Anreiz geschaffen, zusätzliche Erzeugungskapazität für eine bedarfsgerechtere Stromerzeugung bereitzustellen. Dadurch kann sich die Investition in BHKW, Gas- und Wärmespeicher lohnen. Die Prämie bringt Betreiber von Biogasanlagen dazu, den Betrieb ihrer Anlagen auf eine systemstabilisierende und bedarfsgerechte Fahrweise hin zu überprüfen.	Die Mehrerlöse bei vielen bestehenden Biogasanlagen sind jedoch nicht ausreichend, um Investitionen in Gas- oder Wärmespeicher zu tätigen. Auch für die Investitionen in zusätzliche BHKW-Kapazitäten reicht dies oftmals nicht aus. In Fällen, in denen entweder ein Neubau geplant oder ein Austausch des bestehenden BHKW erforderlich ist, lohnt sich eventuell eine Neuinvestition (Casaretto 2013, Krzikalla 2013-a, Drescher 2011).
Im Vergleich zur ausschließlichen Inanspruchnahme der Marktprämie sind Anlagenbetreiber noch stärker dazu gezwungen, eine präzise Fahrweise des BHKW sicherzustellen. Damit ist eine Auslegung des Stromlastganges noch besser möglich. Zudem kann noch besser auf das tatsächliche Marktgeschehen reagiert werden. Die Anlagenbetreiber haben ein überschaubares betriebswirtschaftliches Risiko.	Will ein Anlagenbetreiber einer bestehenden Bioenergieanlage die Flexibilitätsprämie in Anspruch nehmen, ist eine grundlegende Neuausrichtung des Betriebskonzepts erforderlich. Es bedarf einer komplexen Wirtschaftlichkeitsberechnung, um die zahlreichen Parameter, die sich aus den Anlagenkomponenten BHKW, Gas- und Wärmespeicher ergeben, für eine geplante Investition gegeneinander abzuwägen.
Durch die Flexibilitätsprämie lohnt es sich, auch bei hohen Kosten für die biogenen Einsatzstoffe die Anlage herunterzufahren und dadurch weniger Strom zu erzeugen. Dies liegt daran, dass bei dieser Betriebsart auch weniger teure biogene Einsatzstoffe zugekauft werden müssen. Gleichzeitig werden aber trotzdem ausreichend hohe Erlöse erzielt. Bei Anlagen, die noch auf nachwachsenden Energiepflanzen basieren, könnten Konflikte um die Konkurrenz von Anbauflächen durch die sinkende Nachfrage der Biogasanlagenbetreiber reduziert werden (Holzhammer 2012).	Die verstärkte Einspeisung von Solarstrom ins Stromnetz führt dazu, dass die Preisdifferenz zwischen den „Hoch-" und „Niedrigpreiszeiten" immer geringer wird (Frantzen 2012). Gerade in den Mittagsstunden, die durch die Zunahme der Nachfrage eine klassische Hochpreisphase darstellen, kann aufgrund der stärksten Sonneneinstrahlung besonders viel Solarstrom erzeugt und damit der Strompreis gesenkt werden. Dies kann zu sinkenden Erlösen in diesen Hochpreisphasen führen. Die Erlöse, die bei einer optimierten Vermarktung zu „Hochpreiszeiten" an der Börse entfallen, wären eigentlich notwendig, um zusammen mit der Flexibilitätsprämie erforderliche Zusatzinvestitionen zu refinanzieren. Wie sich die Entwicklung der Preisdifferenzen in Zukunft darstellt, ist umstritten (Nicolosi 2012).

Bereitstellung von Regelenergie – Primär-, Sekundär- und Minutenreserve

Viele Anlagenbetreiber von Bioenergieanlagen haben auf einen flexiblen Betrieb umgestellt und sind in der Lage, am Regelenergiemarkt teilzunehmen. Dabei sind die Bioenergieanlagenbetreiber hauptsächlich bereit, negative Regelleistung zur Verfügung zu stellen, wie negative Minutenreserveleistung und in geringem Umfang auch negative Sekundärregelleistung (s. Bild 3.48). Im Jahr 2014 waren Biogasanlagen mit einer Leistung von ca. 380 MW$_{el}$ (54 %) für die negative Minutenreserveleistung und mit ca. 167 MW$_{el}$ (24 %) für die negative Sekundärregelleistung präqualifiziert.

Bioenergieanlagen leisten damit einen wichtigen Beitrag zur Bereitstellung von Systemdienstleistungen. Die verstärkt einseitige Bereitstellung von Kapazitätsreserven zeigt, dass die Teilnahme am Regelenergiemarkt für Betreiber von Bioenergieanlagen nicht einfach ist. Es ergeben sich einige Vor- und Nachteile, die in Tabelle 3.12 vorgestellt werden.

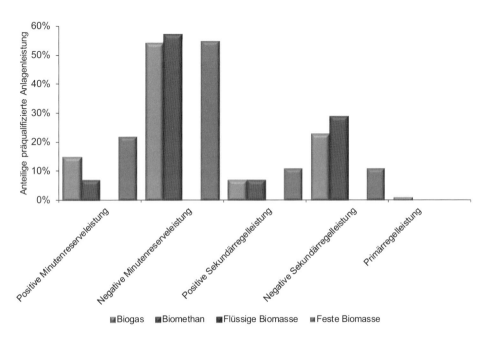

Bild 3.48 Präqualifizierte Bioenergieanlagen für die Bereitstellung von Regelenergieleistung nach Aussage von Stromhändlern (nach Schäfer-Stradowsky 2015)

Tabelle 3.12 Beispiele für Vor- und Nachteile der Teilnahme am Regelenergiemarkt für Bioenergieanlagen (Mühlenhoff 2013)

Vorteile/Chancen	Nachteile/Risiken
Bioenergieanlagen übernehmen zukünftig verstärkt Verantwortung für die Netzstabilität. Dazu übernehmen bzw. ersetzen sie aktiv die Systemdienstleistungen konventioneller Kraftwerke.	Die rechtliche und betriebswirtschaftliche Komplexität steigt mit der Zeit an. Denn bisher wird vorrangig negative Minutenreserve am Regelenergiemarkt durch Bioenergieanlagen bereitgestellt. Dies bedeutet, dass Biogas-BHKW dadurch am Regelenergiemarkt teilnehmen, indem sie ihre Leistung auf Anforderung für kurze Zeit herunterfahren. Über diesen Weg erzielen sie Einnahmen aus dem Verkauf von Regelenergie statt die Energie zu einem geringeren Preis an der Börse zu verkaufen. Zukünftig wird auch der Bereich der positiven Regelenergie durch erneuerbare Energien abgedeckt werden müssen.

Tabelle 3.12 Beispiele für Vor- und Nachteile der Teilnahme am Regelenergiemarkt für Bioenergieanlagen (Mühlenhoff 2013) *(Fortsetzung)*

Vorteile/Chancen	Nachteile/Risiken
Es lassen sich aus der Bereitstellung von Sekundär- und Minutenreserve attraktive Zusatzerlöse erzielen. Anlagenbetreiber können die erforderlichen Zusatzinvestitionen für ein zusätzliches BHKW, einen Gas- und Wärmespeicher sowie die Bereitstellung der Fernsteuerung zusammen mit Erlösen aus optimierter Vermarktung im Marktprämienmodell sowie Erlösen aus der Flexibilitätsprämie gegenfinanzieren.	Die Bereitstellung von vorrangig negativer Regelenergie steht möglicherweise einer Fahrweise entgegen, bei der regelmäßig gezielt während der Stunden mit den höchsten Strompreisen an den Börsen Strom produziert wird, oder auch einer Fahrweise, bei der gerade im Winter ausreichend Wärmemengen geliefert werden müssen (Sämisch 2013, Ritter 2013). Es zeichnen sich Zielkonflikte zwischen der Erwirtschaftung von Erlösen zur Refinanzierung von Neuinvestitionen bzw. Anlagenerweiterungen und einer regional bedarfsgerechten Fahrweise ab.

Für Betreiber von Bioenergieanlagen kann es interessant sein, zunächst zur Deckung der Residuallast beizutragen und ihre Anlagen entsprechend dem Bedarf zu fahren. Sie sind dann integriert in den Fahrplan der Stromversorger, um den prognostizierten Strombedarf zu decken.

Ergänzend können Bioenergieanlagen am Regelenergiemarkt teilnehmen. Die Anlagen können zum Ausgleich von Ungenauigkeiten und Fehlern bei der Prognose einspringen und kurzfristig nach Anforderung durch die Netzbetreiber ihr Ausgleichspotenzial zur Verfügung stellen. Dies könnte der Fall sein, wenn z.B. ein technischer Ausfall eines Kraftwerkes vorliegt oder eine nicht prognostizierte und somit im Fahrplan nicht einberechnete Windflaute aufkommt, wodurch es regional zu einem plötzlichen Verlust der einkalkulierten Erzeugungskapazität der Windenergieanlagen kommen würde. Ebenso ist es möglich, dass die Nachfrage unerwartet gering ausfällt oder die Prognose für Sonneneinstrahlung und Windkraft zu hohe Werte berechnet hat und damit zu viel volatiler Strom bereitsteht. Dabei ist nicht nur die Strommenge entscheidend, die eine Bioenergieanlage kurzfristig vermehrt einspeisen oder reduzieren kann. Wesentlich ist viel mehr, dass eine Sicherheitsreserve zur Stabilisierung des Netzes durch eine definierte Erzeugungskapazität (Leistung in MW) vorgehalten wird.

Vergütet wird je nach bereitgestellter Regelenergie (s. Kapitel 1.1.4) eine bestimmte Erzeugungskapazität. Wird die bereitgestellte Energiemenge tatsächlich abgerufen, wird auch eine auf die Kilowattstunde bezogene Vergütung erstattet. Dazu muss der Betreiber selbständig oder über einen Stromhändler durch die Abgabe von Geboten an Ausschreibungen durch die Übertragungsnetzbetreiber teilnehmen.

Da in Zukunft immer mehr konventionelle Kraftwerke aus dem Netz gehen und durch erneuerbare Energien ersetzt werden, ist es wichtig, dass deren bisherige Systemdienstleistungen durch die erneuerbaren Energien übernommen werden. Es ist vor diesem Hintergrund notwendig und erwünscht, dass Bioenergieanlagen am Regelenergiemarkt eine stärkere Rolle einnehmen (Grünwald 2012). Anlagenbetreiber müssen für die Teilnahme am Regelenergiemarkt entsprechend technisch qualifiziert und überprüft sein. Da oftmals kleinere Anlagen mit geringer Leistung am Markt bestehen, werden die Anlagen zu virtuellen Kraftwerken zusammengeschlossen. Dadurch verringern sich die Kosten und Risiken (Ausfälle von einzelnen Anlagen oder Abweichungen vom Fahrplan) der Bioenergieanlagenbetreiber (Sämisch 2013).

4 E-Energy und Entscheidungsmodelle

In den vorangegangenen Kapiteln wurde bereits viel über den Einsatz intelligenter Informations- und Kommunikationstechnologie (IKT) diskutiert. Dabei geht es z. B. um Smart Grid, Smart Meter und den Austausch von Daten und Informationen. Daten fließen nicht mehr nur in einer Richtung, von den Erzeugeranlagen oder den Verbrauchern zum Energieversorger, sondern auch vom Energieversorger zum Erzeuger, also bidirektional. Ebenso erfolgt eine Kommunikation zwischen den einzelnen Erzeugeranlagen und Verbrauchern im Netz. Dabei sind Verbraucher nicht mehr klassisch Verbraucher, sondern sie haben sich zu Prosumern entwickelt, da sie auch selber produzieren. Der Umfang der Daten wird mit dem Ausbau des neuen Energiesystems und mit zunehmender Digitalisierung der Energieversorgung ebenfalls zunehmen. Hier müssen Lösungen für den Umgang mit diesen großen Datenmengen gefunden werden.

Entscheidungsmodelle für das intelligente Fahren von Anlagen und die Erreichung vorgegebener Ziele, wie z. B. Deckung des Wärmebedarfs eines Wohngebietes bei strombasierter Fahrweise des BHKW oder Gewinnoptimierung, werden immer wichtiger. Die Modelle sollen die unterschiedlichen Akteure im Netz unterstützen, die komplexen Aufgaben zu bewältigen.

Die Energiewirtschaft wird, wie es in den Medien bereits vorgestellt wird, immer stärker den Weg ins Internet finden. Welche Ansätze zur Bewältigung dieser Herausforderungen bereits bestehen bzw. sich in der Entwicklung befinden, wird in den folgenden Kapiteln diskutiert.

■ 4.1 Vernetztes Energiesystem

Schon heute ist unser Energiesystem an vielen Stellen digitalisiert. Das Bundesministerium für Wirtschaft und Energie (BMWi) zusammen mit dem Bundesministerium für Umwelt, Naturschutz und Reaktorsicherheit (BMU) haben z. B. das Förderprogramm E-Energy aufgesetzt, um die Vernetzung und Digitalisierung voranzutreiben (BMWi o. J.-a). Die Vernetzung der einzelnen Komponenten über das Internet ist eine der Zielstellungen der Energiewende. Dort können dann auch weitere Marktteilnehmer, wie z. B. Stromhändler, Daten zur Durchführung ihrer Aufgaben erhalten (s. Bild 4.1).

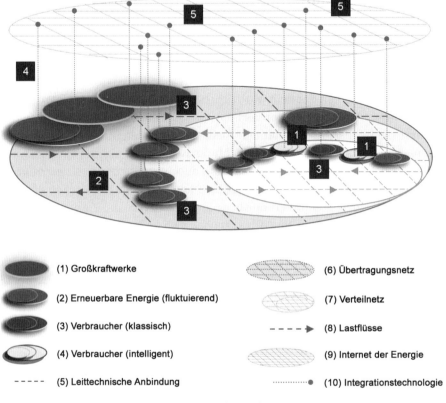

Bild 4.1 Vernetzung des Energiesystems (Block 2008)

Über das Internet können alle Erzeuger und Verbraucher auf einer virtuellen Ebene abgebildet werden. Dies ermöglicht eine effiziente Koordination der Netze (Strom, Gas und Wasser) und Steuerung der Erzeugeranlagen sowie eine zeitnahe Kommunikation zwischen den Marktteilnehmern. In den letzten Jahren wurden bereits viele Komponenten der erforderlichen Infrastruktur für ein Internet der Energie entwickelt. Dazu zählen z. B.:

- Ebene Übertragungs- und Verteilnetz:
    - Intelligente Netzmanagementsysteme
- Ebene Haus:
    - Technologien zur Hausautomatisierung
    - Technologien zum Management der dezentralen Energieerzeugung
    - Einsatz von Smart-Meter-Technologien

- Ebene Technische Systeme:
  - IKT-Technologie als Bindeglied zwischen virtuellen Ebenen im Internet, den Marktteilnehmern und den technischen Komponenten im System
- Ebene Betriebswirtschaft:
  - Managementsysteme, die die betriebswirtschaftlichen Anwendungen und Services koordinieren

Aus unterschiedlichen Gründen sind manche Technologien zwar bereits verfügbar, jedoch noch nicht flächendeckend im Einsatz, wie z. B. Smart Meter. Die Wege, um zu einem Internet der Energie zu kommen, sollen nachfolgend weiter beleuchtet werden.

Gebäudeautomation und Smart Homes

Die Technologien zur Automation und Umgestaltung von Gebäuden zu Smart Homes bzw. Smart Buildings sind vorhanden. Im Bereich der kommerziellen Gebäude wurden bereits zahlreiche Maßnahmen durchgeführt (Block 2008). Die Automatisierung von Wohngebäuden ist in der Entwicklung, wobei dies vorrangig neue Wohngebäude betrifft. Zur Umgestaltung des Gebäudebestandes sind erhebliche finanzielle Aufwendungen für die Ausstattung mit vernetzten Geräten und Steueranlagen nötig. Bei aufwendigen Renovierungsarbeiten können diese Technologien integriert werden. Die bestehenden Wohngebäude verfügen über unterschiedliche Energieverbraucher, wie Waschmaschinen, Trockner, Kühlschränke, Beleuchtung, Unterhaltungselektronik wie Fernseher sowie eine Heizung zur Erzeugung der benötigten Raumwärme und zur Warmwasserbereitung. Auch der Bestand an elektrischen Geräten ist bisher vorrangig manuell zu schalten oder wird halbautomatisch gesteuert. Eine integrierte Steuerung wie bei einer Waschmaschine zielt darauf ab, entsprechend den herstellerspezifischen Parametern einen optimierten Betrieb zu ermöglichen.

In Neubauten findet bereits vernetzte Haustechnik und Gebäudeautomation Anwendung (Block 2008). So gibt es etablierte Systeme zur Steuerung von Einzelkomponenten, wie Heizungs-, Lüftungs- und Klimaanlagen. Zudem werden Systeme zur Beleuchtung bzw. Beschattung in das System integriert, miteinander verbunden und gesteuert. Weiterhin werden bereits Energiemesseinrichtungen, Fernmelde- und Sicherheitsanlagen sowie Elektrizitätsverteilanlagen über Steuerungssysteme mit dem Gesamtsystem verbunden. Noch stehen Aspekte wie Prestige und Komfort im Vordergrund (Block 2008). Anreize für eine andere Ausrichtung sind vor allem wirtschaftlich noch nicht gegeben. Mit zunehmender Transformation des Energiesystems und der Möglichkeit, differenzierte Strompreisstrukturen zu nutzen, werden Kosten- und Energieoptimierungen in den Vordergrund rücken. Dezentrale Energiemanagementsysteme (DEMS) werden dann die Regel statt die Ausnahme sein.

An die IKT von zukünftigen Smart Homes sind verschiedene Basisanforderungen gestellt (Bitkom 2014):

- Alle oder zumindest viele Geräte sind vernetzt.
- Eine Steuerung von außen ist (optional) möglich.
- Es besteht eine Updatefähigkeit der eingebundenen Geräte und Sensoren/Aktoren etc.
- Bei wichtigen Geräten können Funktion und Anwendung getrennt werden.
- Es bestehen offene Schnittstellen nach außen.
- Das Gebäude ist zumindest optional mit dem Internet verbunden (Remote-Funktion).
- Möglichst viele Geräte sollten, z. B. über eine IP-Adresse, adressierbar sein.
- Eine Barrierefreiheit ermöglicht allen die Nutzung der Systeme, mindestens für die AAL-Funktionen soll dies gegeben sein (AAL – Ambient Assisted Living – altersgerechte Assistenzsysteme für ein selbstbestimmtes Leben).
- Jeder hat Zugriff auf ein ausreichend schnelles Breitband zumindest für Mediaanwendungen.
- Bei den Technologien wird auf Energieeffizienz und Nachhaltigkeit geachtet.

Dabei nehmen zumindest bei der Consumer Electronics (Unterhaltungselektronik (UE)) und der IKT bereits heute vernetzte Geräte drei Viertel des Marktes ein (s. Bild 4.2).

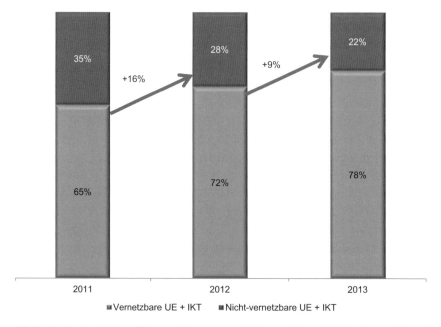

Bild 4.2 Marktverteilung für vernetzbare und nicht vernetzbare Unterhaltungselektronik (UE) und IKT (nach Bitkom 2014)

Die Entwicklung der Vernetzung ist in den vergangenen 12 Jahren stark angestiegen (s. Tabelle 4.1). Im Jahr 2015 kamen weltweit mehr als drei vernetzte Geräte auf jeden Bürger.

Tabelle 4.1 Weltweite Vernetzung der Bevölkerung (Bitkom 2014)

	2003	2010	2015	2020
Weltbevölkerung (in Milliarden)	6,3	6,8	7,2	7,6
Vernetzte Geräte (gesamt)	500 Mio.	12,5 Mrd.	25 Mrd.	50 Mrd.
Vernetzte Geräte (pro Person)	0,08	1,84	3,47	6,58

Nach einer Umfrage von (Bitkom 2014) sehen 32 % der Verbraucher eine Heimvernetzung „eher skeptisch". Jedoch fanden 56 % der Verbraucher nach einem Aufklärungsgespräch die Möglichkeiten der Heimvernetzung (Connected Home) interessant. Folgende Bedenken wurden durch die Befragten genannt (Bitkom 2014):

- 54 % waren sich unsicher, ob die Daten im Connected Home sicher genug sind. Sie haben Bedenken, dass Hacker ihr System knacken können oder ihre Lebensweise ausgespäht wird.
- 39 % haben die Sorge, dass die (vermuteten) Kosten zu hoch sind.
- 28 % sind der Auffassung, dass die Technik noch nicht ausgereift genug ist.
- 17 % fürchten sich vor Elektrosmog.

Trotz dieser Bedenken nimmt die Bedeutung der Elektronik und mit ihr die Vernetzung der Häuser und Gebäude zu. Wie lange wird es dauern, bis sich die technischen Lösungen für den Connected-Home-Markt durchsetzen und massentauglich werden? Wie Bild 4.3 zeigt, wird für 2017 ein Maximum beim Durchbruch in den Massenmarkt erwartet.

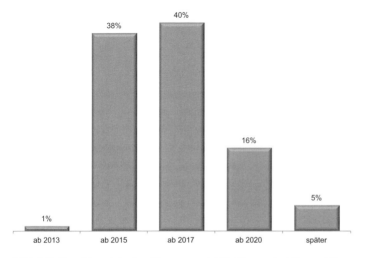

Bild 4.3 Durchbruch in den Massenmarkt für Connected-Home-Lösungen (nach Bitkom 2014)

Die Nutzung der Connected-Home-Technologien und damit die Bereitschaft auch Lastflexibilität bereitzustellen, hängt von mehreren Faktoren ab (B.A.U.M. 2014):

- Charakteristik der Anlagen und Geräte im Haushalt: Es besteht ein selbstbestimmbarer Zugriff auf flexibilisierbare Anlagen; die Haushaltstechnik ist mit entsprechender IKT ausgestattet.
- Kosten-Nutzen-Verhältnis: Ein ökonomischer Anreiz ist gegeben; der Integrationsaufwand für Kommunikation und Technik ist gering.
- Komfort: Die Technologien sind einfach bzw. teilautomatisch in die bestehende Haustechnik bzw. die Haushaltsabläufe zu integrieren.
- Vertrauen: Es wird ein Verständnis für die Bedeutung von Sicherheit im Umgang mit den Daten aufgezeigt; es erfolgt eine entsprechende Aufklärung; Anbieter beschäftigen sich mit dem Kunden und seinen Bedürfnissen und akzeptieren diese.
- Zeitverfügbarkeit: Erfolgt die Umsetzung der Anreize manuell, ist es erforderlich, dass die Kunden anwesend sein müssen, um ein gutes Ergebnis und damit einen hohen Nutzen erzielen zu können.

Die Entwicklung Cloud-basierter Home-Management-Systeme läuft langsam, aber stetig ab und wird sich auch in Zukunft weiter fortsetzen (s. Bild 4.4).

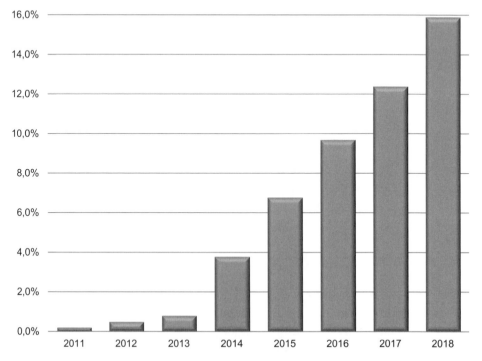

Bild 4.4 Zeitliche Entwicklung für Cloud-basierte Home-Management-Systeme beim Durchbruch in den Massenmarkt (nach Bitkom 2014)

Die Entwicklung der vernetzten Systeme auf der Ebene der Gebäudeautomation und Smart Homes ist noch nicht Stand der Technik. Eine besondere Herausforderung stellen bestehende Gebäude und Häuser dar. Eine wichtige Voraussetzung wird die Entwicklung des Gesamtsystems sein, so dass sich die Technologie von Gebäudeautomation und Smart Homes sinnvoll dort integrieren kann und für den Nutzer entsprechende Vorteile bietet. Schon heute sind nach (Bitkom 2014) Lösungen denkbar, mit denen auch ohne bestehende Systeme von Smart Meter bzw. Smart Meter Gateway eine IKT-Architektur für Smart Home und Smart Grid-Lösungen aufgebaut werden kann (s. Bild 4.5).

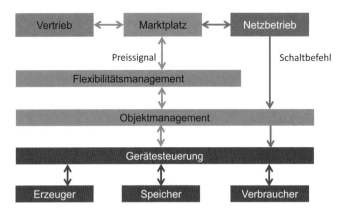

Bild 4.5 Energiebasiertes Objektmanagement nach Marktsignalen (nach B.A.U.M. 2014)

Die Funktion des Flexibilitätsmanagements entspricht der zuvor aufgeführten Funktion des Aggregators. Hier werden die Aktivitäten in mehreren Objekten koordiniert. Es werden Daten vom Stromvertrieb, z.B. über aktuelle Strompreise für Erzeugung und Verbrauch, und vom Netzbetrieb durch Informationen zum Zustand im Netz an das Flexibilitätsmanagement übermittelt. Aus diesen Informationen werden vom Flexibilitätsmanagement geeignete Signale abgeleitet, die an entsprechend passende Objekte übermittelt werden. Dabei ist das Ziel, netzstabilisierend zu wirken. Der Objektmanager, der in der Regel durch einen Energiemanager abgebildet wird, verarbeitet diese Signale intelligent und setzt sie in technische Schaltsignale für Erzeugungs- oder Verbrauchsgeräte bzw. Speicher um. Es folgen Preissignale an alle oder nur geeignete Objekte. Dabei wird über Verhandlungen entschieden, wer Angebote annimmt oder Anfragen befriedigt. Die Objektsteuerung zusammen mit der Gerätesteuerung entscheiden gemeinsam darüber, ob zum aktuellen Zeitpunkt ein Ein- oder Ausschalten des betreffenden Gerätes möglich ist. Ziel ist es, Erzeuger bzw. Verbraucher so zu schalten, dass zur Stabilisierung des Netzes beigetragen wird. Die Eingriffe in das System erfolgen nach diesem Modell weitestgehend über orts- und zeitgenaue Anreize. Das Marktgeschehen findet, sofern bereits möglich, auf einem virtuellen Marktplatz statt. Über ein solches Modell können erste Schritte in ein Smart Grid bzw. Smart Home gegangen werden.

In den Technologien der Gebäudeautomation und Smart Homes steckt ein hohes Potenzial zur Entlastung der Netze. Im Zusammenspiel mit den volatilen erneuerbaren Energien ist es für die Zukunft wichtig, die Lastspitzen abzubauen. Das Lastverschiebungspotenzial spielt hier eine wesentliche Rolle. Eine Studie im Auftrag des Bundesministeriums für Wirtschaft und Technologie (B.A.U.M. 2014) aus dem Jahr 2014 hat gezeigt, dass bis zu 10 Prozent der Anschlussleistung von Haushalten grundsätzlich zeitlich nach vorne oder hinten verschoben werden können. Dabei kommt es nicht nur auf die jeweils verschiebbare Leistung, sondern auch auf die Länge bzw. Dauer der Verschiebung und auf die Reaktionsgeschwindigkeit an. Die Studie kam zu dem Schluss, dass für Deutschland ein Skalierungswert von 5 Prozent des Haushaltsstromverbrauchs für eine Stunde verschoben werden kann.

Potenziale für die Bereitstellung von verbraucherseitiger Flexibilität stecken in den folgenden Anwendungen (absteigende Ordnung) (B.A.U.M. 2014):

- Ladestationen für Elektrofahrzeuge
- Wärmepumpen
- Stromspeicherheizungen
- Kühlgeräte inkl. Klimaanlagen
- Weiße Ware, wie Geschirrspüler, Trockner und Waschmaschinen

Im Gewerbe zeichnet sich ein anderes Bild ab. Dort sind die Potenziale für die Lastverschiebung leichter zu nutzen als in Haushalten. Es existieren attraktivere Möglichkeiten für die Umsetzung solcher Maßnahmen als in Haushalten. So können dort alleine Lasten von 50 kW bis zu mehreren MW verschoben werden, was durch die größeren spezifischen Anschlussleistungen gegeben ist. In (B.A.U.M. 2014) wurde ermittelt, dass bis zu 20 Prozent der Lasten verschiebbar sind.

Es wird davon ausgegangen, dass das gesamte Verschiebepotenzial von Industrie und Gewerbe in der Größenordnung von 5 GW liegt. Bei privaten Haushalten liegt das Potenzial bei immerhin ca. 3 GW (B.A.U.M. 2014). Dies ergibt zusammen die Leistung von vier Großkraftwerken.

Für ein umfangreiches Demand Side Management (DMS) bestehen somit in Deutschland gute Voraussetzungen.

Energiemanagement bei Hoch- und Höchstspannungen – Übertragungsnetzebene

Die Zahl der Engpässe, Spannungs- und Frequenzschwingungen aufgrund der vielen dezentral verteilten volatilen erneuerbaren Energien im deutschen wie europäischen Übertragungsnetz steigt. Auch der grenzüberschreitende Stromhandel wächst aufgrund des teilweise bestehenden Überschusses bzw. akuter Nachfrage an Energie in Deutschland (Block 2008). Zur Sicherung der Stromnetze müssen diese über Energiemanagementsysteme gesteuert werden. Um umfangreiche Lastflussverschiebungen zu ermöglichen, können flexible Wechselstromübertragungs- oder auch Hochspannungs-Gleichstrom-Übertragungs-Systeme (HGU) einen wesentlichen Beitrag leisten. Dazu sind Technologien wie intelligente Wechselrichter (IGBT-Technik – Insulated Gate Bipolar Transistor – Bipolartransistor mit isolierter Gate-Elektrode) mit Technologien wie HGÜ (Hochspannungs-Gleichstrom-Übertragung) und FACTS (Flexible Alternating Current Transmission System – flexibles Drehstromübertragungssystem) systemtechnisch vorteilhafter gegenüber konventioneller Drehstromtechnik (Block 2008).

Eine Ergänzung von Gleichstromübertragungen und flexiblen Wechselstromübertragungssystemen (FACTS) scheint in vielen Fällen vorteilhaft. Das Zusammenspiel zwischen HGÜ und FACTS liegt in der Aufteilung. HGÜ-Verbindungen dienen zum Stromtransport über größere Entfernungen oder über deren HGÜ-Kurzkupplungs-Stellen der Verbindung asynchroner Netze. FACTS übernimmt die Regelung der Netzspannung und des Lastflusses im Netz. Ziel der IKT ist die Verfügbarmachung von Echtzeitdaten von relevanten Betriebseinheiten, um kritische Betriebszustände zu verhindern. Um die großen Verbundnetze in Hinblick auf die Netz- und Betriebsführung effizient und sicher zu betreiben, spielt das sogenannte Weitbereichsmonitoring eine immer wesentlichere Rolle. Damit werden Strom- und Spannungsmesswerte zeitlich hochaufgelöst und durch ein GPS-Satellitensignal zeitsynchronisiert ermittelt (Renn 2011). Mit Hilfe des Weitbereichsmonitoring kann durch die dynamische Überwachung auf der Basis von Online-Informationen ein Frühwarnsystem gegen Netzinstabilitäten aufgebaut werden. Diese Technologie wird zukünftig einen stabilen Systembetrieb auch bei Störungen oder in Engpasssituationen sicherstellen. Treten Instabilitäten aufgrund von Frequenz- oder Spannungsabweichungen auf oder kommt es zu einer thermischen Überlastung, können mit diesem System weitreichende Folgeschäden durch die Verhinderung weiträumiger Stromausfälle vermieden werden.

Energiemanagement dezentral bei Mittel- und Niederspannung – Verteilnetzebene

Im „virtuellen Bilanzkreis" eines dezentralen Energiemanagements sind typische dezentrale Erzeugungsanlagen, wie Kraft-Wärme-Kopplungsanlagen basierend sowohl auf konventionellen Energieträgern wie auch auf erneuerbaren Energien, und volatile Erzeugungsanlagen, wie Windkraft und Photovoltaik, im Grundlastbetrieb zusammengefasst. Über die Verteilnetzebene werden der Bezug und die Lieferung von Strom über die Bilanzkreisgrenze hinweg sichergestellt. Es ergibt sich aus der Auswertung aller Netzparameter ein Transfer-Profil, welches an das umgebende Stromnetz übermittelt wird. Um diese Netze weiterhin wirtschaftlich führen zu können, bedarf es zusätzlicher Mess-, Schutz- und Steuereinrichtungen mit dezentraler Intelligenz (Friedrich 2012). Folgende Anforderungen bestehen an die Systemtechnik (Friedrich 2012):

- Die Mess- und Steuerungstechnik, die in die Ortsnetzstationen, die Kabelverteilerschränke und die Erzeugungsanlagen der Mittel- und der Niederspannungsnetze eingebaut wird, darf nur geringe Abmessungen haben. Ebenso müssen die Umwelteigenschaften an die Umgebung angepasst sein.
- Unterschiedlichste Datenübertragungseinrichtungen auf Basis von Draht-, Funk-, Glasfaserlösungen oder Powerline-Kommunikation müssen über die Standard-Protokolle der Normen IEC 60 870-5-104 (DIN 2007) oder DIN EN 61 850-3 (DIN 2002) zusammengekoppelt werden.
- Zwischen dem Erfassungsgerät und dem Prozess ist eine variable Anpassung an jede Art der lokalen Datenerfassung über eigene direkte Ein-/Ausgabe-Peripherie zu ermöglichen. Der Einsatz von zusätzlichen Umformern soll nicht erforderlich sein.
- Die Systeme sollten einfach intuitiv zu projektieren sein, ohne dass externe Zusatzwerkzeuge erforderlich werden.

Auf der Ebene der Mittelspannung kann ebenfalls eine Weitbereichsregelung vorgesehen werden. Dabei wird anhand der beiden Kriterien maximaler Verbrauch und minimale Einspeisung beziehungsweise maximale Einspeisung und minimaler Verbrauch die voraussichtlich zu erwartende Spannung vor dem Ausbringen der Messtechnik an ausgewählten Punkten im Netz über ein Lastflussprogramm ermittelt (Friedrich 2012). In Abhängigkeit von der Netzkonstellation werden drei bis sechs Ortsnetzstationen festgelegt, an denen eine Messtechnikstation aufgebaut wird. Über eine gesicherte GPRS-Verbindung (General Packet Radio Service – allgemeiner paketorientierter Funkdienst) werden von jeder dieser Ortsnetzstationen die aufbereiteten Messwerte (U; I; P; …) aus der Mittelspannung zyklisch an die Netzleitstelle oder direkt an das zuständige jeweilige Umspannwerk geleitet. Diese prüfen die Spannungswerte auf Plausibilität. Im nächsten Schritt werden auf Basis der aktuellen Schalttopologie die Ortsnetzstationen zum Traforegler Hoch-/Mittelspannung zugeordnet. Anhand der Messwerte lässt sich für den jeweiligen Betriebszustand (Verbrauch beziehungsweise Rückspeisung) ein optimaler Spannungssollwert berechnen. Dieser Sollwert muss abschließend an den ausgewählten Spannungsregler in der Umspannanlage gesendet werden. Der Spannungsregler vergleicht den an ihn gesendeten Spannungssollwert mit dem Spannungsistwert und übermittelt einen Stufungsbefehl an den Transformator. Als Bestandteil der Umspannanlage führt der Transformator diesen Stufungsbefehl aus, wodurch die Ist-Spannung des Mittelspannungsnetzes anschließend wieder im zulässigen Bereich liegt. Durch die Spannungsregelung auf einen optimierten Sollwert wird eine Verbesserung der Spannungsschwankungen gegenüber der herkömmlichen Spannungsregelung auf einen festen Sollwert erreicht (Friedrich 2012).

Es zeigt sich, dass die „Intelligenz" des dezentralen Energiemanagementsystems in der leittechnischen Beherrschung der Komplexität aus unterschiedlich beeinflussbaren Erzeugungsanlagen und dem optimierten Stromverbrauch liegt.

Welche Funktionen und Programme in einem Smart Grid zusammengeführt werden müssen, zeigt Bild 4.6.

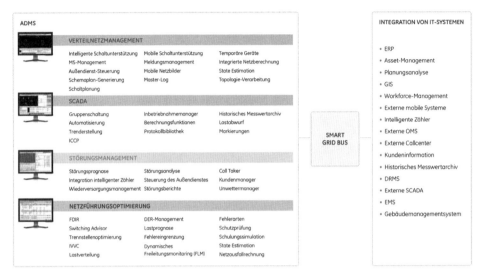

Bild 4.6 Funktionen und Programme zur Steuerung von Stromnetzen (GE 2014)

Integrationstechnologie

Auf dem Weg zum Internet der Energie braucht es eine Kommunikationsebene, über die der Informationsfluss entlang der Wertschöpfungskette ermöglich wird. Diese bildet die zugehörigen Geschäftsmodelle ab. Dazu muss eine Integrationsebene zwischen den betriebswirtschaftlichen Anwendungen und dem physikalischen Netz aufgebaut werden (Block 2008). Diese IKT-Plattform enthält eine „End-to-End"-Integration über alle heterogenen Netze, Firmengrenzen und über alle Komponenten hinweg. Besonders Konzepte aus dem Bereich der serviceorientierten Architekturen (SOA) zur flexiblen Kopplung und Entkopplung einzelner Komponenten sind technologisch für diese Aufgaben geeignet.

Jede Komponente muss über eine Schnittstelle angesprochen werden. Dazu bedarf es unterschiedlicher Domänen. Über eine offene Schnittstelle muss die Kernfunktionalität jede dieser Domänen unabhängig von einer konkreten Implementierung ansteuerbar sein. Zudem muss die Kernfunktionalität in einem gemeinsamen, Domänen übergreifenden Enterprise Service Bus (ESB) eingebunden werden (Block 2008).

In der Studie (Irlbeck 2013) wurde, angelehnt an das European Conceptual Model, ein E-Energy-Domänenmodell erarbeitet (s. Bild 4.7).

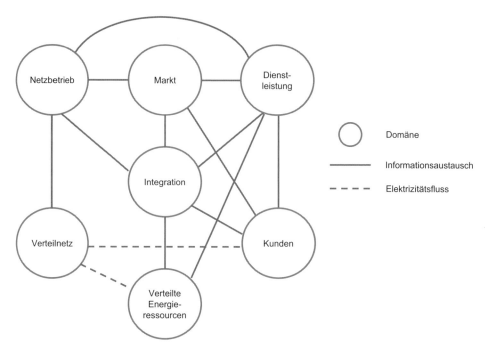

Bild 4.7 Das E-Energy-Domänenmodell (nach Irlbeck 2013)

Das Domänenmodell zeichnet sich durch sieben Domänen aus. Es beinhaltet die Domänen Kunden, Energieressourcen, Verteilnetz, Integration, Dienstleistung, Markt und Netzbetrieb. Die Domänen Großerzeuger und Übertragungsnetz wurden in dieser Studie nicht betrachtet und sind aus diesem Grund nicht aufgeführt. Zwischen den Domänen sind die Informations- und Energieflüsse aufgezeigt. Dies gibt einen groben Überblick über Abhängigkeiten zwischen den Domänen. In jeder Domäne sind verschiedene Systeme und Rollen geclustert (Irlbeck 2013):

- Domäne Kunde

  Enthalten sind sämtliche Endkunden aus dem Privat-, Industrie- und Gewerbebereich. Sie sind mit dem Verteilnetz verbunden.

  Eine Kommunikation erfolgt mit den Domänen Dienstleistung, Integration und Markt.

- Domäne Verteilte Energieressourcen

  Alle Anlagen, die sich dezentral verteilt im System befinden. Sie sind meist im Verteilnetz angeschlossen. Es findet eine Verbindung mit dem Verteilnetz durch Stromleitungen statt.

Verteilte Energieressourcen kommunizieren mit den Domänen Dienstleistung, Integration und Markt.

- Domäne Verteilnetz

    Hierin sind alle Komponenten zusammengefasst, die innerhalb des Verteilnetzes eingesetzt werden.

    Es wird mit dem Netzbetrieb kommuniziert.

- Domäne Integration

    Diese Domäne hat die Aufgabe, den Austausch zwischen Systemen zu organisieren. Weiterhin ist sie dafür zuständig, dass ein standardisierter Ablauf erfolgt.

    Eine kommunikative Verbindung besteht zu den Domänen Kunden, Verteilte Energieressourcen, Dienstleistung, Netzbetrieb und Markt.

- Domäne Dienstleistung

    Es existieren Marktrollen, die innerhalb des Energiesystems einen bestimmten Service anbieten. Diese Marktrollen sind in der Domäne Dienstleistung zusammengefasst.

    Die Domäne Dienstleistung kommuniziert mit vielen anderen Domänen im System. Dazu gehören die Domänen Kunden, Markt, Verteilte Energieressourcen, Netzbetrieb und Integration.

- Domäne Netzbetrieb

    Diese umfasst alle Systeme, die im Bereich des Netzbetreibers eingesetzt werden.

    Es besteht eine Verbindung zu den Domänen Markt, Dienstleistung, Verteilnetz und Integration.

- Domäne Markt

    In der Domäne Markt sind Systeme enthalten, die die Vermarktung regionaler Produkte und Dienstleistungen verwalten. Ihr Handel wird durch die Kopplung mit überregionalen Märkten ermöglicht. Es bestehen auch Systeme, die Prozesse wie Geschäftsanbahnung oder Vertragskündigung und -abschluss erleichtern, die sich ebenso in der Domäne Markt befinden.

    Sie ist mit den Domänen Kunden, Dienstleistung, Netzbetrieb und Integration verbunden.

Bei diesem Prozess sind standardisierte Datenformate, robuste Nachrichtenaustauschprotokolle und eine vertrauenswürdige Datenhaltung, -verwendung und -weitergabe von großer Bedeutung.

Betriebswirtschaftliche Applikationen

Für das operative Geschäft von Energieunternehmen ist es erforderlich, über spezielle Anwendungen die Finanzbuchhaltung durchzuführen, Personal zu verwalten oder den Einkauf von Betriebsmitteln zu planen und zu organisieren. Weiterhin werden Stammdaten, wie z. B. die Daten von Geschäftspartnern und deren Anlagen, verwaltet, die Geschäftsbeziehungen zu Kunden mit Verträgen, Abrechnungen oder Reklamationen organisiert, Sachanlagen bewirtschaftet und betriebswirtschaftlich relevante Energiedaten bearbeitet. Auch muss z. B. eine Einsatzplanung für Mitarbeiter aufgesetzt werden. Für jede dieser Aufgaben gibt es spezielle Applikationen, die je nach Hersteller ganz unterschiedlich aufgebaut sein können. Mit der Transformation des Energiesystems werden neue Geschäftsmodelle entstehen, die neue betriebswirtschaftliche Anwendungen benötigen, die wiederum neue flexible und offene Schnittstellen erforderlich machen.

Die Vision geht dahin, dass zukünftig die Raumluftanlage, die Photovoltaikanlage oder das Elektroauto eines Haushaltes oder eines Industriebetriebs nicht mehr nur einfach angeschlossen wird. Die Technologien werden selbst ein Teil des integrierten Daten- und Energienetzes (BMWi 2015). Dabei zählt, dass eine einfache Handhabung nach dem „Plug & Play"-Prinzip möglich ist. Eine aufwendige Installation von Treibern und Programmen darf damit nicht mehr verbunden sein. Digitale Schnittstellen ermöglichen den reibungslosen Informationsaustausch. Dies wird durch den Paradigmenwechsel von der „verbrauchsorientierten Stromerzeugung" hin zum „erzeugungsoptimierten Verbrauch" mit intelligenten und flexiblen Abnehmern möglich. Dabei richtet sich nicht nur das Angebot nach der Nachfrage. Es kommt dazu, dass sich auch die Nachfrage an das Angebot anpasst. Möglich wird dies, da alle Daten jederzeit verfügbar werden.

Architektur des E-Energy-Systems

Um vernetzte Systeme aufzubauen, bedarf es einer gewissen IT-Architektur. Die Architektur eines Systems beschreibt die Zusammensetzung der verschiedenen Komponenten in dem System und deren Zusammenwirken innerhalb eines Softwaresystems. Jedes System besteht aus logischen Komponenten, die wiederum über entsprechende Kommunikationswege miteinander verbunden sein können.

Das E-Energy-System ist, wie bereits beschrieben, sehr komplex. So besteht das Gesamtsystem aus mehreren Subsystemen (im Weiteren vereinfachend System genannt). Diese sind miteinander über logische Kommunikationsschnittstellen verbunden. Zudem stehen die Systeme mit dem physikalischen Stromnetz in Beziehung. Dabei ist jedes System einer Domäne zugeordnet. Gleichzeitig kann jede Domäne mehrere Systeme einschließen. So gehört z. B. das System Privatkunde zu der Domäne Kunde. Schnittstellenkomponenten sind wichtige Teilkomponenten, da sie die Verbindung zu anderen Systemen abbilden. Sie sind demnach für andere Systeme sichtbar. In Bild 4.8 ist das Gesamtsystem E-Energy mit seinen Subsystemen, den Schnittstellen und den Verbindungen zwischen den Subsystemen dargestellt.

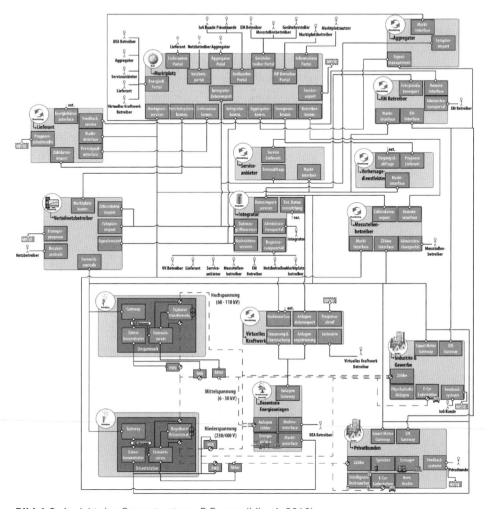

Bild 4.8 Ansicht des Gesamtsystems E-Energy (Irlbeck 2013)

Zum Verständnis der Architekturansichten wird in Bild 4.9 die verwendete Notation vorgestellt. In (Irlbeck 2013) wird jedes einzelne System detailliert beschrieben. Eine vertiefende Beschreibung findet sich in der weiterführenden Literatur.

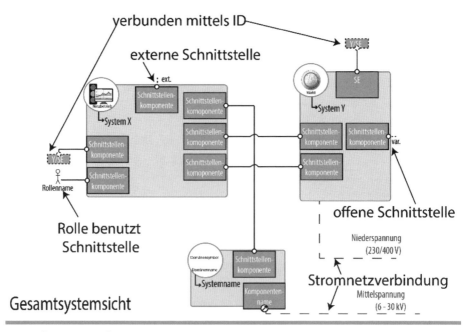

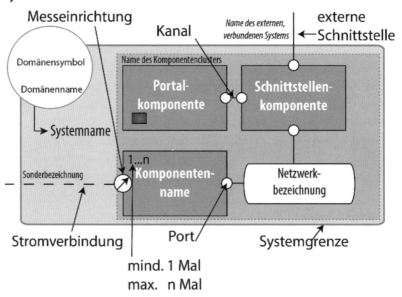

Bild 4.9 Darstellung der in Bild 4.8 verwendeten Notation (Irlbeck 2013)

Zwischen den einzelnen Subsystemen des E-Energy-Systems fließen Daten. Die Menge der Daten, die in Zukunft anfallen, und wie diese gespeichert werden sollen, werden im folgenden Kapitel behandelt.

4.2 Umgang mit großen Datenmengen

Mit der Energiewende, der Ausrichtung auf volatile erneuerbare Energien und der damit verbundenen Transformation des Energiesystems ist auch eine Veränderung des IKT-Systems verbunden. Insbesondere der Umgang mit großen Datenmengen, die flächendeckend über Gesamtdeutschland entstehen, bedarf neuer Strategien, u. U. neuer Technologien und eines neuen bzw. erweiterten Bewusstseins zum Umgang mit diesen Daten. Eine große Herausforderung ist das zu erwartende große Aufkommen an Datenmengen, das Datenvolumen, das während des Betriebs eines intelligenten Energiesystems entstehen kann. Es geht dabei um Datenspeicherkapazitäten und Prozessoren, die Kapazitäten zur Bearbeitung der Datenmengen bereitstellen. Eine aktuelle Studie (Irlbeck 2013) befasst sich mit diesem Thema, welche als Grundlage für dieses Kapitel dient.

In der Zukunft sind große Datenvolumina bei der Auslese der Messwerte von Smart Metern im Rahmen des E-Energy-Systems zu erwarten. Die von den Smart Metern erzeugten Messdaten werden vom Integrator, der im Rahmen des E-Energy-Systems oft als Datenzentrale bezeichnet wird, gespeichert und verarbeitet. Beim Integrator fallen nicht nur die Messwerte aus den Smart Metern an, sondern dieser hält auch Stammdaten, Daten und Fahrpläne von Anlagen sowie Netzinformationsdaten. Die größte Masse an Daten fällt jedoch beim Auslesen der intelligenten Stromzähler an. Daher werden die anderen Datentypen beim Integrator, die im Vergleich zu den Daten der Smart Meter ein nur sehr geringes Datenvolumen erzeugen, an dieser Stelle nicht weiter analysiert. Themen, die in diesem Zusammenhang interessant sind, betreffen Aussagen zu der Größenordnung der erzeugten Datenmengen, zur Speicherungstechnologie und als zentralen Punkt Aussagen zur Auslesestrategie der Daten aus den intelligenten Messzählern. Als Auslesestrategie wird bisher über folgende Zeittakte diskutiert:

- Sekundentakt: Dieser wäre sinnvoll für eine Bereitstellung der Daten in Echtzeit. Es könnte darüber z. B. die Abrechnung der Kunden oder die Auslegung der Fahrpläne in Echtzeit erfolgen. Bekannt ist dies bereits aus dem Bereich des Mobilfunks.
- Minutentakt: Dies würde immer noch sehr genaue Daten liefern und wäre für erste Schritte ausreichend.
- 5-Minutentakt: Diese Strategie wurde in Feldversuchen bereits erprobt (Irlbeck 2013).
- 15-Minutentakt: Dieser ist bereits heute schon üblich und findet bei den Energieversorgern Anwendung. Diese Strategie wurde auch im Rahmen der Studie in Modellregionen Deutschlands im Rahmen eines Feldtests eingesetzt.

Dabei sind Datenvolumen bei einer Messung pro Smart Meter in der Größenordnung von 1 KB (1024 Byte) zu erwarten (Irlbeck 2013).

Interessant wird die Analyse, welche Datenvolumen auf die Fläche bezogen entstehen. Da ein Roll-Out der E-Energy-Technologien nicht zeitgleich flächendeckend erfolgt, ist eine Skalierung auf Einwohnerebene von großem Interesse. Skalierungsschritte, die in (Irlbeck 2013) vorgeschlagen wurden, sind:

- Großes Dorf: 10 000 installierte intelligente Zähler.
- Kleine Stadt: 100 000 installierte intelligente Zähler.
- Große Stadt: 1 000 000 installierte intelligente Zähler.
- Landesweit: Installierte Zähler bei einem flächendeckenden Roll-Out.

Die Größe von Datenbanken, die für die Aufnahme der entstehenden Daten erforderlich sind, lässt sich anhand der folgenden Kriterien definieren (Irlbeck 2013):

- Hardware: In Abhängigkeit des Servers und anderer Komponenten kann das Ausführen einer Datenbank als groß oder auch klein erscheinen.
- Software: Die verwendete Software hat durch ihre Architektur einen Einfluss auf den Durchsatz von Daten und die Leistungsfähigkeit des Systems.
- Datenvolumen: Es handelt sich um die Gesamtmenge der in einem bestimmten Zeitraum gewonnenen, übertragenen und bearbeiteten Daten.
- Durchsatz: Die Menge an Daten, die innerhalb eines Zeitraumes abgerufen werden. Sind viele Anwender an einer Datenbank angeschlossen, wird die Datenbank als groß erscheinen.

Dies macht deutlich, dass die Definition, ob eine Datenbank als groß oder klein einzustufen ist, nicht klar gegeben werden kann und von vielen unterschiedlichen Faktoren abhängt. Aus Tabelle 4.2 ist ersichtlich, wie unterschiedlich die Eigenschaften von und Anforderungen an Datenbanken in Abhängigkeit von ihrer Größe sind.

Tabelle 4.2 Überblick über die Eigenschaften und Anforderungen unterschiedlich großer Datenbanken (Irlbeck 2013)

	Kleine Datenbank (SDB)	Mittlere Datenbank (MDB)	Große Datenbank (LDB)	Sehr große Datenbank (VLDB)
Architektur	Zentral	Zentral, verteilt	Verteilt	Verteilt, mehrere Clouds
Server	1			
Datenbank-Administratoren (DBA)	Kein DBA benötigt	1 DBA benötigt	2-5 DBA benötigt	> 5 DBA benötigt
Datenbankeinträge	< 10^5 Einträge	$10^5 - 10^8$ Einträge	$10^8 - 10^{12}$ Einträge	> 10^{12} Einträge
Datenvolumen	< 20 GB	20 GB - 60 GB	60 GB - 1 TB	> 1 TB
Performanz	Nicht kritisch	Nicht kritisch	Kritisch	Sehr kritisch
IT-Lösungen	Open Source (SQL-Lite, MySQL)	Open Source und kommerziell	Kommerziell (z. B. SQL, Oracle)	Kommerziell mit Beratungssupport

	Kleine Datenbank (SDB)	Mittlere Datenbank (MDB)	Große Datenbank (LDB)	Sehr große Datenbank (VLDB)
Kosten für Betrieb	Keine – sehr gering	Gering – mittel	Hoch	Sehr hoch
Beispiel-Anwendungen	Home-Anwendungen			Facebook, Google Indexes

SDB = Small DataBase, MDB = Medium DataBase, LDB = Large DataBase, VLDB = Very Large DataBase

Bei der Auswahl der passenden Datenbanktechnologie können sehr schnell hohe Kosten entstehen, sofern eine gute Performanz und Effizienz gewünscht ist. Dies kann bei der Einbettung in das E-Energy-System einen kritischen Punkt darstellen.

Um zu erfassen, welche Größen an Datenbanken für die Zukunft zu erwarten sind, wird das Datenaufkommen anhand der zuvor definierten flächenbezogenen Skalierung und der Strategie des Sekundentaktes für bestimmte Zeitdauern vorgestellt (s. Tabelle 4.3).

Tabelle 4.3 Datenaufkommen bei Strategie „Sekundentakt" innerhalb definierter Zeitrahmen (Irlbeck 2013)

	Dorf	Kleine Stadt	Große Stadt	Landesweit
Minute	614,40 MB	6,14 GB	61,44 GB	2,46 TB
Stunde	36,86 GB	368,64 GB	3,69 TB	147,46 TB
Tag	884,74 GB	8,85 TB	88,47 TB	3,54 PB
Woche	6,19 TB	61,93 TB	619,32 TB	24,77 PB
Monat	26,54 TB	265,42 TB	2,65 PB	106,17 PB
Jahr	322,93 TB	3,23 PB	32,29 PB	1,29 EB

GB = GigaByte, TB = TerraByte, PB = PetaByte, EB = ExaByte

Wenn man davon ausgeht, dass z. B. für Kundenabrechnungen und Lastprognosen die Daten eines Smart Meter mindestens einen Monat gespeichert werden müssen, ist erkennbar, dass sehr schnell sehr große Datenmengen anfallen, die eine sehr große Datenbank (VLDB) erforderlich machen. Es wird daher empfohlen, unabhängig von der Flächenskalierung (Dorf, kleine Stadt, große Stadt) eine sehr große Datenbank (VLDB) einzusetzen (Irlbeck 2013).

Wird die Minutenstrategie angewendet, sind die in Tabelle 4.4 dargestellten Datenmengen zu erwarten.

Tabelle 4.4 Datenaufkommen bei Strategie „Minutentakt" innerhalb definierter Zeitrahmen (Irlbeck 2013)

	Dorf	Kleine Stadt	Große Stadt	Landesweit
Minute	10,24 MB	102,40 MB	1,02 GB	40,96 GB
Stunde	614,40 MB	6,14 GB	61,44 GB	2,46 TB
Tag	14,75 GB	147,46 GB	1,47 TB	58,98 TB
Woche	103,22 GB	1,03 TB	10,32 TB	412,88 TB
Monat	442,37 GB	4,42 TB	44,24 TB	1,77 PB
Jahr	5,38 TB	53,82 TB	538,21 TB	21,53 PB

Auch bei der Strategie des Minutentaktes entstehen große Datenmengen. Betrachtet man die Entwicklung der Daten für die Installation von Smart Metern für ein Dorf, so liegen die Werte bis zu einem Monat noch im GB-Bereich. Daraus ließe sich ableiten, dass eine große Datenbank (LDB) noch ausreichend sein kann. Für alle anderen Flächenskalierungen steigen die Werte sehr schnell auf über 1 TB an, so dass sehr große Datenbanken (VLDB) erforderlich werden. Durch die Änderung von der Sekundenstrategie auf die Minutenstrategie kann dennoch ein enormes Datenvolumen von 98,33 % eingespart werden (Irlbeck 2013).

Wechselt man nun in einem nächsten Schritt auf die 5-Minuten-Strategie, fallen die Datenmengen im Vergleich zu den vorhergehenden Strategien entsprechend weiter (s. Tabelle 4.5).

Tabelle 4.5 Datenaufkommen bei Strategie „5-Minutentakt" innerhalb definierter Zeitrahmen (Irlbeck 2013)

	Dorf	Kleine Stadt	Große Stadt	Landesweit
Stunde	122,88 MB	1,23 GB	12,29 GB	491,52 GB
Tag	2,95 GB	29,49 GB	294,91 GB	11,80 TB
Woche	20,64 GB	206,44 GB	2,06 TB	82,58 TB
Monat	88,47 GB	884,74 GB	8,85 TB	353,89 TB
Jahr	1,08 TB	10,76 TB	107,64 TB	4,31 PB

In Bild 4.10 sind die Daten exemplarisch grafisch noch einmal dargestellt. Es ist gut zu erkennen, wie die Daten mit steigender Größe des betrachteten Einzugsgebiets (Dorf, kleine Stadt, große Stadt, landesweit) zunehmen.

Bei Betrachtung der Größenordnung eines Dorfes wie auch einer kleinen Stadt lassen sich je nach Zeitdauer der Speicherung sehr unterschiedliche Größen an Datenbanken einsetzen. Betrachtet man die Datenspeicherung für einen Monat, so kann empfohlen werden, dass ein Dorf eine Datenbankgröße zwischen MDB und LDB einsetzen sollte. Für eine kleine Stadt ist eine LDB ausreichend, während eine große Stadt in jedem Fall ein VLDB einsetzen sollte. Erfolgt die Speicherung auf der Basis eines Jahres, so wäre eine LDB für ein Dorf ausreichend. Eine kleine wie auch eine große Stadt würden jedoch in jedem Fall eine VLDB benötigen. Es ergeben sich bei dieser Taktstrategie mehr Flexibilität und Möglichkeiten bei der Wahl der passenden Datenbanktechnologie. Auch ergeben sich erneut weitere Reduzierungen im Datenvolumen.

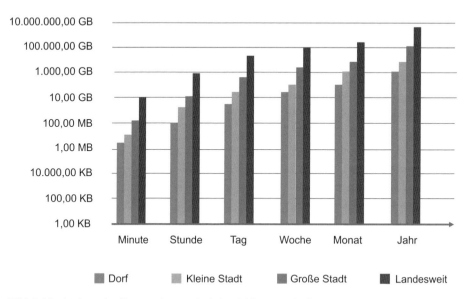

Bild 4.10 Analyse des Datenvolumens bei der 5-Minutentakt-Strategie (nach Irlbeck 2013)

Die Taktung der Messwerte-Erfassung kann weiter auf einen 15-Minuten-Wert gesenkt werden. Die Ergebnisse für diese Strategie sind in Tabelle 4.6 dargestellt.

Tabelle 4.6 Datenaufkommen bei Strategie „15-Minutentakt" innerhalb definierter Zeitrahmen (Irlbeck 2013)

	Dorf	Kleine Stadt	Große Stadt	Landesweit
Stunde	40,96 MB	409,60 MB	4,10 GB	163,84 GB
Tag	983,04 MB	9,83 GB	98,30 GB	3,93 TB
Woche	6,88 GB	68,81 GB	688,13 GB	27,53 TB
Monat	29,49 GB	294,91 GB	2,95 TB	117,96 TB
Jahr	353,89 GB	3,54 TB	35,39 TB	1,42 PB

Welche Empfehlungen lassen sich aus der Auswertung der 15-Minutentakt-Strategie für die Auswahl der geeigneten Datenbanktechnologie ableiten? Es zeigt sich, dass hier die größte Flexibilität vorliegt. Für ein Dorf reicht bei der Speicherung der Daten von bis zu einem Jahr sogar eine MDB. Eine kleine Stadt kann noch bei der Vorhaltung der Daten für bis zu einen Monat auf eine LDB zurückgreifen. Für alle anderen Fälle wird eine VLDB erforderlich.

Tabelle 4.7 gibt eine Zusammenfassung der Empfehlungen für eine Datenbanktechnologie in Abhängigkeit von den Parametern Flächen- und Zeitskalierung und der Taktstrategie.

Tabelle 4.7 Zusammenfassung der Empfehlungen für „Einsatz Datenbanktechnologie je Anwendungsbereich" (Irlbeck 2013)

DBT für (Zeitskala)	Dorf	Kleine Stadt	Große Stadt
Strategie Sekundentakt			
Monat	VLDB	VLDB	VLDB
Jahr	VLDB	VLDB	VLDB
Strategie Minutentakt			
Monat	LDB	VLDB	VLDB
Jahr	VLDB	VLDB	VLDB
Strategie 5-Minutentakt			
Monat	MDB – LDB	LDB	VLDB
Jahr	LDB	VLDB	VLDB
Strategie 15-Minutentakt			
Monat	MDB	LDB	VLDB
Jahr	MDB	VLDB	VLDB

DBT Datenbanktechnologie

Auf Basis dieser Analysen sind Einschätzungen sowie eine Einordnung zu dem Datenvolumen in Abhängigkeit von der Zeit- und Flächenskalierung bezogen auf die angestrebte Takt-Strategie möglich. So kann für ein Dorf oder eine Stadt, deren maximale Anzahl an Zählern abgeschätzt werden kann, eine Beurteilung zu deren Datenvolumen und damit der Wahl der Datenbanktechnologie gemacht werden.

4.3 Computermodelle im E-Energy-System

Zu Zeiten der volatilen Energien im E-Energy-System sind verschiedene Daten und Informationen für den effizienten und effektiven Betrieb von Anlagen und elektrischen Verbrauchern wichtig. Dabei sollten die Anlagen und Verbraucher nicht nur effektiv und effizient, sondern auch ökologisch, ökonomisch und sozial sinnvoll betrieben werden. Aus diesem Grund sind an verschiedenen Stellen im E-Energy-System Prognosedaten, z. B. über die zu erwartenden Windverhältnisse oder den Sonnenschein, erforderlich. Diese Daten sollen Nutzern im Netz helfen, die richtigen Entscheidungen zu treffen. Entscheidungen betreffen unter anderem das Hoch- oder Runterfahren von Anlagen oder Verbrauchern. Dabei ist die Frage wichtig, welche Anlage bzw. welchen Verbraucher dies konkret betrifft.

Um diese Aufgabe zu erledigen, müssen dem E-Energy-System Simulationsmodelle zu Prognosezwecken und Optimierungsansätze zur Entscheidungsfindung zur Verfügung gestellt werden.

Prognosemodelle liefern Daten und Informationen über Ereignisse, Zustände oder Entwicklungen eines betrachteten Gegenstandes oder Systems in der Zukunft auf Basis wissenschaftlicher Methoden. Die Grundlage für Prognosen bilden Fakten, in diesem Fall z. B. die Messdaten aus Wetterstationen oder Smart Metern. Die Daten können aber auch aus Simulationsprogrammen stammen, die etwa Fahrweisen bestimmter Anlagen abbilden. Als wissenschaftliche Methoden dienen beispielsweise Ansätze aus der Stochastik.

Optimierungsprogramme versuchen unter Vorgabe eines bestimmten Ziels einen Kompromiss zwischen verschiedenen Parametern oder Eigenschaften zu erreichen. Bei mathematischen Beschreibungen liegt einem Optimierungsansatz eine Funktion zugrunde, deren Maximum oder Minimum nach bestimmten vorab definierten Regeln gefunden werden soll. Weitere Ausführungen zu Optimierungen finden sich z. B. in (Nagel 1998).

Im Besonderen soll es in diesem Kapitel um Ansätze aus der Bionik gehen.

4.3.1 Überblick Bionik

Die Bionik ist noch eine recht junge wissenschaftliche Disziplin. Sie vereint die beiden Gedanken der Biologie und der Technik. Eine einheitliche Definition existiert bisher nicht (Oertel 2006). Im Folgenden wird anhand (Oertel 2006) versucht, den Begriff genauer zu fassen.

Der Kern der Definitionsbeschreibung der Bionik liegt in dem Gedanken, dass die Bionik ein Interesse an der Lösung technischer Problemstellungen hat. Dabei erfolgt die Problemlösung durch das Einbinden von Wissen über Funktionsprinzipien und Eigenschaften lebender Systeme.

In der Bionik findet damit eine spezifische und systematische Suche nach technischen Problemlösungen unter Nutzung von Wissenstransfer aus der Erforschung lebender Systeme statt. Die Bionik macht sich die evolutionären Entwicklungen der Natur zunutze. Sie ist eine Disziplin, deren Produkte Innovationen darstellen. So wird durch die Bionik ein umfangreicher Ideenpool für technische Problemlösungen geschaffen.

Das Wissen für bionische Innovationsprozesse kommt aus der Beobachtung und Erforschung der belebten Natur (z. B. Funktionswissen über biologische Prozesse). Dazu wird in ersten Schritten des bionischen Innovationsprozesses ein geeignetes biologisches Vorbild ausgewählt, welches beobachtet und analysiert wird. Im Rahmen der Beobachtung werden funktionale Zusammenhänge zwischen Ursachen und Wirkungen identifiziert, wonach die Modellbildung folgt. Dieses Modell wird dann auf technische Problemstellungen übertragen, um Lösungen zu erarbeiten. Man könnte sagen, dass das biologische Vorbild quasi einen „living prototype" darstellt, in dem die technisch zu entwickelnden funktionalen Zusammenhänge bereits realisiert worden sind. Ziel ist die Entwicklung eines neuen technischen Produktes, Prozesses oder soziotechnischer Systeme.

Das Vorgehen der Bionik besteht darin, von der Natur zu lernen. Dabei sollen die während der Phase der Evolution entstandenen Prozesse und Strukturen aus der belebten Natur als sinnvolle Ansätze zur Lösung bestimmter technischer Anforderungen erkannt, in Form von Prozess- oder Strukturwissen abstrahiert und als Lösungsidee eingesetzt werden. Die Bionik lässt sich in drei Stufen des Lernens einteilen (Oertel 2006):

1. Lernen von den heute vorliegenden Ergebnissen und Produkten der Evolution:

    Dies ist die älteste Form des Lernens von der Natur. Es werden Erklärungen und Modellierungen aufgestellt, wie Organismen bestimmte Leistungen vollbringen. In diesem Bereich sind bionische Lösungen wie z. B. der Klettverschluss oder der Fallschirm zu nennen.

2. Lernen von den evolutionären Verfahren, Funktionen, Strukturen und Optimierungsstrategien:

    Im Zentrum steht die Frage, wie die Organismen ihre Strukturen und Leistungen entwickeln können bzw. konnten. Die Analyse erfolgt über entwicklungsbiologische und evolutionsbiologische Ansätze. Als Beispiel kann die Untersuchung fundamentaler biologischer Steuerungsprozesse zur Entdeckung des synthetischen Nachbaus von Knochen genannt werden.

3. Lernen von den Erfolgsprinzipien der Evolution:

    Auf dieser Stufe geht es um die Analyse der Evolution von Organismen und Ökosystemen, aus der sich allgemeine Funktionsprinzipien ableiten lassen.

    Evolutionär erfolgreiche Systeme besitzen Merkmale wie die Robustheit biologischer Strukturen, die Resilienz von Ökosystemen und die Adaptivität bzw. Flexibilität evolutionärer Prozesse angesichts sich dynamisch verändernder Umgebungsbedingungen. Impulse kommen aus der Verhaltensforschung, der Ökosystemtheorie, der Evolutionstheorie und aus entsprechenden Möglichkeiten zur Mathematisierung und Modellierung der Systeme. Als bekannte Beispiele können das evolutionäre Programmieren und Optimieren und die Schwarmintelligenz, die gerade für Fragestellungen des E-Energy-Systems von großer Bedeutung sind, genannt werden.

Die Bionik lässt sich nicht eindeutig in Fachgebiete oder Ähnliches einteilen (Oertel 2006). Für die in diesem Buch betrachteten Fragestellungen sind Entwicklungen aus der sogenannten „neuen Bionik", die die neuronale Steuerung, evolutionstheoretisch motivierte Entwicklungen in der Informations- und Kommunikationstechnik und die Organisation kollektiver Prozesse beeinhaltet, interessant. Es wird in diesem Zusammenhang z. B. der Begriff des „Natural Computing" verwendet (Oertel 2006). Im „Natural Computing" werden die Prinzipien von Variation und Selektion genutzt, um unter bestimmten Bedingungen optimale Strategien durch Probieren herauszufinden. Die Schwarmintelligenz ist ebenfalls ein wichtiges Lernfeld der Bionik (s. Tabelle 4.8). Dabei geht es um die Analyse der Organisation komplexen Verhaltens. Das Verhalten kann auf der Ebene eines Kollektivs oder Einzelner anhand kombinatorischer Optimierungsaufgaben gezeigt werden. Ziel ist es dabei, z. B. das komplexe Verhalten von Vogelschwärmen oder Ameisenvölkern zu modellieren. Einfache Regeln des Verhaltens auf der individuellen Ebene sollen in einem Modell abgebildet werden. Daraus sollen dann Erkenntnisse für Probleme sozialer Organisationen gewonnen werden.

Tabelle 4.8 Beispiele für Schwarmintelligenz (Oertel 2006)

Biologie	Übertragung in die Technik Beispiele
Energieeffizienter Verbandsflug von Gänsen und Schwänen.	Energiesparender Formationsflug von Flugzeugen.
Koordinierte Vorgänge beim Nestbau von Wespen.	Kontrolle autonom steuerbarer Satelliten, die sich in Umlaufbahnen zu Gruppen ordnen.
Koordinierte Transporte von Nahrungsteilen, die für einzelne Individuen zu schwer sind.	Wirksame Algorithmen für die Steuerung von Robotern.

Im Rahmen des bionischen Innovationsprozesses sind sowohl technologiegetriebene (technology-push), als auch problemorientierte (demand-pull) Ansätze möglich.

Die Evolution unterliegt bestimmten Prinzipien, nach denen die in der Natur hervorgebrachten Lösungen im Laufe der Evolution optimiert werden (evolutionäre Optimierung). Die Prinzipien der Evolution lauten (IÖW 2005):

- Mehrdimensionale Optimierung

  Evolutionsprozesse laufen in einer sich dynamisch wandelnden Umgebung ab. In diesem Rahmen müssen die Optimierungsprozesse meist mehrdimensional ablaufen, um sich besonders gut den neuen Umgebungsbedingungen anzupassen. Die erzielten Ergebnisse bei dieser Art der Optimierung sind auf der einen Seite besonders angepasst und auf der anderen Seite sehr robust gegenüber den stetig stattfindenden Veränderungen der äußeren Umgebungsbedingungen.

- Diversität und Selbstorganisation

  Diversität bedeutet Variabilität unter lebenden Organismen jeglicher Herkunft. Nur durch die Vielfalt kann das Gesamtsystem überleben. In Bezug auf die Selbstorganisation sei das Beispiel biochemischer Prozesse, wie des Stoffwechsels, angeführt. In der Biochemie sorgen Enzyme dafür, dass Prozesstemperaturen heruntergesetzt werden, damit chemische Reaktionen ablaufen können. Zudem laufen unter biochemischen Bedingungen nur die wirklich erforderlichen Reaktionen ab. Unnötige Nebenreaktionen bleiben aus. In selbstorganisierten technischen Prozessen wird der Bedarf an Kontrolle und Steuerung verringert.

- Fließgleichgewicht und Resilienz

  Dabei geht es um den Gedanken der Stabilität. Ein System ist stabil, wenn es die Fähigkeit besitzt, nach einer temporären Störung wieder in den alten Gleichgewichtszustand zurückkehren zu können. Dazu ist die Fähigkeit der Resilienz ganz entscheidend. Dies ist die Fähigkeit, akute und willkürliche Störungen zu absorbieren und wieder in ein Gleichgewicht zu gelangen und zu überleben.

  Ebenso gibt das Fließgleichgewicht ein Bild eines stationären Zustandes. Hier fließen z. B. Teilchen, Substanzen oder Energie in gleichem Maße in ein System hinein und wieder hinaus. Das System bleibt stabil, da die Summe immer gleich null ist.

- Ressourceneffizienz

  Das Ökosystem muss mit den Ressourcen Nährstoffe, Wasser usw. zurechtkommen, die es in der Natur vorfindet. Diese Ressourcen sind begrenzt. Nur, wer in der Lage ist, mit den knappen Ressourcen zurechtzukommen und diese besonders effizient einzusetzen, besteht den Kampf gegenüber der Nahrungskonkurrenz.

- Modularität

  Organismen sind aus einzelnen Zellen aufgebaut. Die Zellen bestehen wiederum aus Organellen. Dies zeigt einen modularen Aufbau des Systems. Die Zelle mit ihrem modularen Aufbau ist ein Erfolgsmodell der Evolution.

Die neue Bionik hat im Bereich des Computerwesens mehrere Unterbereiche entwickelt. Dazu gehören (Oertel 2006):

- Natural Computing
- Organisationsbionik

Die Ansätze des Natural Computing sind für einen großen Bereich unseres Alltagslebens von höchster Bedeutung. Bereits in der Informationsspeicherung und -verarbeitung im Computer, bei der mobilen Kommunikation und im Internet werden aufgrund der zunehmenden Komplexität der Systeme immer mehr bionische (evolutionäre) Techniken ausprobiert (Oertel 2006). Es handelt sich dabei um die Suche nach neuen Typen von Algorithmen (evolutionäre, neurale und genetische Algorithmen). Beim Natural Computing geht es um die Übertragung bestimmter Erkenntnisse aus der Natur in die IKT (Paun 2005).

Die Entwicklungen im IKT-Bereich werden immer schneller und komplexer. Traditionell erfolgt für Softwareprogramme eine gründliche Auseinandersetzung mit den Problemen, die in einem Testbetrieb auftreten. Die Behebung der Fehler folgt einer genau geplanten Lösungsstrategie (top-down). Bei Softwareprogrammen wurde bisher angestrebt, dass vor dem Verkauf die möglichen Zustände des Programms und die sich daraus ergebenden Situationen bekannt sind und das Gesamtsystem getestet ist. Diese Vorgehensweise trägt den Ansatz der vollständigen Kontrolle. Für diese umfangreiche Form des Testens steht aufgrund der zunehmenden Komplexität vielfach nicht mehr die nötige Zeit zur Verfügung (Oertel 2006). Eine Lösung bieten hier Ansätze mit dem Prinzip des bottum-up, wie dies bei natürlichen Ordnungsprinzipien der Fall ist.

Hilfe bei der Entwicklung von Software wird in bionisch angeregten Lösungsansätzen gesehen. Diese setzen auf Selbstorganisation, Selbstreparatur und evolutionäre Optimierung. In das System sollte die Fähigkeit integriert sein, Fehler zu erkennen und autonom zu beheben (Sörensen 2004). Aus der Sicht der Softwareentwickler besitzen natürliche Prozesse und Systeme Eigenschaften, die für den Bereich IKT als wertvoll erachtet werden, z. B. (Oertel 2006):

- Lernfähigkeit
- Adaptivität
- Fehlertoleranz
- hohe Redundanz
- Autonomie
- Selbstorganisation
- Robustheit
- Reversibilität

Als problematisch erweist sich, dass natürliche Prozesse im Allgemeinen nicht geplant und deterministisch, sondern unpräzise und stochastisch ablaufen. Zudem werden sehr spezialisierte Lösungen gefunden. Der Vorteil ist, dass die Lösungen hoch optimiert sind. Ein weiteres Problem wird darin gesehen, dass evolutionäre Prozesse sehr viel Zeit in Anspruch nehmen. Hier bedarf es weiterer Forschungs- und Entwicklungsanstrengungen.

Es lassen sich zwei Untergruppen des Natural Computing abgrenzen:

- Evolutionary Computing
- Neural Computing

Dem Ansatz des Evolutionary Computing liegt die Verwendung von Evolutionsmechanismen zugrunde (Rechenberg 1994, Schwefel 1995). Dabei werden Algorithmen gesucht und anschließend eingesetzt, die unter Anwendung dieser Evolutionsmechanismen in einem gegebenen Lösungsraum unter gegebenen Such- und Abbruchkriterien eine optimale Lösung finden. Prozesse der Mutation und Variation verändern die möglichen Lösungen im Lösungsraum. Anschließend wird überprüft, ob die Veränderungen den gewünschten Anforderungen näher kommen. Für die Fortpflanzung in die nächste Generation wurden Regeln analog der sexuellen Fortpflanzung nachempfunden (Nachtigall 2002). Die als positiv bewerteten Elemente werden in die nächste Generation übernommen und wieder verändert. Erst wenn der Lösungsraum aus Elementen mit gesuchten Eigenschaften besteht, wird der Suchalgorithmus abgebrochen. Man bezeichnet diese Art der Suchalgorithmen als evolutionäre Algorithmen (EA) (Oertel 2006).

Die Ansätze des Evolutionary Computing können erfolgversprechend in den Bereichen Routen- und Zeitplanung, Simulation und Kontrolle komplexer Systeme und Klassifizierung eingesetzt werden. Einsatz findet diese Technik bereits in der Flugverkehrsregulierung und der Berechnung von Telefonnetzen sowie der Lösung von nicht linearen Differenzialgleichungen (Oertel 2006).

Als weiteres Feld ergibt sich das Neural Computing. Dieses versucht, Nervensysteme, insbesondere Gehirnprozesse auf der Basis neuronaler Modelle, nachzubilden. Aus diesem Ansatz heraus haben sich die neuronalen Netze entwickelt. Dabei werden die Struktur des Nervensystems und die Informationsverbreitung darin mit Rechenelementen nachgebaut (Nachtigall 2002). Die Neuronen des Nervensystems werden durch Computerprozessoren abgebildet. Die Computerprozessoren sind untereinander vernetzt. Natürliche neuronale Systeme sind lernfähig und in der Lage, aus gegebenen Eingabemustern die Ausgabe zu bestimmen. Diese Eigenschaften werden für die technische Informationsverarbeitung eingesetzt. Einsatzbereiche für künstliche Intelligenz sind z. B. die Erstellung von Prognosen über ein Systemverhalten aus gegebenen Sollwerten und der beobachteten Entwicklung des Systems, weiterhin in der Regelungstechnik oder der Bild- und Texterkennung. Die künstliche Intelligenz befasst sich mit der Nachbildung menschlicher Wahrnehmung und menschlichen Handelns durch Maschinen (Kern 2016).

Ein Unterbereich der neuen Bionik, die Organisationsbionik, beschäftigt sich mit dem synchronen Verhalten natürlicher Systeme. Viele natürliche Systeme zeigen vielfach ein Verhalten, das aufeinander abgestimmt ist. Jedes einzelne Individuum eines Gesamtsystems bewegt sich im System selbstorganisiert in Abhängigkeit vom Gesamtsystem. In der Organisationsbionik werden Muster in Raum und Zeit auf der Basis des Verhaltens vieler Individuen eines größeren Systems herausgearbeitet. Entscheidend ist die Informationsverarbeitung. Denn Informationen werden von einem Individuum an ein Nachbarindividuum weitergegeben und müssen entsprechend schnell verarbeitet und korrekt weitergegeben werden. Dazu bedarf es positiver Rückkopplungseffekte. Auch müssen Grenzen der positiven Rückkopplung aufgestellt werden, damit das System nicht außer Kontrolle gerät oder zerstört wird. Auch negative Rückkopplungen sind wichtig, um Effekte zu dämpfen und Stabilität herzustellen (Glansdorff 1971). Das Interessante ist, dass auf diese Weise komplexe Handlungen entstehen, obwohl nicht jedes Element die vollständige Handlungsabfolge kennt (Nachtigall 2002). Ein bekanntes Beispiel der Organisationsbionik ist die Schwarmintelligenz von Fischen oder Vögeln. Weitere Beispiele sind das Funktionieren eines Bienenstaates oder die Orientierung von Ameisen in fremder Umgebung.

4.3.2 Schwarmintelligenz

Durch das Beobachten des Verhaltens von Schwarmtieren wie Vögeln, Fischen oder Ameisen oder auch von Herdentieren, wie Elchen, können Regeln und Verhaltensmuster erkannt und formuliert werden (Gautrais 2008). Dabei beruht das Verhalten eines jeden einzelnen Tieres auf simplen Reizen. Diese Reize sind genetisch festgelegt (Wilson 2002). Die anderen Tiere im Schwarm nehmen diesen Reiz sensorisch wahr und reagieren darauf. Dabei handeln sie nur im Hier und Jetzt, ohne sich über weitere Folgen Gedanken zu machen. Da jedes Tier das gleiche Verhalten auf einen Reiz zeigt, kommt es zu einem komplexen intelligenten Verhalten des Schwarms. Die kollektive Intelligenz des Schwarms ist somit das Produkt der einfachen Verhaltensregeln.

Damit ein gemeinsames koordiniertes Verhalten im Schwarm ermöglicht wird, muss Wissen zwischen den einzelnen Individuen ausgetauscht werden. Dabei ist das Aussenden von Reizen ein wichtiger Teil der Kommunikation. Es wird zwischen zwei Arten von Kommunikationswegen unterschieden (Trianni 2004):

1. Direkte Kommunikation

    Diese Art der Kommunikation ist beispielsweise bei Honigbienen zu finden. Durch den Schwänzeltanz tauschen sie untereinander genaue Details über die gefundene Nahrungsquelle aus. Andere Bienen beobachten das Verhalten, nehmen das Wissen auf und sind so über die Nahrungsquelle informiert. Es erfolgt somit über die direkte Kommunikation ein direkter Wissenstransfer zwischen den einzelnen Individuen.

2. Indirekte Kommunikation

    Bei der indirekten Kommunikation geht es darum, Reize zu hinterlassen, die von nachfolgenden Individuen zu einem späteren Zeitpunkt aufgenommen werden. Dies ist die Kommunikation der Ameise, die auf ihrem Weg automatisch eine Pheromonspur (Duftspur) hinterlässt.

Beide Formen haben Vor- und Nachteile, z. B., dass eine Duftspur mit der Zeit verschwindet. Aus diesem Grund nutzen viele Schwärme eine Kombination aus beiden Kommunikationsarten (Bogon 2013).

In der Informatik ist die Abbildung von Schwärmen sehr interessant, da sie aus sehr einfachen und leicht programmierbaren Elementen bestehen, die äußerst komplexe Aufgaben bewältigen können. Interessant sind sie auch vor dem Hintergrund, dass einzelne Elemente bei Ausfall oder bei Auftreten eines Fehlers nicht zum Ausfall des gesamten Systems führen und so die gestellte Aufgabe trotzdem erledigt bzw. das Problem gelöst werden kann. Das System ist somit nicht nur selbstorgansiert, sondern auch anpassungsfähig und robust. Wesentliche Voraussetzung der Schwarmintelligenz ist das unabhängige und unbeeinflusste Treffen von Entscheidungen der einzelnen Individuen des Systems. Es gibt keine zentrale Steuerungsinstanz, alles ist selbstorganisiert. Die evolutionäre Einheit wird durch das Kollektiv und nicht durch das Individuum gebildet.

Durch das einfache und effiziente Verhalten von Schwärmen ergeben sich bei der Schwarmoptimierung auch effiziente Berechnungszeiten. Zudem ist der Speicheraufwand der Algorithmen gering, denn es muss nur auf das Wissen der eigenen Population zugegriffen werden (Bogon 2013). Die Erkundung einer Lösung (Exploration) und die Fokussierung auf diese können gesteuert werden, indem die Parameter an die aktuelle Lösung angepasst werden.

Von Nachteil ist der hohe Anteil von Wahrscheinlichkeiten, die zur Berechnung der nächsten Population benötigt werden (Bogon 2013). Durch diesen hohen Anteil ist eine Vorhersage über das Verhalten des Schwarms nur schwer möglich.

Ameisen

Ein Ameisenstaat besteht aus einigen hundert bis zu mehreren Millionen Ameisen. Eine einzelne Ameise ist nicht besonders intelligent. Es ist ihr nicht möglich, komplizierte Aufgaben zu bewältigen. Jedoch ist ein ganzer Ameisenstaat zu erstaunlichen Taten fähig und kann sich auch sehr gut an neue Gegebenheiten der Umwelt anpassen. Jedes Individuum trägt dazu bei, dass die Gesamtheit überlebt, indem es seine Aufgabe übernimmt. Dies funktioniert deshalb sehr gut, weil jedes Individuum selbstorganisiert ist. Kein Individuum hat einen Gesamtüberblick über die Aufgaben oder verteilt diese. Jedes Individuum sorgt mit seinem Verhalten bei der Erledigung seiner Aufgaben, wie z. B. Nahrungsbeschaffung, Brutpflege oder Verteidigung, dafür, dass die Abläufe im Gesamtstaat funktionieren.

Besonders interessant für den Bereich der Informatik ist der Prozess der Nahrungsbeschaffung. Teile eines Ameisenstaates sind mit der Beschaffung von Nahrung beauftragt. Sie schwärmen dazu aus und suchen nach Nahrungsquellen. Um dem Naturgesetz der Effizienz zu folgen, versuchen die Ameisen, sobald sie eine Nahrungsquelle entdeckt haben, diese gemeinsam auf dem kürzesten Weg zurück zu ihrem Ameisenbau zu transportieren. Man nennt dieses das Ameisenrouting.

Ameisen gelten in diesem Zusammenhang als Paradebeispiel für Schwarmintelligenz. Dadurch, dass eine große Anzahl an Individuen ein kollektives Verhalten zeigt, werden spezifische Muster im Gesamtverhalten der natürlichen Population hervorgerufen.

Doch wie bestimmen Ameisen den kürzesten Weg, so dass sich eine so genannte Ameisenstraße entwickelt? Die Ameisen geben auf ihrem Weg Duftstoffe ab, Markierungspheromone (s. Bild 4.11). Auch, wenn sie z. B. um Hindernisse herumgehen und einen Umweg machen, legen sie eine Pheromonspur. Dabei legen sie auf ihrem Weg eine einfache Duftspur, um wieder zurück zum Nest zu finden. Haben sie hingegen Futter gefunden, legen sie auf dem Rückweg eine stärkere Spur (Bogon 2013). Die Duftnoten verfliegen jedoch mit der Zeit wieder. Die anderen ausschwärmenden Ameisen reagieren auf die Spuren und folgen diesen je nachdem, wie stark diese sind.

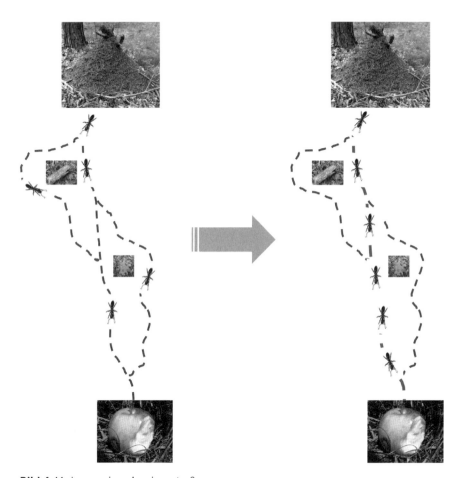

Bild 4.11 Legen einer Ameisenstraße

Diejenigen, die den Spuren des schnellsten Weges innerhalb eines kurzen Zeitraumes folgen, machen sich als Erste wieder auf den Weg, gehen diesen Weg erneut und setzen wieder Duftnoten (s. Bild 4.12). Dadurch sorgen sie dafür, dass dieser Weg immer stärker mit einer Pheromonspur „aufgeladen" wird. So werden die anderen Ameisen motiviert, ebenfalls diesen Weg zu gehen. Das ist das Funktionsprinzip einer Ameisenstraße. Die Informationen, die gegeben werden, sind rein lokal und vereinzelt und nicht von einer höheren Instanz vorgegeben.

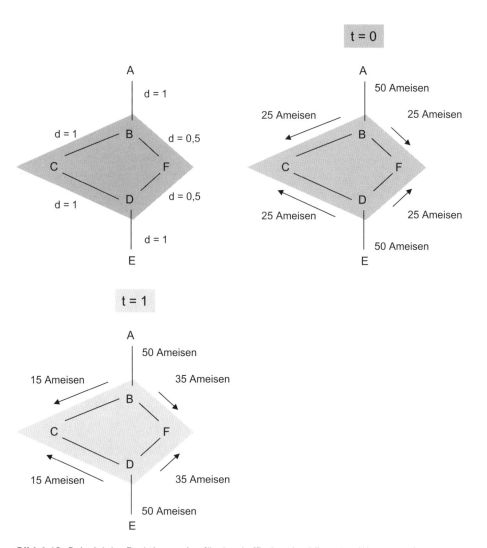

Bild 4.12 Beispiel der Funktionsweise für das Auffinden des kürzesten Weges zu einer Nahrungsquelle bei Ameisen (nach Dorigo 1996)

Die Entscheidung, wo die einzelne Ameise nach Nahrung sucht, trifft sie anhand der Pheromonspur. Dies ist ihr Weg der Kommunikation und Informationsweitergabe an andere Ameisen. Verfliegt die Duftnote wieder, da die Nahrungsquelle versiegt ist, geht die einzelne Ameise wieder andere Wege auf der Suche nach einer neuen Nahrungsquelle.

Diese Form der Kommunikation wird Stigmerie genannt. Es handelt sich um eine indirekte Kommunikation durch die Veränderung der Umgebung, indem dort räumlich Informationen abgelegt werden. Stigmerie führt zu einer positiven Selbstverstärkung. Es ist ein Konzept zur Beschreibung einer besonderen Form der Koordination von Kommunikation in einem dezentral organisierten System, das eine große Anzahl von Individuen umfasst (Luxenhofer 2010).

Bienen

Auch Bienen nutzen die Schwarmintelligenz bei der Nahrungssuche. Von der Pollensuche zurückkehrende Sammlerinnen und Kundschafterinnen führen vor ihrem Nest einen Tanz auf (Pintscher o. J.). Der Tanz ist so aufgebaut, dass sie durch die Richtung und die Geschwindigkeit ihres Tanzes in Abhängigkeit vom Sonnenstand die Richtung und Entfernung der Nahrungsquelle aufzeigen (s. Bild 4.13).

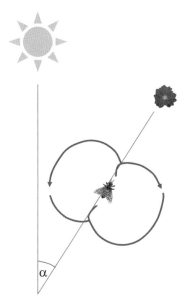

Bild 4.13
Tanz der Bienen (nach Seilnacht o. J., Schade o. J.)

Durch das spezifische Tempo des Tanzes wird den anderen Bienen die Entfernung mitgeteilt. Die Futterquelle liegt demnach umso näher am Bienenstock, je mehr Umdrehungen die Biene pro Zeiteinheit macht. Ist die Entfernung der Futterquelle zum Bienenstock größer, schwänzelt das Tier im Mittelstück des Tanzes heftiger, so dass der Ablauf des Schwänzeltanzes länger dauert. Der Winkel des Tanzes gibt die Richtung in Bezug zur Sonne an.

Kommt eine Biene in den Bau zurück, beobachten die anderen Bienen die Tänze der zurückkommenden Sammlerinnen und wählen ihr nächstes Ziel. Erschöpft sich die Nahrungsquelle einer Blüte, benötigt die Biene mehr Zeit zum Einsammeln der verbliebenen Pollen. Dadurch dauert es länger, bis sie ihren Tanz im Bau erneut aufführen kann. Wird der Tanz von der zurückkehrenden Sammlerin weniger häufig aufgeführt, werden auch weniger Sammlerinnen motiviert, am gleichen Ort mit ihr nach Pollen zu suchen.

Auch hier funktioniert die Nahrungssuche völlig selbstbestimmt ohne äußere Steuerung. Die einzelnen Tiere entscheiden rein aufgrund lokaler Informationen.

Schwarmfische

Schwarmfische vollführen ein erstaunliches Schauspiel. Sie zeigen im Kollektiv extrem schnelle Reaktionen auf äußere Einflüsse. Die Fische leben im Schwarm, weil dies die Überlebenschancen des einzelnen Fisches erhöht. Ein Angreifer wird unter Umständen von einer Gruppe von Fischen schneller entdeckt als von einem einzelnen Fisch. Für den Angreifer ist es dann schwerer, einen einzelnen Fisch im Schwarm auszumachen und diesen zu jagen. Zudem vollführen die Fische im Schwarm die Täuschung, der Schwarm sei ein einziger großer Fisch. Um dies zu erreichen, müssen sich die Fische im Schwarm einheitlich bewegen.

Jeder einzelne Fisch orientiert sich an seinem Nachbarn. Indem jeder einen bestimmten Abstand zu seinem Nachbarn einhält, kann eine Kollision mit den Nachbarfischen vermieden werden (Partridge 1981). Kollisionen könnten auch dazu führen, dass der gesamte Schwarm auseinanderbricht. Die Fische passen dazu ihre Geschwindigkeit den Nachbarfischen an. Unterstützt werden sie durch ihr Seitenlinienorgan. Im Schwarm gelten damit die beiden einfachen Regeln:

- „Halte dich in einem bestimmten Abstand zu anderen Fischen auf" und
- „Schwimme so schnell wie deine Nachbarn".

Dies kann weiter aufgeschlüsselt werden in (Reynolds 1987):

- Separation: Ein Individuum entfernt sich, wenn andere Individuen zu nahe kommen.
- Alignment: Ein Individuum bewegt sich in der Durchschnittsrichtung seiner Nachbarn.
- Kohäsion: Ein Individuum versucht die Durchschnittsposition seiner Nachbarn zu erreichen.

Diese Struktur ermöglicht ein sehr geordnetes Verhalten. Kommt es zu einem Angriff durch einen Raubfisch, zeigen die Schwarmfische je nach Art ein sehr komplexes Verhalten (Pintscher o. J.). Die Fische, die unmittelbar die Gefahr erkennen, lenken durch ihr eigenes Fluchtverhalten den gesamten Schwarm (s. Bild 4.14). Manche Fischarten teilen sich auf, wodurch der Angreifer gezwungen ist, sich zwischen den beiden Teilschwärmen zu entscheiden. Andere Arten strömen geordnet auseinander, was dem Beobachter wie ein „explodieren" des Schwarms erscheint. Wieder andere Fischarten begeben sich hinter einen Angreifer, indem sie einen Haken schlagen. Es gibt also auch hier wieder keine Steuerung, keine Instanz, die ein Verhalten koordiniert. Durch einzelne Fische und bestimmte Regeln wird der gesamte Schwarm gelenkt.

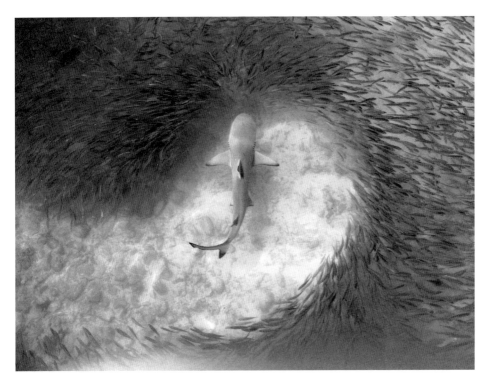

Bild 4.14 Koordiniertes Verhalten eines Fischschwarms bei Angriff durch einen Haifisch (Pogoreutz 2016)

Die Bedeutung der Schwarmintelligenz in der Technik und Informatik

Die Prinzipien der Schwarmintelligenz sind gut in die Bereiche der Technik und Informatik übertragbar. In der Natur ist es ein so erfolgreiches Konzept, dass es sich lohnt, die Mechanismen zu analysieren, um es dadurch für den Menschen anwendbar zu machen.

Hat man die Prinzipien dieses Konzeptes entschlüsselt, sind Schwärme relativ einfach in einem Rechenmodell umzusetzen. Ein Schwarm besteht aus sehr einfachen und leicht programmierbaren Teilen. Der programmtechnisch umgesetzte Schwarm kann äußerst komplexe Aufgaben bewältigen und ist robust dagegen, wenn eines der Teile einen Fehler macht oder ausfällt. Die gestellte Aufgabe kann trotzdem gelöst werden.

In der Informatik findet die Schwarmintelligenz in algorithmischen Gleichungen Anwendung, wie dem Ansatz der Ant Colony Optimization (ACO) und der Particle Swarm Optimization (PSO) (Pintscher o. J.). Die Methode des ACO ist die bis heute meistgenutzte Optimierungsmethode zur Simulation des Verhaltens von Schwärmen (Bogon 2013).

Ein typisches Beispiel für den Ansatz der Ant Colony Optimization (ACO) ist das Traveling Salesman Problem (Pintscher o. J.). Dabei soll ein Handelsreisender den kürzesten Weg (Graphen) finden, auf dem alle seine Kunden liegen, die er genau einmal besucht. Im Anschluss kehrt er wieder zum Ausgangspunkt zurück. Der Ansatz simuliert somit das Verhalten der Ameisen, um kurze Wege in Graphen zu finden (Dorigo 1992). Umgesetzt in ein Programmsystem schickt dieses Agenten aus, die an zufällig gewählten Punkten starten und einen Weg suchen. Die Agenten erkunden den Graphen und immer, wenn sie an eine Kreuzung kommen, müssen sie sich entscheiden, wo sie weiter entlanggehen. Die Entscheidung wird in Abhängigkeit der von anderen Agenten zurückgelassenen Pheromonmenge zufällig getroffen. Wenn alle einen Weg gefunden haben, werden die Pheromonwerte aller Wege vermindert, um die Flüchtigkeit der Pheromone zu simulieren. Die Pheromonwerte werden dann entlang des Pfades entsprechend der Lösungsgüte angepasst. Dies führt zu einem globalen Gedächtnis für eine gute Lösung (Pintscher o.J.). Die optimale Lösung wird durch mehrfaches Wiederholen angenähert. Erst, wenn das vorgegebene Abbruchkriterium bzw. die Lösungsgüte erreicht ist, wird die Berechnung beendet. Im Folgenden werden mehrere mathematische Beschreibungen des genannten Problems vorgestellt, die eine Entwicklung dieses Ansatzes aufzeigen (Pintscher o.J.).

In der ersten Anwendung der Ant Colony Optimization wurde die Wahrscheinlichkeit p_{ij}^k betrachtet, mit der eine Ameise von Stadt i nach Stadt j geht. Die Stadt j stammt aus der Menge J der noch zu besuchenden Städte (Gedächtnis). Mathematisch lässt sich die Wahrscheinlichkeit wie folgt beschreiben (Dorigo 1996-a, Stützle 2000):

$$p_{ij}^k = \begin{cases} \dfrac{\left[\tau_{ij}(t)\right]^\alpha \cdot \left[\eta_{ij}\right]^\beta}{\sum_{l \in J_i^k}\left[\tau_{il}(t)\right]^\alpha \cdot \left[\eta_{il}\right]^\beta} & \text{für } j \in J_i^k \\ 0 & \text{für } j \notin J_i^k \end{cases} \tag{4.1}$$

mit

k Summenparameter – Ameise der Nummer k

l Summenparameter – Nummer eines gewählten Pfades

α, β Kontrollparameter – sie geben die relative Wichtigkeit eines Pfades an

t Zeit

Gleichung (4.1) setzt den Pheromonlevel τ und die Attraktivität η eines Pfades ins Verhältnis zum Pheromonlevel und der Attraktivität aller wählbaren Pfade. Dabei spielt die Wichtigkeit eines Pfades eine Rolle, welche in der Gleichung durch die Abhängigkeit der Elemente von den Steuerungsparametern α und β ausgedrückt wird. Ist die Stadt j nicht in der Menge der noch zu besuchenden Städte J, ergibt die Wahrscheinlichkeit, dass die k-te Ameise diese Stadt wählt, den Wert Null.

Die Verdunstungserscheinung des Pheromons wird durch die folgende Gleichung ausgedrückt:

$$\tau_{ij}(t+1) = (1-p)\tau_{ij}(t) + \Delta\tau_{ij}(t) \qquad (4.2)$$

mit

p Verdunstungsfaktor, $0 < p < 1$

Der Pheromonlevel zum Zeitpunkt t + 1 wird modelliert durch einen mit dem Verdunstungsfaktor p gewichteten Pheromonlevel zum Zeitpunkt t addiert mit der Änderung des Pheromonlevels durch Verdunstung.

In (Stützle 2000) erfolgt eine Abwandlung dieses Algorithmus, indem nur die Ameise mit der besten Lösung Einfluss auf die Veränderung des Pheromonlevels ausüben kann. Dabei gibt es für den Pheromonwert eine definierte obere und untere Grenze. Dieser Algorithmus wird Max-Min Ant System genannt. Ein ähnlicher Algorithmus ist das Ant Colony System (Dorigo 1997). Bei diesem Ansatz wird eine Kandidatenliste eingeführt, in der die nächsten unbesuchten Städte aufgeführt werden. Die nächste Stadt j errechnet sich nach der folgenden Gleichung:

$$j = \begin{cases} \arg\max_{u \in J_i^k} \left\{ [\tau_{iu}(t)] \cdot [\eta_{iu}]^\beta \right\} & \text{für } q \leq q_0 \\ J & \text{für } q > q_0 \end{cases} \qquad (4.3)$$

mit

q gleichverteilte Zufallsvariable mit Werten zwischen 0 und 1

q_0 Parameter, der den Algorithmus beeinflusst ($0 \leq q_0 \leq 1$)

Die Wahrscheinlichkeit p_{ij}^k, dass der Ort J besucht wird, errechnet sich ähnlich wie nach Gleichung (4.1):

$$p_{ij}^k = \frac{[\tau_{ij}(t)] \cdot [\eta_{ij}]^\beta}{\sum_{l \in J_i^k} [\tau_{il}(t)] \cdot [\eta_{il}]^\beta} \qquad (4.4)$$

Danach fällt die Wahl des weiteren Weges auf die Stadt, die den höchsten gewichteten Pheromonlevel aufweist, oder auf die mit der größten Wahrscheinlichkeit p_{ij}^k. Die Zufallsvariable q bzw. der Parameter q_0 beeinflussen das Ergebnis entsprechend.

(Bullnheimer 1997) beschreibt einen weiteren Weg, das Rank Based Ant System. Bei diesem System erfolgt eine Bewertung der Lösung. Die Pheromonlevel werden in Abhängigkeit von dieser Bewertung verändert.

Der Algorithmus der Ant Colony Opimization hat einen wesentlichen Vorteil gegenüber vielen anderen Graphenalgorithmen. Er kann an sich ändernde Bedingungen, dynamische Graphen, angepasst werden, ohne neu beginnen zu müssen. Solche Fälle treten bei Verkehrsplanungen und Streckenberechnungen (Routing) auf, wofür dieser Algorithmus besonders gut geeignet ist. Für das Traveling Salesman Problem kann der Algorithmus nach (Bonabeau 1999) beispielhaft wie folgt in Computersprache umgesetzt werden:

```
1    for every edge (i,j) do
2        // initialization
3        ij = 0
4    end for
5    for k = 1 to m do
6        place ant k on a randomly chosen city
7    end for
8    let T⁺ be the shortest tour found from beginning and L⁺ its length
9    for t = 1 to tmax do
10       // main loop
11       for k = 1 to m do
12           build tour Tᵏ(t) by applying n-1 times the following steps: choose the
             next city j with probability p_ij where i is the current city
13       end for
14       for k = 1 to m do
15           compute length Lᵏ(t) of tour Tᵏ(t) produced by ant k
16       end for
17       if an improved tour is found then
18           update T⁺ and L⁺
19       end if
20       for every edge (i,j) do
21           update pheromone trails
22       end for
23   end for
24   print the shortest tour T⁺ and its length L⁺
```

Fische und Vögel im Schwarm sind häufig das Vorbild beim Particle-Swarm-Optimization-Ansatz. Partikel suchen innerhalb des Problemraums nach dem Vorbild der Schwarmfische oder -vögel nach einer Lösung für die Optimierungsaufgabe (Kennedy 2001). Den Partikeln wird ein Anfangswert zugewiesen, der sich aus einer Raumangabe und einer Bewertung zusammensetzt. Informationen zur Raumangabe erhalten sie, indem sie zufällig in einem mehrdimensionalen Lösungsraum verteilt werden. Die Bewertung erhalten sie aus einer Bewertungsfunktion, die z. B. die Entfernung zum nächsten Punkt angibt. Damit kennt jedes Partikel seinen bisher bestehenden optimalen Wert. Durch die Kommunikation mit den Nachbarn erfährt das Partikel deren optimalen Wert. Zudem kennt das Partikel das globale Optimum. Wichtig ist, dass bei jedem Rechenschritt für jedes Partikel ein Wert für die Richtung und Geschwindigkeit seiner Bewegung bestimmt wird. Diese Werte stehen in Relation zu den Nachbarpartikeln und hängen von diesen ab. Ebenso sind sie vom eigenen lokalen Optimum sowie vom Optimum aller Partikel, dem globalen Optimum, abhängig. Sind die Werte bestimmt, können sie entsprechend im Lösungsraum bewegt werden, indem sie zur optimalen Lösung in ihrer Umgebung verrückt werden. Wird dieser Vorgang mehrfach wiederholt, erreichen die Partikel nach einer gewissen Zeit eine Lösung. Problematisch bei dieser Methode ist, dass je nach Gegebenheit sich schnell ein lokales Minimum oder Maximum herausbildet, worin alle Partikel stagnieren. Initialisiert man einige der Partikel neu, ist es möglich, doch noch ein globales Minimum oder Maximum zu finden. Dies schafft eine höhere Vielfalt bei der Lösungssuche. Im Rahmen von Optimierungsberechnungen findet dieses Vorgehen Anwendung, zum Beispiel, wenn es darum geht, neuronale Netze zu trainieren.

Ein Beispiel einer Anwendung ist die Verwaltung von Ressourcen, z. B. Dateien oder Daten, in Datenbanken im Netz auf gleichartigen Servern in Form von Serverfarmen. Aufgrund der zunehmenden Datenflut findet diese Form des Datenhosting immer mehr Anwendung. In Serverfarmen werden mehrere Server zu Clustern zusammengeschlossen. Die Server sind untereinander in einem logischen System verbunden und bilden einen virtuellen Server. Alle Server des virtuellen Servers können die gleiche Anfrage bearbeiten. So kann zur Bewältigung der Aufgabe die Rechenleistung mehrerer Server genutzt werden. Dies ermöglicht eine optimierte Verteilung der Auslastung zwischen den einzelnen Servern, wodurch die internen Prozesse der Server beschleunigt werden. Diese Problemstellung ist vergleichbar beispielsweise mit der heute bestehenden Fragestellung zum Betreiben von „Batterie-Clustern" oder „Batterie-Farmen". Das Netz verwaltet Dateien und Daten, während Batterien Energie verwalten. Jeder, Netz bzw. Batterie, hat nur begrenzte Kapazitäten, die es zu nutzen gilt, um alle Daten bzw. Energie jederzeit verfügbar zu haben.

In (Nakrani 2004, Pintscher o. J.) wird beschrieben, wie Ressourcen in einer großen Serverfarm optimal verteilt werden können. Sie greifen auf die zuvor beschriebene Technik der Bienen zurück. Denn vergleicht man die Nahrungsmenge zwischen den zur Verfügung stehenden Blüten, so variiert diese von Blüte zu Blüte. Durch den Abtransport von Pollen über den Tag durch die Bienen, der jedoch nicht gleichförmig erfolgt, ist die Nahrungsmenge zusätzlich über den Tag hinweg zwischen den Blüten unterschiedlich verteilt. Dies ähnelt den Anfragen im Internet. Auch hier sind die Anfragen, die an eine Serverfarm über einen Tag hinweg gestellt werden, unterschiedlich verteilt. Ebenso variiert die Anfragemenge von Ressource zu Ressource stark. Betrachtet man das Beispiel des Aufsuchens der Startseite des Bundesministeriums für Wirtschaft und Energie (BMWi) im Internet, so ist es möglich, dass diese Seite an einem Tag nur von wenigen hundert Nutzern besucht wird und an einem anderen Tag innerhalb kürzester Zeit von mehreren tausend Nutzern. Es zeigt sich, dass beiden Aufgabenstellungen die Problematik der Ressourcenverteilung innewohnt. Die Umsetzung auf Rechnerebene erfolgt, indem über die Server ein virtueller „Tanzplatz" zur Verfügung gestellt wird. Wird eine Anfrage an einen Server gestellt, platziert dieser ein „advertisement". Dieses „advertisement" zieht andere Server an, die freie Kapazitäten für die Bearbeitung der

Anfrage haben. Um das „Interesse" frei werdender Server für die Erledigung dieser Anfrage zu gewinnen, sind drei Faktoren relevant:

- Wie lange ist die Anfrage unbeantwortet?
- Wie groß ist die Anfrage?
- Wie attraktiv ist die Anfrage in Bezug auf den zu erwartenden „Gewinn"?

Dabei „tanzt" die Anfrage auf dem virtuellen „Tanzplatz" umso mehr, je länger die Anfrage unbeantwortet ist, je größer sie ist und je attraktiver sie ist. Schließlich, je mehr die Anfrage „tanzt", umso mehr zieht sie Server mit frei werdenden Ressourcen an. Dazu werden, wie bei den Bienen, innerhalb eines Server Clusters eine „Kundschafterin" und viele „Sammlerinnen" zur Verfügung gestellt. Die Kundschafterinnen teilen sich zufällig einem virtuellen Server zu. Dies können sie jederzeit machen. Für die Sammlerinnen sind die „advertisements" interessant, denen sie sich zuordnen. Durch den Aufbau des Ansatzes mit der zufälligen Verteilung kann die Ressourcenverteilung sehr leicht an sich ändernde Bedingungen angepasst werden. Herkömmliche Methoden arbeiten mit einer Warteschlange für jedes Server Cluster. Dabei wird nur zu bestimmten Zeitpunkten eine Neuzuteilung von Servern zu anderen Clustern zugelassen. Ist die Anzahl und Art der Ressourcenanfrage nicht homogen, bietet die Methode der Serverfarmen Ressourcenvorteile.

Schwarmintelligenz – Innovationen aus dem Bereich Energie

In Bereichen wie der Energieerzeugung oder Energieverteilung findet die Schwarmintelligenz bereits an vielen Stellen Anwendung. Im Folgenden werden mehrere innovative Beispiele vorgestellt.

a) Lastmanagement im Verteilnetz

Im Jahr 2014 wurde aus der Schweiz davon berichtet, dass das Stromnetz auf der Verteilnetzebene mithilfe der Schwarmintelligenz angepasst wurde (Vogel 2014). Dazu wurde eine auf der Schwarmintelligenz beruhende Steuerung für Verbrauchsgeräte entwickelt. Das Verteilnetz in jener Region der Schweiz ist so ausgelegt, dass es nur für die Feinverteilung des Stroms dient. Die Möglichkeit der dezentralen Energieerzeugung wurde mitberücksichtigt. Da auch in der Schweiz u. a. eine Dezentralisierung der Energieerzeugung erfolgt, wird das Verteilnetz in Zukunft steigenden Anforderungen genügen müssen. Um auf einen Ausbau der Netze verzichten zu können, wurde erforscht, wie der Stromverbrauch der einzelnen Lasten (Verbraucher) gezielt durch Lastverschiebung geregelt und der Eigenkonsum optimiert werden kann. Statt einer zentralen Kontrollstelle sind die Forscher dem Ansatz der Schwarmintelligenz mit dezentral verteilten, selbständig arbeitenden Steuereinheiten gefolgt.

Es wurde ein „Household Appliance Controller" (HAC) entwickelt, der einem Smart Meter mit Steuerungsfunktion und eingebautem Algorithmus entspricht. Ein solcher HAC wurde jedem Verbraucher einer Versuchseinrichtung eingebaut. Entsprechend dem Ansatz der Schwarmintelligenz kommunizieren die Geräte nicht miteinander und sind somit weder über eine zentrale Steuerungseinheit noch über Draht- oder Funkverbindungen miteinander verbunden.

An jedem Ort, an dem ein HAC-Gerät eingebaut ist, misst dieses die Spannung, den Strom und die Frequenz. Aus diesen lokalen Daten werden anhand eines Algorithmus, der mehrfache Ziele optimieren kann, nach dem Ansatz der Schwarmintelligenz Prognosen über die Netzbelastung in den nächsten 24 Stunden ermittelt. Diese Prognosen sind die Basis, anhand derer der Algorithmus eine Entscheidung zum An- oder Abschalten eines Verbrauchsgerätes fällt. Die Prognosen über die zukünftigen Netzbelastungen werden alle fünf Minuten neu erstellt.

Mit dieser Technologie wird das Ziel verfolgt, den Netzbetrieb zu optimieren. Erst im zweiten Schritt dient es zur Kostensenkung oder der Optimierung des Eigenkonsums. Jedoch ist es bei diesem Ansatz möglich, dass eine Optimierung nach der Kostenfunktion bei volatilen Preisen zu Verstärkungen der Spitzenbelastung im Netz führt. Demzufolge bedarf es entsprechender Kostenanreize für den Kunden, um diesen Zielkonflikt zu vermeiden.

Zur Ermittlung, ob das Gerät für die Zielstellung der Lastoptimierung geeignet ist, wurden Messversuche im Verteilnetz unternommen. Das Verteilnetz der Gemeinde Mendrisio, Schweiz, ist als Liniennetz aufgebaut (s. Bild 4.15).

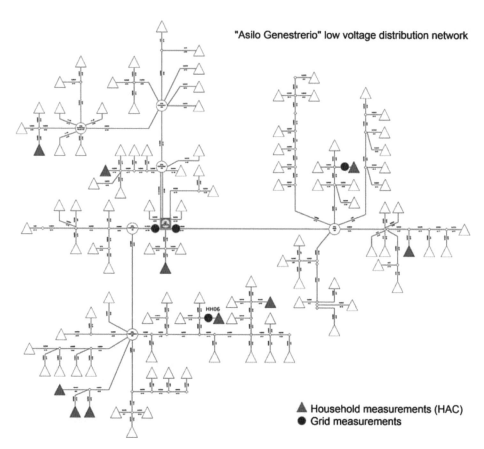

Bild 4.15 Niederspannungsnetz der Stadt Mendrisio mit Messpunkten in verschiedenen Haushalten (rot) und Netzpunkten (blau) (Vogel 2014)

Für dieses Netz wurde eine Simulationsrechnung durchgeführt, bei der 120 Haushalte mit den HAC-Geräten ausgestattet wurden (s. Bild 4.16).

Es zeigte sich, dass ohne die HAC-Geräte starke Spannungsschwankungen im Stromnetz auftreten, die durch den Einsatz der HAC-Geräte erheblich gemindert werden können. Die Stabilität des Stromnetzes kann dadurch wesentlich verbessert werden.

Diese Technologie soll in der zweiten Jahreshälfte 2016 von der Firma Alpiq InTec unter dem Namen Gridsense kommerzialisiert werden und wesentlich der Lastoptimierung für Wärmepumpen, Boiler, EV-Ladegeräte und stationäre Batterien bei Kunden dienen.

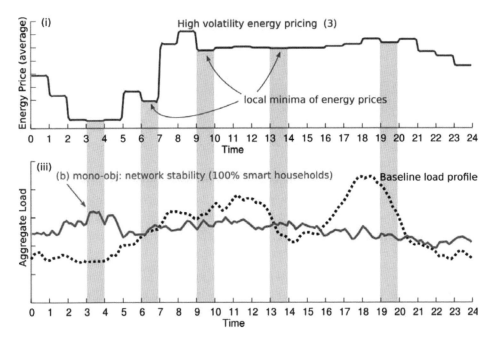

Bild 4.16 Ergebnis der Simulation des Verteilnetzes der Stadt Mendrisio mit HAC-Geräten in 120 Haushalten (gepunktete Linie) und ohne HAC-Geräte bei flexiblen Strompreisen (durchgezogene Linie, beide im Diagramm unten) (Vogel 2014)

b) Lastmanagement bei Batteriespeichern

Batterien werden in Zukunft, sei es bei der E-Mobilität oder anderen technischen Anwendungen, eine immer größere Rolle spielen. Dafür bieten die innovativen EnergyTubes eine interessante Lösung. Hier werden Großbatterien durch den intelligenten Zusammenschluss mehrerer kleiner Batterien, der sogenannten EnergyTubes, nachempfunden (s. Bild 4.17).

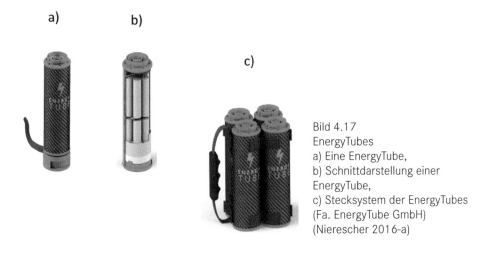

Bild 4.17
EnergyTubes
a) Eine EnergyTube,
b) Schnittdarstellung einer EnergyTube,
c) Stecksystem der EnergyTubes
(Fa. EnergyTube GmbH)
(Nierescher 2016-a)

Sie nutzen dabei teilweise das 12-Zellen-/100-Wh-Prinzip mit den erprobten 18 650-Zellen (Dörndorfer 2014). Die Batterien werden in einem Ring mit einem Magnetsteckverbinder sowie einem DC/DC-Wandler (Gleichspannungswandler, der die zugeführte Gleichspannung in eine Gleichspannung mit höherem, niedrigerem oder invertiertem Spannungsniveau umwandelt (ITWissen 2016)) angeordnet. Umgeben sind sie von einer schützenden Außenhaut. Basierend auf der integrierten Schwarmintelligenz überwachen sich die EnergyTubes selbst. So sind sie in der Lage, einen organischen, selbständigen Aufbau eines Stromnetzes zu ermöglichen. Die Kommunikation erfolgt über NFC (Near Field Communication – internationaler Übertragungsstandard zum kontaktlosen Austausch von Daten per Funktechnik über kurze Strecken von wenigen Zentimetern und mit einer Datenübertragungsrate von maximal 424 kBit/s (Horn 2013)), so dass die Übertragung von Messdaten ohne Leistungskontaktierung zwischen den Steckverbindern erfolgt.

Die EnergyTubes, die als steckbares System aufgebaut sind, bilden von ihrer inneren Struktur ein DC-Stromnetz ab und werden wie ein solches geregelt. So kommt es im Stromnetz zu unerwarteten Nachfrageanstiegen, Einspeiseausfällen und anderem, worauf das Stromnetz reagieren muss. Diese Anforderungen werden ebenfalls an die EnergyTubes gestellt. Das Netz muss dann der jeweiligen Anwendung selbständig aufzeigen, ob mit den zusammengesteckten Komponenten eine angeforderte Leistung erbracht bzw. eine eingebrachte Leistung angenommen werden kann. Fällt z.B. eine EnergyTube unerwartet aus, muss das virtuelle System schnell reagieren, um sein Netz nicht zu gefährden.

Die Kommunikation unterstützt das schwarmintelligente Verhalten. In der einfachsten Form verhält sich jede EnergyTube nur spannungsgeführt mit der ihr entsprechenden Basistrimmung.

Das schwarmintelligente DC-Netz besteht aus drei stets parallel laufenden Netzen:

- dem Stromnetz selbst
- einem Kommunikationsnetz
- einem Hilfsenergienetz

Das Hilfsenergienetz ermöglicht eine Kommunikation zwischen den Komponenten in der Startphase. Die drei Netze sind am Steckverbinder miteinander verbunden (s. Bild 4.18), der eine gemeinsame Trennstelle darstellt. Jedes der drei aufgeführten Netze endet und beginnt dort.

Als Kenngröße für die Kommunikation dient im Gleichstromnetz die Nominalspannung, die bei 48 V liegt. Jede Tube misst die Netzspannung selbständig, nimmt beim Überschreiten der Nominalspannung Energie auf und gibt beim Unterschreiten Energie ab. Auf diese Weise versucht die EnergyTube, das Netz bei dieser Spannung zu stabilisieren. Das Lademanagement ist in Bild 4.19 dargestellt.

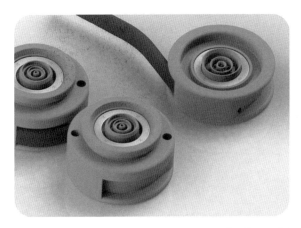

Bild 4.18 Steckverbinder der EnergyTubes (Fa. EnergyTube GmbH) (Nierescher 2016-a)

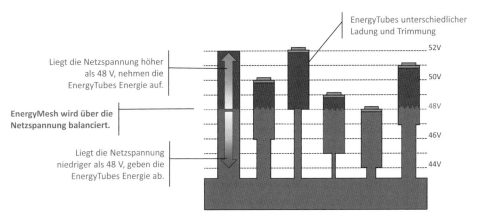

Bild 4.19 EnergyMesh-Ladungsmanagement (Fa. EnergyTube GmbH) (Nierescher 2016-a)

Das EnergyMesh in Bild 4.19 ist das neu von der EnergyTube Holding GmbH entwickelte Kommunikationsprotokoll. Es basiert auf dem IoT-Kommunikationsnetz (IoT – Internet of Things). Das Internet of Things bezeichnet die zunehmende Vernetzung, z. B. von Geräten oder Sensoren. Das IoT-Kommunikationsnetz weist in diesem Fall aufgrund der Abbildung der Schwarmintelligenz eine Mesh-Topologie (Maschen-Struktur) auf.

Ist der Wert der Nominalspannung über 48 V, so handelt es sich um eine Überversorgung und EnergyTubes müssen aus dem System herausgenommen werden. Stattdessen kann ein Ladevorgang gestartet werden. Dazu wird in einem EnergyTube-Netzteil kein klassisches Ladegerät, sondern ein UI-Netzteil (UI: user interface – Benutzerschnittstelle) eingesetzt. Dieses System dient als Basis für die Schwarmintelligenz (s. Bild 4.20).

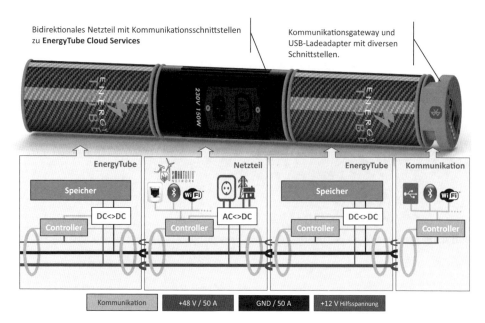

Bild 4.20 Beispiel eines EnergyMesh-Energienetzes als Basis für Schwarmintelligenz (Fa. EnergyTube GmbH) (Nierescher 2016-a)

Das Netzteil ist auf eine höhere Spannung eingestellt. Statt der 48 V hat dieses z. B. eine Grenze von 50 V und zusätzlich eine Strom- oder Leistungsbegrenzung. Wenn also im Batterie-Schwarm alle EnergyTubes vollgeladen sind, steigt im virtuellen Netz die Spannung auf 50 V. Dies ist das Zeichen für das Netz, dass die volle Leistung zur Verfügung steht.

Die Anzahl der EnergyTubes, die in einem virtuellen Stromnetz zu einer Batterie zusammengesteckt werden können, richtet sich nach dem Bedarf und kann theoretisch unendlich groß sein. Auch in einem derart großen Netz muss eine „geordnete" Kommunikation gewährleistet werden. Da das System nach dem Vorbild der Schwarmintelligenz aufgebaut ist, wird darauf zurückgegriffen, dass die Kommunikation nur mit dem direkten Nachbarn erfolgt. Die Steckverbinder zwischen den einzelnen EnergyTubes bilden die Trennstelle der Kommunikation. Hier werden die Informationen über die auf beiden Seiten zur Verfügung stehenden Anforderungen und Möglichkeiten ausgetauscht.

Wie gestaltet sich das konkret? Unser Stromnetz ist so aufgebaut, dass sich in einem Haushalt beim Verbraucher an vielen Stellen Steckdosen befinden. Über die Form des Steckers werden bereits Informationen an den Verbraucher gesendet, z. B. stehen 230 V und eine maximale Leistung von 3,7 kW, die mit 16 A abgesichert sind, zur Verfügung (klassische Haushaltssteckdose). Weitere Informationen übermittelt die Steckdose nicht. Wichtig wäre die Information, ob sich an der Stromleitung mehrere Verbraucher, wie z. B. eine Mikrowelle mit 1,4 kW und eine

Kaffeemaschine mit 2 kW befinden. Dies würde die Stromleitung mit gesamt 3,4 kW bereits an die Grenzen bringen. Das kommuniziert die Steckdose jedoch nicht. Über den Verteilerkasten erfolgt eine entsprechende Absicherung, so dass ein Verbraucher diese Geräte ohne Sorgen anschließen kann. Der wesentliche Unterschied der Kommunikation zwischen EnergyTubes und Verbraucher wäre vergleichbar damit, dass hierbei der Stecker mit der Steckdose kommuniziert. So würde die Steckdose dem Stecker mitteilen, welcher Verbraucher an ihr hängt, wieviel Spannung und welche Stromstärke dieser braucht und welche Leistung erforderlich ist. Auf der anderen Seite würde das Stromnetz darüber informieren, welche Leistungen es zur Verfügung stellen kann. Die direkte Kommunikation ist vollkommen ausreichend. Eine Kommunikation mit der Peripherie, also den dahinter stehenden Energieerzeugern oder -speichern, ist wie in einem Fischschwarm nicht erforderlich.

So arbeiten auch die EnergyTubes. Jede EnergyTube entscheidet dabei selbständig, ob sie eine angeforderte Leistung erbringen kann. Die eigenen Möglichkeiten werden kommuniziert und in Richtung Anwendung aufsummiert. Dadurch bauen sie organische Strukturen mit Sozialverhalten auf. Jedes Element achtet für sich selbständig darauf, was es aufgrund des Alters bzw. Zustandes (alt, jung, schwach, stark) in der Lage ist, zu leisten. Durch einen DC/DC-Wandler kann jedes Element seine Leistungsgrenzen (200 W bis 500 W) selber festlegen. In einer smarten Batterie lassen sich auf diese Weise EnergyTubes unterschiedlichen Alters und Zustandes miteinander kombinieren, die dann innerhalb ihrer selbst eingestellten Grenzen betrieben werden können. Ein Ausfall einer EnergyTube aus Altersgründen führt damit auch hier nicht zum Ausfall der gesamten Batterie.

Über das Baukasten-Stecksystem lassen sich die einzelnen Batterien zu einer Großbatterie zusammenstecken (s. Bild 4.21).

Bild 4.21
Baukastensystem der EnergyTubes (Fa. EnergyTube GmbH)
(Nierescher 2016-a)

Je mehr EnergyTubes über ein Stecksystem zusammengefasst werden und je mehr solcher Systeme zusammenarbeiten, umso komplexer wird die Kommunikation. Betrachtet man die Tierwelt, ist auch deren Kommunikation von unterschiedlichen Faktoren, wie z. B. der Größe der Gruppe und der Zugehörigkeit zu den Beutegreifern oder Beutetieren, abhängig. So sind beispielsweise in einem Wolfsrudel oder einer Kuhherde andere Kommunikationsregeln erforderlich als in einem großen Fischschwarm.

Je mehr EnergyTubes ein zusammengestecktes EnergyTube-System bilden, umso weniger Verantwortung trägt die einzelne EnergyTube im System und umso „schmaler" kann das Kommunikationssystem ausfallen (Nierescher 2016-b). In einem Wolfsrudel kennen sich die einzelnen Teilnehmer mit ihren Stärken und Schwächen genau. Sie bilden ein klar definiertes System mit zugewiesenen Rollen und eindeutigen Kommunikationsregeln. Mit steigender Teilnehmerzahl spielen die sozialen Beziehungen eine geringere Rolle. Bei einer sehr großen Teilnehmerzahl, wie beispielsweise in einem Fischschwarm, handelt der Schwarm nach Direktiven. Fällt ein einzelner oder fallen einige wenige Tiere des Schwarms aus, kann dies das Gesamtsystem Fischschwarm eher verkraften als z. B. ein kleines Wolfsrudel. Die Direktiven werden mit steigender Intelligenz der Lebewesen komplexer. Ebenso können sozialökonomische Verhaltensregeln erlernt werden.

In größeren Speichersystemen könnte so selbst bei langsamer Punkt-zu-Punkt-Kommunikation (Teilnehmer zu Teilnehmer) ein soziales System etabliert werden (Nierescher 2016-b). Betrachtet man einen Massenspeicher, so könnte beispielsweise die Reihenfolge für das Laden und Entladen eines Einzelmoduls im Rahmen des Ladungsmanagements durch „Weitersagen" bestimmt werden. In der Folge heißt das (Nierescher 2016-b):

1. Jede EnergyTube hat ein Basisverhalten, von dem jede Anwendung ausgeht.
2. Eine Anwendung kann den mit ihr verbundenen EnergyTubes darüber hinausgehende Verhaltensregeln vorgeben.

Damit ist es möglich, ein EnergyTube-System den mehr oder weniger komplexen Anforderungen anzupassen und so einen wichtigen Baustein für die Energiewende zu liefern.

4.3.3 Neuronale Netze

Neuronale Netze finden ihr Vorbild in der Biologie, im Speziellen in der Funktionsweise des Gehirns. Für die Umsetzung der Funktionen des Gehirns hat (McCulloch 1943) die Grundgedanken entwickelt. Im Gehirn befinden sich Nervenzellen, auch Neuronen genannt. Sie besitzen einen Körper, das sogenannte Soma. Neuronen sind darauf spezialisiert, Erregungen (Reize) zu übertragen. Die Reize werden von den Dendriten, den Zellfortsätzen der Nervenzellen, aufgenommen. Nach der Aufnahme der ankommenden Reize in den Dendriten werden sie von den Nervenzellen im Soma gesammelt. Sie werden als eine Art „Addierer" bezeichnet. Die Aktivitäten werden jedoch mit einer bestimmten Gewichtung im Soma addiert. Überschreitet die Summe einen bestimmten Schwellenwert, werden die Informationen durch das Axon (Nervenzellfortsatz) weitergeleitet. Die Neuronen sind über Synapsen miteinander verbunden, worüber der Kontakt erfolgt. Synapsen, die mit einem Neuron in Kontakt sind, können dieses hemmen oder erregen. Bei diesem Prozess werden Informationen übertragen und verarbeitet, nicht, wie ursprünglich angenommen, Energie. Durch die Erkenntnisse der Informationsverbreitung im Gehirn kann dieser Prozess über Schaltelemente bzw. Verknüpfungen, verbunden mit den Grundoperationen der Aussagenlogik, modelliert werden. Darüber lassen sich künstliche neuronale Netze konstruieren.

Neuronales Netz – Theorie

Ein neuronales Netz setzt sich aus diesen Neuronen zusammen. In diesem Zusammenhang werden diese Knoten als Einheiten oder Units bezeichnet (Klüver 2012). Sie übernehmen wie im Gehirn die Funktion, Informationen aus der Umwelt oder von anderen Neuronen aufzunehmen. Anschließend geben sie die Informationen in geänderter Form an die Umwelt oder andere Neuronen weiter. Wir unterscheiden dabei drei Schichten, auch Layer genannt. In jeder Schicht sitzen Neuronen mit unterschiedlichen Funktionen (s. Bild 4.22).

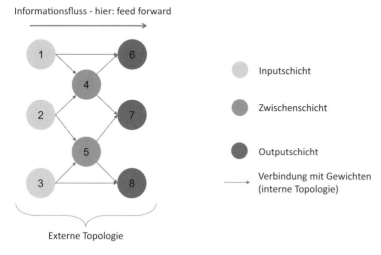

Bild 4.22 Schematische Darstellung einer möglichen Netzwerktopologie für neuronale Netze (nach Klüver 2012)

Die Schichten können wie folgt beschrieben werden (Klüver 2012):

- Inputschicht

  Die Neuronen der Eingabeschicht können von der Außenwelt Signale (Reize, Muster) empfangen.

- Outputschicht

  Durch die Neuronen der Ausgabeschicht werden Signale wieder an die Außenwelt abgegeben.

- Verborgene Schicht

  Dabei handelt es sich um die Zwischenschicht, die über die Eingabe- bzw. Ausgabeschicht nur eine indirekte Beziehung zur Umwelt besitzt. Sie gibt somit eine interne Repräsentation der Außenwelt.

Die Neuronen sind über Kanten miteinander verbunden. Diese Kanten können durch ein Gewicht in ihrer Stärke verändert werden. Durch diese Gewichtung wird ausgedrückt, wie stark ein Neuron auf ein anderes wirkt (Rey o. J.-c):

- Positives Gewicht:

  Ein Neuron übt einen erregenden (exzitatorischen) Einfluss auf ein anderes Neuron aus.

- Negatives Gewicht:

  Die negative Gewichtung zeigt an, dass es sich um einen hemmenden (inhibitorischen) Einfluss auf ein anderes Neuron handelt.

- Gewicht von Null:

  Bei einem Wert von Null übt ein Neuron in dem Moment keinen Einfluss auf ein anderes Neuron aus.

Das Wissen eines neuronalen Netzes wird durch die Gewichte und das Lernen der Netze durch Gewichtsveränderungen modelliert.

Eine einzelne Information, die ein Neuron von einem anderen Neuron erhält, kann vereinfacht als Input ausgedrückt werden. Werden alle einkommenden Informationen (gesamter Input) betrachtet, kann dies als Netzinput bezeichnet werden.

Da bei neuronalen Netzen die sendenden und empfangenden Neuronen nicht als binäre oder ganzzahlige Größen dargestellt werden, sondern reell codiert sind, sind beim Austausch von Informationen zwei Unterscheidungen wichtig. Durch bestimmte Regeln bzw. Funktionen wird festgelegt, wie das Aussenden eines Signals von einem Neuron und das Verarbeiten eines Signals durch ein Empfängerneuron zu erfolgen hat (Klüver 2012). Die Funktionen für das Aussenden von Informationen werden Inputfunktionen (Propagierungsfunktionen) genannt. Sie beschreiben den Zustand eines einzelnen Neurons zu einem bestimmten Zeitpunkt, den sogenannten Nettoinput für jedes Neuron j (net_j). Dieser berechnet sich durch die Multiplikation und anschließende Aufsummierung aller ankommenden

Eingänge o_i mit den Verbindungsgewichten w_{ij}. Dieser Zusammenhang lässt sich mathematisch wie folgt darstellen (Klüver 2012):

$$\text{net}_j = \sum_i w_{ij} \cdot o_i \qquad (4.5)$$

Dies ist eine Möglichkeit, eine Inputfunktion mathematisch darzustellen. Es sind jedoch auch andere Funktionen möglich.

Für das Verarbeiten von ausgesendeten Informationen werden bei neuronalen Netzen Aktivierungsfunktionen F_j (Transferfunktionen) definiert. Aktivierungsfunktionen legen fest, wie der Zustand eines Empfängerneurons durch die Signale des Sendeneurons neu bestimmt wird (Klüver 2012). Dabei ist zu beachten, dass das Sendeneuron das Signal zuvor unter Umständen modifiziert hat. Mathematisch lässt sich die Aktivierungsfunktion zur Bestimmung des Zustandes des empfangenden Neurons beispielsweise wie folgt darstellen (Klüver 2012):

$$a_j = \sum a_i \cdot w_{ij} \qquad (4.6)$$

mit

a_i Aktivierungszustände der Neuronen i, die auf ein bestimmtes Neuron j einwirken

w_{ij} „Gewichte" der Verbindungen zwischen den Neuronen i und dem Neuron j, also die Maße für die Stärke der Interaktionen

Anders ausgedrückt, werden die Zustände des sendenden Neurons mit den jeweiligen Gewichtswerten multipliziert. Die Gewichte charakterisieren die Verbindungen zum empfangenden Neuron. Im Anschluss wird das Ergebnis aufsummiert.

Die Verarbeitung einer Funktion wird demnach durch zwei Faktoren charakterisiert (Rey o.J.-a):

- Aktivitätszustände (Aktivitätslevel oder auch Output) der sendenden Einheit:

  Je höher das Aktivitätslevel, desto größer ist der Einfluss (Input) auf das empfangende Neuron.

- Gewicht der Kanten zwischen zwei Neuronen:

  Auch hier gilt, je höher das Gewicht, desto größer der Einfluss auf das empfangende Neuron.

In der obigen mathematischen Formulierung werden die beiden Faktoren miteinander multipliziert. Dementsprechend besteht kein Einfluss, sobald einer der beiden Werte null ist.

Interessant ist nun auch der Zeitpunkt t, zu dem ein bestimmter Zustand vorliegt. Die allgemeine Funktion zur Integration der Zeit lautet (Klüver 2012):

$$a_j(t+1) = F_j\big(a_j(t), net_j(t+1)\big) \tag{4.7}$$

Der Term $a_j(t+1)$ beschreibt den neuen Aktivierungszustand, während $a_j(t)$ den alten Zustand beschreibt. Für den Nettoinput gilt dies entsprechend. Damit ergibt sich der Zustand eines Neurons zum neuen Zeitpunkt t + 1 aus:

- Aktivierungsfunktion F zum Zeitpunkt t
- Nettoinput zum Zeitpunkt t + 1

Weiterhin ist die Information wichtig, ob ein Neuron oder ein Neuronenverbund eine Aktivität an andere Neuronen weitergibt oder nicht. Dazu wird eine Schwellenfunktion (Schwellenwerte) eingeführt (Klüver 2012). Wird ein bestimmter Schwellenwert θ überschritten, erfolgt eine Weitergabe einer Aktivität andernfalls nicht. Man kann dem Schwellenwert somit die Funktion eines Schalters zuweisen. Dies lässt sich ausdrücken durch:

$$\begin{aligned} a_j &= net_j, \text{ wenn } net_j > \theta \\ a_j &= 0, \text{ sonst} \end{aligned} \tag{4.8}$$

Wie ein neuronales Netz nun funktioniert, ist in Bild 4.23 dargestellt.

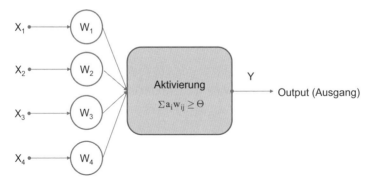

Bild 4.23 Schematisch vereinfachte Darstellung der Funktionsweise eines neuronalen Netzes (nach Klüver 2012)

Weiterhin sind neuronale Netze in der Lage, auf der Basis vordefinierter Lernregeln zu lernen. In (Rey o.J.-b) werden einige Grundgedanken zum Lernen von neuronalen Netzen vorgestellt. Man unterscheidet bei neuronalen Netzen zwischen einer Trainings- und einer Testphase.

Im Rahmen der Trainingsphase erhält das neuronale Netz Lernmaterial für das Lernen. Dazu werden in der Regel die Gewichte zwischen den einzelnen Neuronen abgeändert. Die Art und Weise, wie das neuronale Netz die Veränderungen vorzunehmen hat, werden durch Lernregeln vorgegeben. Viele der bestehenden Lernregeln lassen sich den folgenden zwei Kategorien zuteilen:

- supervised learning

  Im Rahmen des überwachten Lernens wird der korrekte Output als „teaching vector" vorgegeben. Anhand dieses Outputs werden die Gewichte optimiert.

- unsupervised learning

  Beim nicht überwachten Lernen wird kein Output vorgegeben. Die Gewichtsveränderungen erfolgen mit den Inputreizen. Diese sind dabei abhängig von der Ähnlichkeit der Gewichte.

Bei der Testphase werden die Gewichte nicht verändert. Die Überprüfung, ob das neuronale Netz etwas gelernt hat, erfolgt anhand der bereits modifizierten Gewichte aus der Trainingsphase. Die Inputneuronen des neuronalen Netzes erhalten einen Reiz, der einen entsprechenden Output erzeugt. Dieser Output wird darauf überprüft, ob das neuronale Netz etwas gelernt hat. Dabei wird zwischen einem Ausgangsreiz, also dem erneuten Präsentieren des zu lernenden Ausgangsreizes, und einem neuen Reiz, bei dem die Fähigkeit überprüft wird, ob das neuronale Netz auf neue Reize entsprechend reagieren kann, unterschieden.

Das Lernen erfolgt über Algorithmen als Lernregeln, die angeben, wie stark welches Gewicht eines Neurons erhöht oder reduziert werden soll. Nach (Klüver 2012, Rey o. J.-b) können vier Lernregeln unterschieden werden:

- Hebb-Regel

  Es handelt sich um die einfachste Lernregel. Nach ihr kann das Gewicht zwischen zwei Neuronen verändert werden, wenn diese zwei Neuronen gleichzeitig aktiv sind.

- Delta-Regel

  Dabei wird ein Vergleich zwischen dem gewünschten und dem tatsächlich beobachteten Output eines Neurons aufgestellt.

- Backpropagation

  Bei dieser Regel werden die Neuronen der Zwischenschicht mit eingebunden. Es ergibt sich daraus eine Schicht mehr, bei der Modifikationen an den Gewichten erfolgen können.

- Competitive Learning

  Beim competitiven Lernen werden keine konkreten, externen Outputreize vorgegeben, sondern das Lernen erfolgt nicht überwacht. Dies bedeutet, dass die Gewichtsveränderungen und damit eine Kategorisierung in Abhängigkeit der Ähnlichkeit der Gewichte mit den präsentierten Inputreizen durchgeführt werden.

Es zeigt sich, dass neuronale Netze recht unterschiedlich aufgebaut sein können und ebenso mit unterschiedlichen Algorithmen arbeiten. Auch das Lernen kann über unterschiedliche Mechanismen umgesetzt werden.

Neuronale Netze im Energiebereich

In der Arbeit von (Hufendiek 1998) wird ein Überblick über den Einsatz neuronaler Netze zur Erstellung von Prognosen gegeben. Dabei werden die Möglichkeiten und Grenzen für deren Anwendung zur Erstellung kurzfristiger Lastprognosen aufgezeigt. Das Interesse an neuronalen Netzen zum Einsatz in der betrieblichen Praxis besteht schon seit vielen Jahren.

Demnach sind neuronale Netze geeignet, Prognosen zu erstellen. Den neuronalen Netzen werden zur Erstellung einer Prognose Informationen, z. B. zum Tagestyp (Wochentag, Wochenende), Wetter inklusive der Temperaturen und der Windstärke sowie Daten zur Bewölkung und der Feuchtigkeit, übergeben. Ebenso können Lastwerte mit unterschiedlicher Zeitschiene (z. B. der vergangenen Tage, der letzten Stunden) und Auflösung (z. B. 10-Minutenwerte, 15-Minutenwerte) in das System gegeben werden. Sobald das neuronale Netz trainiert ist, werden die letzten bekannten Werte an die Eingänge des Netzes angelegt. Nach dem Durchrechnen wird sehr schnell der prognostizierte Verlauf am Ausgang angezeigt (Fiedler 2007).

Durch einen iterativen Prozess des Lernens können die optimalen Gewichte und Schwellenwerte bestimmt werden. Der Lernprozess erfolgt, indem das neuronale Netz aus den Trainingsdaten vorhandene Muster und Zusammenhänge ableitet. Das neuronale Netz ist dadurch in der Lage, den Verlauf einer Zeitreihe optimal anzunähern, ohne die exakten Kurvenparameter des mathematischen Modells genau zu kennen (Fiedler 2007). Der Lernvorgang kann dabei je nach Umfang einen hohen Rechenaufwand in Anspruch nehmen, wohingegen die eigentliche Prognose verhältnismäßig schnell abläuft (Fiedler 2007).

Es zeigt sich, dass neuronale Netze für die Erstellung von Verbrauchsprognosen im Strom- oder Gasbereich sehr interessant und geeignet sind, da sie (Fiedler 2007):

- sich sehr robust gegenüber rauschenden Eingangsdaten verhalten,
- sehr tolerant gegenüber Datenausreißern oder fehlenden Werten sind. Dies hängt damit zusammen, dass sich der Fehler auf die Wertestruktur des gesamten Netzes verteilt.

4.3.4 Die Evolutionstheorie als Optimierungsprozess

Die Evolutionstheorie geht auf den Naturforscher Charles Darwin (1809 – 1882) zurück. Sein Werk „On the Origin of Species by Means of the Natural Selection" (Über die Entstehung der Arten durch natürliche Auslese), welches er im Jahr 1859 herausbrachte, veränderte das bis dahin bestehende Weltbild des Menschen grundlegend. Während in jener Zeit der Glaube bestand, dass der Mensch das Ebenbild Gottes ist, formulierte Darwin, dass sich alle Lebewesen über lange Zeiträume hinweg aus primitiveren Arten heraus entwickelt haben. Darwin erkannte vier Mechanismen, die für seine Theorie ausschlaggebend waren. Diese sind:

- Reproduktion

  Es ist erforderlich, dass jede Art immer mehr Nachkommen erzeugt, als notwendig wären, um ihre Art zu erhalten.

- Variation

  Betrachtet man die einzelnen Individuen einer Population, so erkannt man, dass sich jedes Individuum in mehreren Merkmalen von den anderen unterscheidet.

- Selektion

  Durch die Umwelt wird ein Selektionsdruck auf die einzelnen Individuen ausgeübt. Nur diejenigen Individuen, die zufällig am besten an die bestehenden Umweltbedingungen angepasst sind, haben eine Chance zu überleben. Durch diesen Effekt ist es möglich, dass die Gene der besser an die Umwelt angepassten Individuen häufiger an folgende Generationen vererbt werden können. Die damit verbundenen Merkmale können sich so schneller ausbreiten.

- Vererbung

  Es zeigt sich, dass gewisse Merkmale bei Nachkommen wieder auftreten. Daraus folgt, dass ein gewisser Teil des genetischen Pools weiter vererbt werden kann.

Mit dem Kampf ums Überleben der einzelnen Individuen kommt es zu einer natürlichen Selektion der am besten angepassten Individuen. Nur die bestangepassten Individuen setzen sich durch und sorgen zum einen für den Erhalt, aber vor allem für die Weiterentwicklung der Art und die Entwicklung neuer Arten. Dies begründet das Prinzip: „survival of the fittest".

Durch die Weiterentwicklung der Forschung konnten neue Entdeckungen gemacht werden. So entwickelte sich vorrangig aus den Arbeiten von Darwin und Mendel (1822 – 1884) die synthetische Evolution. Diese brachte die folgenden fünf Evolutionsfaktoren heraus:

- Mutation
- Rekombination
- Selektion
- Gendrift
- Isolation

Die Evolution ist ein genialer innovativer Prozess, der immer wieder die besten „Produkte" für eine bestimmte spezielle „Problemstellung" hervorbringt. In der Technik und der Informationstechnologie finden die Ansätze der Evolution schon lange Anwendung. Für Ingenieure, Mathematiker und Informatiker kann die Evolution als ein extrem leistungsfähiges Optimierungsverfahren betrachtet werden. Dabei geht es in diesem speziellen Fall der Anwendung in Optimierungsverfahren um die computergestützte Simulation der Evolution und ihrer algorithmisch und mathematisch modellierbaren Prinzipien. Es geht nicht darum, die exakte Arbeitsweise der biologischen Evolution zu verstehen und nachzubilden. Vielmehr geht es um das Verständnis der Grundprinzipien der Evolution, wie der zuvor aufgeführten Prinzipien der Mutation, Rekombination usw. Ziel ist es, diese Prinzipien rechnergestützt zu modellieren und zur Lösung schwieriger Problemstellungen heranzuziehen.

Theorie – Evolutionäre Algorithmen

Basierend auf (Heinzmann 1994) wird nachfolgend die Theorie zur Aufstellung evolutionärer Algorithmen vorgestellt.

Evolutionäre Algorithmen lassen sich, wie in Bild 4.24 dargestellt, in vier Teilgebiete aufgliedern (s. Bild 4.24):

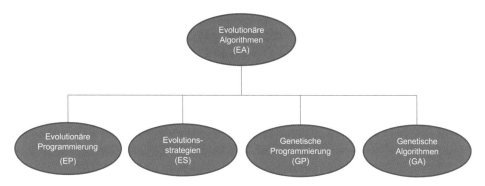

Bild 4.24 Die Vielfalt evolutionärer Algorithmen (nach Lippe 2005)

Die vier Ansätze ahmen die Prozesse der Evolution auf unterschiedlichen Abstraktionsebenen nach. Details und die Repräsentation der Art und Weise, wie die Individuen einer Population mutieren, rekombiniert und selektiert werden, werden bei der Modellbildung unterschiedlich umgesetzt (Lippe 2005).

Die Evolution aus Sicht des Ingenieurs ist eine komplexe Optimierungsaufgabe, die nach bestimmten Regeln und Steuerungsmechanismen auch komplexeste Organismen und Lebensformen in einem relativ kurzen Zeitraum an ihre Umwelt- wie auch Lebensbedingungen anpasst. Es geht darum, aus einer Vielfalt an genetischen Informationen das am besten angepasste Erbgut (Maximum) zu suchen. Man könnte sagen, dass die Evolution eine Art Suchprozess mit Zielvorgabe im Raum der genetischen Informationen bzw. der möglichen Erbanlagen darstellt. Die Zielvorgabe lautet, dass diejenigen Erbanlagen gefunden werden sollen, die eine Art oder ein Individuum in die Lage versetzen, den Kampf ums Dasein zu bestehen. Dabei ist der Suchraum der Evolution zum Auffinden optimaler Lösungen beeindruckend groß. Die möglichen Alternativen, die die Evolution potenziell durchsuchen muss, werden auf $10^{1\,000\,000\,000}$ geschätzt (Lippe 2005). Wenn man sich das Ergebnis anschaut, mit dem die Evolution die Arten an ihre unterschiedlichen Lebens- und Umgebungsbedingungen angepasst hat, zeigt dies die herausragende Leistungs- und Optimierungsfähigkeit des natürlichen Evolutionsprozesses. Für herkömmliche Optimierungsverfahren würde dies einen sehr großen Speicher- und Rechenplatz bedeuten.

Zur weiteren Analyse des Suchprozesses der Evolution ist es ausreichend, drei wesentliche einfache Prinzipien zu beschreiben. Dies sind die Mutation des Erbgutes, die Rekombination der Erbinformation (Crossover) und die Selektion aufgrund der Tauglichkeit (im Sinne der Überlebensfähigkeit gegenüber den Lebens- und Umwelteinflüssen) eines Individuums (Lippe 2005). Die drei Prinzipien unterscheiden sich im Rahmen des Evolutionsprozesses hinsichtlich ihrer Funktion und Wichtigkeit. Bei der Suche nach optimalen Ergebnissen im Nukleotidraum ist es möglich, dass sowohl lokale wie globale Optima gefunden werden (s. Bild 4.25).

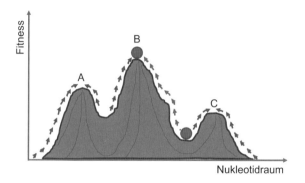

Bild 4.25 Lokale und globale Optima im Rahmen von Optimierungsberechnungen (nach Heinzmann 1994, Lindner 1985)

Man könnte die Kurve als eine Art Fitnesskurve (fitness landscapes) beschreiben. Diese Darstellung geht auf Sewall Wright zurück (Wright 1932). Mit Fitness ist dabei der Reproduktionserfolg einer Art durch unterschiedliche Genkombination gemeint. Es handelt sich um die grafische Darstellung der Fitness eines phänotypischen Merkmals, wie Augenfarbe oder Federform, oder eines Verhaltens, wie beispielsweise der Brutpflege. Es kann auch der Phänotyp (Menge aller Merkmale eines Organismus – das Erscheinungsbild) dargestellt werden. Modellhaft kann dies so ausgedrückt werden, dass der Erfolg der Reproduktion der Genkombination gering ist, wenn sich die Fitness in einem Tal befindet. Befindet sich hingegen die Fitness für ein Merkmal auf einem Hügel, liegt eine günstigere Genkombination vor. Dies kennzeichnet, dass ein Merkmal gut an seine Umwelt adaptiert ist. Das Ziel der natürlichen Selektion liegt darin, ein Merkmal oder Phänotyp im Rahmen der evolutionären Anpassung auf den Gipfel eines Hügels zu verschieben und damit ein Optimum zu erhalten. In Bild 4.25 wurde für z. B. ein Merkmal ein globales Optimum gefunden. Durch die Pfeile wird ausgedrückt, welchen Weg eine Population durch den bestehenden Selektionsdruck bevorzugt einschlägt. Mit der roten Linie (zwischen den zwei Kreisen) ist dargestellt, wie sich eine Population mit niedrigem Fitnesswert weiterentwickelt, um ein globales Optimum zu erreichen.

Die Natur führt beim Evolutionsprozess drei unterschiedliche Arten an Suchprozessen durch, die sie geschickt kombiniert (Heinzmann 1994, Lippe 2005, Gerdes 2004):

- Ungerichteter Suchprozess

  Zu diesem Suchprozess gehört die Mutation des Erbgutes. Ihr Sinn liegt in der Erzeugung von Varianten und Alternativen. Bei der Mutation verläuft die Änderung des Erbgutes zufällig. Durch die Mutation gelingt es, das Verharren in lokalen Minima zu verhindern. Bei künstlichen neuronalen Netzen kann dieses Problem auftreten. Aus Sicht der Optimierungstheorie ist es die Aufgabe der Mutation, lokale Optima zu überwinden (Heinzmann 1994). In der Natur zeigt sich anhand der im Allgemeinen sehr geringen Mutationswahrscheinlichkeit pro Gen und Generation, dass die Mutation kein Prozess zur aktiven Steuerung des Suchprozesses ist. Sie dient hingegen dazu, das Abdriften des Nukleotidraumes in weniger optimale Bereiche zu verhindern (Heinzmann 1994). Die Werte für die Mutationswahrscheinlichkeit eines Gens liegen in einem Bereich von 5×10^{-5} bis 5×10^{-7}.

- Gerichteter Suchprozess

  Ein streng zielgerichteter Suchprozess ist die Selektion. Sie ist für die Steuerung der Suchrichtung zuständig. Jedoch unterliegt auch die Selektion gewissen Störungen, wie z. B. dem Sterben eines Individuums durch ein Unglück. Prinzipiell ist die Selektion als deterministisch anzusehen. Durch die Störungen wird ein gewisser Nichtdeterminismus hervorgerufen. Störungen werden auch durch die Änderung der Umwelt- und Lebensbedingungen hervorgerufen. Dazu zählen z. B. Erdbeben oder Klimaveränderungen. Diese Bedingungen ändern sich ständig und haben eine entsprechende Auswirkung auf die Individuen und Arten. Durch diese Störung der Selektion lässt sich im Rahmen der Optimierung keine fixe Selektionsfunktion bestimmen. Zudem existieren Rückkopplungseffekte zwischen Lebewesen und Umwelt (Heinzmann 1994). Dieser Effekt liegt darin begründet, dass sich die Lebewesen nicht nur an ihre Umwelt anpassen, sondern diese auch aktiv verändern. Das führt dazu, dass sich die Lebewesen erneut an die veränderte Umwelt anpassen müssen.

  Durch die Selektion wird festgelegt, welche Merkmale oder Phänotypen sich stärker und welche sich weniger stark vermehren. Die grundlegende Ausprägung und Ausrichtung eines Genoms wird auf diese Weise bestimmt. Sie legt die Richtung fest, in die sich das Erbgut verändert. Die Selektion wird relevant, da die Natur immer einen Überschuss an Nachkommen produziert. Dabei kommt es zu stochastischen Abweichungen verschiedener Merkmale und Phänotypen innerhalb der Nachkommen, wodurch diese in Bezug auf den Überlebenskampf unterschiedlich gut geeignet sind. Dies beschreibt die bereits bekannte Fitness. Die Qualität der Fitness wird nicht nur durch die reine Überlebensfähigkeit bestimmt. Die Fähigkeit, überlebensfähige Nachkommen im Vergleich zu den Artgenossen zu erzeugen, ist ebenso wichtig. Die bestangepassten Individuen einer Population haben die größten Chancen, ihre Erbanlagen an viele Nachkommen weiterzugeben und damit den Fitnesswert des einzelnen Individuums zu erhöhen.

- Mischung aus gerichtetem und ungerichtetem Suchprozess

  Die Rekombination ist ein solcher gemischter Suchprozess. Ihr Beitrag zur Zielfindung im Rahmen der Evolution liegt quasi zwischen der Mutation und der Selektion. Dies liegt darin begründet, dass bei der Rekombination die beiden vollständigen Erbinformationen der Eltern zerlegt und Teilinformationen aussortiert werden. Dann wird gemischt und neu zusammengesetzt, so dass sich wieder eine vollständige neue Erbinformation der Nachkommen gebildet hat. Da die Stellen, an denen eine Rekombination erfolgt, zufällig gewählt werden, wird eine zufällige Mischung des Erbgutes bewirkt. Dieser Teilprozess ist ungerichtet. Ein gewisses gerichtetes Vorgehen ist jedoch gegeben, denn die Vermischung der Erbinformationen erfolgt nach gewissen statistischen Gesetzmäßigkeiten, wie Mendel entdeckt hatte. Diese Gesetzmäßigkeiten besagen, dass nahe beieinander liegende und funktional verknüpfte Gengruppen seltener getrennt werden als weiter auseinander liegende Gengruppen. Dies ergibt einen gewissen gerichteten Teilprozess.

Durch die geschickte Kombination dieser Suchprozesse erreicht der Prozess der Evolution seine enorme Leistungsfähigkeit. Die evolutionäre Suche weist noch zwei weitere Aspekte auf. Es erfolgt sowohl eine Breitensuche als auch eine Tiefensuche (Heinzmann 1994). Was bedeutet dies? Betrachtet man den evolutionären Suchprozess, so ist die Zeit, in der die Anpassung einer Art oder eines Individuums an die bestehenden Lebens- und Umweltbedingungen erfolgt, ein maßgeblicher Faktor. Um diesen Faktor für eine möglichst effiziente Optimierungsstrategie in der Evolution zu berücksichtigen, stehen zwei Alternativen zur Verfügung (Heinzmann 1994):

- Reproduktionszeit

  Es wird die Strategie verfolgt, sehr kurze Generationsfolgen zu erreichen. Die Individuen in der Generationsfolge können sich schnell den veränderten Bedingungen anpassen.

  → Tiefensuche bzw. serielle Suche

- Reproduktionsquote

  In diesem Fall werden möglichst viele Individuen zur gleichen Zeit erzeugt. Dann kann zur gleichen Zeit eine viel größere Anzahl an Individuen durch Veränderung der phänotypischen Merkmale hervorgebracht werden. Dies verkürzt die Evolutionszeit.

  → Breitensuche bzw. parallele Suche

In der Natur werden wahrscheinlich diese beiden Strategien kombiniert. Insbesondere die parallele Suche ist in der Natur von großer Bedeutung. Da bei dieser Strategie mehrere Individuen der gleichen Art zur gleichen Zeit leben, können sie simultan auf ihre Tauglichkeit für den Überlebenskampf getestet werden. Der hochdimensionale Suchraum der vielfältigen genetischen Erbinformationen kann so von mehreren Genotypen aus durchsucht werden (Heinzmann 1994). Diese Strategie spart Zeit. Es wird zudem die Wahrscheinlichkeit erhöht, dass optimale Punkte (Genotypen) erreicht werden. Gleichzeitig wird die Wahrscheinlichkeit reduziert, dass suboptimale Pfade verfolgt werden und damit auf lange Zeit eine Fehlleitung der Evolution erfolgt. Die unterschiedlichen Strategien der Evolution und deren Kombination machen sie zu einem effizienten Suchverfahren, welches für die Optimierung komplexer Problemstellungen sehr gut geeignet ist.

Auslegung des europäischen Energieversorgungssystems mittels der Evolutionstheorie

Das Stromnetz ist auf der einen Seite hoch dynamisch und auf der anderen Seite träge. Damit ist gemeint, dass sehr schnell schwankende Stromlasten über das Netz verteilt werden müssen. Die Planung und der Ausbau der Netze hingegen, wie es momentan aufgrund der Energiewende erforderlich ist, benötigen eine lange Zeitdauer. In (Michels 2015) wird gezeigt, wie ein Stromsystem simuliert und auf möglichst geringe Gesamtkosten hin optimiert werden kann. Für diese Aufgabe wurde das Programmsystem GENESYS (Genetische Optimierung eines europäischen Energieversorgungssystems) eingesetzt. Das Besondere an diesem Programm ist die Durchführung von Berechnungen auf Basis mehrerer Jahre. Solche Betrachtungszeiträume kombiniert mit stündlichen Auflösungen der Werte im Energiesystem lassen sich besonders effizient mit Optimierungsansätzen aus der Evolutionstheorie abbilden. Hierbei wurden genetische und evolutionäre Algorithmen verwendet. Sie lehnen sich in ihrem Aufbau an die Fortpflanzung von Erbinformationen an. Zu Beginn werden dem System definierte Eingangsdaten übergeben, die das Erbgut des Systems darstellen. Im Verlauf der Berechnungen setzen sich die stärkeren Eigenschaften durch, so dass die nachfolgenden Generationen bessere Eigenschaften besitzen. Im ersten Schritt werden die Ergebnisse der Daten vom Programm überprüft und kategorisiert. So werden für das Versorgungssystem die Kosten pro Kilowattstunde errechnet. In den folgenden Berechnungen werden Folgegenerationen ermittelt, deren Werte noch günstigere Ergebnisse zeigen. Hat das Programm mehrere tausend Durchläufe berechnet und Werte immer wieder angepasst, ergibt sich ein Optimum. Der strukturelle Aufbau des Programms ist in Bild 4.26 dargestellt.

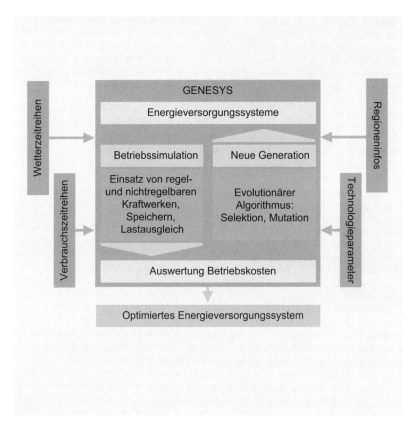

Bild 4.26 Strukturelles Schaubild des Programmsystems GENESYS (Michels 2015)

Das Programm optimiert das Energiesystem auf der obersten Netzebene. Es wurde in einem Basisszenario eine europäische Energieversorgung ausschließlich auf Basis von Wind- und Sonnenenergie zugrunde gelegt. Aus den Optimierungsergebnissen resultierte eine Energieversorgung mit den niedrigsten Gesamtkosten auf Basis von 40 % Windenergie und 60 % Sonnenenergie. Dabei lag der Preis je Kilowattstunde bei 10 Cent. Neben Wind- und Sonnenenergie und dem Ausbau der Energieerzeuger wurden ein gut ausgebautes Übertragungsnetz und marktfähige kurz-, mittel- und langfristige Energiespeicher zugrunde gelegt. Für die Simulation überlagert ein Hochspannungs-Gleichstrom-Übertragungsnetz (HGÜ-Netz) das bestehende Wechselstrom-Übertragungsnetz. Bild 4.27 zeigt für das Basisszenario, wie sich die Stromversorgung im Jahr 2050 in Europa gestaltet.

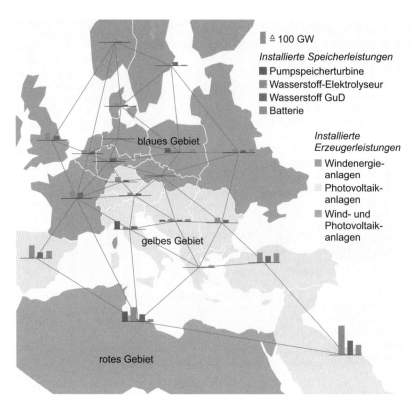

Bild 4.27 Basisszenario für eine Stromversorgung im Jahr 2050; blaue Gebiete: Einsatz von Windenergie, gelbe Gebiete: Einsatz von Photovoltaik, rotes Gebiet Nordafrika: sowohl Windkraft als auch Photovoltaik (Michels 2015)

Ein Großteil der Gesamtkosten im Basisszenario entfällt auf die Windenergie gefolgt von der Photovoltaik. Batterien fallen mit 4 % und Pumpspeicherkraftwerke mit 3 % anteilig an den Gesamtkosten an (s. Bild 4.28).

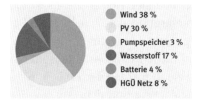

Bild 4.28
Prozentuale Kostenverteilung im Basisszenario (Michels 2015)

Der Neubau der Netze wurde in dem Modell berechnet, wobei ein Preis von 77 Cent pro Kilowatt und Kilometer für den Neubau eines HGÜ-Netzes angenommen wurde. Wird statt eines HGÜ-Netzes ein Erdkabel verlegt, ergeben sich andere Kosten. Das Programm wäre in der Lage, ganz flexibel darauf zu reagieren und ein neues Optimum zu errechnen. Im Rahmen der Simulation wurde eine Variation der Erzeugeranlagen berechnet (s. Bild 4.29).

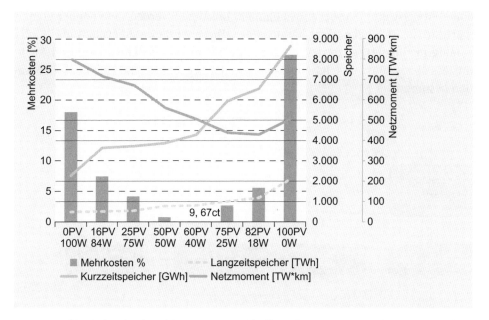

Bild 4.29 Simulation der Auswirkungen unterschiedlicher Parameter bei Variation der relativen Erzeugungsleistungen für das Basisszenario (Michels 2015)

Bild 4.29 zeigt für das Basisszenario die Auswirkungen der Variation der relativen Erzeugungsleistung auf die Mehrkosten. Wird ein Verhältnis von 60 % Photovoltaik und 40 % Windenergie gewählt, sind die Mehrkosten am geringsten. Interessant ist weiterhin, dass sich insbesondere der Speicherbedarf an Kurzzeitspeichern mit steigendem Anteil an Photovoltaik erhöht. Das Netzmoment hingegen steigt mit zunehmendem Anstieg der Stromversorgung aus Windenergie. Es stellt das Produkt aus Kapazität und Länge aller Verbindungsleitungen (Terawatt·km) dar und ist einem Drehmoment nachempfunden (Bussar 2016). In (Michels 2015) wird daraus abgeleitet, dass Windkraft den Ausbau des Netzes erfordert, hingegen Photovoltaik einen Ausbau von Speicherkapazität hervorruft.

In dem Modell wurden sogenannte Strafterme eingesetzt. Strafterme dienen der Regulierung des Stromnetzes. Beispielsweise wird über einen Strafterm geregelt, dass dauerhaft eine Deckung der Last besteht. Dies wird zwar nicht als Voraussetzung für das Stromnetz der Zukunft gesehen, aber dennoch als wichtiger Aspekt einer sicheren Versorgung. Die Strafterme werten ein Ergebnis herab. Wird beispielsweise die Last zu einem Zeitpunkt nicht gedeckt, wird durch den Strafterm das Optimierungsergebnis gravierend herabgesetzt. Auf diese Weise versucht das Programm nicht mehr, in diese Richtung weiter zu optimieren.

Das Programm arbeitet nach einem bewährten Muster des evolutionären Algorithmus. Dieser gliedert sich in mehrere Phasen (s. Bild 4.30). Die Anfangsgeneration erhält zufällige Werte, die vom System bewertet werden und auf deren Basis sie einen Fitnesswert zugewiesen bekommen. Die Werte werden miteinander kombiniert, so dass sich neue Werte herausbilden. Diese Werte werden vom Algorithmus zufällig modifiziert, so dass veränderte Nachkommen entstehen. Ist dieser Suchprozess abgeschlossen, folgt eine Selektion der Ergebnisse, die eine neue Generation bestimmt.

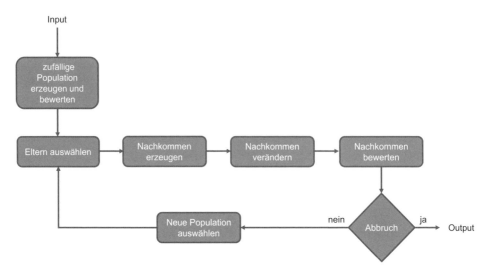

Bild 4.30 Schematischer Ablauf eines evolutionären Algorithmus (nach Kamper 2010)

Die Selektion kann nach verschiedenen Methoden umgesetzt werden. Eine Möglichkeit ist die so genannte fitnessproportionale Selektion. Bei dieser werden Individuen mit einer höheren Fitness proportional häufiger ausgewählt als Individuen mit einer geringeren Fitness. Werden hingegen die Individuen einer Population entsprechend ihrer Fitness sortiert und nur noch aufgrund ihres daraus resultierenden Ranges in der Population bewertet, wird von der rangbasierten Selektion gesprochen (Buttelmann 2004). Auf weitere Methoden wird hier nicht weiter eingegangen.

Für die Rekombination der Werte (Gene) stehen ebenfalls unterschiedliche Verfahren zur Verfügung (Weicker 2007, Gerdes 2004). Beim Verfahren des One-Point-Crossover werden die Gene der Eltern jeweils in zwei Hälften geteilt und jeweils die eine Hälfte des einen Elternteils mit der anderen Hälfte des anderen Elternteils rekombiniert (Gerdes 2004). Dieses Verfahren wird nur noch selten eingesetzt. Eines der bekanntesten Verfahren ist das Two-Point-Crossover (Gerdes 2004), bei dem die Gene an zwei zufälligen Kreuzungspunkten geteilt werden (s. Bild 4.31).

Die jeweils gleich eingefärbten Teile der Eltern können miteinander rekombiniert werden und ein Kind bilden. Weitere Verfahren sind das k-Point-Crossover- oder das parametrisierte Uniform-Crossover-Verfahren (Gerdes 2004), auf die an dieser Stelle nicht weiter eingegangen wird.

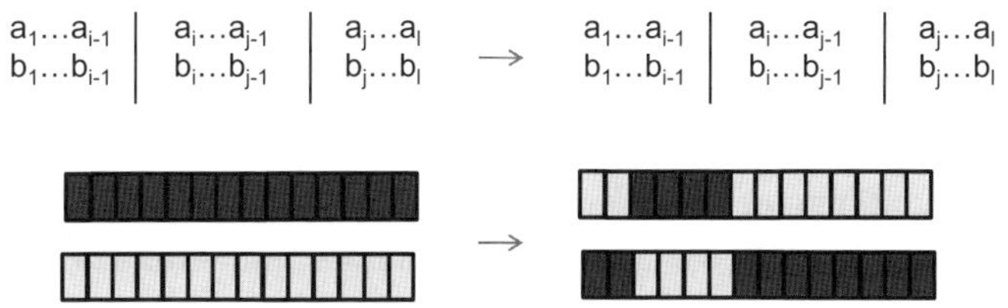

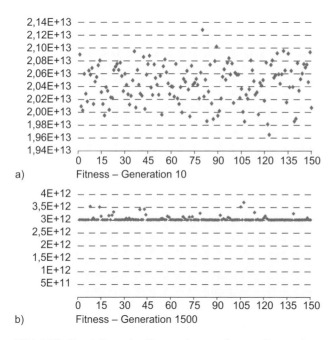

Bild 4.31 Das Two-Point-Crossover-Verfahren (nach Gerdes 2004)

Bild 4.32 zeigt den Prozess der Optimierung für das Energieversorgungssystem Europas. In der Grafik b) ist zu erkennen, wie sich die Werte nach erfolgter Optimierung einem Minimum annähern.

Bild 4.32 Darstellung der Fitness der errechneten Generationen: a) vor der Optimierung: Fitness-Generation 10, b) nach der Optimierung: Fitness-Generation 1500 (Michels 2015)

Die Ausreißer nach oben in Bild 4.32 b) liegen darin begründet, dass der Algorithmus mit noch nicht vorgenommenen Mutationen weiterhin versucht, einen noch niedrigeren Wert zu erreichen.

Der Ansatz der Evolutionstheorie zeigt anhand dieses Beispiels, dass er sehr gut dazu geeignet ist, ein komplexes Versorgungssystem zuverlässig zu optimieren.

Kurzfristige Lastanpassungen im Stromnetz

Im Folgenden werden anhand (Kamper 2010) ein paar interessante Aspekte der Simulation von Stromnetzen aufgegriffen und erläutert. Betrachtet wird eine dezentrale Strategie zur Koordination einer Lastverschiebung basierend auf dem Ansatz der Evolutionstheorie (Kamper 2010). Dazu werden Geräte und Anlagen dezentral zu einem großen Geräte- und Anlagen-Pool zusammengeschlossen. Die Koordination der einzelnen Anlagen erfolgt im Pool selbst. Innerhalb des Pools decken die Geräte und Anlagen ihren Energiebedarf selbständig. Nach außen sind der Verbrauch und die Erzeugung immer ausgeglichen. Bestehen außerhalb des Pools Schwankungen, können diese durch eine Anfrage an den Pool abgedeckt und somit die Freiheitsgrade, die im Pool bestehen, genutzt werden. Freiheitsgrade beziehen sich auf die Möglichkeiten der Lastverschiebung. Wird beispielsweise eine Spülmaschine betrachtet, so ergibt sich bei dieser ein Freiheitsgrad hinsichtlich der Startzeit. Die Startzeit ist zumeist frei wählbar. Auch der Zeitpunkt zum Aufheizen des Spülwassers oder zum besonders stromintensiven Trocknen kann um mehrere Minuten verzögert werden. So können auch diese als Freiheitsgrade in den Pool eingebracht werden.

Ziel ist die Organisation der Geräte und Anlagen ohne zentrale Infrastruktur. Dies wird durch die Bildung eines Peer-to-Peer-Netzes (P2P-Netz) erreicht. Die Idee ist, das Stromnetz nach dem Vorbild des Internet aufzubauen (Brien 2015). Damit würde in Zukunft das Stromnetz in kleine Teilnetze aufgegliedert, die anschließend die Energie selbstorganisiert verteilen. Die Komponenten (Geräte und Anlagen), die in einem P2P-Netz zusammengeschlossen sind, werden im Folgenden als Teilnehmer bezeichnet. Nach dem Vorbild des Internets sind in einem P2P-Netz alle Teilnehmer gleichgestellt. In diesem Verbund hat jeder Teilnehmer (z. B. Verbraucher oder dezentrale Anlage) virtuelle Nachbarn. Bezüglich der Nachbarschaft wird einzig die Anforderung gestellt, dass sich diese im gleichen Bilanzkreis befinden müssen. Anforderungen an die Anbindung an reale Gegebenheiten, z. B. die Lage in derselben Straße, sind nicht gegeben. Es erfolgt eine direkte Kommunikation zwischen den Teilnehmern und ihren virtuellen Nachbarn innerhalb des P2P-Netzes. Dabei werden Informationen ausgetauscht, z. B. fordert ein Teilnehmer von seinen virtuellen Nachbarn eine Liste von zu einem bestimmten Zeitpunkt bestehenden Freiheitsgraden an. Ein Beispiel für die Programmierung eines P2P-Netzes befindet sich in (Klingberg 2016). Um ein P2P-Netz für die hier betrachtete Problemstellung umzusetzen, sind folgende Eigenschaften erforderlich (Kamper 2010):

- Jeder Teilnehmer kennt eine Menge von anderen Teilnehmern (virtuelle Nachbarschaft).
- Zwischen den Teilnehmern können jederzeit Nachrichten ausgetauscht werden.
- Jeder Teilnehmer kann jederzeit dem Netz beitreten.

- Ebenso kann jeder Teilnehmer das Netz verlassen.
- Teilnehmer sollten nach Möglichkeit durchgängig mit dem Internet verbunden sein.

Da Teilnehmer unter Umständen das P2P-Netz verlassen, ist eine stetige Aktualisierung der Teilnehmerliste sinnvoll. Erkennt ein Teilnehmer nach internem Informationsaustausch über seinen inneren Zustand, dass er zu einem bevorstehenden Zeitpunkt Strom verbrauchen wird, wird eine Anfrage an die Nachbarn gestartet, ob es andere Teilnehmer gibt, die die benötigte Menge Strom liefern können. Die angefragten Teilnehmer senden ihre Freiheitsgrade entsprechend zurück. Im Bilanzkreis erfolgt eine Lastverschiebung. Der Teilnehmer muss aus den erhaltenen Informationen ein Angebot oder eine Kombination aus Ausgeboten zur Lastdeckung auswählen. Die Auswahl wird an die anderen Teilnehmer zurückgesendet, die ihre eigenen Pläne entsprechend anpassen müssen.

Das System ist so aufgebaut, dass jeder Teilnehmer einen eigenen Observer (O) und einen Controller (C) besitzt. Diese übernehmen das Management der Geräte und Energieerzeugungsanlagen. So wird eine verteilte O/C-Architektur gebildet, die die Kommunikation und die Koordination übernimmt. Jeder Teilnehmer hat dabei das gemeinsame Ziel, Erzeugung und Verbrauch optimal aufeinander abzustimmen, so dass jeder Beteiligte seine eigenen Anforderungen, z.B. bezüglich Start- oder Laufzeiten, selbst decken kann. Jeder Teilnehmer versucht über seine O/C-Architektur Laständerungen entsprechend eigener Anforderungen zu integrieren.

Die beschriebene Problemstellung hat viel Ähnlichkeit mit dem sogenannten Rucksackproblem, einem klassischen Optimierungsproblem (Kellerer 2004). Man betrachte dazu folgendes Beispiel. Ein Wanderer möchte in seinem Rucksack verschiedene Gegenstände (Objekte) mitnehmen. Der Rucksack wäre für die hier vorgestellte Problemstellung im P2P-Netz eine angefragte Leistung. Es liegen mehrere Objekte (hier: Geräte und Erzeugeranlagen) mit unterschiedlichen Gewichten (hier: z.B. Stromlasten) und Nutzwerten (hier: z.B. Zeitdauern) bereit, die in den Rucksack hineingepackt werden sollen. Jedes Objekt hat aufgrund seiner Funktion eine gewisse Wichtigkeit, was über den Nutzwert ausgedrückt werden kann. Für den Wanderer haben die Gegenstände einen gewissen Wert c_j, $j = 1,2,\ldots,n$. Ebenso haben die Gegenstände ein Gewicht a_j. Die Anzahl des j-ten Gegenstandes, der in den Rucksack eingepackt werden soll, ergibt sich aus der Variablen x_j. Der Rucksack hat eine Gewichtsgrenze b z.B. von 20 kg. In Summe haben die Objekte ein größeres Gewicht als die 20-kg-Gewichtsgrenze, so dass aus den Objekten eine Auswahl getroffen werden muss (s. Bild 4.33).

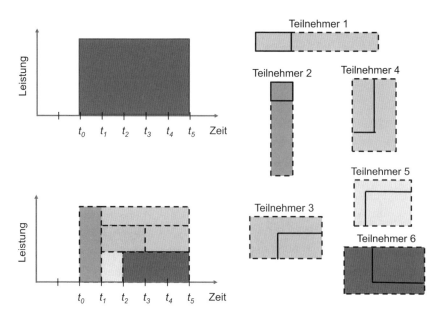

Bild 4.33 Das Rucksackproblem angepasst an die Anfrage in einem Peer-to-Peer-Netz (nach Kamper 2010)

Für ein 0/1-Rucksackproblem ergeben sich nur binäre Entscheidungsvariablen x_j. Diese besagen, ob der j-te Gegenstand mitgenommen wird ($x_j = 1$) oder nicht ($x_j = 0$). Handelt es sich um eine ganzzahlige Problemstellung, kann die Variable x_j auch Werte größer 1 annehmen. Dann wird beschrieben, wie oft der j-te Gegenstand mitgenommen wird. Für das binäre Rucksackproblem ergibt sich der folgende mathematische Zusammenhang (Burkard o.J., Kamper 2010):

Aus einer Menge von n Elementen muss eine Teilmenge ausgewählt werden. Jedes Element j verfügt über einen Wert c_j und ein Gewicht a_j. Zusätzlich wird die Bedingung gegeben, dass der Rucksack die Kapazität b besitzt, die nicht überschritten werden darf. Nun soll eine Menge von Elementen x_j ausgewählt werden, deren Gewicht nicht die Kapazität des Rucksacks übersteigt und deren Gesamtwert P maximal ist:

$$P = \max \sum_{j=1}^{n} c_j x_j \qquad (4.9)$$

Dabei gelten die folgenden Nebenbedingungen:

$$\sum_{j=1}^{n} a_j x_j \leq b \qquad (4.10)$$

Es sei:

$$x_j \in [0,1]$$
$$x_j = \begin{cases} 1, \text{ wenn Element gewählt wurde} \\ 0, \text{ sonst} \end{cases}$$
$$j \in (1,2,\ldots,n)$$

mit

x_j Auswahlindikator für Element j

a_j Gewicht von Element j

c_j Wert von Element j

n Anzahl von Elementen

b Kapazität des Rucksacks

Das Ziel ist also, den Rucksack nach Möglichkeit so zu beladen, dass er mit den am höchsten bewerteten Elementen bis an seine Kapazitätsgrenze gefüllt ist.

Das Packen eines Rucksacks mit einer Auswahl an zur Verfügung stehenden Elementen zeigt die Parallele zu einer Anfrage in einem P2P-Netz. Wenn eine Anfrage für eine Last in einem P2P-Netz besteht, gibt es mehrere Teilnehmer, die diese decken können. Dabei darf die angefragte Last nicht überschritten werden und es müssen aus dem Pool an möglichen Anbietern einige ausgewählt werden. Jedoch ist es in einem Energiesystem nicht ein einziger Rucksack, der gefüllt werden muss, sondern jeder Zeitpunkt (z. B. jede 5-te Minute) entspricht einem eigenen Rucksack, der gefüllt werden muss. Da die Geräte und Erzeugeranlagen im Netz sehr flexibel eingesetzt werden und sich z. B. unterschiedliche Zeitdauern für die zu deckende Leistung und die zeitliche Auflösung ergeben, führt dies zu sehr vielen einzelnen Optimierungsproblemen, die miteinander verbunden sind. Diese Probleme wachsen mit der Anzahl an Teilnehmern, deren Menge an Freiheitsgraden und der Leistung und Dauer der benötigten Abdeckung (Kamper 2010). Dabei wächst die Kombinationsmöglichkeit mit dem Produkt aus maximaler Laufzeit, möglichem Startpunkt und der Anzahl an Nachbarn. Besteht beispielsweise eine Anfrage bez. der Abnahme an überproduziertem Strom in einem 15-Minuten-Zeitraum, der von zehn Nachbarn abgenommen werden könnte, die ihrerseits jeweils maximal zehn Minuten betrieben werden können, folgt daraus, dass zwischen 1500 Kombinationsmöglichkeiten gewählt werden muss (Berechnung nach: maximale Laufzeit × möglicher Startpunkt × Anzahl Nachbarn) (Kamper 2010).

Ist es aufgrund von Restriktionen der Nachbarn eines Objektes nicht möglich, dass diese ihre Leistung anpassen, entsteht eine Abweichung zwischen Verbrauch und Erzeugung. Dies ist beispielsweise der Fall, wenn für den Spülgang einer Geschirrspülmaschine zu einem festen Zeitpunkt eine feste Last $P_j(t)$ zur Verfügung gestellt werden muss. Das führt dazu, dass sich für diese Problemstellung zu jedem Zeitpunkt ein Unterschied zwischen Erzeugung und Verbrauch ergibt. Die Höhe der Abweichung I, bei der verschiedene Teilnehmer versuchen, die Energienutzung des Teilnehmers d auszugleichen, soll dabei möglichst gering sein (I = 0) (Kamper 2010):

$$I = \min \left| \sum_{t=t_s}^{t_e} \left(P_d(t) + \sum_{j \in A} P_j(t) \right) \right| \quad (4.11)$$

mit

  I verbleibendes Ungleichgewicht
  d Teilnehmer, dessen Leistung gedeckt werden soll (Verbrauch und Erzeugung haben umgekehrte Vorzeichen).
  $P_d(t)$ Leistung von Teilnehmer d zum Zeitpunkt t
  P_j Leistung von Teilnehmer j beim Betrieb
  $P_j(t)$ Leistung von Teilnehmer j zum Zeitpunkt t
  t_a Start der zu deckenden Energienutzung
  t_e Ende der zu deckenden Energienutzung
  A Menge der Nachbarn

Es gilt die Nebenbedingung bezüglich der Energienutzung der Nachbarn:

$$P_j(t) = \begin{cases} P_j, & \text{wenn } s_j \leq t \leq s_j + r_j \\ 0, & \text{sonst} \end{cases} \quad (4.12)$$

mit

  s_j Start von Teilnehmer j
  r_j Laufzeit von Teilnehmer j

Soll es jedoch möglich sein, dass Nachbarn ihre Leistung anpassen können, was bisher bei der Berechnung der Kombinationen noch nicht mit betrachtet wurde, wäre es sehr aufwendig, alle Kombinationsmöglichkeiten zu testen. Denn es würden sich sehr viele verschiedene Optima ergeben. Hier hilft der Ansatz der Optimierung mit evolutionären Algorithmen (Weicker 2007, Gerdes 2004). Diese sind sehr gut geeignet, um so genannte Rucksackprobleme zu lösen (Kumar 2006, Chu 1998).

Nach dem evolutionären Algorithmus wird zu Beginn im Programm eine Menge zufälliger Individuen als Startpopulation erzeugt, von denen jedes Individuum bereits die erste Lösung des Problems darstellt bzw. die die gesuchten Parameter des

Problems festlegen (Brause 2012). Für unser hier betrachtetes Rucksackproblem wäre dies die Auswahl an Elementen, die in den Rucksack gepackt werden können. Jedes Individuum besitzt dabei bestimmte Eigenschaften mit einer gewissen Ausprägung. Jedes zufällige Individuum wird wieder danach bewertet, wie gut es das gegebene Problem lösen kann, was durch die Fitness ausgedrückt wird. Die Fitness gibt die Qualität der Individuen wieder. Aus dieser Population wird eine Teilmenge ausgewählt. Die Auswahl der Eltern stellt die erste Stufe der Selektion dar, bei der die Individuen mit der höheren Fitness ausgewählt werden. Es existiert dann eine Teilmenge an Individuen mit bevorzugten Eigenschaften, die in neuen Lösungen (Individuen) verwendet werden sollten. Die Eltern werden nun über Rekombination oder Crossover zur Erzeugung von Nachkommen neu zusammengefügt. Im Computerprogramm lässt sich dies unterschiedlich darstellen. Bei dem bereits erwähnten One-Point-Crossover werden die Gene (also die Parameter einer Lösung) von zwei Individuen zufällig in zwei Hälften geteilt (Poli 1997). Aus je einer Hälfte beider Eltern wird das neue Individuum (Kind) im Programm erzeugt. Für die Abbildung des Rucksackproblems im Computerprogramm bedeutet dies, dass die Elemente mit einer Liste von Wahrheitswerten dargestellt werden. Bei Hinzufügen eines Elementes in einen Rucksack wird der zugehörige Wahrheitswert auf wahr gesetzt. Bei einer Rekombination nach dem Two-Point-Crossover-Verfahren bilden bei n möglichen Elementen die ersten k Wahrheitswerte aus dem ersten Segment und die aus dem dritten Segment stammenden p Werte des ersten Elternteils mit den g Wahrheitswerten aus dem zweiten Segment des zweiten Elternteils ein Kind. So wird eine vorgegebene Menge an Kindern erzeugt. Die Parameter der Kinder müssen noch einer Mutation unterzogen und zufällig verändert werden. Für das Rucksackproblem bedeutet dies, dass z. B. zufällige Elemente hinzugefügt oder entfernt werden (Kamper 2010). Die Kinder stellen dann eine Generation dar. Die Fitness der Kinder wird ebenfalls überprüft. Reicht die Qualität der erreichten Lösungen noch nicht aus, erfolgt eine Auswahl aus der alten Population und den Kindern, die eine neue Population ($\mu + \lambda$) bilden. Aus diesen werden eine weitere Generation und wieder Kinder erzeugt. Eine feste Anzahl von Generationen, eine vorgegebene Fitness oder eine maximale Rechenzeit können als Abbruchkriterium für den Optimierungsprozess dienen. Der Optimierungsprozess wird so lange durchgeführt, bis das Abbruchkriterium erreicht ist.

In der vorgestellten Arbeit (Kamper 2010) wird ein evolutionärer Algorithmus erfolgreich angewendet, um aus den Freiheitsgraden der Teilnehmer im Stromnetz eine optimale Deckung der eigenen Energienutzung zu ermitteln.

4.3.5 Quantifizierung von Stabilität in Stromnetzen

Das deutsche Energieversorgungssystem befindet sich, wie bereits umfangreich diskutiert, mitten in der Transformation. Die Versorgung mit den volatilen erneuerbaren Energien Wind- und Sonnenenergie nimmt stetig zu. Mit der Zunahme der volatilen erneuerbaren Energien steigen die Schwankungen im Stromnetz, z. B. aufgrund von einem unvorhergesehenen und damit nicht geplanten Anstieg der Windstärke oder einer umfangreichen Verschattung der Sonne. Diese Störungen müssen schnell ausgeglichen werden, damit die Stromversorgung nicht zusammenbricht. Die Frage ist nun, wie lange es dauert, bis bzw. ob das Netz überhaupt wieder in einen stabilen Zustand zurückfindet.

Jedes biologische wie auch ökologische System unterliegt Störungen. Es brechen Feuer aus, es kommt zu Erdbeben, Dürreperioden brechen herein und andere Störungen treten auf. Nach jeder dieser Störungen erhebt sich die Frage, ob das System in einen gewünschten oder unerwünschten stabilen Zustand zurückkehrt. Dabei ist jedes biologische wie auch ökologische System sehr komplex, weshalb es sich für den Wissenschaftler nur mit einem sehr komplexen Ansatz mathematisch beschreiben lässt. Aus diesem Grund lassen sich viele wichtige Fragestellungen nur schwer beantworten. Ein Beispiel aus der Ökosystemmodellierung wäre: Welche Auswirkungen haben Klimaveränderungen auf die Entwicklung des tropischen Regenwaldes?

Ein wichtiges biologisches System ist z. B. eine Zelle. Betrachten wir eine Körperzelle. Diese unterliegt äußeren Einflüssen, wie z. B. der Erdstrahlung oder der Sonnenstrahlung. Nun ist die Frage, ob eine Zelle unter dem Einfluss starker Sonneneinwirkung ihren gesunden Zustand beibehalten kann oder in einen kranken Zustand überwechselt? Konkret heißt die Frage, ist der gesunde Zustand der Zelle so stabil, dass dieser beibehalten wird?

Biologische oder ökologische Systeme haben zumeist mehrere stabile Zustände. Dabei soll aus der Sicht des Menschen der momentan stabile Zustand, welcher für uns oftmals den gewünschten Zustand darstellt, beibehalten bzw. nach einer Störung wieder erreicht werden.

Um eine solche Frage beantworten zu können, ist es notwendig, die Stabilität eines Systems mit Zahlen zu belegen und zu bewerten. Dazu wurde am Potsdam Institut für Klimafolgenforschung (PIK) ein Indikator entwickelt, welcher die Stabilität eines Systems quantifiziert (Menck 2013). Dieser Indikator wurde bereits beispielsweise auf den Regenwald des Amazonas und menschliche Zellen angewendet. Aber auch auf andere komplexe Systeme, die mehrere stabile Zustände aufweisen, lässt sich dieser Indikator anwenden. So wurde die Stabilität von Stromnetzen mit diesem Ansatz untersucht. Ziel war es, die Reaktion von Stromnetzen auf Störungen zu analysieren und dabei herauszufinden, wie groß die Wahrscheinlichkeit ist, dass sie in einen gewünschten stabilen Zustand zurückkehren.

Wie kann man sich diesen Indikator der Stabilität vorstellen? Dazu wurde in (Menck 2013) ein Gedankenmodell aufgestellt. Eine Kugel rollt in einem hoch viskosen Fluid, z. B. Honig. Der Weg ist durch Berge und Täler gekennzeichnet (s. Bild 4.34).

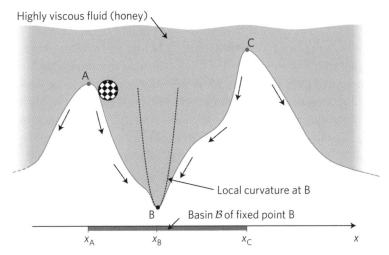

Bild 4.34 Gedankenmodell einer rollenden Kugel auf einer hochviskosen Spur (Menck 2013)

Wenn die Kugel in einem Ruhezustand ist, kann sie sich an den drei Orten A, B oder C befinden. Dabei handelt es sich bei A und C um Bergspitzen und bei B um ein Tal. Für jeden der drei Orte ist die Frage, wie stabil dieser ist, damit die Kugel nach einer Störung, bei der das System z. B. durch eine Vibration erschüttert wird, wieder an diesen stabilen Ort zurückkehrt. Es ist klar zu erkennen, dass nur B ein stabiler Ort ist. Die gestrichelten Linien zeigen, wohin die Kugel aus den Punkten A und C nach einer Störung rollen könnte.

Die nächste Frage zielt darauf, wie groß die Erschütterung sein darf, damit die Kugel den stabilen Ort B nicht dauerhaft verlässt und zu einem anderen Ort rollt? Der grüne Balken (zwischen X_A und X_C) gibt an, wie weit die Kugel vom Punkt B durch eine Störung hinausgetragen werden darf, damit sie in den Punkt B wieder zurückkehrt. Störungen ließen sich so in erlaubte und nicht erlaubte Störungen einteilen.

Das Tal wird als Bassin (oder Einzugsgebiet) des Zustandes B bezeichnet. Jedoch stellen solche Bassins für die mathematische Beschreibung komplexe Gebilde dar (Nusse 1996). Um diesem zu begegnen, wurde als Maß für die Stabilität eines Zustandes das Volumen des zugehörigen Bassins genommen. Das Volumen des Bassins wird in (Menck 2013) in eine Wahrscheinlichkeit umgerechnet. Es beschreibt die Wahrscheinlichkeit, dass eine Kugel nach einer zufälligen relativ starken Störung in diesen gewünschten stabilen Zustand wieder zurückkehrt, und quantifiziert damit, wie stabil der Zustand ist.

Stromnetze haben die Besonderheit, dass alle darin angeschlossenen Geräte und Anlagen synchron funktionieren müssen (Machowski 2008). Jeder Abschnitt im Stromnetz muss eine Frequenz von 50 Hz aufweisen. Schwankt die Frequenz, kommt es zu Problemen und womöglich einem Ausfall des Netzes. Muss ein Abschnitt eines Stromnetzes, z. B. aufgrund eines umgestürzten Baumes, vom Netz genommen werden und fällt dadurch aus, führt dies im gesamten Netzsystem zu einer Störung. Nun ist die Frage, ob das System nach Beheben dieser Störung in den gewünschten vorherigen Zustand zurückkehrt. Dabei ist zu berücksichtigen, dass in einem Stromnetz die Verbindungen der Teilabschnitte sehr unterschiedlich aufgebaut sein können. Es gibt z. B. Strahl-, Ring- und Maschennetze sowie beliebig komplexe Kombinationen davon. Jedes Stromnetz weist seine eigene Topologie auf. Diese Topologie hat unter Umständen einen Einfluss auf die Stabilität des Netzes. Dazu wurde die Topologie von komplexen Netzwerken untersucht und analysiert, wann diese gut funktionieren und robust gegen Störungen sind (Boccaletti 2006, Buldyrev 2010). Eine besondere Herausforderung stellte dabei die Untersuchung synchron laufender multistabiler dynamischer Netzwerke dar, bei denen auch nicht synchrone Zustände in Teilabschnitten oder im gesamten Netz auftreten können (Pecora 1998, Barahona 2002, Hong 2004, Arenas 2008).

Für die Berechnung der Stabilität ist die Bestimmung des Volumens des Bassins, wie in dem zuvor beschriebenen Modell der Kugel, relevant. Es wird zunächst angenommen, dass die Störungen das System in einen zufällig gewählten Punkt innerhalb eines Bereichs Q katapultieren, dessen Größe die Größe der zu erwartenden Störungen repräsentiert. Der Teil von Q, der im Bassin B des gewünschten Zustands liegt, repräsentiert die „erlaubten" Störungen. Seine Größe ist Vol(B∩Q). Um diese in eine Wahrscheinlichkeit umzurechnen, muss sie in Beziehung zum Gesamtvolumen von Q, Vol(Q), gesetzt werden, d. h., man bildet den Quotienten (Menck 2013):

$$S_{B\cap Q} = \frac{\text{Vol}(B\cap Q)}{\text{Vol}(Q)} \in [0,1] \tag{4.13}$$

mit

$S_{B\cap Q}$ Bassin-Stabilität des Zustandes

B Einzugsgebiet (Bassin)

Q Gebiet, in das die Störungen das System katapultieren können

Ist das Volumen des Bassins gleich 0, kehrt die Kugel mit Sicherheit nicht wieder in den gewünschten Zustand zurück. Weist das Volumen des Bassins den Wert 1 auf, kehrt die Kugel mit Sicherheit in den gewünschten Zustand zurück. Typischerweise liegt der Wert zwischen 0 und 1, entsprechend dem Anteil der „erlaubten" Störungen an allen Störungen.

Kommen wir zurück zur Stabilität von Stromnetzen. Um zu analysieren, wie stabil ein komplexes Stromnetz gegenüber Störungen ist, kann das Stromnetz mit seinem Verhalten nach zufällig gewählten Störungen simuliert und so der Stabilitätsindikator S geschätzt werden. Eine andere neue, innovative Möglichkeit stellt die Analyse der Topologie eines Stromnetzes zum Zwecke der Schätzung der Stabilität dar. Eine Simulation benötigt viel Rechenkapazität und ist aus diesem Grund eine „teure" Methode. Die Schätzung der Stabilität durch Analyse der Topologie des betrachteten Systems benötigt dagegen nur wenig Rechenkapazität und stellt somit eine „günstige" Alternative dar.

In (Menck 2014) wird die Anwendung des Indikators beschrieben. Dabei wurde überprüft, welchen Einfluss Teilabschnitte eines Stromnetzes haben, die in einer „Sackgasse" (tote Enden bzw. tote Bäume) enden. Als Modell diente der Anschluss eines von einem großen Windrad angetriebenen Generators an ein Hochspannungsstromnetz. Von dort wird der Strom in ein Niederspannungsnetz weitergeleitet. Das Niederspannungsstromnetz besitzt die Topologie einer Baumstruktur mit vielen Verästelungen. Obwohl das Hochspannungsnetz durch zusätzliche Leitungen deutlich stärker als beispielsweise ein Niederspannungsstromnetz vermascht ist, treten auch dort baumartige Teile auf, in denen zu jedem Ort nur ein Weg führt, wie bei einer Sackgasse oder bei realen Bäumen. Der Generator wurde im Modell an einem dieser Stromnetzäste, welcher eine Sackgasse bildet, angeschlossen. Welche Auswirkung hat nun eine große Störung, wie der Ausfall eines Netzabschnitts aufgrund der Zerstörung durch einen umgekippten Baum bei Unwetter, auf die Stabilität des Generators bzw. auf dieses Netz? In einem solchen Fall entsteht ein sogenannter „Kurzschluss" (nicht zu verwechseln mit dem alltäglichen Gebrauch des Wortes) im Netz, so dass die Stromleitung des Generators vom Netz genommen werden müsste, damit der Generator wie auch andere Geräte, Anlagen und Verbraucher keinen Schaden erleiden. Sobald die Störung behoben ist, würde der Abschnitt wieder ans allgemeine Netz angeschlossen werden. Wird das Stromnetz dann wieder in einen gewünschten stabilen Zustand zurückkehren oder in einen instabilen Zustand übergehen oder gar einen unerwünschten stabilen Zustand einnehmen? Um dies zu untersuchen, wurde im Modell der einzelne Generator an seinem Knoten, an dem er angeschlossen ist, betrachtet (Ein-Knoten-Modell – One-node model).

Was passiert mit dem Generator, der abrupt aus dem Netz genommen wird? Dieser läuft normalerweise ebenfalls mit einer Frequenz von 50 Hz. Nachdem die Energie nicht vom Netz abgenommen wird, steigt die Frequenz des Generators an und er arbeitet nicht mehr an seinem normalen Arbeitspunkt. Entscheidend für das Netz ist nun, ob der Generator wieder in den gewünschten stabilen Zustand zurückfindet. Für die Simulation dieser Situation wurde das einfachste klassische Stromnetzmodell nach (Machowski 2008, Hill 2006, Rohden 2012, Witthaut 2012, Filatrella 2008) verwendet. Die Dynamik eines einzelnen Generators lässt sich demnach wie folgt beschreiben:

$$\dot{\theta} = \omega \tag{4.14}$$

mit

θ Phasenwinkel des Generators

ω Kreisfrequenz des Generators; hier elektrische und mechanische Rotation

Wenn der Phasenwinkel θ den Wert 0 annimmt, dreht der Generator synchron mit dem System. Ist der Winkel kleiner 0, dreht er hinterher und wird der Winkel größer 0, so läuft der Generator dem System voraus. Hat die Kreisfrequenz ω den Wert 0, liegt keine Abweichung der Kreisfrequenz von den vorgegebenen 50 Hz vor und der Generator läuft mit der Netzfrequenz synchron.

Die Beschleunigung der Kreisfrequenz berechnet sich nach folgender Gleichung:

$$\dot{\omega} = -\alpha\omega + P - \underbrace{K \sin\left(\theta - \theta_{\text{grid}}\right)}_{=:P_{\text{trans}}} \tag{4.15}$$

mit

P Netto-Leistungsabgabe: örtliche Erzeugung abzüglich des örtlichen Verbrauchs

K Kapazität der Übertragungsleitung zum Stromnetz

θ_{grid} Phasenwinkel des Stromnetzes

P_{trans} Stromfluss vom Generator in den Rest des Stromnetzes

$\alpha\omega$ Dämpfungsterm

Gewünscht ist, dass keine Beschleunigung der Kreisfrequenz auftritt, da ansonsten das System nicht synchron mit dem Stromnetz läuft. Fängt der Rotor der Windkraftanlage an, sich aufgrund zunehmender Windstärke schneller zu drehen und wird beschleunigt, kommt nach Gleichung (4.15) der Dämpfungsterm zum Tragen und die Anlage wird gebremst. Eine steigende Windstärke würde normalerweise auch dazu führen, dass die Leistung der Windkraftanlage steigt (örtliche Erzeugung), ohne dass die Abnahme zunimmt. Da der Term der Leistung P dann positiv wäre, würde der Strom in die Windkraftanlage fließen und der Rotor beschleunigt, also noch schneller drehen. Da der Strom aber abgeführt wird, wird der Term P_{trans} positiv, so dass die Leistung P verringert und der Rotor somit abgebremst werden würde.

Was bedeutet dies nun für die Stabilität des Generators? In Bild 4.35 ist dargestellt, wie sich eine große Störung auf die Stabilität des Generators auswirkt. Dabei ist die Kreisfrequenz ω in Abhängigkeit vom betrachteten Phasenwinkel des Generators abzüglich des Phasenwinkels im stabilen Zustand (θ_S) dargestellt.

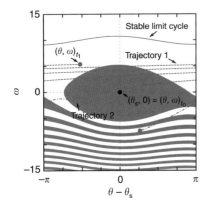

Bild 4.35
Bassin-Stabilität eines Generators berechnet nach dem Ein-Knoten-Modell (one-node model) (Menck 2014)

Der schwarze Punkt in der Mitte der Grafik (Bild 4.35) kennzeichnet den stabilen Zustand, wenn der Generator synchron mit dem Stromnetz läuft. Der Phasenwinkel θ nimmt den Winkel des stabilen Zustandes ein (θ_S) und die Kreisfrequenz ω, also die Abweichung von der Frequenz 50 Hz, wäre 0 (θ_S, 0).

Wird nun zum Zeitpunkt t_0 eine Störung eingeleitet und der Generator vom Netz genommen, wird die Übertragungskapazität in das Stromnetz K zu 0. Dies würde dazu führen, dass die Kreisfrequenz ω ansteigen würde, da der Strom nicht abgenommen wird.

Bis der Generator wieder an das Stromnetz angeschlossen wird, bewegt er sich entlang der Trajektorie 1 (graue Linie). Zum Zeitpunkt t_1 befindet sich der Zustand des Generators am grauen Punkt ((θ, ω)$_{t1}$. Nun ist die Frage, ob der Zustand des Generators vom Zeitpunkt t_1 in den ursprünglichen Zustand (θ_S, 0) zurückkehrt? Ist die Zeit t_1 sehr klein, wird der Generator sicher in seinen ursprünglichen stabilen Zustand (θ_S, 0) zurückkehren. Jedoch ist die Zeitspanne t_1 für gewöhnlich so groß, dass dies nicht mehr sicher ist (Machowski 2008).

Das Einzugsgebiet des stabilen Zustands wird durch die grüne Fläche (in Schwarzweiß: graue Flächen) gekennzeichnet. Die Größe der grünen Fläche bemisst die Bassin-Instabilität des stabilen Zustandes. Die rote Linie (Stable limit cycle) stellt einen ebenfalls stabilen, aber unerwünschten alternativen Zustand dar, in dem immerzu Strom zwischen Generator und Netz hin und her fließen würde, und die weiße Fläche ist sein Einzugsgebiet. Die Trajektorie 2 gilt für eine weitere Berechnung, bei der die Werte für K und P anders angenommen wurden. Es zeigt sich, dass die Zustandsänderung einen ganz anderen Weg durch den Zustandsraum des Generators annimmt.

Es wurde herausgefunden, dass die Bassin-Stabilität des Stromnetzes für dieses Modell von der Leitungskapazität K abhängig ist (Bild 4.36). Mit steigendem Wert K nimmt die Stabilität S zu. Ab einem gewissen Wert von K, hier bei K > 60, wird die Stabilität eins, das System kehrt dann also mit Sicherheit zum stabilen Zustand zurück.

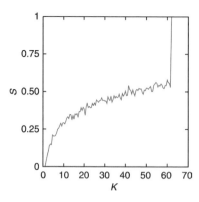

Bild 4.36
Abhängigkeit der Bassin-Stabilität S von der Leitungskapazität K (Menck 2014)

Da es sich bei Stromnetzen nicht nur um einen Knotenpunkt handelt und das Ein-Knoten-Modell viele Vereinfachungen beinhaltet, wurde es auf ein Mehr-Knoten-Modell erweitert (N-Knoten-Modell oder Multinode model). In einem realen System, in dem mehrere Stromnetzknoten enthalten sind, die gemäß einer gewissen Topologie verbunden sind, wirken sich starke Störungen ganz unterschiedlich aus. Zwischen den Knotenpunkten wird es Wechselwirkungen geben, die sich entsprechend auf den einzelnen Knoten, aber auch auf das gesamte System auswirken. Ob das Stromnetz unter den jeweiligen spezifischen Rahmenbedingungen nach einer starken Störung wieder in einen gewünschten stabilen Zustand zurückkehrt, hängt von den Eigenschaften des einzelnen betroffenen Knotens, insbesondere der Position des Knotens im Netz (Netztopologie) ab.

Dazu wird ein N-Knoten-Modell aufgestellt, welches die entscheidenden elektromechanischen Wechselwirkungen in einem Übertragungsnetz nach einer schweren Störung abbildet. Gleichung (4.14) wird dann zu:

$$\dot{\theta}_i = \omega_i \qquad (4.16)$$

Der Index „i" kennzeichnet den Generator oder allgemein den Verbraucher am Knoten i. Damit sind θ_i und ω_i der Phasenwinkel und die Kreisfrequenz des Verbrauchers am Knoten i. Die Dämpfungskonstante des Knotens i wird durch α_i ausgedrückt. Mit P_i wird die Netto-Leistungsaufnahme am Knoten i angegeben. Es folgt damit aus Gleichung (4.15) der Ansatz:

$$\dot{\omega}_i = -\alpha_i \omega_i + P_i - \sum_{j=1}^{N} K_{ij} \sin\left(\theta_i - \theta_j\right) \qquad (4.17)$$

Der Index „j" steht für einen Nachbarknoten des Knotens „i". Ist an einem Knoten i die Netto-Leistungsaufnahme positiv, $P_i > 0$, dann handelt es sich um eine Netto-Stromproduktion, während eine Abnahme, also $P_i < 0$, besagt, dass es sich um einen Netto-Verbrauch handelt. K_{ij} stellt eine Matrix dar, die die Topologie der Netzverkabelung repräsentiert. Es gelten die Bedingungen:

$$K_{ij} = K_{ji} > 0, \text{ wenn Knoten i und j verbunden sind}$$
$$K_{ij} = 0, \text{ sonst} \tag{4.18}$$

Stromnetze besitzen auch stabile nicht synchrone Zustände (Machowski 2008, Rohden 2012, Witthaut 2012, Filatrella 2008, Chiang 2011). Auch hier wird davon ausgegangen, dass es einen stabilen synchronen Zustand mit dem Phasenwinkel θ_i^S und einer Kreisfrequenz ω_i = 0 gibt. Tritt jetzt an einem einzelnen Knoten eine schwere Störung auf – wie wird das System darauf reagieren? Wie stabil wird das System sein und welchen Zustand wird es einnehmen? Die entscheidende Frage in diesem Zusammenhang ist, welchen Einfluss die Netztopologie auf die Stabilität hat

Um diese Fragen zu beantworten, wurden am Potsdam-Institut für Klimafolgenforschung (PIK) 1000 zufällig erzeugte Stromnetze untersucht. Diese haben eine Knotenanzahl von N = 100 und eine Anzahl an Übertragungsleitungen von E = 135. Diese Zahlen ergeben einen mittleren Verbindungsgrad von d = 2,7. Dieser Wert ist für *Stromübertragungsnetz*e sehr typisch (Sun 2005). Unter Beachtung einiger Vereinfachungen (s. (Menck 2014)) wurde für jeden Einzelknoten die Bassin-Stabilität des Gesamtnetzes gegenüber Störungen an diesem Knoten bestimmt:

$$S_i = S(B_i) \in [0,1] \tag{4.19}$$

Die Stabilität wird nach Gleichung (4.13) ermittelt. Für B_i ergibt sich:

$$B_i = \begin{cases} (\theta_i, \omega_i) : (\theta_j, \omega_j)_{j-1} \in B \text{ mit } \theta_j = \theta_j^S \\ \omega_j = 0 \text{ für alle } j \neq i \end{cases} \tag{4.20}$$

Gleichung (4.20) beschreibt eine zweidimensionale Scheibe des 2-N-dimensionalen Gesamt-Bassins B. Je größer diese ist, desto unschädlicher sind Störungen an diesem Knoten.

Mit der Größe $S_i \in [0,1]$ wird die Wahrscheinlichkeit ausgedrückt, dass das Netz nach der Störung eines einzelnen Knotens i in seinen stabilen synchronen Zustand zurückkehrt.

Für die 1000 Netze mit 100 Knotenpunkten ergeben sich 100 000 Einzelknoten-Messpunkte mit der Bassin-Stabilität S_i. Um S_i abzuschätzen, wurde für jeden Zeitpunkt passend zu P zufällig ein Startwert (θ, ω) festgelegt. Daraus wurde das Mehr-Knoten-Netz gebildet mit:

$$\left(\theta_j, \omega_j\right)(0) = \begin{cases} (\theta, \omega) & \text{if } j = i \\ \left(\theta_j^S, 0\right) & \text{sonst} \end{cases} \tag{4.21}$$

Bei der Analyse der Netze stellte sich heraus, dass der Verbindungsgrad der Knotenpunkte, d_i, keinen Einfluss auf die Netzstabilität hat. Jedoch hat der Verbindungsgrad d_j des Nachbarknotens j einen Einfluss auf die Stabilität des Knotens i. Der mittlere Verbindungsgrad der Nachbarn des Knotens d_i berechnet sich nach:

$$d_{av,i} = \frac{1}{d_i} \sum_{j, K_{ij} > 0} d_j \tag{4.22}$$

Ab einem Wert von $d_i \geq 2$ aufsteigend führt diese Größe bei einer großen Störung am Knoten i zu einer steigenden Bassin-Stabilität S (s. Bild 4.37).

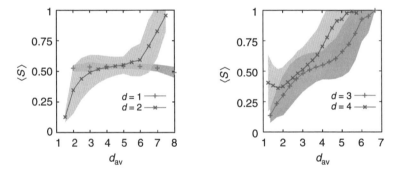

Bild 4.37 Bassin-Stabilität S bei mittleren Werten von d: a) d = 1, 2 und b) d = 3, 4 (Menck 2014)

Ein wesentliches Ergebnis der Untersuchungen am PIK ist, dass die Größe b (die sogenannte „shortest-path betweenness"), also die Wahrscheinlichkeit, dass ein Knoten auf der kürzesten Verbindung zwischen zwei anderen Knoten liegt, einen großen Einfluss auf die Stabilität des Systems ausübt. So führt eine Störung, die einen Knoten innerhalb eines toten Endes bzw. eines toten Baums eines Stromnetzes trifft, zu einer Instabilität. Dies gilt jedoch nicht prinzipiell, sondern nur für den betrachteten Netzabschnitt mit spezifischen Verbindungswerten für b.

Dieses Modell wurde auf das nordeuropäische Stromnetz angewendet, das eine Anzahl von N = 236 Knoten und eine Anzahl von Verbindungen von E = 320 besitzt (s. Bild 4.38).

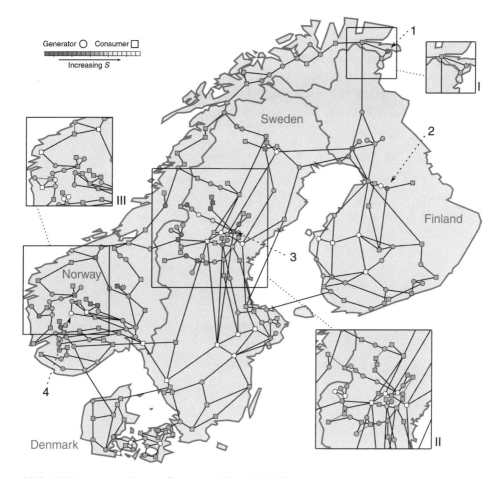

Bild 4.38 Nordeuropäisches Stromnetz (Menck 2014)

Auch hier wurde herausgefunden, dass das Netz besonders dort in einen instabilen Zustand wechselt, wo Knoten von einer starken Störung getroffen werden, die an ein totes Netzende bzw. einen toten Baum angrenzen oder sich innerhalb dessen befinden. Solche Bereiche wurden in Bild 4.38 entsprechend hervorgehoben (s. Kasten 1, 2, 3). Die rot-gefärbten Punkte (im Druck Dunkelgrau) stellen jeweils Knoten mit instabilen Zuständen dar. Werden hingegen die toten Enden aufgehoben, indem eine Verbindung zu einem benachbarten Knoten „gebaut" wird, führt dies zum Anstieg der Stabilität und der betrachtete Knoten wechselt nach einer starken Störung in einen gewünschten synchronen Zustand (s. Kasten I, II, III).

Mit dieser Untersuchung wurde nachgewiesen, dass das anfangs vorgestellte Maß der Bassin-Stabilität auf Stromnetze anwendbar ist. Weiterhin konnte gezeigt werden, dass die Topologie von Stromnetzen mit diesem Indikator auf deren Stabilität hin analysiert werden kann. Eine weitere Erkenntnis stellt das Ergebnis über die

Stabilität toter Enden bzw. toter Bäume dar. Diese bergen im Hinblick auf die Stabilität gewisse Risiken, die analysiert und bei Bedarf bzw. je nach technisch gegebenen Möglichkeiten behoben werden können. Aufgrund von geografischen Gegebenheiten, wie z. B. Bergen oder Naturlandschaften, ist der Bau einer Verbindungslinie aus technisch-wirtschaftlichen Gründen nicht immer möglich und das Risiko der Instabilität von Netzabschnitten muss abgewogen werden.

5 Innovationsmanagement im Energiebereich

Deutschland und viele Teile der Welt sind dabei, Lösungen für die zukünftige Gestaltung der Energieversorgung zu finden. Dabei sind regionale wie auch lokale Lösungen zu entwickeln, wie z. B. die Energieversorgung kleiner Siedlungen oder sogar nur einer Schule z. B. in Afrika mit Strom, wie auch überregionale Lösungen für ein gesamtes Energieversorgungssystem, wie das insbesondere in Deutschland, aber auch in Europa gesamt geschieht.

Ohne neue technische und organisatorische Entwicklungen sind die Fragestellungen zur Energieversorgung der Zukunft nicht zu beantworten. Viele neue Ansätze und Innovationen zur Bewältigung der Energiewende wurden bereits in diesem Buch vorgestellt, die oftmals komplexe Systeminnovationen darstellen. Als Systeminnovation bezeichnet man eine technologisch basierte Innovation (Richter 2014, Neumann 2015). Diese muss sich in wirtschaftlich tragfähige und gesellschaftlich akzeptierte Produkte oder Dienstleistungen umsetzen lassen. Um dies zu erreichen, müssen fachliche und organisatorische Grenzen überwunden werden. Zudem muss das Zusammenwirken verschiedener Stakeholder entlang von Wertschöpfungsprozessen erreicht werden. Die hervorgebrachten Innovationen sind dabei nicht nur unternehmerisch motiviert, sondern vor allem politisch gezielt gesteuert. Für Unternehmen stellen Innovationen die Basis und den Ursprung für die wirtschaftliche Entwicklung bzw. Weiterentwicklung dar (Schuh 2012). Sie führen zu einer wirtschaftlichen Dynamik, aber unter Umständen auch zu einer Instabilität des wirtschaftlichen Systems eines Unternehmens (Schumpeter 1912). Dies betrifft jedoch nicht nur Unternehmen. In sämtlichen Bereichen unserer Umwelt treten Innovationen auf. Durch die Umsetzung von Innovationen können neue Organisationen entstehen. Dabei stellen Innovationen eine zentrale Antriebskraft dar. Ebenso können sie auch zum Scheitern einer Organisation führen (Schuh 2012).

Für eine Innovation braucht es zunächst eine Idee, wie sich z. B. ein Produkt oder ein Verfahren von dem bisher bekannten Zustand unterscheiden kann. Dabei kann es sich sowohl um die Veränderung eines bestehenden wie auch die Entwicklung eines neuen Produktes oder einer neuen Technologie handeln. Diese Idee wird Invention genannt. Eine Idee macht aber noch keine Innovation. Erst wenn eine Invention eine Produktionsreife erlangt, ein Produkt entwickelt und hergestellt wird und anschließend am Markt erfolgreich umgesetzt wurde, wird von einer Innovation gesprochen (Staudt 1993). Die erfolgreiche Einführung am Markt ist der zentrale Aspekt für eine wahre Innovation (Hauschildt 2007). Bei einer weiteren Betrachtung des Begriffs Innovation sind auch die Phasen der Marktdurchsetzung (Diffusion) und der Nachahmung durch die Konkurrenz (Imitation) mit zu betrachten (Brockhoff 1999). Diese drei unterschiedlichen Bereiche, die zu einer Innovation gehören, sind in Bild 5.1 dargestellt.

Invention	Marktdurchsetzung	Nachahmung
Innovation		

Bild 5.1 Die drei Bausteine einer Innovation (nach Schuh 2012)

Innovationen stellen den größten internen Wachstumstreiber in Organisationen dar, wobei sie gleichzeitig auch das größte Risiko für das Wachstum bedeuten (Gassmann 2010). Studien zeigen, dass trotz Scheitern der meisten Innovationsprojekte innovative Unternehmen überdurchschnittlich profitabel sind (Gassmann 2010).

Innovationen finden in unterschiedlichen Bereichen einer Organisation statt. Aus diesem Grund kann eine betriebliche Innovation in Produkt-, Prozess-, Personal- und Organisationsinnovationen untergliedert werden (Brockhoff 1999). Manchmal werden diese auch als Produkt-, Verfahrens- und Sozialinnovation bezeichnet (Corsten 2006). Denn es finden nicht nur technische Neuerungen auf der Produkt- oder Prozessebene statt, sondern auch bei den Geschäftsmodellen wie auch im sozialen Bereich bei Mitarbeitern und Kunden.

Im Rahmen der Produktinnovation werden neue Produkte hergestellt. So wurden beispielsweise in Finnland neue so genannte Harvester (Holzvollernter) zur Ernte von Bäumen im Wald konstruiert (Fixteri 2016). Diese sind speziell dazu ausgelegt, in bisher ungepflegten, dichten Waldbeständen in einem kompakten Arbeitsgang die Bäume zu fällen und so aufzubereiten, dass diese problemlos aus dem Wald abtransportiert werden können. Bei der Prozessinnovation geht es um die Produktivitätssteigerung oder die Erhöhung der Sicherheit und womöglich auch die Vermeidung von Umweltschäden (Corsten 2006). Dies konnte z. B. über viele Jahre bei der Herstellung von Solarplatinen beobachtet werden. Innovationen im Bereich Personal sind z. B. bei Schulungen erfolgt. So wurde durch das Unternehmen GridLab GmbH in Cottbus ein spezieller Netzsimulator entwickelt, an dem die Mitarbeiter aus dem Kraftwerksbereich virtuell kritische Netzsituationen unter Realbedingungen simulieren und ihre Fähigkeiten anhand dessen erweitern können (GridLab 2016). Auf der Ebene der Organisation wurde bereits in Kapitel 1.2 die „Pfalzenergie" vorgestellt, die ihre Organisation innovativ aufgestellt hat und neue Wege geht. Im Rahmen der Transformation des Energiesystems ist ein ganz wesentlicher Innovationsbereich der Aufbau neuer Geschäftsmodelle im Energiesektor. So hat beispielsweise die Lumenaza GmbH ein innovatives Geschäftsmodell konzipiert. Das Unternehmen kauft bei den Energieproduzenten aus einer Region Strom ein und verkauft diesen an die Verbraucher aus der gleichen Region (Tosenberger 2015). Die regionalen Energieerzeugungsanlagen werden in diesem Zuge zu einem virtuellen Kraftwerk gebündelt. Lumenaza hat eine eigene Software zusammen mit einer Hardware entwickelt, mit der sie viele Anlagen und Verbraucher steuern kann. So ist es möglich, dass Stadtwerke, Energiegenossenschaften und Projektierer ein regionales Stromprodukt kreieren können (Lumenaza 2016). Die Idee, in einer Region Produzenten, Verbraucher und Prosumer zusammenzubringen, ist in dieser Form neuartig und innovativ.

In vielen Unternehmen stellt das Innovationsmanagement einen Kernprozess dar. Zum Innovationsmanagement gehört die systematische Planung, Steuerung und Kontrolle von Innovationen in Organisationen (s. Bild 5.2).

Bild 5.2 Aufgaben des Innovationsmanagements

Ob ein Objekt als Innovation erkannt und bezeichnet wird, hängt nach (Schlaak 1999) von folgenden drei Aspekten ab:

- Wie sehen die Eigenschaften des betrachteten Objektes im Vergleich zu den Eigenschaften anderer Objekte aus?
- Mit welcher Genauigkeit werden die Eigenschaften der betrachteten Objekte verglichen?
- Wie wird die Menge der Referenzobjekte gegeneinander abgegrenzt?

Dabei sind drei Dimensionen bzw. Merkmale relevant (Corsten 2006):

- Inhaltliche Dimension:

    Mit der Frage „Was genau ist an diesem Objekt neu?" beginnt die inhaltliche Dimension. Dabei wird ein soziales System mit all seinen darin auftretenden Änderungsaktivitäten erfasst. Die Änderungsaktivitäten betreffen Eigenschaften eines Objektes, die im Vergleich zu anderen Objekten relevant sind.

- Intensitätsmäßige Dimension:

  Die Frage: „Wie groß ist der Neuheitsgrad der Innovation?" beschäftigt sich mit dem Ausmaß der Neuheit.

- Subjektive Dimension:

  Je nach Perspektive ist eine Neuheit als Innovation zu bezeichnen. Es steht somit die Frage im Mittelpunkt: „Wer beurteilt die Innovation?" oder „Für wen ist die Neuheit auch tatsächlich neu?"

- Prozessuale Dimension:

  Diese Dimension bezieht sich auf den Prozess der Innovationsentwicklung und kommt damit zur Frage „Wo beginnt und wo endet die Innovation?"

Das Innovationsmanagement ist ein ganzheitlicher Prozess. In einer Organisation sind sämtliche Mitarbeiter in diesen Prozess einbezogen. Ein ganzheitliches Management von Innovationen in einer Organisation findet auf drei Ebenen statt (Gassmann 2010, Gerybadze 2004):

- Normatives Innovationsmanagement

  Auf der normativen Ebene findet eine aktive Auseinandersetzung mit der Vision, Mission, den Werten und dem Leitbild einer Organisation statt. Stellt beispielsweise Nachhaltigkeit einen wichtigen Wert in einer Organisation dar, so kann es z.B. wichtig sein, dass im Rahmen des Innovationsprozesses berücksichtigt wird, dass das neu entwickelte Produkt nach Lebensende biologisch abbaubar ist.

- Strategisches Innovationsmanagement

  Auf dieser Ebene wird eine Strategie für die Entwicklung neuer Produkte, Technologien oder Dienstleistungen erarbeitet. Dabei ist die interne Sicht auf die bestehenden Ressourcen, das Wissen der Mitarbeiter und deren Kompetenzen sowie die bestehenden Technologien wichtig. Ebenso ist die externe Sicht relevant, bei der die Märkte untersucht, Kunden befragt und Lieferanten und Kooperationspartner einbezogen werden sollten. Diese Ebene wird im Folgenden näher erläutert.

- Operatives Innovationsmanagement

  Wird eine Innovation geplant, muss diese in der Organisation auch umgesetzt werden. Dies erfolgt auf der operativen Ebene. Der Innovationsprozess muss durch eine Organisation entsprechend gestaltet und geführt werden.

In Bild 5.3 ist dargestellt, wie die drei Ebenen in einer Organisation zusammenwirken.

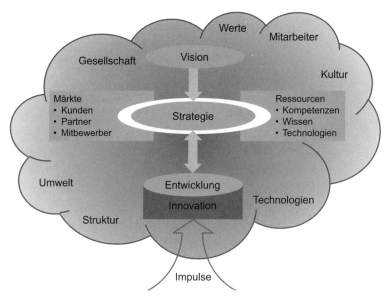

Bild 5.3 Zusammenwirken der drei Ebenen des Innovationsmanagements in einer Organisation (nach Gassmann 2010)

Beim Innovationsmanagement handelt es sich um eine Managementaufgabe. Um die Aufgaben, die damit verbunden sind, besser begreifen zu können, ist es sinnvoll, diese in Prozesse zu untergliedern. Die wesentlichen Kernprozesse sind in Bild 5.4 dargestellt.

Bild 5.4 Wesentliche Kernprozesse des Innovationsmanagements (nach Schuh 2012)

Im Prozess „Forschung" wird das Verfahren bzw. das Produkt im kleinen Maßstab entwickelt. Es entsteht ein sogenannter Prototyp. Im Prozessschritt „Entwicklung" findet die Umsetzung im großtechnischen Maßstab statt. Schließlich kann der Prozess „Produktion" beginnen, bei dem der Ablauf der Produktion festgelegt wird. Erst durch die Einführung des Produktes am Markt kann dieses einen Gewinn erwirtschaften. Dafür sind verschiedene Maßnahmen erforderlich, wie die Entwicklung einer Marketingstrategie.

Jedes Managementsystem folgt einem kontinuierlichen Verbesserungsprozess. Dieser lässt sich nach Deming als PDCA-Zyklus (PDCA: Plan-Do-Check-Act) darstellen (s. Bild 5.5).

Bild 5.5 PDCA-Zyklus (Deming-Kreis) als Prozess der kontinuierlichen Verbesserung (nach Moen 2010)

Der PDCA-Zyklus teilt sich in die vier Schritte:

- Plan

  Hierbei wird der Frage nachgegangen: Wie soll etwas sein? Es erfolgt die Planung der Umsetzung und das Erkennen von Verbesserungspotenzialen.

- Do

  Es steht die Frage im Mittelpunkt: Was tun wir und wie genau tun wir das? Es geht somit um die Umsetzung und das Optimieren von Abläufen.

- Check

  Nun muss geprüft werden, was erreicht wurde. Sind die Vorgaben eingehalten, kann eine Freigabe erfolgen oder müssen weitere Optimierungen folgen?

- Act

  Wenn alles erledigt scheint, kann die Frage gestellt werden: Was ist noch zu tun? Jetzt muss die Einführung geplant, die Dokumentation erstellt und die Einhaltung der Vorgaben überprüft werden.

Das Innovationsmanagement in einer Organisation lässt sich in mehrere Handlungsfelder untergliedern (Bild 5.6).

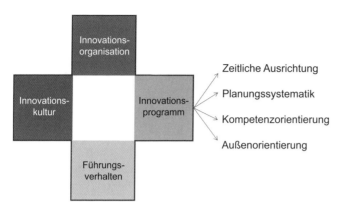

Bild 5.6 Handlungsfelder des Innovationsmanagements (nach Schuh 2012)

Die Innovationsorganisation schafft die Strukturen, damit Innovationen in einer Organisation hervorgebracht werden können. Sie gestaltet beispielsweise den Innovationsprozess und sorgt für dessen Einbettung in der Organisation. Sie legt Verantwortlichkeitsbereiche fest und führt problemlösungsspezifische Innovationsmethoden ein. Sie sorgt dafür, dass Kooperationspartner eingebunden werden. Eine wichtige Aufgabe ist die Beschaffung und Verteilung von Geldern zur Durchführung von Innovationen (Schuh 2012).

Prinzipiell gibt das Innovationsprogramm die Entwicklungsrichtung vor, die aus der Unternehmenspolitik abgeleitet werden kann (Schuh 2012). Sie führt zu Handlungsanweisungen für die Führungsebene und die Mitarbeiter. Die Handlungsanweisungen müssen an die jeweilige aktuelle Situation angepasst werden. Die Programme sollten so ausgelegt sein, dass sie dazu beitragen, die eigene Marktsituation zu stärken. Das Innovationsprogramm zeichnet sich durch eine:

- zeitliche Ausrichtung,
- Planungssystematik,
- Kompetenzorientierung und
- Außenorientierung

aus (Schuh 2012).

In der zeitlichen Ausrichtung besteht die Möglichkeit, gegenwartsorientierte, kurzfristige Programme aufzusetzen. Diese beruhen auf einer eher detaillierten Planung. Alternativ kann ein zukunftsorientiertes, langfristiges Programm entwickelt werden. Dieses weist eine weniger detaillierte Planung auf. Der Detaillierungsgrad der Planung hängt u. a. davon ab, welche Daten mit welcher Genauigkeit zur Verfügung stehen. Dies findet sich dann in der Planungssystematik wieder. Auch das Vorgehen dazu, wo entsprechend der Aufgabenstellung Daten zu finden sind, beschreibt die Planungssystematik. In Bezug auf die Kompetenzorientierung wird zwischen der Nutzung bestehender und dem Aufbau neuer organisationsinterner Kompetenzen unterschieden. Ziel ist es, Synergieeffekte in der Organisation aufzubauen bzw. zu nutzen. Oftmals werden in Innovationsprogrammen externe Entwicklungspartner mit eingebunden. Dies können z. B. Kunden oder Zulieferer sein. Hierfür wird eine spezifische Außenorientierung benötigt. Denn die Schnittstellen zu den Entwicklungspartnern sowie die Zusammenarbeit mit diesen und den damit verbundenen Kooperationsformen müssen ausgestaltet und in der Organisation entsprechend verankert werden.

Das Führungsverhalten wirkt sich in jeder Organisation zentral auf deren erfolgreiches Bestehen am Markt aus und stellt somit ein wesentliches Handlungsfeld des Innovationsmanagements dar. Denn nur durch die Führungskräfte gemeinsam mit deren angeleiteten Mitarbeitern kann eine Organisation Managementaufgaben erfolgreich umsetzen. Die Führungskräfte haben dabei u. a. die Aufgabe, ihre Mitarbeiter dazu zu befähigen, Innovationen hervorzubringen. Indem sie den entsprechenden Rahmen vorgeben, der eine Balance zwischen Kreativität und Struktur möglich macht, können sich die Mitarbeiter richtig entfalten.

Wesentliche Basis aller Innovationsbestrebungen ist die Innovationskultur. In ihr sind die Werte, Muster sowie Rituale und die Vision der Organisation verankert. Beispielsweise gibt die Innovationskultur vor, wie in einer Organisation der Prozess der Entscheidungsfindung abläuft und wer dafür verantwortlich ist, also wer letztlich in der Organisation die Entscheidung für die Umsetzung innovativer Teilschritte trifft. Jedoch ist es erforderlich, dass die Innovationskultur den Mitarbeitern bekannt und vertraut ist. Dabei stellt die Innovationskultur einen Teilaspekt der Unternehmenskultur dar.

Hat eine Organisation den Bereich Innovation als wichtigen Geschäftsbereich definiert, muss unter anderem die Innovationsstrategie festgelegt werden. Im Folgenden wird der Aufbau einer Innovationsstrategie beispielhaft anhand von zwei Unternehmen im Energiebereich aufgezeigt. Ausgehend von diesen Beispielen wird die Theorie für den Aufbau einer Innovationsstrategie vorgestellt und abschließend noch einmal zusammengefasst.

■ 5.1 Innovationsstrategie – die Einführung

Der Aufbau einer Innovationsstrategie in einer Organisation folgt der Gestaltung mehrerer anderer wichtiger Strategien in dieser Organisation (s. Bild 5.7). Sie leitet sich aus der Unternehmensstrategie ab, die Entscheidungen hinsichtlich der Führung eines Unternehmens als Ganzes bedingt. Darin werden die Absichten, Zwecke oder Ziele einer Organisation definiert. Dabei werden die Angelegenheiten in den Fokus gerückt, die die gesamte Organisation betreffen, wie z. B. Entscheidungen über die Größe oder das Geschäftsportfolio der Organisation.

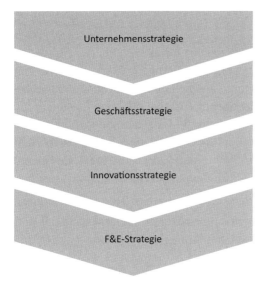

Bild 5.7
Einordnung der Innovationsstrategie in das strategische Geflecht einer Organisation (nach Gerybadze 2004)

Es lassen sich zwei wesentliche Aufgaben der Unternehmensstrategie formulieren (Gerybadze 2004):

- Die Grundrichtung für die künftige Unternehmensentwicklung wird abgesteckt.
- Für die langfristige Entwicklungsrichtung müssen die Ziele festgelegt werden.

Aus der Unternehmensstrategie leitet sich die Geschäftsstrategie ab. Hierin wird die Art und Weise festgelegt, wie eine Organisation in einem zuvor definierten Geschäftsfeld in den Wettbewerb einsteigt. Sie dient dazu, Wettbewerbsvorteile auf dem Markt zu erreichen. Die Geschäftsstrategie wird somit auf der Ebene definiert, auf der Produkte und Dienstleistungen auf den Markt gebracht werden. Dies führt zu strategischen Entscheidungen wie der Preisgestaltung, dem Marketing oder der Fertigungsplanung zur Erreichung der Herstellungseffizienz. Zusammenfassend kann festgehalten werden (Gerybadze 2004):

- Die Unternehmens- und Geschäftsbereichsziele müssen aufeinander abgestimmt werden.
- Für das Ressourcen- und Leistungsspektrum müssen die Prioritäten festgelegt werden.

In der Reichweite der Auswirkungen von Entscheidungen liegt der Unterschied zwischen der Unternehmens- und der Geschäftsstrategie. Der Fokus der Unternehmensstrategie liegt auf Problemen, die das gesamte Unternehmen betreffen. Dagegen konzentriert man sich in der Geschäftsstrategie auf bestimmte Geschäftseinheiten und versucht, die fassbaren Probleme anzugehen. Je nach Aufbau bzw. Struktur eines Unternehmens liegt die Formulierung einer Unternehmensstrategie auf der Ebene der obersten Geschäftsführung. Entsprechend wird die Strategie für einzelne Geschäftsbereiche von den jeweiligen vorstehenden Managern dieser Bereiche entworfen.

In der Innovationsstrategie wird, abgeleitet aus den darüber stehenden Strategien (Unternehmensstrategie, Geschäftsstrategie), das Vorgehen festgeschrieben, um die Ziele bez. der Richtung und Umsetzung von geplanten Innovationen zu erreichen. Sie gibt damit eine Handlungsorientierung für eine effektive Ideengenerierung und Ressourcenverteilung. Operativ erfolgt die Umsetzung der Innovationsstrategie durch mehrere Bereiche, die im Prozess vor- und nachgelagert sein können, wie z. B. Vertrieb, Marketing oder Produktion (Gerybadze 2004, Gassmann 2010). Für die Innovationsstrategie ergibt sich damit (Gerybadze 2004):

- Je Geschäftsbereich wird eine Innovations- und Wettbewerbsstrategie formuliert.
- Es müssen geeignete Prozesse und Organisationsstrukturen herausgebildet werden, die es ermöglichen, dass die angesetzten Strategien so gut wie möglich umgesetzt werden können.

Ist die Innovationsstrategie definiert, kann die genaue Strategie für Forschung und Entwicklung (F&E) festgelegt werden. Hierin wird konkret formuliert, auf welchen Gebieten geforscht und was konkret entwickelt werden soll. Dazu zählt z. B. die Formulierung von Versuchsprogrammen mit dem Ziel, bestimmte Daten für die geplante Innovation zu erhalten. In der F & E-Strategie werden damit F & E-Projekte ausgewählt und bewertet (Gassmann 2005). Auch optimiert sie die Ausgestaltung von F & E-Projekten. Diese Strategie wird vom Bereich F & E umgesetzt.

Die Innovationsstrategie ist damit ein wesentlicher Baustein für eine Organisation, um erfolgreich Innovationen hervorzubringen. Jede Organisation entwickelt individuell ihre eigene Strategie. Die interne und externe Sicht auf eine Innovation ist dabei von großer Bedeutung. Da die Transformation des Energiesektors sehr umfassend und zügig erfolgen muss, erfordert dies aus der internen Sicht ein gezieltes Handeln aller Beteiligten. Unter diesem Druck kann es schwierig sein, in einer Organisation die Balance zwischen Kreativität und Struktur zu finden. Auch müssen die Mitarbeiter sehr schnell für neue Entwicklungen qualifiziert werden. Dazu ist es wichtig, dass innerbetrieblichen Widerständen angemessen und mit Wertschätzung begegnet wird. Denn die Energiewende mit ihren weitgreifenden Veränderungen ruft bei vielen Menschen große Ängste und Sorgen hervor, die zu einer Blockadehaltung führen. Weiterhin ergibt sich aus der externen Sicht, dass die Anforderungen und Wünsche der Kunden so schnell noch nicht erfasst werden können. Auch ändern sich die politischen Vorgaben schnell und zum Teil sehr gravierend, wie dies z. B. die zuletzt häufigen Novellen des EEG zeigen. Ebenso wirken sich die Kosten stark auf Innovationen aus, wie dies beispielsweise bei den gesunkenen Heizkosten geschieht, die erneuerbare Energien als unwirtschaftlich erscheinen lassen.

Folgend wird anhand der Beispiele von zwei Unternehmen aufgezeigt, wie eine Innovationsstrategie aufgebaut sein kann.

5.1.1 Beispiel der innovativen Produktion von Biokraftstoffen, Firma VERBIO Vereinigte Bioenergie AG

Die Firma VERBIO Vereinigte Bioenergie AG hat ihren Hauptsitz in Zörbig (Deutschland, Sachsen-Anhalt). Die AG wurde als Holding im Jahr 2006 gegründet. Das operative Geschäft führen insgesamt 6 Tochtergesellschaften an den Standorten Zörbig, Bitterfeld und Schwedt/Oder. Die Unternehmensgruppe hat sich auf die Herstellung von Biokraftstoffen und deren Nebenprodukten spezialisiert. Biodiesel, Biomethan und Bioethanol gehören in das Portfolio. Zu den Nebenprodukten zählen Sterole, Futtermittel und Düngemittel.

Biomethan weist die gleiche Qualität und chemische Zusammensetzung wie Erdgas auf und kann als alternativer Kraftstoff für Erdgasfahrzeuge an Erdgastankstellen angeboten werden. Biomethan ist ein sehr effizienter Biokraftstoff. Im Vergleich zu Biodiesel und Bioethanol hat Biomethan eine wesentlich höhere Energiedichte. Der Einsatz in Erdgasfahrzeugen von bis zu 100 % ist technisch unproblematisch möglich. Bioethanol wird Benzin in Form von E10 (10 % Anteil von Ethanol zu fossilen Kraftstoffen) zugemischt, welches seit 2011 in Deutschland angeboten und heutzutage an jeder Tankstelle erhältlich ist. Ebenso wird es zu 5 % dem normalen Super-Benzin beigemischt. E10 und E5 können in fast jedem gängigen Benzinfahrzeug gefahren werden. In reiner Form kann Bioethanol als E85 von speziellen Fahrzeugen getankt werden. Die Verfahren der Biomethan- und Bioethanolherstellung werden umfangreich in (Nagel 2015) beschrieben. VERBIO setzt bei der Produktion auf selbst entwickelte einzigartige Technologien, wie die Produktion von Biomethan aus 100 % Schlempe bzw. 100 % Stroh.

Im Jahr 2004 wurde die Bioethanolproduktion in Zörbig mit einer Produktionskapazität von 90 000 Tonnen Bioethanol aufgenommen. Als Einsatzstoff dient Getreide, wie Roggen, Triticale oder Weizen mit minderwertiger Qualität, welches für die Nahrungsmittel- und Futtermittelindustrie ungeeignet ist. Jährlich werden ca. 270 000 Tonnen Getreide verarbeitet. Im Jahr 2010 wurde an diesem Standort die weltweit erste Bioraffinerie aufgebaut. Die Bioraffinerie arbeitet nach dem Prinzip eines geschlossenen Kreislaufs über die gesamte Wertschöpfungskette (s. Bild 5.8). Der Reststoff des für die Bioethanol-Produktion eingesetzten Getreides, die sogenannte Schlempe, wird anschließend in einer großindustriellen Biogasanlage weiter zu Biomethan verwertet. Der dabei als Nebenprodukt entstehende Flüssig- und Festdünger wird im Sinne maximaler Nachhaltigkeit wieder in die Landwirtschaft zurückgeführt. Die Produktionskapazität für Biomethan am Standort Zörbig beträgt 240 GWh/a.

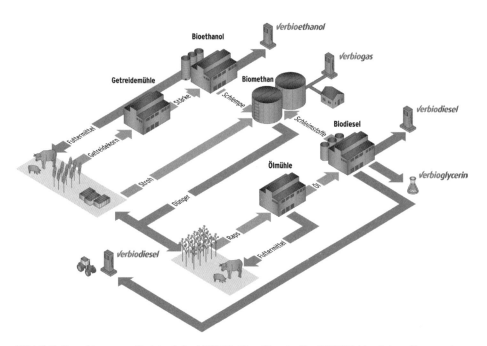

Bild 5.8 Geschlossener Kreislauf der VERBIO-Bioraffinerie (Fa. VERBIO Vereinigte Bioenergie AG) (Kurze 2016)

Im Jahr 2005 ging am Standort Schwedt/Oder (Deutschland, Brandenburg) die zweite Bioethanolproduktion in Betrieb, deren Kapazität doppelt so groß ist wie am Standort Zörbig (s. Bild 5.9). Auch hier werden minderwertige Getreidequalitäten eingesetzt – vor allem Roggen, der überwiegend von Landwirten aus der direkten Umgebung bezogen wird.

Im Jahr 2010 erfolgte am Standort Schwedt/Oder ebenfalls die Erweiterung zu einer Bioraffinerie. Dort werden jährlich 170 000 Tonnen Bioethanol und 240 GWh Biomethan nach dem gleichen Verfahren wie in Zörbig produziert.

Bild 5.9 Bioraffinerie der Firma VERBIO am Standort Zörbig (Fa. VERBIO Vereinigte Bioenergie AG) (Kurze 2016)

Das Besondere an der Bioethanolherstellung ist, dass sie multifeedstockfähig ist und Roggen, Triticale und Weizen sowie Mais (Maiskörner) gleichermaßen mit guten Ausbeuten verwendet werden können. Dies ist möglich, da ein spezielles innovatives Herstellungsverfahren zur Umwandlung von Getreideresten in Ethanol entwickelt wurde (s. Bild 5.10).

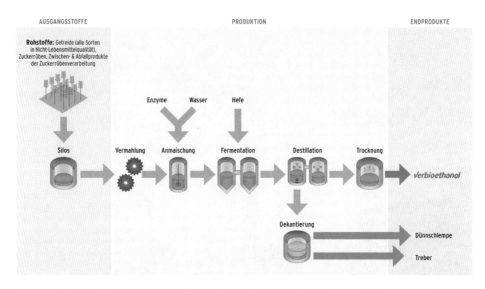

Bild 5.10 Produktionsprozess zur Ethanolherstellung der Firma VERBIO (Fa. VERBIO Vereinigte Bioenergie AG) (Kurze 2016)

Bioethanol kann als Mischkomponente Ottokraftstoffen beigefügt werden. Die Beimischung kann über folgende Wege stattfinden:

- Direktabmischung (Direktverblendung) zum Ottokraftstoff.
- Veretherung von C4-Iso-Olefinen zu ETBE (Ethyl-Tertiär-Butyl-Ether)
  Dieses trägt u. a. dazu bei, dass die Oktanzahl und die Klopffestigkeit von Benzin erhöht werden.
- Veretherung von C5-Iso-Olefinen zu TAEE (Tertiär-Amyl-Ethyl-Ether)
  TAEE sorgt ebenfalls für eine Steigerung der Oktanzahl. Zudem ersetzt es das unerwünschte Tetraethylblei und hebt den Sauerstoffgehalt im Benzin.

Das Verfahren der Biomethanherstellung im Rahmen der Bioraffinerie ist ein klassisches Verfahren. Die einzelnen Prozessschritte sind in Bild 5.11 dargestellt.

Seit dem Jahr 2014 ist am Standort Schwedt/Oder zusätzlich eine neue Anlage zur Produktion von Biomethan aus 100 % Stroh in Betrieb. Die von VERBIO selbst entwickelte Technologie ist derzeit weltweit einzigartig (s. Bild 5.12). Die Anlage hat aktuell eine Produktionskapazität von ca. 70 GWh Biomethan pro Jahr. Sie wird bis 2019 auf eine Kapazität von 140 GWh pro Jahr ausgebaut.

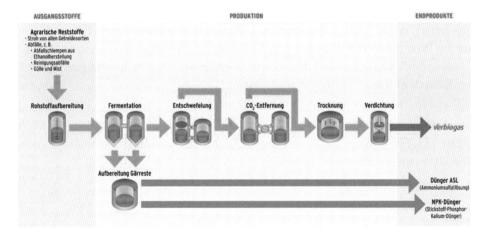

Bild 5.11 Klassisches Verfahren der Biomethanherstellung der Firma VERBIO (Fa. VERBIO Vereinigte Bioenergie AG) (Kurze 2016)

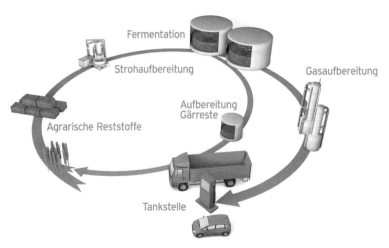

Bild 5.12 Biomethanproduktion aus 100 % Stroh bei VERBIO (Fa. VERBIO Vereinigte Bioenergie AG) (Kurze 2016)

Stroh stellt für den Vergärungsprozess in Biogasanlagen eine besondere Herausforderung dar. In (Reinhold 2014) wird dargestellt, worauf bei der Vergärung von Stroh in Biogasanlagen zu achten ist. Demnach weist Stroh einen hohen Trockensubstanz-Gehalt (TS-Gehalt) auf, weshalb Prozesswasser zugeführt werden sollte. Weiterhin ist es sehr nährstoffarm, so dass zusätzlich Nährstoffe für die Mikroorganismen benötigt werden. Die Nährstoffe können alternativ auch über TS-arme und nährstoffreiche Einsatzstoffe, wie z. B. Gülle, dem Vergärungsprozess beigefügt werden. Zudem muss Stroh umfangreich für den Vergärungsprozess aufbereitet werden, was zu erhöhtem Prozessstrombedarf führt. Der Firma VERBIO ist es gelungen, einen Prozess zu entwickeln, der diese Anforderungen erfüllt.

Da die Firma VERBIO nicht nur Bioethanol, sondern auch Biomethan und Biodiesel produziert, muss das Unternehmen im Gesamten betrachtet werden, bevor speziell auf die Produktion von Bioethanol und Biomethan fokussiert werden kann. Bei der Analyse des Unternehmens kommt nun die Frage auf: Welche Innovationsstrategie kann bei der Firma VERBIO erkannt werden?

Das Ziel der Firma VERBIO kann wie folgt formuliert werden: nachhaltige Herstellung von Biokraftstoffen vorrangig aus Nicht-Nahrungsmittelrohstoffen mit maximaler CO_2-Einsparung bei wettbewerbsfähigen Herstellungskosten. Aus diesem Ziel lässt sich die Strategie ableiten:

1. Nutzung biogener Abfallstoffe.
2. Produktion in großtechnischen Anlagen.
3. Schaffung eines Kreislaufes entlang der gesamten Wertschöpfungskette.

Liegen das Unternehmensziel und die Strategie fest, kann die Innovationsstrategie daraus abgeleitet werden:

Entwicklung und Optimierung neuer effizienter Technologien zur bestmöglichen mehrstufigen Nutzung der eingesetzten Rohstoffe und zunehmende Verwendung von bisher ungenutzten landwirtschaftlichen Reststoffen. Diese Strategie teilt sich in die folgenden Schritte:

- Schritt 1: Anlagentechnik der Biodieselerzeugung upscalen auf eine Produktionskapazität von 150 000 t Biodiesel/a.

  Entwicklung eines speziellen Verfahrens zur Umesterung des Pflanzenöls, welches sich durch hohe CO_2- und Energieeffizienz bei minimalem Verbrauch von Betriebsstoffen auszeichnet.

- Schritt 2: Entwicklung eines Verfahrens zur Umwandlung von Getreideresten in Ethanol.

- Schritt 3: Schaffung eines geschlossenen Kreislaufs zur Produktion von Biomethan aus Getreidereststoffen und Reststoffen der Ethanolherstellung.

Bevor mit der Umsetzung des Ziels begonnen werden kann, ist eine Auseinandersetzung mit den bestehenden Rahmenbedingungen erforderlich. Dazu gehören anhand des Beispiels von Biomethan als Kraftstoff für Erdgasfahrzeuge und Bioethanol als Beimischung zu fossilen Kraftstoffen folgende Aspekte:

- Politische/rechtliche Aspekte (Auszug)
  - Sind öffentliche Förderungen für den Neu- bzw. Ausbau von Erdgastankstellen vorgesehen?
  - Gibt es gesetzliche Regelungen für die Beimischung von Ethanol zu fossilen Kraftstoffen und wird dies weiter am Markt etabliert?
  - Wird die Beimischung von Bioethanol zu fossilen Kraftstoffen steuerlich gefördert?

- Gibt es direkte Kaufanreize für PKW oder LKW mit alternativen Antrieben?

Unter dem politischen/rechtlichen Aspekt ist für Biokraftstoffe aufzuführen, dass diese nicht dem EEG unterliegen. Biokraftstoffe sollen ebenfalls zur Erreichung der Klimaschutzziele der EU beitragen. Auf EU-Ebene wird ihr Beitrag in den Richtlinien 2015/1513/EU (Aktuelle Fassung der Erneuerbaren-Energien-Richtlinie (RED)) und 2009/30/EG (Aktuelle Fassung der Kraftstoffqualitätsrichtlinie (FQD)) geregelt (Richtlinie 2009/30/EG, Richtlinie (EU) 2015/1513).

Bereits in 2013 wurde diskutiert, dass Biokraftstoffe, z. B. aus Mais, Raps oder Palmöl, zukünftig maximal 5,5 % der erneuerbaren Energien am Verkehrssektor ausmachen sollen (SPIEGEL ONLINE 2013, WWF 2013). Im Jahr 2014 haben sich die EU-Institutionen auf eine Reduzierung und Begrenzung von klassischen Biokraftstoffen (z. B. aus Mais oder Raps) an der Energieversorgung des Verkehrs von 10 % auf 7 % geeinigt (agrarheute 2014). Dies begünstigt die Markteinführung und -ausweitung von fortschrittlichen Biokraftstoffen und Technologien. Die Beibehaltung des 10-%-Ziels der RED im Transportbereich lässt bis zu 3 % für die Zielerreichung durch fortschrittliche Biokraftstoffe und andere Maßnahmen zu. Fortschrittliche Biokraftstoffe, wie beispielsweise Zellulose-Ethanol, werden mit einem eigenen Ziel von 0,5 %, welches doppelt (1 % gesamt) auf das 10-%-Ziel angerechnet wird, nochmals besonders hervorgehoben (Richtlinie (EU) 2015/1513).

- Aspekte Markt
  - Wie entwickelt sich der Markt für Erdgasfahrzeuge?

Anhand Bild 5.13 zeigt sich, dass bei einer Langzeitbetrachtung die Anzahl an Erdgasfahrzeugen wie auch an Erdgastankstellen in Deutschland stark gestiegen ist.

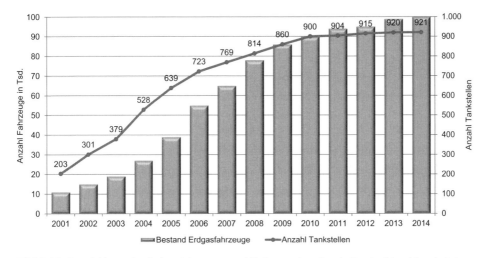

Bild 5.13 Entwicklung der Erdgasfahrzeuge und Erdgastankstellen in Deutschland (nach Peters 2015)

- Aspekte Kunde
  - Welche Kriterien für den Kauf eines Fahrzeugs sind für den Kunden relevant?

  Tabelle 5.1 zeigt, dass die Kaufkriterien stark von der Nutzergruppe abhängen.

Tabelle 5.1 Kundenaspekte für Kauf eines Fahrzeugs mit alternativem Antrieb (dena 2011)

Kaufkriterium für alternative Antriebe	Nutzergruppe		
	Privat	Gewerblich	Öffentlich
Differenziertes Fahrzeugangebot und gute Vermarktung	++	+	–
Geringer Mehrpreis in der Anschaffung	++	+	++
Geringe Unterhaltskosten (insbesondere Kraftstoffkosten)	+	++	+
Dichtes Tankstellennetz und hohe Fahrzeugreichweite	++	++	–

- Damit verbunden ist zudem die Frage: Welche Kunden sollen erreicht werden, also auf welchem Markt sollen die Kraftstoffe eingeführt werden?
- Weiterhin ist für den Kunden interessant, welche Kosten auf ihn zukommen bzw. wie weit er für einen bestimmten Betrag mit welchem Kraftstoff fahren kann (s. Bild 5.14).

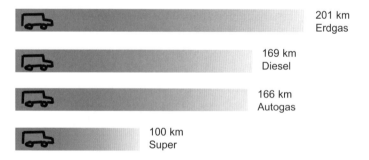

Bild 5.14 Vergleich gefahrene Kilometer mit einem PKW für 10 € (nach Zukunft ERDGAS 2015)

Es finden sich Kaufargumente für Kunden für den Kraftstoff Erdgas, so dass eine Umsetzung des Produktionsprozesses erfolgversprechend sein kann.

Für die Umsetzung der Innovation hat die Firma VERBIO die in Bild 5.15 dargestellte strategische Aufstellung gewählt. Die Firma vereint den Prozess der Forschung & Entwicklung zusammen mit dem Prozess des Anlagenbaus und der Produktion unter einem Dach.

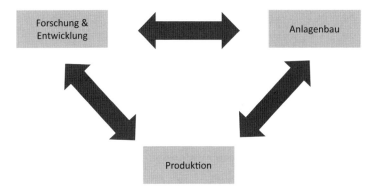

Bild 5.15 Strategische Aufstellung der Firma VERBIO (nach Kurze 2016)

Daraus lässt sich ableiten, dass das Innovationsmanagement zentral in dem Unternehmen organisiert ist. Weiterhin ist z. B. ein langfristiges Innovationsprogramm für die Produktion von Biomethan aus 100 % Stroh aufgesetzt. Kurzfristige Innovationen dienen dazu, die Produktionsprozesse zu optimieren. Da es sich um selbst entwickelte Technologien für die Herstellung handelt, muss die Analyse von Verbesserungen direkt bei der Anwendung erfolgen. Im Rahmen des Innovationsprogramms ist auch die Nutzung bzw. Schaffung von Synergien relevant. Die einzelnen Abteilungen arbeiten eng zusammen und können ihre Erfahrungen gut austauschen und so gute Synergieeffekte schaffen. Die Forschungs- und Entwicklungsabteilung ist sehr stark aufgestellt und verfügt über umfangreiches differenziertes Know-how in den Bereichen Verfahrenstechnik, Chemie und Biotechnologie. Zudem bestehen Kooperationen mit regionalen Hochschulen sowie öffentlichen und privaten Forschungsinstitutionen, mit denen ein enger Austausch gepflegt wird. In dem Unternehmen besteht eine entsprechende Innovationskultur zusammen mit dem zugehörigen Führungsverhalten. Es ist somit alles auf das Vorantreiben von Innovationen ausgelegt.

Für jedes der genannten Produkte stehen ein Markt oder sogar mehrere Märkte zur Verfügung:

- Bioethanol:

  Hauptabnehmer sind Mineralölkonzerne. Diese stellen aus dem Bioethanol Kraftstoffadditive her, wie z. B. ETBE oder TAEE. Diese werden fossilen Kraftstoffen beigemischt und am Markt verkauft.

- Biomethan als Erdgas-Ersatz:

  Der Vertrieb erfolgt an Erdgastankstellen im gesamten Bundesgebiet, die von Stadtwerken und Energieversorgern betrieben werden.

Das Fazit für die Firma VERBIO lautet, dass die Innovationsstrategie effektiv ist und die Produkte erfolgreich in den Markt hineingebracht und gewinnbringend am Markt abgesetzt werden.

5.1.2 Beispiel der Entwicklung eines innovativen Verfahrens für Biokraftstoff, Firma Clariant

Die Firma Clariant ist mit mehreren Standorten weltweit aufgestellt. Sie wurde im Jahr 1995 als Spin-off des Chemieunternehmens Sandoz (Gründungsjahr 1886, Basel) gegründet. Ihr Hauptsitz ist auch heute noch in der Schweiz. Die Firma stellt Produkte in einer Vielzahl von Branchen her, wie z. B. den Care Chemicals (z. B. für Körperpflege, Haushalt, Luftfahrt und landwirtschaftliche Märkte), der Petrochemie-, Chemie-, Kraftstoff- und Kunststoffindustrie, der Farben- und Beschichtungsindustrie und vielen Branchen mehr.

Im Hinblick auf den Bereich der Biotechnologie konzentriert sich Clariant insbesondere auf die Entwicklung und Optimierung von Enzymen und Mikroorganismen, die exakt auf spezifische Fragestellungen und auf die Kundenwünsche zugeschnitten werden.

In Bezug auf die hier betrachtete Themenstellung hat Clariant ein besonders innovatives Verfahren entwickelt, um aus nicht verwertbaren Pflanzenresten, wie Getreide- und Maisstroh oder Bagasse, hochwertiges Bioethanol im großindustriellen Maßstab herzustellen. Es handelt sich um einen Biokraftstoff der 2. Generation. Das Verfahren nennt sich „sunliquid®" (s. Bild 5.16).

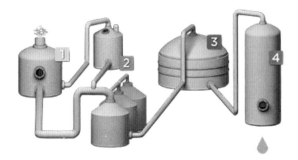

Bild 5.16 Modellhafte Darstellung des sunliquid®-Verfahrens (© Clariant) (Hönemann 2016)

Beim sunliquid®-Verfahren wird im ersten Schritt, der Vorbehandlung, ohne den Zusatz von Chemikalien zunächst das Stroh zermahlen und mit heißem Wasserdampf behandelt, sodass es in seine Bestandteile Zellulose, Hemizellulose und Lignin zerfällt und den Enzymen den Zugang zu den Zuckerketten erleichtert. Anschließend werden die Strohfasern in zwei Chargen geteilt: Ein sehr kleiner Anteil wird mit speziellen Mikroorganismen versetzt. Diese verwenden das Stroh als Nahrungsgrundlage und produzieren sehr rasch eine große Menge rohstoff- und prozessspezifischer Enzyme, die die langen Zelluloseketten zerteilen können. Diese Enzyme werden dann wieder zum Hauptteil des Rohstoffs zugegeben. Sie verflüssigen das Stroh und spalten dessen Bestandteile Zellulose und Hemizellulose auf, sodass die verschiedenen Zuckermoleküle (C5- und C6-Zucker) freigesetzt werden. Lignin, der holzige, nicht fermentierbare Bestandteil, wird abgetrennt, verbrannt und liefert die Prozessenergie für die Ethanolherstellung. Der gewonnenen Zuckerlösung werden anschließend speziell von Clariant entwickelte Fermentationsorganismen zugesetzt, die alle Zuckerarten gleichzeitig in die Alkoholart Ethanol umwandeln und für eine maximale Ethanolausbeute sorgen. Die Bioethanolausbeute kann auf diese Weise um bis zu 50 % gesteigert werden. Im letzten Schritt wird das Ethanol aus dem Ethanol-Wasser-Gemisch herausgetrennt. Da die Prozessenergie aus den anfallenden Reststoffen (hauptsächlich Lignin) gewonnen wird, werden fossile Ressourcen im gesamten Herstellungsprozess nicht benötigt. Es handelt sich um ein insgesamt energieautarkes Verfahren. Die Effektivität des Verfahrens ist in Bild 5.17 dargestellt.

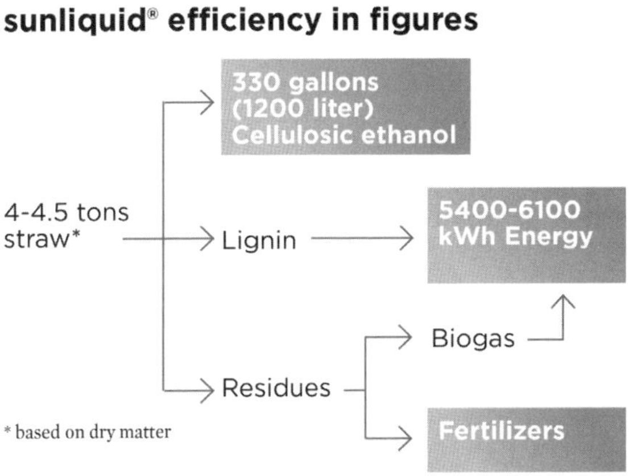

sunliquid® efficiency in figures

4-4.5 tons straw* → 330 gallons (1200 liter) Cellulosic ethanol
→ Lignin → 5400-6100 kWh Energy
→ Residues → Biogas
→ Fertilizers

* based on dry matter

Bild 5.17 Effektivität des sunliquid®-Verfahrens (© Clariant) (Kurze 2016)

Im Jahr 2009 wurde am Biotech-Standort München im firmeneigenen Forschungszentrum eine erste Pilotanlage mit diesem Verfahren errichtet. In dieser Anlage können pro Jahr bis zu zwei Tonnen Zellulose-Ethanol produziert werden. Am Standort Straubing läuft seit Juli 2012 ein Demonstrationsprojekt, welches eine jährliche Produktionskapazität von bis zu 1000 Tonnen Zellulose-Ethanol besitzt. Die Anlage wurde in 2012 durch die „International Sustainability & Carbon Certification" (ISCC) zertifiziert. Es handelt sich dabei um eine unabhängige, weltweit anwendbare Zertifizierung für Nachhaltigkeit und Treibhausgas-Emissionen.

Nachhaltigkeit und Innovation sind fest verankert in Clariants Konzernstrategie. Als global agierendes Spezialchemieunternehmen ist es unter anderem das Ziel, innovative Verfahren zu entwickeln, die auf chemischen oder biologischen Prozessen basieren, und damit den Kunden weltweit innovative und nachhaltige Lösungen anzubieten. Dies lässt die Innovationsstrategie erkennen:

1. Allgemein Entwicklung innovativer Verfahren. Im Speziellen wurde ein Verfahren zur Herstellung von Ethanol basierend auf biogenen Reststoffen entwickelt.
2. Großtechnische Umsetzung und Validierung des Verfahrens
3. Vertrieb des Verfahrens

Für das sunliquid®-Verfahren waren die Schritte der Innovationsstrategie wie folgt (Kurze 2016):

- Entwicklung der hochspezialisierten Mikroorganismen und Enzyme im Labor (Start im Jahr 2006).
- Errichtung der sunliquid®-Pilotanlage im Biotechnologie-Center der Firma Clariant am Standort München, Deutschland. Durchführung extensiver Tests und Optimierung des Prozesses, um vielfältige Einsatzstoffe zu testen (Start in 2009).
- Am Standort Straubing-Sand, Deutschland, wird die erste sunliquid®-Demonstrationsanlage im großtechnischen Maßstab errichtet (Start in 2012).
  Der Prozess wurde validiert, erfolgreich getestet und kontinuierlich optimiert. Dabei wurden unterschiedliche Einsatzstoffe, wie Weizenstroh, Maisstroh und Bagasse, erfolgreich eingesetzt.
- Mit den oben genannten Entwicklungsschritten sind die Grundlagen für den Bau einer kommerziellen Erstanlage und den Eintritt in die Technologiekommerzialisierung geschaffen.

Auch hier müssen die u. a. politischen, gesetzlichen und marktlichen Rahmenbedingungen geprüft werden, bevor mit der Umsetzung des Ziels begonnen werden kann. Bei weltweit tätigen Unternehmen wie Clariant müssen die Rahmenbedingungen auch in den angedachten Absatzländern analysiert werden.

Clariant konzentriert sich auf die Entwicklung und Verbesserung des Verfahrens. Innovationsprogramme sind sowohl kurz- wie auch langfristig angelegt. Für die Weiterentwicklung des Verfahrens sunliquid® wird auf das Know-how der Mitarbeiter aufgebaut. Aufgrund der Größe und der Branchenvielfalt des Unternehmens liegt ganz unterschiedliches umfangreiches Wissen bei den Mitarbeitern vor. Eine ausgereifte Innovationskultur mit dem zugehörigen Führungsverhalten stellt die erfolgreiche Durchführung von Innovationsprozessen sicher. Die Innovationsstrategie ist darauf ausgelegt, ein am Markt konkurrenzfähiges Verfahren anbieten zu können.

Der Markt erstreckt sich weltweit auf Unternehmen bzw. Organisationen, deren Ziel es ist, aus Cellulose-haltigen Reststoffen Bioethanol (als Kraftstoff oder für den stofflichen Einsatz, z.B. in der Konsumgüterindustrie) oder andere biobasierte Chemikalien zu produzieren und zu vertreiben. Diese Unternehmen bzw. Organisationen können auf ein gut entwickeltes Verfahren zugreifen und somit ihre Kernkompetenz, z.B. auf den Betrieb der Produktionsanlagen und die Vermarktung des Kraftstoffs konzentrieren.

5.2 Innovationsstrategie – die Theorie

Im Folgenden wird die Theorie zur Bildung einer Innovationsstrategie erarbeitet, anhand derer die Muster der beiden vorgestellten Unternehmen VERBIO und Clariant aufgezeigt werden.

Das Vorgehen bei der Entwicklung und Umsetzung einer Innovationsstrategie ist nicht für jede Organisation einheitlich. Sie hängt vielmehr von den folgenden Parametern ab (nach Schuh 2012):

- Handelt es sich um eine große oder eher kleine Organisation?
  Größe der Organisation.
- Ist es eine neue oder bestehende Organisation?
  Reife des Unternehmens.
- Ist die Organisation zentral oder dezentral organisiert?
  Aufbau der Organisation.
- Handelt es sich um einfache oder technisch komplexe Produkte?
  Art der Produkte.

So entwickelt jede Organisation die für sie passende Innovationsstrategie. Es lassen sich jedoch wesentliche Merkmale einer Innovationsstrategie herausarbeiten, die den vier Kategorien Zeitpunktwahl, Technologiebeschaffung, Technologieverwertung und Innovationsimpuls zugeordnet werden können (s. Bild 5.18).

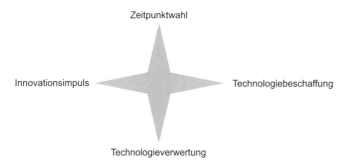

Bild 5.18 Die vier Kategorien für die generische Gestaltung einer Innovationsstrategie (nach Schuh 2012)

5.2.1 Strategien der Zeitpunktwahl

Wie unterscheidet sich nun die Strategie in Bezug auf die Zeitpunktwahl? Es kann zwischen der Führerschaftsstrategie und der Folgerschaftsstrategie unterschieden werden (s. Bild 5.19). Für ein entsprechendes Produkt ist es wichtig, den richtigen Zeitpunkt für den Markteintritt zu finden.

Bild 5.19 Strategie der Zeitpunktwahl (nach Schuh 2012)

Diese Entscheidung ist gezielt zu treffen. Denn kommt ein Produkt zu früh auf den Markt, kann es sein, dass es noch nicht ausreichend Kunden findet. Kommt es zu spät auf den Markt und ein Mitbewerber hat bereits ein ähnliches Produkt herausgebracht, ist ein Teil des Marktes unter Umständen bereits durch den Mitbewerber abgedeckt. Es folgen somit Umsatz- und Imageverluste. Damit Innovationsprojekte eine Chance haben, erfolgreich zu sein, ergibt sich oftmals nur ein bestimmtes Zeitfenster (Bauer 2006).

Verfolgt eine Organisation die Strategie, als Führerschaft (Pionier) auf dem Markt zu erscheinen, wird sie alles daran setzen, ihr Produkt bzw. ihre Technologie vor ihren Mitbewerbern auf den Markt zu bringen.

Die Strategie der Folgerschaft zielt darauf ab, erst auf den Markt zu kommen, nachdem bereits mindestens ein Mitbewerber in den Markt eingetreten ist (Porter 2014). Diese Strategie kann dazu genutzt werden, die auf dem Markt bereits eingeführte Technologie bzw. das Produkt weiterzuentwickeln (Müller-Prothmann 2009). Kommt eine Organisation direkt nach dem Pionier auf den Markt, so wird dies als frühe Folgerschaft (Nachfolger, Fast Follower) bezeichnet. Wird hingegen erst abgewartet, bis sich die Produkte oder Technologien der Mitbewerber am Markt etabliert haben und damit die bestehenden technologischen und wirtschaftlichen Risiken gut abgeschätzt werden können, wird diese Strategie als „später Folger" (Nachahmer, Late Follower) bezeichnet (Gerpott 2005).

Eine dritte Möglichkeit besteht darin, bewusst in die Entwicklung eines Produktes oder einer Technologie nicht einzusteigen oder eine Innovation nicht auf den Markt zu bringen und damit einen Entwicklungssprung auszulassen. Diese Strategie wird als Non Follower bezeichnet (Hauschildt 2007).

Dies zeigt, dass je nach Zeitpunkt des Eintritts in den Markt die Folgerschaft differenziert betrachtet werden kann. Dabei weist jede Strategie bestimmte Chancen und Risiken auf, die in Bild 5.20 dargestellt sind.

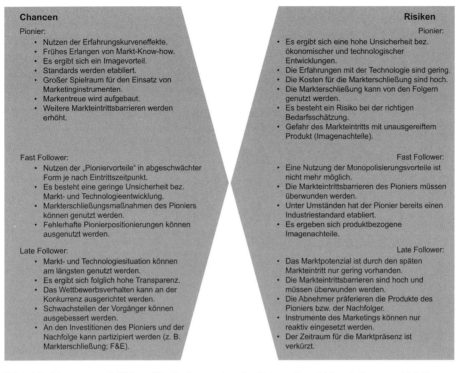

Bild 5.20 Chancen und Risiken für die Strategien der Zeitpunktwahl (nach Corsten 2006)

An dieser Stelle soll kurz die Bedeutung der Erfahrungskurve beschrieben werden. Ein Pionier ist der Erste, der mit einem innovativen Produkt oder einer innovativen Technologie auf dem Markt auftritt. Bis die nächsten Mitbewerber den Markt erschließen, hat der Pionier die Möglichkeit, Prozesse und Verfahren im Betrieb zu analysieren, erste Verbesserungen durchzuführen und im laufenden Produktionsprozess zu lernen und Erfahrungen zu sammeln. Es kommt also mit steigender Produktion zu einem Lernprozess in der Organisation und einem Aufbau an Wissen und Erfahrung. Mit der steigenden Erfahrung der Mitarbeiter sinkt die Fehlerquote im Produktionsprozess. Dies führt dazu, dass Kosten gesenkt und gleichzeitig die Stückzahlen bzw. produzierten Mengen heraufgesetzt werden können. Die Erfahrungskurve wurde von der Firma The Boston Consulting in den 1960er Jahren entwickelt (BCG 2016).

Der Aspekt der Erfahrung durch die in der Vergangenheit gemachten Fehler im Rahmen des Produktionsprozesses ist ganz wesentlich, sofern diese genutzt werden. Dies gibt dem Pionier eine neue Perspektive. Denn der Pionier kann sich Marktanteile nicht nur durch Kostenvorteile durch steigende Volumina erwirtschaften, sondern er kann sich durch die gewonnenen Erfahrungen zudem die Marktführerschaft nachhaltig sichern und höhere Erträge als seine Mitbewerber erwirtschaften. Schaut man sich dieses Phänomen anhand des Beispiels in Bild

5.21 an, so wird deutlich, welche Rolle Erfahrung bei der Umsetzung von Innovationen zukommt.

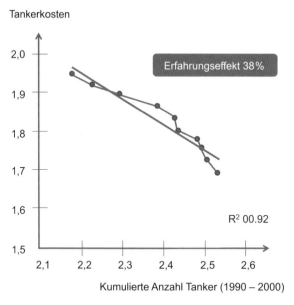

Bild 5.21 Erfahrungskurve für die Produktion von Flüssiggastankern (nach BCG 2016)

Die Erfahrungskurve besagt, dass bei einer definierten kumulierten Anzahl an Produkten oder Produktionsmengen die Wertschöpfungskosten um einen bestimmten Prozentsatz sinken.

Markteintrittsbarrieren sind ebenfalls ein interessanter Aspekt. Es handelt sich dabei um Nachteile, die ein Newcomer am Markt gegenüber bereits etablierten Unternehmen am Markt hat. Sie können auch aktiv genutzt werden, um Mitbewerber davon abzuhalten, in einen Markt einzutreten (Delp 2013). Die Markteintrittsbarrieren können sich auf betriebswirtschaftliche Rahmenbedingungen beziehen, wie z. B. hohe Kosten für die Entsorgung von Gütern, oder marktliche Gegebenheiten, wie z. B. das Know-how über Marketingmaßnahmen, oder auch rechtliche Restriktionen, wie den Aufbau von Standards, z. B. der Reinheit von Ethanol für bestimmte Einsatzzwecke. Oftmals haben die Pioniere bereits die Erfahrungen und Kontakte, wie man gut an benötigte Ressourcen, wie z. B. Rohstoffe, Arbeitskräfte oder Kapital, kommt. Je höher diese Markteintrittsbarrieren aufgebaut werden, umso schwieriger ist es für die Follower, den Markt zu erschließen.

5.2.2 Strategien der Technologiebeschaffung

Betrachtet man die Kategorie der Technologiebeschaffung genauer, so finden sich dort drei unterschiedliche Strategien, die eine Entscheidungsgrundlage dafür bilden, ob ein Produkt oder ein Verfahren selbst hergestellt oder die Innovation eingekauft werden sollte (s. Bild 5.22). Es wird hier von der „Make-or-buy-Entscheidung" gesprochen (Schuh 2012).

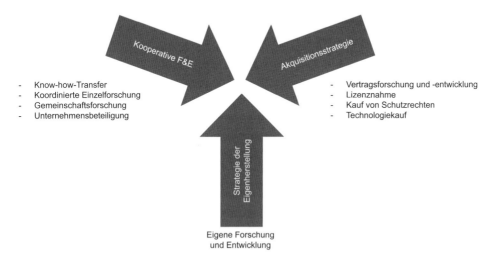

Bild 5.22 Strategien der Technologiebeschaffung (nach Schuh 2012)

Bei der Eigenerstellung werden die notwendigen Forschungen und Entwicklungen für eine Innovation im eigenen Unternehmen mit den eigenen Ressourcen durchgeführt. Das Unternehmen trägt damit alle Kosten und Risiken selbst (Kneerich 1995). Je nachdem, ob es sich um eine Weiterentwicklung oder um einen komplett neuen Ansatz handelt, ist der Zeit- und Kostenaufwand für die Entwicklung einzuschätzen. Wird ein Produkt oder Verfahren im eigenen Haus entwickelt, hat dies den Vorteil, dass alles Know-how und auch alle Forschungsergebnisse und notwendigen Daten im Unternehmen liegen und Themen wie Geheimhaltung und Abhängigkeit keine Rolle spielen. Zudem wird ein enormes Wissen im Unternehmen aufgebaut, wodurch ein Scheitern eines Innovationsprojektes kompensiert und auf das Wissen zu einem späteren Zeitpunkt für folgende Innnovationsschritte aufgebaut werden kann (Afuah 2003).

Es kann für eine Organisation auch sinnvoll sein, die Forschungs- und Entwicklungsarbeiten durch einen fremden Anbieter durchführen zu lassen. Entsprechend den vertraglichen Regelungen erhält der Dienstleister eine Vergütung und übergibt im Gegenzug die erarbeiteten Publikations-, Schutz-, Urheber-, Nutzungs- und Verwertungsrechte an den Auftraggeber (Haibach 2008). Es können darüber Kosten, z. B. für Werkzeuge oder Laborausrüstungen, und Forschungs- sowie Entwicklungszeit eingespart werden (Kneerich 1995).

Es sollte auch abgeklärt werden, ob das benötigte Know-how am Markt bereits verfügbar ist, welches über den Kauf von Lizenzen oder Schutzrechten oder die Nutzung ungeschützten Wissens erworben werden kann. Auch hier können die Forschungs- und Entwicklungszeiten, die F&E-Kosten sowie die Risiken minimiert werden (Zentes 2004).

Können sich zwei oder mehrere Organisationen mit ihrem Know-how und ihrer technologischen Ausrichtung gut ergänzen und liegt ein gemeinsames Interesse an technologischen Innovationen vor, kann es für beide Seiten interessant sein, eine Kooperation einzugehen (Nuhn 1998). Diese Form der Strategie kann so ausgelegt werden, dass nur ein Know-how-Transfer erfolgt. Jeder Partner verfolgt ansonsten seine Innovationsbemühungen. Es kann auch zu koordinierten Einzelforschungen kommen, bei denen sich jeder Partner auf ein bestimmtes Forschungsgebiet konzentriert. Die Ergebnisse werden zu gewissen Zeitpunkten zusammengeführt. Wird gemeinschaftlich an einem Innovationsprojekt geforscht und entwickelt, handelt es sich meistens um langfristige Kooperationsverträge (Schuh 2012). Je nach Strategie kann auch die Beteiligung an einem Unternehmen interessant sein.

Für eine Organisation kann es mehrere Gründe geben, warum der Bezug von Fremdleistung bei Innovationsprojekten sinnvoll ist. Dazu zählen (Brodbeck 1999, Baumgarten 1997):

- Hohe F&E-Fixkosten
- Auslastung der Kapazität
- Streben nach Flexibilität
- Erhöhung der Reaktionsgeschwindigkeit
- Beschränkung auf Kernkompetenzen
- Nutzung des Know-hows der Lieferanten

Welche der drei Strategien für eine Organisation sinnvoll sein könnte, kann anhand des aufgespannten Feldes zwischen der strategischen Relevanz eines Produktes (Kompetenz) für das eigene Unternehmen und dem relativen Kompetenzniveau einer Organisation bzw. einer Organisationseinheit auf einem technologischen Gebiet analysiert werden (s. Bild 5.23).

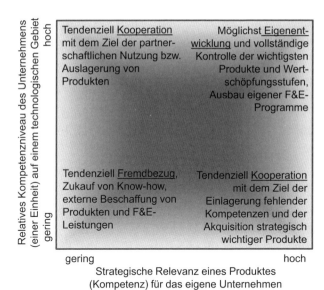

Bild 5.23 Ausrichtung der Make-or-buy-Entscheidung basierend auf der Relevanz der jeweiligen Kompetenz und der strategischen Relevanz eines Produktes (Schuh 2012, Picot 2001, Picot 1991)

Sind sowohl das relative Kompetenzniveau einer Organisation bzw. einer Organisationseinheit auf dem betrachteten technologischen Gebiet als auch die strategische Relevanz des Produktes bzw. der Technologie für das eigene Unternehmen ausreichend hoch, empfiehlt es sich, die Innovation selbst zu entwickeln. Sind hingegen beide Dimensionen gering ausgeprägt, ist die Akquisition von Know-how eher erfolgversprechend. Sind die Dimensionen gegenläufig, also die eine Dimension hoch, hingegen die andere gering, sollte über eine Form der Kooperation nachgedacht werden.

Um einzuschätzen, wie die beiden Dimensionen „relatives Kompetenzniveau" und „strategische Relevanz des Produktes" in einer Organisation ausgebildet sind, können unterschiedliche Kriterien herangezogen werden. Folgende Fragestellungen ermöglichen eine Beurteilung der strategischen Relevanz (Gerybadze 2004):

- Wie groß ist der Einfluss des Produktes auf die Erfüllung der kritischen Erfolgsfaktoren?
- Welchen Einfluss hat das Produkt auf die Erfüllung der kritischen Leistungsmerkmale?
- Welchen Nutzen weist das Produkt für die nachgelagerten Wertschöpfungsstufen auf?
- Ist es erforderlich, dass die mit der Innovation erworbene Kompetenz langfristig im Unternehmen erhalten bleiben soll?

- Muss das Know-how gegenüber den Mitbewerbern abgesichert werden?
- Wie ist für dieses Produkt die Situation auf dem Beschaffungsmarkt?

Die relative Kompetenz kann anhand der folgenden Kriterien beurteilt werden (Gerybadze 2004):

- Wie ist die fachliche Kompetenz der Leistungseinheit aus Sicht der Abnehmer?
- Wie würde die fachliche Kompetenz der Leistungseinheit aus Sicht von Technologieexperten beurteilt werden?
- Wie ist die Zuverlässigkeit der Leistungseinheit im Hinblick auf Qualität und Liefertreue zu beurteilen?
- Welche relevanten Kostenpositionen können im Vergleich zu externen Produktanbietern ausgemacht werden?
- Wie gut ist die Ressourcenausstattung auf diesem Gebiet (Personal, Finanzen, Sachmittel)?
- Sind die Mitglieder in den wichtigsten Entscheidungsgremien präsent?

5.2.3 Strategien der Technologieverwertung

Eine weitere Kategorie der Innovationsstrategie richtet sich nach der Verwertung der Strategie (s. Bild 5.24).

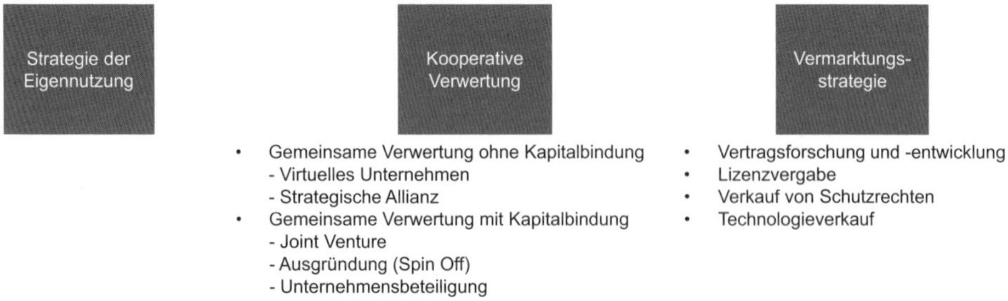

Strategie der Eigennutzung
Kooperative Verwertung
Vermarktungs-strategie
• Gemeinsame Verwertung ohne Kapitalbindung
- Virtuelles Unternehmen
- Strategische Allianz
• Gemeinsame Verwertung mit Kapitalbindung
- Joint Venture
- Ausgründung (Spin Off)
- Unternehmensbeteiligung
• Vertragsforschung und -entwicklung
• Lizenzvergabe
• Verkauf von Schutzrechten
• Technologieverkauf

Bild 5.24 Strategien der Technologieverwertung (nach Schuh 2012)

Die Kategorie der Technologieverwertung untergliedert sich in die drei generischen Strategien:

- Vermarktungsstrategie
- Strategie der kooperativen Verwertung
- Strategie der Eigennutzung

Ob eine Organisation ihr innovatives Produkt bzw. ihre innovative Technologie selbst intern verwertet oder an andere Unternehmen extern vergibt, hängt von deren Zielstellung und der damit verbundenen Strategie ab (s. Bild 5.25). Prinzipiell ist beides möglich (Schuh 2012).

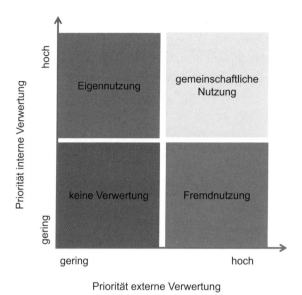

Bild 5.25 Strategie der Verwertung in Abhängigkeit von der Ausprägung der Unternehmensstrategie (nach Schuh 2012)

Eine interne Verwertung, auch Eigennutzung genannt, kann dann sinnvoll sein, wenn z. B. mit anderen Produkten oder Technologien innerhalb der Organisation Synergieeffekte bestehen. Sollte es erforderlich sein, dass Schutzrechte erworben oder andere Geheimhaltungsmaßnahmen getroffen werden müssen, ist darauf zu achten, dass ein langer Produktlebenszyklus besteht, so dass die aufgewendeten Kosten für F&E wieder eingebracht werden können (Wolfrum 1994). Um sich den Rückfluss zu sichern, kann es u. a. wichtig sein, die Monopolstellung, z. B. durch Markteintrittsbarrieren, auszubauen.

Soll das erworbene Know-how anderen Unternehmen überlassen werden, wird von der Strategie der Vermarktung gesprochen. Auch hier gibt es mehrere Möglichkeiten, wie diese Strategie umgesetzt wird. Es wird zwischen der Lizenzvergabe, der Vertragsforschung und -entwicklung, dem Verkauf von Schutzrechten und dem Verkauf von ungeschütztem technologischen Know-how (Technologieverkauf) unterschieden (Kneerich 1995). Insbesondere, wenn Forschungsergebnisse erarbeitet werden, die nicht in das sonstige F&E-Programm passen, kann es sinnvoll sein, das erarbeitete Wissen an andere Organisationen weiterzugeben. Handelt es sich um nicht geplante Ergebnisse, die zu Inventionen führen, die zwar eigentlich gut zum eigenen Unternehmen passen würden, aber für deren Vermarktung keine finanziellen Ressourcen eingeplant sind und damit zur Verfügung stehen, ist über eine Vermarktung des Know-hows nachzudenken. Auch andere Gründe, wie z. B. Marktbarrieren, können dazu führen, dass Know-how an Dritte weitergegeben wird (Gerpott 2005, Feldmann 2007).

Ebenso kann eine gemeinschaftliche Nutzung der Forschungsergebnisse zielführend sein (Kneerich 1995). Dies ist insbesondere dann der Fall, wenn beide Organisationen in unterschiedlichen Marktsegmenten unterwegs sind (Schuh 2012). Weiterhin können auf diesem Wege Kosten verteilt und Synergieeffekte genutzt werden.

5.2.4 Strategien des Innovationsimpulses

Organisationen müssen im Rahmen ihrer Innovationsstrategie darüber entscheiden, ob sie sich bei der Ausrichtung ihrer F & E-Aktivitäten von den Bedürfnissen der Kunden leiten lassen oder eher vom technologischen Entwicklungsstand eines Produktes bzw. einer Technologie. Es ist also die Frage: Woher kommt der Impuls für eine Innovation (s. Bild 5.26)?

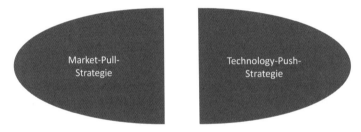

Bild 5.26 Die Strategien des Innovationsimpulses (nach Schuh 2012)

Der erste Fall beschreibt die Market-Pull-Strategie. Durch Umfragen und andere Marktforschungsmethoden werden die Bedürfnisse, Wünsche und Anforderungen von Kunden ermittelt. So erhält die Organisation Informationen über die Veränderungen des Marktes und kann dies in der Produktentwicklung berücksichtigen, um bestehende Marktlücken zu besetzen (Gassmann 2006, Someren 2005). Auch haben Kunden oft noch nicht beantwortete Fragen zu Produkten oder Technologien, die als Entwicklungspotenziale gehoben werden können.

Beim zweiten Fall, der Technologieorientierung, handelt es sich um die Technology-Push-Strategie. Hierbei werden die Kundenwünsche nicht herangezogen, um eine technologische Entwicklung durchzuführen (Kneerich 1995). Es geht eher darum, neue Kundenbedürfnisse zu wecken. Zentraler Aspekt ist die Überzeugung innerhalb der Organisation, dass sich mit der geplanten innovativen Technologie bzw. dem Produkt für den Kunden so viele Vorteile ergeben, dass mittel- bis langfristig ein neuer Markt aufgebaut werden kann (Someren 2005, Chidamber 1994). Eine Organisation kann auf diese Weise die Führerschaft in einem neuen Branchensegment sichern. Finanzielle Verluste, z. B. durch anfängliche Anlaufschwierigkeiten, müssen jedoch einkalkuliert werden (Kneerich 1995).

Verfolgt eine Organisation nur die eine oder andere Strategie, muss sie sich mit den sehr unterschiedlichen Ausprägungen der Strategiemerkmale auseinandersetzen (s. Tabelle 5.2).

Tabelle 5.2 Strategiemerkmale der Innovationsimpulse (Schuh 2012, Herstatt 2004)

Strategiemerkmale	Market-Pull-Strategie „Inkrementelle Innovation"	Technology-Push-Strategie „Radikale Innovation"
Zeitdauer der F & E	kurz	lang
Aufwendungen für F & E	niedrig	hoch
Startzeitpunkt der Vermarktung	sicher/bekannt	unsicher/unbekannt
Unsicherheit bez. der Technologie	niedrig	hoch
Unsicherheit bez. des Absatzmarktes	niedrig	hoch
Integration der Kunden in F & E	einfach	schwierig
Veränderungen bez. des Kundenverhaltens und der Kompetenz	kaum erforderlich	in hohem Maße erforderlich
Art der Marktforschung	qualitativ-prüfend	qualitativ-entdeckend
Art des Innovationsprozesses	strukturierter Prozess anhand von Meilensteinen	Prozess in Form des Versuchens und Lernens (trial and error)

Jede der beiden Strategieformen hat ihre Risiken. Während die Market-Pull-Strategie zu einer Innovation mit geringer Tiefe neigt, da die Potenziale aus den Marktanalysen nicht ausreichend umgesetzt werden (Gassmann 2006), kann es bei der Technology-Push-Strategie dazu kommen, dass die Innovation nicht die Kundenwünsche trifft und so am Markt nur schwer oder gar nicht absetzbar ist. Die Verfolgung nur einer der beiden Strategien, Market-Pull-Strategie oder Technology-Push-Strategie, ist in einzelnen Phasen eines Innovationsprojektes oder in einzelnen Arbeitsgruppen zielführend und erfolgversprechend (Gassmann 2006). Ansonsten empfiehlt es sich, einen Mix aus beiden Strategien anzusetzen, um mit einer Innovation erfolgreich zu sein (Hauschildt 2007). Dies lässt sich vor allem gut umsetzen, wenn die unterschiedlichen Unternehmensbereiche, insbesondere das Marketing und der Vertrieb, wie aber auch die F & E-Abteilung, die Fertigung und der Service, eingebunden werden (Schuh 2012).

5.3 Innovationsstrategie am Beispiel von Biokraftstoffen aus Lignocellulose-Reststoffen

Aus marktwirtschaftlicher Sicht geht es bei der Produktion von Biokraftstoffen im Wesentlichen darum, einen kostengünstigen Produktionsprozess aufzubauen, der kostengünstige Einsatzstoffe verarbeiten kann. Zudem müssen die Anforderungen an die Nachhaltigkeit der Produktion und der Produkte gegeben sein.

Vorausgegangen ist die Beschreibung von zwei sehr unterschiedlichen Unternehmen, VERBIO und Clariant. Beide verfolgen das strategische Ziel, ein wirtschaftliches, effizientes und nachhaltiges Verfahren für die Gewinnung von Biokraftstoffen aus Rohstoffen anzubieten,

1. die für die Nahrungs- und Futtermittelproduktion nicht geeignet sind,
2. bei denen es sich um Reststoffe handelt, also die Halme der Ganzpflanze ohne das Korn, und
3. die Lignocellulose-haltig sind.

Beide Unternehmen setzen zu 100 % Lignocellulose-Reststoffe unterschiedlicher Pflanzen, wie Getreide- oder Maisstroh, zur Umwandlung in Biokraftstoff ein. Stroh als Reststoff stellt einen kostengünstigen Einsatzstoff dar. Er steht nicht in Konkurrenz zur Nahrungs- und Futtermittelverwertung. Jedoch dient ein kleiner Teil des Strohs einerseits für die Einstreu, z. B. bei Pferden, und andererseits als Nährstoff für den Boden, sofern die Halme auf dem Feld verbleiben.

Bei der Herstellung von Biokraftstoffen haben sich die beiden Unternehmen auf unterschiedliche technologische Verfahren konzentriert. Wie lassen sich nun die Innovationsstrategien für den Bereich der Herstellung von Biokraftstoffen aus Lignocellulose-Reststoffen der beiden Unternehmen den generischen Innovationsstrategien der vier Kategorien Zeitpunktwahl, Technologiebeschaffung, Technologieverwertung und Innovationsimpuls zuordnen?

5.3.1 Innovationsstrategie Firma VERBIO

Die Firma VERBIO hat mehrere innovative Verfahren im großindustriellen Maßstab, wie das Bioethanol-, Biomethan oder das Biodieselverfahren sowie die Bioraffinerie, entwickelt und aufgebaut. Mit der im Jahr 2014 in Produktion gegangenen Biomethananlage auf der Basis von 100 % Stroh aus Reststoffen nehmen sie zwar nicht mit dem Produkt Biomethan, sehr wohl jedoch mit dem Verfahren an sich am Markt eine Vorreiterrolle ein. Die Entscheidung für die Verwertung von Stroh (nur der Halm der Ganzpflanze ohne das Korn) ist noch vor der politischen Entscheidung, die sich im EEG wiederfindet, getroffen worden. Erst im Jahr 2014 wurde im EEG festgeschrieben, dass nur noch biogene Rest- und Abfallstoffe gefördert werden. Als Pionier haben sie regional wie auch überregional in Deutschland eine starke Position am Markt für Biokraftstoffe aufgebaut.

Wichtige Voraussetzung, um als Pionier eine Innovation mit dem verbundenen Technologievorsprung am Markt erfolgreich und dauerhaft zu etablieren, ist eine starke Technologie- und Marktposition (Schuh 2012).

Diese starke Technologie- und Marktposition hat sich VERBIO über die Jahre durch die schrittweise Umsetzung ihrer Innovationsprogramme erarbeitet. Da zunächst die Biodieselproduktion mit einem speziellen innovativen Verfahren zur Umesterung aufgebaut wurde, konnte sich das Unternehmen am Markt der Biokraftstoffe die erste wichtige Marktposition erarbeiten und die Basis für die weiteren Innovationsschritte legen. Durch den speziellen Umesterungsprozess und die Umsetzung im großindustriellen Maßstab war es möglich, eine kostengünstige Produktion mit sehr hohem Treibhausgasreduktionspotenzial aufzubauen und damit am Markt konkurrenzfähig zu sein.

Mit dem nächsten Schritt der Bioethanolproduktion basierend auf dem Multifeedstock Prinzip ist es möglich, Einsatzstoffe je nach Marktsituation und damit preisoptimiert zu beschaffen. Durch die Einbindung der Bioethanolproduktion in den Prozess der großindustriell ausgelegten Bioraffinerie ist eine kostengünstige und vor allem hochgradig CO_2- und energieeffiziente Produktion möglich.

Der letzte innovative Schritt der Biomethanproduktion aus 100 % Lignocellulosehaltigen Reststoffen (Stroh), ist entscheidend. VERBIO ging in 2014 mit der weltweit ersten Anlage in Betrieb, kurz nachdem die Diskussion darüber begann, dass Biokraftstoffe aus Mais, Raps oder Palmöl zukünftig nur noch 5,5 % der erneuerbaren Energien am Verkehrssektor ausmachen sollen (SPIEGEL ONLINE 2013, WWF 2013). Damit wurde für den Markteintritt in der Position des Pioniers genau der richtige Zeitpunkt gewählt.

Als Pionier haben sie die Möglichkeit, die Prozesskosten durch Erfahrungen an ihren eigenen Anlagen zu senken. Sie profitieren dabei von dem Erfahrungskurveneffekt und können erreichen, dass mit jeder ausgebrachten Produkteinheit die Erfahrung steigt und damit die Kosten pro Produktionseinheit gesenkt werden können. Das Setzen eigener Standards ist hierbei eher auf der Ebene der Produktion gegeben, als auf der Produktebene. Auf Produktebene sind die Standards gesetzlich vorgeschrieben.

Am Markt haben sie durch den Einsatzstoff klare Differenzierungsmerkmale aufgebaut und u. a. unter dem Aspekt der Nachhaltigkeit einen Imagevorteil gewonnen. Eine Monopolstellung als Pionier ist jedoch nicht möglich, da das Produkt Biomethan bereits am Markt vertrieben wird. Somit ist auch eine frühe und hohe Umsetzung von Gewinnen nicht gegeben. Vorteil beim Aufbau von Markt-Know-how ist insofern gegeben, als das Unternehmen als Betreiber einer Bioraffinerie am Markt auftritt.

Durch den frühen Eintritt am Markt mit dem Prozess der Biomethanproduktion rein aus Lignocellulose-haltigen Reststoffen (Stroh) haben sie für andere Mitbewerber hohe Markteintrittsbarrieren geschaffen. Diese betreffen sowohl die technologischen als auch ökonomischen Aspekte. Da das Produkt bereits gut am Markt eingeführt ist, bestehen auch unter diesem Aspekt hohe Markteintrittsbarrieren.

Die Innovationen wurden mit eigenen personellen und technischen Ressourcen unter Eingehen des bestehenden Risikos entwickelt. Dabei wurde eigenes Wissen, welches über die Jahre aufgebaut wurde, mit den bestehenden Fähigkeiten der Mitarbeiter eingesetzt. Ein entsprechender Zeit- und Kostenaufwand musste vom Unternehmen selber getragen werden. Durch Kooperationen mit Universitäten und Hochschulen wird bis heute eine Strategie der kooperativen Technologiebeschaffung betrieben.

Die Entwicklung der Verfahren war rein zur Eigennutzung gedacht. Die in der Eigenentwicklung erlangten Forschungsergebnisse werden damit nur vom eigenen Unternehmen genutzt und müssen durch entsprechende Maßnahmen, wie z. B. Geheimhaltungsverträge, geschützt werden. Das Unternehmen konnte so über die Jahre für den gesamten Produktionsprozess inklusive der Vermarktung und des Vertriebs des Produktes ein großes Erfahrungspotenzial aufbauen. Dieses ist für den Betrieb und die Weiterentwicklung der Prozesse eine wesentliche Voraussetzung.

Im Hinblick auf den Innovationsimpuls sind beide Ausprägungen, Market-Pull- und Technology-Push-Strategie, vorhanden. Denn einerseits wurde mit dieser Innovation eine Marktlücke geschlossen, die aufgrund von Marktbeobachtungen entdeckt wurde. Die Kundenwünsche standen dabei jedoch nicht zentral im Mittelpunkt. Ebenso existierte noch keine unmittelbare Nachfrage speziell nach dieser Art von Produkt, die bedient werden konnte. Doch andererseits stand die Entwicklung einer neuen Technologie klar im Vordergrund mit dem Gedanken, dass sich mittel- bis langfristig der Markt hin zur Nutzung von Lignocellulose-haltigen Reststoffen entwickeln wird. Damit ist es dem Unternehmen auch möglich, mit seinem Produkt Linnocellulose-Biomethan ein neues Marktsegment zu besetzen und dort die Führerschaft zu übernehmen.

Die Firma VERBIO ist mit ihrem Produkt am Markt erfolgreich. Sie hat dabei die generischen Innovations-Strategien in den vier Kategorien nach ihren Bedürfnissen optimal zusammengefügt (s. Bild 5.27).

Bild 5.27 Zuordnung der Innovationsstrategie der Firma VERBIO zu den vier Kategorien

5.3.2 Innovationsstrategie Firma Clariant

Die vorgestellte Innovationsstrategie bezieht sich hier auf die Entwicklung eines Verfahrens zur Herstellung von Biokraftstoff aus Lignocellulose-Reststoffen. Clariant hat ihr Produkt bzw. ihre Technologie zur Herstellung von Bioethanol aus 100 % Lignocellulose-haltigen Reststoffen (z. B. Getreidestroh) in die Gesamtstruktur des Unternehmens integriert. Sie ist mit ihrer Demonstrationsanlage im vorindustriellen Maßstab im Jahr 2012 auf den Markt gekommen. Das primäre Ziel der Clariant stellt jedoch nicht die eigene Produktion und der Vertrieb von Biokraftstoff dar, sondern die Lizensierung der sunliquid®-Technologie.

Jegliche Entwicklungsleistung findet in-house im hochmodernen Forschungs- und Entwicklungszentrum in Planegg statt und schafft damit die Voraussetzungen zur Entwicklung maßgeschneiderter und auf die Anforderungen der Kunden abgestimmter biobasierter Produkte. Die Forscher können nicht nur auf das eigene biotechnologische Know-how vor Ort zurückgreifen, sondern auch von der jahrelangen einschlägigen Erfahrung der anderen Unternehmensbereiche von Clariant profitieren. Mit diesem umfassenden Technologie-Portfolio gelingt es, nachhaltige Systemlösungen für nachwachsende Rohstoffe und biobasierte Produkte aus einer Hand anzubieten.

Darüber hinaus beteiligt sich Clariants Group Biotechnology an verschiedenen Projekten der Kooperationsforschung und Projektentwicklung sowohl mit akademischen Partnern als auch der Industrie.

Des Weiteren werden in den verschiedenen Forschungsbereichen regelmäßig Masteranden von Universitäten und Hochschulen einbezogen, die bei der Erarbeitung neuer Erkenntnisse unterstützt werden.

Als Pionier mit dem Aufbau von Know-how zur Entwicklung des Verfahrens sunliquid® bestand für Clariant ein gewisses Risiko. Da das Know-how allerdings im Konzern aufgebaut wurde bzw. wird, profitieren auch andere Bereiche des Unternehmens von dem Know-how. Dies verringert das Innovationsrisiko. Mit dem Betrieb der Demonstrationsanlage können durch die Nutzung des Erfahrungskurveneffektes ebenfalls Kosteneinsparungen im Bereich des konstruktiven Aufbaus und beim Betrieb einer solchen Anlage erreicht werden. Diese Kosteneinsparungen kommen später den Kunden zugute, da diese mit dem Einkauf des Know-hows eine kostenoptimierte Bioethanolproduktion aufbauen können.

Clariant erreicht mit dem Know-how für die Technologie „Cellulose-Ethanol-Produktion" ein klares Differenzierungsmerkmal und kann im Bereich Technologie-Know-how eigene Standards setzen und sich vom Markt absetzen. Durch diesen Vorteil wird es ihnen möglich sein, früh hohe Gewinne zu erwirtschaften.

Mit dem entwickelten Know-how erlangen sie aufgrund der Innovation Cellulose-Ethanol gegenüber Mitbewerbern auch einen Imagevorteil. Zudem erlangen sie ein Markt-Know-how, das es ihnen ermöglichen wird, ihr technologisches Wissen zielorientiert am Markt zu platzieren. Durch den Aufbau von eigenen technischen Standards, z. B. für die Planung, den Bau und den Betrieb der Anlage, schaffen sie am Markt hohe Markteintrittsbarrieren.

Bei der Strategie der Technologiebeschaffung verfolgt Clariant den Weg, eigene Ressourcen einzusetzen und darüber hinaus auch auf Kooperationsforschungen zurückzugreifen. Es gilt insbesondere, die Fähigkeiten und das Wissen der Mitarbeiter im eigenen Unternehmen zu nutzen. Damit stehen ihnen die Forschungsergebnisse exklusiv zur Verfügung. Bei Clariant ist es wesentlich, dass die Entwicklung einer Innovation gut mit den Innovationsentwicklungen in anderen Bereichen des Unternehmens abgestimmt werden kann. Dies ist durch die Eigenentwicklung gegeben. Bei der Eigenentwicklung von Innovationen entsteht immer ein gewisses Innovationsrisiko, worin u. a. auch ein Entwicklungszeit- und Kostenfaktor enthalten ist. Dieses trägt Clariant bei jedem seiner Innovationsprojekte. Mit dem Erfahrungszuwachs, den das Unternehmen mit der Innovation sunliquid® gewonnen hat, stehen dem Unternehmen mehrere Möglichkeiten der Technologieverwertung offen, von der Lizenzierung der Technologie bis hin zur Verwendung des aufgebauten Know-hows für weitere Produkte und Innovationen.

Die Innovation sunliquid® wird weltweit an Unternehmen verkauft, die den Unternehmenszweig Biokraftstoff aus Lignocellulose-haltigen Reststoffen aufbauen wollen und dabei den Aufwand, verbunden mit den Kosten sowie dem Risiko, für die Entwicklung einer eigenen Innovation nicht betreiben wollen oder können. Clariant stellt den interessierten Unternehmen ihr Wissen in Form von Lizenzen und Dienstleistungen zur Verfügung.

Bei der Innovationsentwicklung zählte ebenfalls das Schließen einer Marktlücke ohne bis dahin bestehende Kundenbedürfnisse oder entsprechende Nachfrage. Aus der Unternehmenstätigkeit heraus war es möglich, diese Technologie zu entwickeln und damit ebenfalls ein neues Branchensegment für die Technologie der Lignocellulose-Bioethanolproduktion zu besetzen und darin die Führerschaft zu übernehmen.

Basierend auf der Diskussion um die Begrenzung der Biokraftstoffe aus Mais oder Raps ist der Markt für diese Technologie vorbereitet. Mit der Umsetzung des Demonstrationsprojektes in Straubing hat Clariant ihr Technologie-Know-how erfolgreich am Markt platziert. In Bild 5.28 sind die Ausprägungen der generischen Innovationsstrategien in den vier Kategorien für die Firma Clariant aufgezeigt.

Bild 5.28 Zuordnung der Innovationsstrategie der Firma Clariant zu den vier Kategorien

5.3.3 Fazit der Innovationsstrategie

Die beiden aufgeführten Beispiele zeigen, dass jedes Unternehmen seine eigene Innovationsstrategie individuell entsprechend der eigenen Zielstellung und anderen Aspekten auf Unternehmensebene aufbauen muss. Die Entwicklung einer Innovationsstrategie ist für jedes innovative Unternehmen von zentraler Bedeutung, um eine Idee erfolgreich umzusetzen und am Markt platzieren zu können.

Ob nun eine innovative Idee zu einer Innovation führt, hängt von vielen Faktoren ab. Nachfolgend soll anhand einer Studie aus dem Bereich der chemischen/pharmazeutischen Industrie aufgezeigt werden, welche Faktoren eine Innovation hemmen können (Attar 2015). Dazu wurden Mitarbeiter aus 197 Unternehmen befragt, die aus unterschiedlichen Bereichen des Unternehmens stammen, wie Forschung und Entwicklung, Marketing und Vertrieb, Produktion, Intellectual Property (IP)/ Regulatory und Legal bis hin zu New Business Development. Es wurden Großunternehmen, mittelständische Firmen und Start-ups eingebunden. Auch wurden Kunden, Lieferanten und Wissenschaftler befragt, um eine externe Sicht zu erhalten. Es wurden dabei drei Arten von Innovationen unterschieden:

- Produktinnovationen,
- Prozessinnovationen und
- Geschäftsmodellinnovationen.

Weiterhin wurde unterschieden, ob eine Innovation evolutionär ist und zu Weiterentwicklungen in bestehenden Produkten, Serviceleistungen oder Technologien führt oder disruptiv ist, worunter zu verstehen ist, dass Innovationen:

- komplett neue Funktionen aufweisen,
- außerordentliche Verbesserungen bezüglich der Leistung oder der Kosten bei bestehenden Funktionen herbeiführen oder
- Umbrüche auf dem Markt oder der verwendeten Technik einleiten.

Unternehmen, die mit ihren Innovationen erfolgreich sein wollen, weisen bestimmte Stärken auf. Anhand unterschiedlicher Erfolgsfaktoren können die Innovationsstärken von Unternehmen aufgezeigt werden. In der benannten Studie (Attar 2015) wurden 10 Erfolgsfaktoren herausgearbeitet (s. Bild 5.29). Im Rahmen dieser Erfolgsfaktoren fühlen sich die befragten Unternehmen überlegen gegenüber ihren Mitbewerbern.

Der Umkehrschluss zu den Erfolgsfaktoren sind Innovationshemmnisse. Diese lassen sich in die Kategorien:

- Innovationshemmnisse in der Unternehmenskultur,
- Innovationshemmnisse bei den innovationsrelevanten Kompetenzen der Mitarbeiter,
- Innovationshemmnisse im disruptiven Umfeld aus den Bereichen Strategie, Portfolio und Organisation,
- Innovationshemmnisse auf dem Weg zur schnelleren Entwicklung von Neuprodukten aus den Bereichen Portfolio, Organisation und Prozesse und
- Innovationshemmnisse rund um die Effektivität im Innovationsprozess

einteilen.

5.3 Innovationsstrategie am Beispiel von Biokraftstoffen aus Lignocellulose-Reststoffen

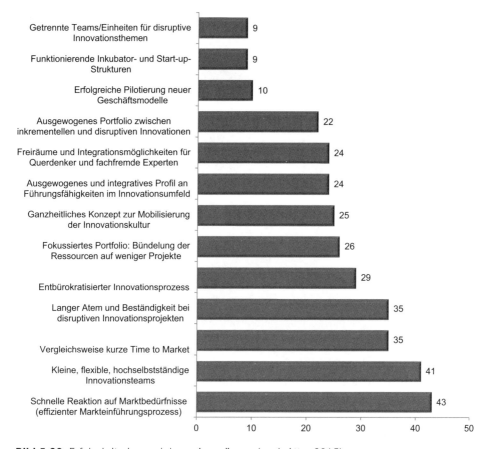

Bild 5.29 Erfolgskriterien und deren Ausprägung (nach Attar 2015)

Die Unternehmenskultur ist zentral für eine Organisation, um den Mitarbeitern die Möglichkeit der kreativen Ideenentwicklung zu geben. In Bild 5.30 sind sechs wichtige Hemmnisse und deren prozentuale Gewichtung auf der Ebene der Unternehmenskultur vorgestellt.

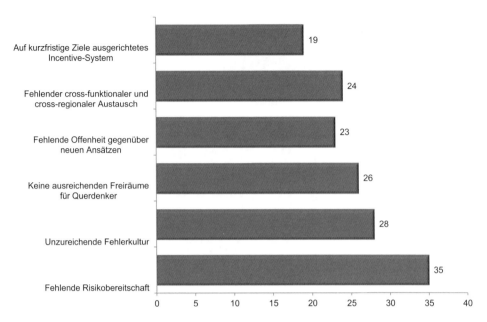

Bild 5.30 Innovationshemmnisse in der Unternehmenskultur (nach Attar 2015)

Als bedeutend wurden dabei die fehlende Risikobereitschaft der Unternehmen sowie eine unzureichende Fehlerkultur aufgeführt.

In Bild 5.31 werden Ansatzpunkte vorgestellt, die bei Führungskräften bzw. in der Personalentwicklung in vielen Unternehmen derzeit die Entwicklung wesentlicher Innovationsfähigkeiten hemmen.

Es zeigt sich zudem, dass die Rahmenbedingungen für die Entwicklung innovationsrelevanter Kompetenzen der Mitarbeiter generell in Unternehmen mit weniger als 1000 Mitarbeitern besser eingeschätzt werden als in Großunternehmen.

Für disruptive Innovationen, die andere Produkte oder Dienstleistungen komplett vom Markt verdrängen sollen, existieren unterschiedliche Hemmnisse, die in Bild 5.32 dargestellt sind.

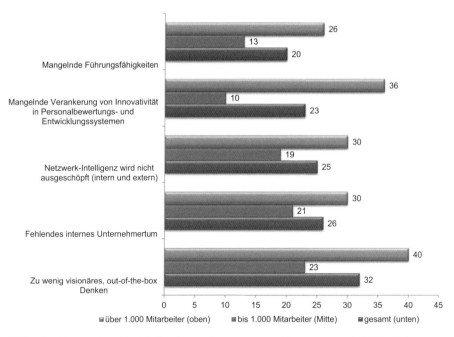

Bild 5.31 Hemmnisse hinsichtlich innovationsrelevanter Kompetenzen bei Mitarbeitern und Führungskräften nach Unternehmensgröße (nach Attar 2015)

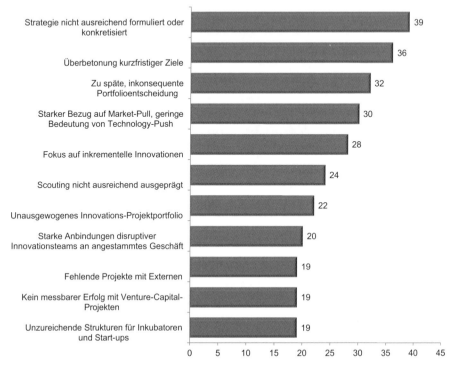

Bild 5.32 Innovationshemmnisse im disruptiven Umfeld aus den Bereichen Strategie, Portfolio und Organisation (nach Attar 2015)

Ausschlaggebend für eine disruptive Innovation ist demnach die Formulierung und Konkretisierung der Strategie. Die Strategie gibt den Rahmen vor, nach dem die Mitarbeiter handeln sollen. Fehlt dieser Rahmen, können Innovationen nicht zielgerichtet hervorgebracht werden.

Innovationen müssen in Unternehmen schnell und effizient entwickelt und auf den Markt gebracht werden. Fehlt in den Unternehmen der Fokus auf wesentliche Entwicklungen und besteht eine zu hohe Komplexität in den Aufgaben, wird die Schnelligkeit gehemmt (s. Bild 5.33).

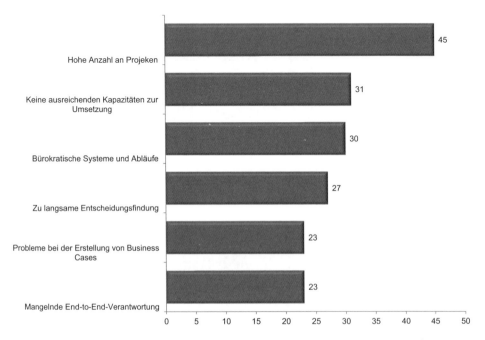

Bild 5.33 Hemmende Faktoren für die schnelle Entwicklung von Neuprodukten aus den Bereichen Portfolio, Organisation und Prozesse (nach Attar 2015)

Um die Effektivität von Innovationsprozessen zu gewährleisten, ist es u. a. wichtig, neue Erkenntnisse aus dem Markt direkt in die Entwicklungsarbeit einfließen zu lassen. So wurden in (Attar 2015) mehrere Aspekte untersucht, die die Effektivität von Innovationsprozessen hemmen (s. Bild 5.34).

Die aufgeführten Untersuchungsergebnisse zeigen, dass es vielfältige Aspekte gibt, weshalb Innovationsprojekte nicht so erfolgreich umgesetzt werden, wie sich die Organisationen das wünschen. Umso wichtiger ist es, bereits in der Innovationsstrategie Maßnahmen vorzusehen, die diesen Hemmnissen entgegenwirken.

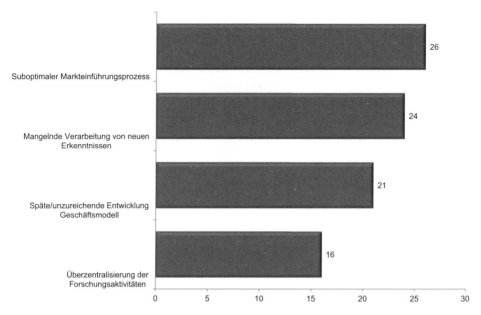

Bild 5.34 Innovationshemmnisse in Bezug auf die Effektivität im Innovationsprozess (nach Attar 2015)

5.4 Innovationen voranbringen

Eine Innovation betrifft das gesamte Unternehmen. Strategie und Geschäftsprozesse greifen ineinander und beide prägen sich gegenseitig (s. Bild 5.35).

Dabei ist zu durchdenken, wie neue Produkte und Dienstleistungen besser in organisationale und gesellschaftliche Zusammenhänge eingebettet werden können, um Innovationen zu beschleunigen (Knospe 2011). Es geht quasi darum, „harte" und „weiche" Innovationsfaktoren miteinander zu verknüpfen. Die Innovationsstrategie sollte dabei unterstützen, das geeignete Klima zu schaffen und die notwendigen Strukturen aufzubauen, damit sich die gewünschte Kreativität entwickeln kann. Dazu gehört auch der Aufbau eines Netzwerkes (Knospe 2011). Der Austausch von Gedanken und Know-how in Netzwerken unterstützt die Entwicklung von Ideen. Darum sollten im Rahmen der Innovationsstrategie die technologischen wie auch die organisatorischen und personalen Rahmenbedingungen gestaltet werden. All dies muss sich im weiteren Verlauf in den Geschäftsprozessen wiederfinden.

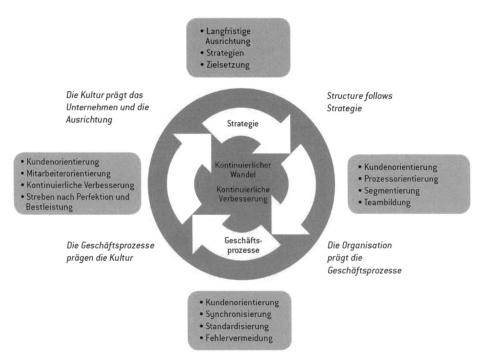

Bild 5.35 Zusammenspiel Strategie und Geschäftsprozesse (Knospe 2011)

5.4.1 Messung des Erfolgs im Innovationsprozess

Der Erfolg einer Innovation kann nicht nur am Ende eines Innovationsprozesses nach erfolgreicher Markteinführung gemessen werden. Schon während des Prozesses hat eine Organisation die Möglichkeit, ihre aktuellen Innovationsaktivitäten zu bewerten. Es wird dabei zwischen der kundenseitigen Beurteilung des Innovationserfolges und der unternehmensseitig deterministischen Innovationsfähigkeit unterschieden (Knospe 2011). Für die Messung des Innovationserfolges sind drei wesentliche Key Performance Indicators (KPIs) zu nennen (Knospe 2011):

- Effizienzgrad der Innovationsprozesse.

    Der Innovationsprozess untergliedert sich wiederum in die drei Prozesse Ideenauswahl, Produktentstehung und Markteinführung. Jeder der Teilprozesse kann entsprechend gemessen werden.

- Innovationsgrad der Produktidee.
- Geschwindigkeit, mit der die Innovation vorangetrieben wird.

Die einzelnen Faktoren haben bei der Erfolgsbeurteilung unter Umständen je nach Situation ein anderes Gewicht in der Bedeutung. Bei einer disruptiven Innovation spielt z. B. die Geschwindigkeit eine eher untergeordnete Rolle, als dies bei einer evolutionären Innovation der Fall ist, bei der sie erfolgsentscheidend sein kann.

Ein Ansatz zur Berechnung der drei KPIs wird in (Knospe 2011) vorgestellt. Demnach berechnet sich der Effizienzgrad eines Innovationsprozesses für die drei Teilprozesse:

1. für die jährlich gemessene Effizienz der Ideenauswahl nach Gl. (5.1):

$$E_{1a} = \frac{\sum_{i=1}^{n} P_i \cdot NPV(i)}{A} \qquad (5.1)$$

mit

P_i Projekt i

NPV Kapitalwert (net present value)

A Gesamtaufwand für die Innovationsprozesse

Ebenfalls ist es möglich, mit Gl. (5.2) zu rechnen:

$$E_{1b} = \frac{\sum_{i=1}^{n} P_i \cdot U(i)}{U_{gesamt}} \qquad (5.2)$$

mit

U Umsatz des Innovationsprozesses i

U_{gesamt} Gesamtumsatz des Unternehmens

2. für die jährliche Effizienz des Produktentstehungsprozesses nach Gl. (5.3):

$$E_2 = \frac{\sum_{i=1}^{n} NPV_i}{\sum_{i=1}^{n} \text{Kosten des Projektes i}} \qquad (5.3)$$

Da es in Projekten externe und interne Aufwände gibt, sind diese jeweils zu berücksichtigen.

3. für die Effizienz der Markteinführung nach Gl. (5.4):

$$E_3 = \frac{\text{Istumsatz 1. Jahr}}{\text{Mittlerer jährlicher Planumsatz}} \qquad (5.4)$$

Andere Ansätze zur Ermittlung des Effizienzgrades orientieren sich an der Effektivität beispielsweise der Ideengenerierung. Diese wird durch Betrachtung der Anzahl an Rohideen gegenüber der Anzahl an qualifizierten Ideen gemessen. Oder es wird der Effizienzgrad an der Effektivität des Produktentstehungsprozesses durch den Ansatz der Anzahl qualifizierter Ideen gegenüber der Anzahl umgesetzter Projekte und der Neuproduktrate gemessen. Eine weitere Möglichkeit ist die Bestimmung des Effizienzgrades anhand der Effektivität des Market Launches. Dabei sind Kennzahlen zu nennen, wie z. B. Innovationsanzahl, Beitrag der Innovationsgesamtheit am Turnover und Return on Investment.

Für die Messung des Innovationsgrades der Produktidee kann zwischen zwei Ansätzen gewählt werden. Da ist zum einen der betriebswirtschaftliche Ansatz, der eine Korrelation zwischen der Höhe des Innovationsgrades und der Höhe an Mehr-Deckungsbeitrag (absolut und prozentual) ermöglicht. Dieser Ansatz ist jedoch nicht für Grundlagentechnologien geeignet. Ein anderer Ansatz bemisst über einen technischen Aspekt, inwieweit die Innovation einen Beitrag zur Verbesserung oder Ergänzung des Kundennutzens leistet. Für den technischen Ansatz können KPIs für drei Innovationsarten unterschieden werden:

- Ökonomische KPIs

  Geeignet bei Innovationen an bekannten Technologien für bekannte Kundenbedürfnisse.

- Trendradar

  Empfehlenswert bei der Deckung von neuen Kundenbedürfnissen durch bekannte Technologien.

- Technische KPIs

  Werden neue Technologien für bekannte Kundenbedürfnisse entwickelt, so werden am besten technische KPIs verwendet.

  Ebenso sollten diese KPIs bei disruptiven Innovationen genutzt werden.

Für die Bemessung der Innovationsgeschwindigkeit kann die Zeitspanne zwischen Ideeneingang und Projektstart oder z. B. auch die Gesamtdurchlaufzeit angesetzt werden, die bis zur Markteinführung reicht (Time-to-Market). Aber auch dazwischen können Zeiten bemessen werden, wie z. B. für den Prozess der Ideengenerierung.

Mit den vorgestellten Ansätzen kann nicht nur der Erfolg gemessen werden, inwieweit das gesamte Innovationsziel erreicht wurde, sondern auch der Erfolg beim Erreichen von Teilzielen lässt sich darüber bemessen.

5.4.2 Die Innovationsfähigkeit

Die Innovationsfähigkeit beschreibt hier die Fähigkeit einer Volkswirtschaft, kontinuierlich Innovationen hervorzubringen (Trantow 2011). Dahinter steckt quasi die „kollektive Intelligenz" der Volkswirtschaft (Hartmann 2014-a). Eine wesentliche Voraussetzung für die Innovationsfähigkeit sind Kompetenz, Motivation und die Fähigkeit eines Unternehmens oder einer Organisation, die Innovation vermarkten zu können (Knospe 2011). Ebenso muss eine Dokumentation des Innovationsprozesses erstellt werden. Diese gibt durch Reflexion die Möglichkeit des Lernens.

Am Institut für Innovation und Technik (iit) in Berlin wurde ein Indikator entwickelt, mit dem die Innovationsfähigkeit erstmals umfassend dargestellt werden kann. Dieser iit-Indikator berücksichtigt, dass neben dem vorhandenen Wissen auch die Fähigkeit vorhanden sein muss, unterschiedliche Wissensbestände zusammenzubringen (Hartmann 2014-a). Der iit-Innovationsfähigkeitsindikator erfasst vier Bereiche (Hartmann 2014-a):

- Strukturkapital: Die Fähigkeit, Wissen innerhalb von Unternehmen zusammenzubringen.
- Komplexitätskapital: Die Vielfalt an nützlichem Wissen in einer Organisation, durch die es möglich wird, komplexe Produkte herzustellen.
- Beziehungskapital: Die Fähigkeit, Wissen über Organisationsgrenzen hinweg zusammenzubringen.
- Humankapital: Stetige Teilnahme an Aus- und Weiterbildung und das lebenslange Lernen der Beschäftigten.

Diese vier Bereiche ergeben im Zusammenspiel die Fähigkeit für Innovationen.

Das Strukturkapital berechnet sich anhand von Daten über die lernförderliche Arbeitsorganisation. Diese wird zum einen durch die Partizipation beschrieben, also die Möglichkeit der Mitgestaltung der Arbeitsbedingungen durch die Mitarbeiter. Zum anderen sind Daten über die Aufgabenkomplexität erforderlich. Die Aufgabenkomplexität ergibt sich aus der Vielfalt, der Anforderungshöhe und der Lernintensität der Arbeitsaufgaben. Zum Strukturkapitel gehören zudem Daten über die F&E-Beschäftigten in der Wirtschaft.

Besitzt eine Volkswirtschaft durch ihre Bürger die Fähigkeit, schwierige Dinge herzustellen, was nicht viele Volkswirtschaften können, und diese dann erfolgreich zu exportieren, kann von „klugen" Volkswirtschaften gesprochen werden, die einen entsprechend hohen Komplexitätsindex besitzen. Über diesen Ansatz wird das Komplexitätskapital ermittelt.

Über Daten zu F&E-Kooperationen von Unternehmen mit Hochschulen, Forschungseinrichtungen und anderen Unternehmen kann das Beziehungskapital berechnet werden.

Daten über die berufliche Erstausbildung, die tertiäre Bildung und Weiterbildung dienen zur Ermittlung des Humankapitals.

Die gesammelten Daten in den vier Bereichen werden anschließend zu jeweils einem Subindikator aggregiert. Diese vier Subindikatoren ergeben nun wiederum den Gesamtindikator Innovationsfähigkeit (Hartmann 2014-a). Dazu werden die Subindikatoren gewichtet (s. Bild 5.36).

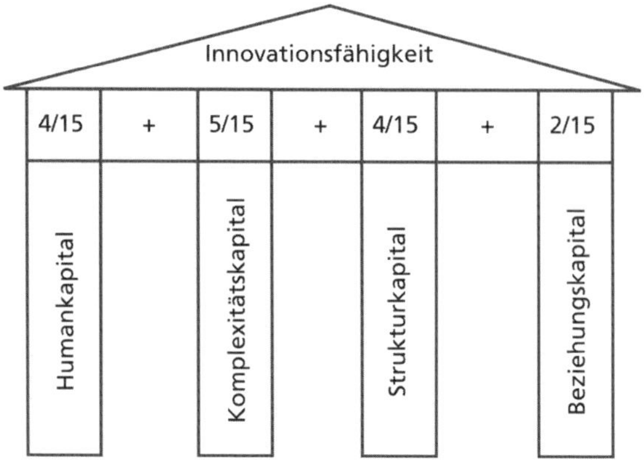

Bild 5.36 Gewichtung der Subindikatoren zur Ermittlung des iit-Innovationsfähigkeitsindikators (Hartmann 2014-a)

Mittels des iit-Innovationsfähigkeitsindikators ist es möglich, Volkswirtschaften und damit Länder untereinander zu vergleichen und Aussagen darüber zu tätigen, wie gut diese in der Lage sind, Innovationen hervorzubringen.

Das Ergebnis der Studie (Hartmann 2014-a) zeigt, dass Deutschland im europäischen Vergleich hinter den skandinavischen Staaten Finnland, Schweden und Dänemark liegt (s. Bild 5.37).

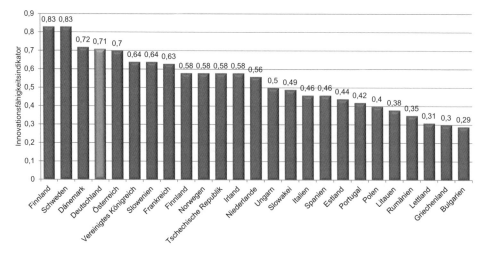

Bild 5.37 Europäischer Vergleich der Innovationsfähigkeit anhand des iit-Innovationsfähigkeitsindikators (nach Hartmann 2014-a)

Es zeigt sich dabei, dass jeder Staat sein eigenes Profil und damit im Vergleich zu den anderen Staaten ein etwas anderes Profil in Bezug auf die Subindikatoren hervorbringt (Bild 5.38).

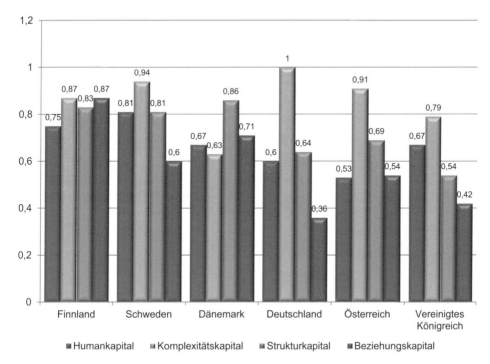

Bild 5.38 Vergleich der Subindikatoren der sechs europäischen Staaten mit dem höchsten iit-Innovationsfähigkeitsindikator (Reihenfolge der Säulen stimmt jeweils mit der Legende überein) (nach Hartmann 2014-a)

Die Unterschiede in den Subindikatoren würden sich dann bemerkbar machen, wenn versucht werden würde, skandinavische Erfahrungen auf andere nationale Innovationssysteme zu übertragen. Daraus lässt sich schließen: Auch wenn gleiche iit-Innovationsfähigkeitsindikatoren zwischen Staaten vorliegen, sind deren Fähigkeiten unter Umständen auf unterschiedlichen Ebenen angeordnet. Deutschland weist vor allem ein hohes Komplexitätskapital auf. Dies bedeutet, dass Deutschland in der Lage ist, komplexe Produkte herzustellen, die aufgrund ihrer komplexen Wissensanforderungen nicht ohne weiteres kopiert werden können (Hartmann 2014-a). Die Gründe für die Ausprägung werden darauf zurückgeführt, dass der Mittelstand in Deutschland hoch spezialisiert und leistungsfähig ist (Neumann 2015). Auch im weltweiten Vergleich schneiden deutsche Unternehmen sehr gut ab. Zusammen mit Japan belegt Deutschland beim Komplexitätskapital einen Spitzenplatz und zeigt damit, warum viele deutsche Unternehmen in ihrem Segment Weltmarktführer sind (Neumann 2015).

Im Vergleich Deutschlands mit den großen europäischen Volkswirtschaften wird ebenfalls deutlich, wie unterschiedlich dieses Bild ist und wo die Stärken der deutschen Wirtschaft liegen (s. Bild 5.39).

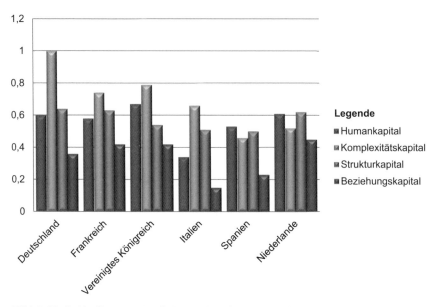

Bild 5.39 Subindikatoren des iit-Innovationsfähigkeitsindikators der großen europäischen Volkswirtschaften (nach Hartmann 2014-a)

Bild 5.40 zeigt, wo Deutschland in Relation zum durchschnittlichen europäischen inklusive norwegischen Mittel in den vier Subindikatoren des iit-Innovationsfähigkeitsindikators liegt.

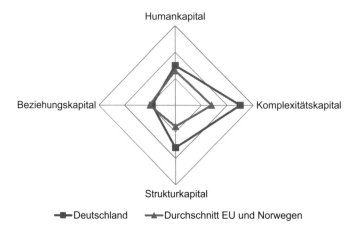

Bild 5.40 Vergleich der vier Hauptsäulen des iit-Innovationsfähigkeitsindikators zwischen Deutschland und der EU inkl. Norwegen (nach Hartmann 2014-a)

Betrachtet man die europäischen Mittelwerte inklusive Norwegen, so hat Deutschland vergleichsweise stark ausgeprägte Subindikatoren.

Analysiert man speziell die Hauptsäule Humankapital, so ist auffällig, dass in Deutschland die Kennzahl für neue Promotionen im Verhältnis zu Europa (inklusive Norwegen) besonders stark ausgebildet ist (s. Bild 5.41).

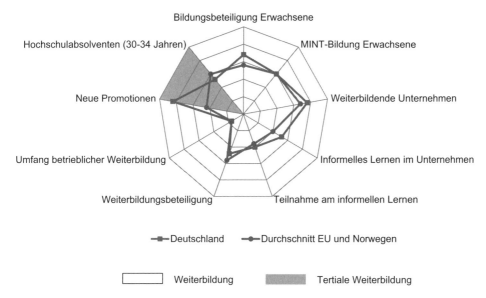

Bild 5.41 Differenzierte Darstellung des Subindikators Humankapital für Deutschland im europäischen Vergleich inklusive Norwegen (nach Hartmann 2014-a)

Insbesondere in Deutschland ist der Anteil an natur- und ingenieurwissenschaftlichen Promotionen im Verhältnis zur Gesamtheit aller abgeschlossenen Promotionen besonders hoch (Hartmann 2014-a). Deutschland belegt bei der Zahl der Doktoranden in den Fachbereichen Wissenschaft und Technik mit ca. 1 % Anteil an der Bevölkerungsgruppe im Alter von 20 bis 29 Jahren den zweiten Platz hinter Finnland (ca. 1,3 %) und vor Norwegen und der Tschechischen Republik (ca. 0,9 %) (Eurostat o.J.-c). Vorwiegend diese Fachrichtungen weisen in Bezug auf Innovationen eine hohe Innovationsaffinität auf. Dies spiegelt sich auch in der großen Anzahl an Innovationen in Deutschland wider (Eurostat o.J.-d).

Im Gegensatz zu vielen anderen Staaten wechselt ein Großteil der Absolventen in die Wirtschaft und steht dort zur Durchführung von Innovationsprojekten zur Verfügung (Hartmann 2014-a). In anderen Staaten verbleiben die Absolventen im Wissenschaftssystem und können so die Wirtschaft nicht direkt in ihrer Innovationskraft unterstützen. Für Deutschland ist dies von hoher Bedeutung, denn ein großer Anteil der Aufwendungen für Forschung und Entwicklung, ca. zwei Drittel, wird in der Wirtschaft erbracht (Hartmann 2014-a). Um hier erfolgreich zu sein, benötigt die Wirtschaft höchstqualifizierte Mitarbeiter. Diese Voraussetzung ist in Deutschland gegeben. Im europäischen Vergleich belegt Deutschland beim Anteil der Beschäftigten in hochwertigen und Spitzentechnologiesektoren des verarbeitenden Gewerbes und in wissensintensiven Dienstleistungsbereichen Platz drei (s. Bild 5.42).

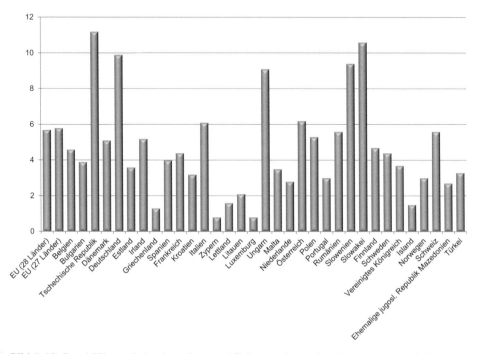

Bild 5.42 Beschäftigung in hochwertigen und Spitzentechnologiesektoren des verarbeitenden Gewerbes und in wissensintensiven Dienstleistungsbereichen in % der Gesamtbevölkerung (nach Eurostat o. J.-a)

Weiterhin soll auf den Punkt informelles Lernen hingewiesen werden. Hier haben neuere Forschungen gezeigt, dass es einen starken Zusammenhang zwischen dem informellen Lernen in der Arbeit und der Innovationsleistung einer Volkswirtschaft gibt (Hartmann 2014-a). Ist dieser Zusammenhang stark ausgeprägt, kann das informelle Lernen mit der Ausbildung an einer Hochschule verglichen werden (Cedefop 2012). Auch hier weist Deutschland im Vergleich zur EU inklusive Norwegen eine hohe Ausprägung auf.

Informelles Lernen findet nur dann statt, wenn eine lernförderliche Arbeitsorganisation besteht. Unter einer lernförderlichen Arbeitsorganisation wird verstanden, dass die Arbeitsinhalte, die Arbeitsorganisation und die Unternehmenskultur das Lernen und die Kreativität fordern und fördern (Hartmann 2004, Hartmann 2011, Hartmann 1993). Unter anderem ist der Handlungsspielraum relevant. Mit steigender Möglichkeit, mit der Mitarbeiter darüber entscheiden können, wie sie arbeiten wollen, werden die Mitarbeiter bereit sein, zu lernen und Neues auszuprobieren (Hartmann 2014-a). Weiterhin spielt auch die Arbeitsvielfalt und -komplexität eine wichtige Rolle. Je anspruchsvoller die Arbeit in Hinblick auf diese beiden Faktoren ist, also je weniger monoton und stattdessen komplexer die Problemlösungen einer Arbeit sind, umso mehr entwickeln die Mitarbeiter ihre Fähigkeiten in der Arbeit ständig weiter.

In Deutschland ist die Situation gerade bei diesen beiden Facetten der lernförderlichen Arbeitsorganisation, Handlungsspielraum und Aufgabenkomplexität, sehr unterschiedlich (s. Bild 5.43).

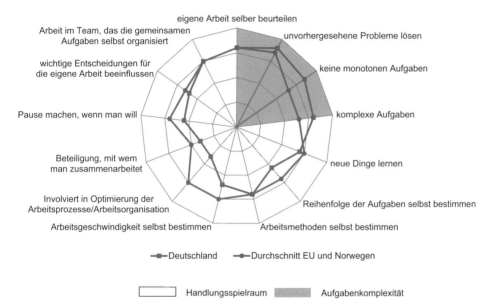

Bild 5.43 Vergleich der Facetten des Unterindikators „Lernförderliche Arbeitsorganisation" der Hauptsäule „Strukturkapital" zwischen Deutschland und der EU inklusive Norwegen (nach Hartmann 2014-a)

Während im Bereich der Aufgabenkomplexität fast alle Indikatoren überdurchschnittlich ausfallen, sind sie im Bereich Handlungsspielraum fast alle unterdurchschnittlich. Dies lässt zweierlei Aussagen zu. Erstens korrespondiert die hohe Aufgabenkomplexität mit den eher hoch komplexen Produkten in Deutschland. Zweitens führt dies zu hohen Lernpotenzialen in der Arbeit, die jedoch noch nicht vollständig ausgeschöpft werden (Hartmann 2014-a).

Diese Ergebnisse sind besonders vor dem Hintergrund der Energiewende und der damit verbundenen Transformation des Energiesystems bedeutsam. Denn insbesondere komplexe innovative Produkte sowie eine Vielzahl an Innovationen werden in Zukunft benötigt, um die Energiewende schaffen zu können. Der in Deutschland sehr gut ausgeprägte Subindikator Humankapital des iit-Innovationsfähigkeitsindikators ist hier sehr förderlich.

Dabei ist die Systemtransformation der Energiewende nicht nur technologisch, sondern sehr breit angelegt und reicht über alle Bereiche der Energiegewinnung, -umwandlung, -verteilung und -speicherung ebenso wie über alle Nutzungspfade vom Strom über die Wärme und Kälte bis hin zur Mobilität. Dazu werden Konzepte zur Steigerung der Effizienz und der Energieeinsparung benötigt. Zu guter Letzt bedarf es auch Ideen für neue Markt- und Geschäftsmodelle, um den Veränderungen am Markt zu begegnen.

5.4.3 Energiewende – Innovationsmotor für Deutschland

In (Neumann 2015) wird die These aufgestellt, dass durch die Energiewende die Innovationsfähigkeit von Deutschland gestärkt wird. Dies kann durch die zuvor erfolgten Diskussionen um die Energiewende bestätigt werden. Denn die Energiewende fordert und fördert systemische technologische Problemlösungen, die vielfältig und sehr komplex sind. Dies führt zu komplexen Systeminnovationen. Dazu muss unterschiedliches Wissen aus hochspezialisierten Bereichen zusammengebracht werden, um daraus neue Entwicklungen entstehen zu lassen und komplexe Produkte und Technologien herstellen zu können. Dies sind genau die Fähigkeiten, die das Komplexitätskapital bestimmen.

Zwei weitere Thesen können nach (Neumann 2015) aufgestellt werden:

1. Aufgrund seiner Innovationsfähigkeit ist Deutschland besonders gut in der Lage, Lösungen für die bestehenden Aufgaben im Rahmen der Energiewende zu erarbeiten und damit die Energiewende zu meistern.
2. Diese Herausforderungen sind für Deutschland wie ein Trainingseffekt und werden die entscheidenden Fähigkeiten im Bereich des Komplexitätskapitals weiter fördern.

Wie hängen nun die Innovationen im Energiebereich mit der wirtschaftlichen Entwicklung zusammen? Und warum ist die Energiewende ein Innovationsmotor für Deutschland? Dies sind interessante Fragestellungen, die in (Neumann 2015) diskutiert und nachfolgend vorgestellt werden.

Die Versorgung mit Energie ist ein essentielles Bedürfnis eines jeden Menschen. Kommt es zu einer Ressourcenverknappung, müssen neue Lösungen gefunden und damit Innovationen hervorgebracht werden, um das bestehende Bedürfnis zu decken. Zum momentanen Zeitpunkt sind zwar konventionelle Energieträger verfügbar, doch generieren diese negative Umwelteinflüsse z. B. in Form von Treibhausgasemissionen. Die politikinduzierte Transformation hin zu regenerativen grünen Energietechnologien geht einher mit einer künstlichen Verknappung bzw. Verteuerung konventioneller Energieträger (z. B. durch die Ausgabe von CO_2-Zertifikaten oder Steuern auf Energie). Gleichzeitig fördert sie die erneuerbaren Energien. Durch diese Kombination reagieren die Marktakteure auf die Verknappung verfügbarer Ressourcen, indem Innovationen im Bereich der erneuerbaren Energien vorangetrieben werden (s. Bild 5.44). In Bezug auf die erneuerbaren Energien setzt damit die Energiewende positive Anreize zur Gestaltung von Innovationen und zum Ankurbeln des Wachstums.

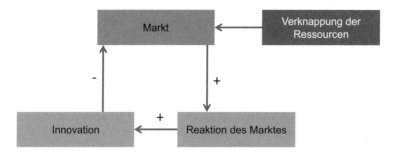

Bild 5.44 Darstellung des Trade-offs durch Innovationen (nach Barbier 1999, Neumann 2015)

Die Kosten des Transformationsprozesses sind wiederum abhängig von der aktuellen Höhe der künstlichen Verknappung. Aus diesem Trade-off zwischen Kosten der Energiewende und Innovationen ergibt sich ein Optimum hinsichtlich der zeitlich bestmöglichen Transformation hin zu regenerativen Energien.

Für die Energiewende bedeutet dies, dass die Erreichung der Ziele und die Innovationen vorangetrieben werden und gleichzeitig das Gesamtsystem wirtschaftlich erfolgreich bleibt. Dazu ist es noch erforderlich, dass die Wettbewerbsfähigkeit der regionalen, auf konventionellen Energien beruhenden Produzenten für den Zeitraum der Wandlung erhalten bleibt (Neumann 2015). Der beschriebene Zusammenhang ist in Bild 5.45 modellhaft dargestellt. Die Grafik besagt auf der einen Seite, dass mit Zunahme der optimalen Verknappung die Innovationskraft im Erneuerbare-Energien-Bereich stetig steigt. Auf der anderen Seite sinkt jedoch mit steigender Verknappung die gesamtwirtschaftliche Entwicklung, da bestehende Systeme aus dem Markt gedrängt werden. Schaut man sich das Kosten-Nutzen-Verhältnis an, so wird deutlich, dass es einen optimalen Punkt gibt, an dem eine Balance zwischen Kosten und Nutzen besteht. Ist die optimale Verknappung zu niedrig oder zu hoch, führt dies zu einer Verschlechterung des Kosten-Nutzen-Verhältnisses (Wangler 2016).

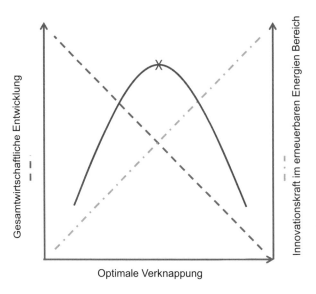

Bild 5.45
Zusammenhang der optimalen Verknappung unter dem Aspekt des Kosten-Nutzen-Verhältnisses (nach Neumann 2015, Wangler 2016)

Inwieweit es gelingen kann, trotz einer Transformation des Wirtschafts- bzw. Energiesystems hin zu erneuerbaren Energien wirtschaftlich erfolgreich zu sein und positive Wachstumsraten zu erzielen, wird in Bild 5.46 analysiert.

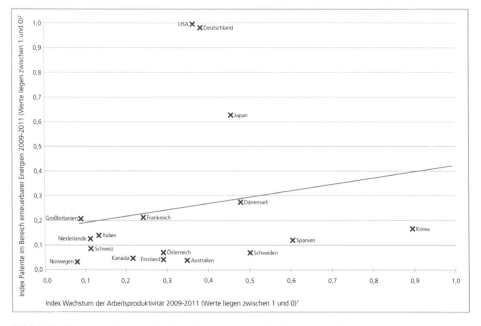

Bild 5.46 Zusammenhang zwischen Wachstum der Arbeitsproduktivität und Patentaktivitäten im Bereich der erneuerbaren Energien für die Jahre 2009 – 2011 (Neumann 2015)

Das Wachstum der Arbeitsproduktivität stellt das reale Wachstum des Pro-Kopf-Outputs pro Stunde dar. Über den Index der Patentanmeldungen im Bereich der erneuerbaren Energien wird die Aktivität der Transformation des Energiesystems hin zu erneuerbaren Energien gemessen.

Mit der Darstellung dieses Zusammenhangs zwischen dem Wachstum der Arbeitsproduktivität und der Patentaktivitäten im Bereich der erneuerbaren Energien kann gezeigt werden, dass es den Ländern gelingt, trotz der Innovationstätigkeit im Rahmen der Energiewende ein positives Wachstum der Pro-Kopf-Produktivität zu erreichen (Neumann 2015).

Wie bereits aufgeführt, wird durch die Energiewende die besonders ausgeprägte Kompetenz, komplexe Produkte und Technologien zu entwickeln, gefördert und geschult. Sie wirkt wie ein Trainingseffekt. Durch die Transformation des Energiesystems hin zu erneuerbaren Energien leistet die Energiewende in ihrer bisherigen Form einen positiven Beitrag, ohne die Position der Unternehmen aus Deutschland auf dem Weltmarkt insgesamt zu schwächen. Im Gegenteil, die Energiewende kann vielmehr als Innovationsmotor bezeichnet werden, da durch sie Kompetenzen geschult werden und sich das Wirtschafts- und Innovationssystem so Richtung Nachhaltigkeit entwickeln kann (Neumann 2015).

5.4.4 Komplexe Innovation im Rahmen der Energiewende

An dieser Stelle sei ein weiteres zukunftsweisendes Projekt vorgestellt, welches die Komplexität der Innovationen im Rahmen der Energiewende noch einmal deutlich macht.

In Prenzlau ist im Jahr 2011 das erste Hybridkraftwerk der Firma ENERTRAG Aktiengesellschaft eingeweiht worden und in Betrieb gegangen (s. Bild 5.47).

Mit Hilfe dieses Hybridkraftwerks soll nachgewiesen werden, dass eine sichere und nachhaltige Energieversorgung auf Basis von erneuerbaren Energien möglich ist (dena o. J.). Das Hybridkraftwerk soll bedarfsgerecht nicht nur Wärme und Strom, sondern auch Kraftstoff aus unterschiedlichen Primärenergieträgern liefern (s. Bild 5.48). Um dies zu erreichen, setzt sich das Hybridkraftwerk aus mehreren Erzeugeranlagen aus dem Bereich der erneuerbaren Energien zusammen, deren sinnvolle Kombination im Fokus der Untersuchungen steht.

Bild 5.47 Hybridkraftwerk der Firma ENERTRAG Aktiengesellschaft (Enertrag 2011)

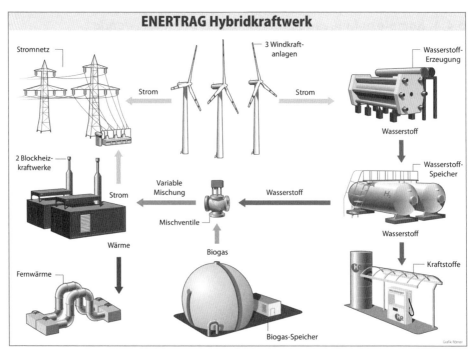

Bild 5.48 Funktionsprinzip des Hybridkraftwerks der Firma ENERTRAG Aktiengesellschaft (Enertrag o. J.-a)

Kern der Anlage bilden drei Windkraftanlagen mit einer Leistung von jeweils 2000 kW (Enertrag o. J.-b). Der produzierte Strom kann direkt ins Stromnetz eingespeist werden. Kommt es zu einer Überproduktion von Strom, ist es möglich, mittels eines alkalischen, drucklosen 500-kW-Elektrolyseurs Wasserstoff zu produzieren. Der Wasserstoff wird, ebenso wie das in einer Biogasanlage erzeugte Biogas, in Speichertanks zwischengespeichert. Zusätzlich kann der Wasserstoff als Kraftstoff zur Versorgung einer Tankstelle für Wasserstofffahrzeuge dienen oder alternativ ins Erdgasnetz eingespeist werden. Das Biogas stammt aus einer Biogasanlage mit 1000 kW Biogas. Das Gas aus den Speichern treibt ein BHKW an, welches mit 70 % H_2 (max.) und 30 % Biogas betrieben wird. Mit einer thermischen Leistung von 155 kW_{th} wird Wärme zur Einspeisung ins Fernwärmenetz der Stadt Prenzlau bereitgestellt. Der erzeugte Strom wird direkt ins Stromnetz eingespeist. Zusätzlich wird mit dem Biogas ein 400-kW-Biogas-BHKW angetrieben, welches ebenfalls die Wärme ins Fernwärmenetz der Stadt Prenzlau und den Strom ins Stromnetz abgibt. Die BHKW werden bedarfs- und ökonomisch orientiert eingesetzt. Dies bedeutet, ihr Einsatz erfolgt bei geringer Windstromerzeugung und gleichzeitiger hoher Nachfrage. Im Normalfall dienen die zwei BHKW zur Wärmeversorgung.

Die Anlagenkomponenten müssen gesteuert werden, was über eine Online-Steuerung mittels Glasfaserkabel erfolgt. In einer Leitwarte laufen die Signale auf und werden entsprechend verarbeitet.

Folgende Projektziele werden genannt (dena o. J.):

- Aufbau und Versuchsbetrieb einer Power-to-Gas-Anlage in der Leistungsklasse 250 kW_{el},
- Entwicklung von Lastdynamik-/Betriebskonzepten gemäß den Flexibilitätsanforderungen im Strommarkt,
- Forschungsbetrieb zur Anlagen-/Betriebsoptimierung und
- Bewertung des Speicherbetriebs im regenerativen Energiesystem und des volkswirtschaftlichen Nutzens der Technologie.

Weiterhin soll an folgenden Themen gearbeitet werden (Enertrag o. J.-b):

- Entwicklung der Steuerungseinheit des Elektrolyseurs für den flexiblen Einsatz,
- weitere Erforschung der schnellen Regelbarkeit im Einspeisenetz,
- Untersuchung des Dauerbetriebs für Zeiten des Schwachwindes,
- Vorantreiben der Entwicklung des Hybrid-BHKW (H_2-Biogas),
- Suchen nach Lösungen zur Kompensation des Fehlers der Windprognose zur Gewährleistung der Netzstabilität und
- Optimierung der Wirtschaftlichkeit.

Der Unterschied zu einem virtuellen Kraftwerk ist deutlich zu erkennen. Während in einem virtuellen Kraftwerk die Anlagen autark für sich laufen, liefern einzelne

Komponenten des Hybridkraftwerks Energieträger, die in anderen Anlagenkomponenten des Kraftwerks wieder eingesetzt werden. Dies bedeutet, dass die einzelnen Anlagenkomponenten sehr gut aufeinander abgestimmt werden müssen, um eine bedarfsgerechte und nachhaltige Energieversorgung zu gewährleisten. Nachhaltig heißt an dieser Stelle auch, dass der aufeinander abgestimmte Betrieb so optimiert wird, dass in den einzelnen Komponenten, Erzeugungs- und Umwandlungsanlagen hohe Wirkungsgrade erreicht werden können. Dabei sollen nicht nur die einzelnen Anlagenkomponenten einen optimiert hohen Wirkungsgrad aufweisen, sondern auch in den zugehörigen Erzeugungs- und Umwandlungsketten soll der Wirkungsgrad entsprechend optimiert hoch sein. Der Weiterentwicklung der Komponenten des Kraftwerks kommt hierbei ein besonderes Augenmerk zu. Ein Problemlösungsschwerpunkt liegt in der Systemintegration und dem Aufbau der richtigen Steuerungsstrategien.

Dies lässt erkennen, dass es hier um eine sehr komplexe Aufgabe geht, für deren Lösung unterschiedlichstes spezifisches Fachwissen erforderlich ist, das aus verschiedenen Fachgebieten, wie z. B. Energietechnik und -management, Verfahrenstechnik (u. a. Elektrolyse, Gasreinigung, Aufbereitung Prozesswasser, biologische Methanisierung), Maschinen- und Anlagenbau, Automatisierungstechnik zusammengebracht werden muss. Zusätzlich ist Wissen aus den Fachgebieten IKT für Anlagensteuerung und Regelalgorithmen sowie für die Simulation zur Erstellung von Prognosemodellen erforderlich (Neumann 2015).

Das in diesem Projekt erlangte Wissen und die gewonnenen bzw. weiterentwickelten Kompetenzen können im Rahmen der Energiewende in andere Innovationsprojekte wieder Eingang finden. Die Innovationen müssen dazu nicht nur interdisziplinär miteinander verknüpft, sondern auch harmonisch aufeinander abgestimmt zu Systemlösungen vernetzt werden (Neumann 2015).

Dieses Beispiel des Hybridkraftwerkes zeigt erneut, von welch hoher Komplexität die momentanen und bevorstehenden Herausforderungen sind. Deutschland ist mit seiner Kernkompetenz auf dem Gebiet des Komplexitätskapitals im Rahmen des iit-Innovationsfähigkeitsindikators besonders gut zur erfolgreichen Bewältigung der Herausforderungen aufgestellt.

Literatur

13. Gesetz zur Änderung des Atomgesetzes vom 31.07.2011. In: Bundesgesetzblatt Jahrgang 2011; Teil I Nr. 43, S. 1704–1705; Bonn, 05.08.2011

50hertz et al.: Bericht der deutschen Übertragungsnetzbetreiber zur Leistungsbilanz 2013 nach EnWG §12 Abs. 4 und 5; Stand 30.09.2013. Download: *http://www.bmwi.de/BMWi/Redaktion/PDF/J-L/leistungsbilanzbericht-2013.pdf*, abgerufen 25.05.2016

Adamek, F. et al.; VDE Verband der Elektrotechnik (Hrsg.): Energiespeicher für die Energiewende – Speicherungsbedarf und Auswirkungen auf das Übertragungsnetz für Szenarien bis 2050 (Gesamttext). Studie der Energietechnischen Gesellschaft im VDE (ETG); 2012

Afuah, A.: Innovation management: Strategies, Implementation, and Profits. 2. Edition; Oxford University Press; Oxford et al., 2003

Agentur für Erneuerbare Energien (AEE) (Hrsg.): Erneuerbare Energien im Strommarkt: Neue Anforderungen an das Marktdesign im Zuge der Energiewende. In: Renews Kompakt; Berlin, 2013. Download: *https://www.unendlich-viel-energie.de/media/file/276.AEE_RenewsKompakt_Strommarkt_dez13.pdf*, abgerufen 28.02.2016

Agentur für Erneuerbare Energien (AEE): Installierte Leistung Photovoltaik (2014). Berlin, 2015-a. Download: *www.foederal-erneuerbar.de/uebersicht/bundeslaender/*, abgerufen 08.02.2016

Agentur für Erneuerbare Energien (AEE): Strommix in Deutschland 2015. Berlin, 2015-b. Download: *https://www.unendlich-viel-energie.de/mediathek/grafiken/strommix-in-deutschland-2015*, abgerufen 23.05.2016

Agora Energiewende (Hrsg.): 12 Thesen zur Energiewende: Impulse. 008/01a-I-2013/DE; Berlin, 2013. Download: *https://www.agora-energiewende.de/fileadmin/Projekte/2012/12-Thesen/Agora_12_Thesen_Langfassung_2.Auflage_web.pdf*, abgerufen 25.05.2016

Agora Energiewende (Hrsg.): Power-to-Heat zur Integration von ansonsten abgeregeltem Strom aus Erneuerbaren Energien: Handlungsvorschläge basierend auf einer Analyse von Potenzialen und energiewirtschaftlichen Effekten. Studie 046/09-S-2014/de; Berlin, 2014. Download: *energiewende.de/fileadmin/downloads/publikationen/Studien/Power_to_Heat/Agora_PtH_Langfassung_WEB.pdf*, abgerufen 25.01.2016

Agora Energiewende: Agorameter - Interaktive Grafiken zu Stromerzeugung und Stromverbrauch. Berlin, 2016-a. Download: *https://www.agora-energiewende.de/de/themen/-agothem-/Produkt/produkt/76/Agorameter/*, abgerufen 25.05.2016

Agora Energiewende: Glossar Residuallast. Berlin, 2016-b. Download: *http://www.agora-energiewende.de/de/service/glossar/residuallast/*, abgerufen 11.01.2016

Agora Energiewende: Glossar. Berlin, o.J. Download: *http://www.agora-energiewende.de/de/service/glossar/*, abgerufen 28.02.2016

agrarheute: Verkehr: EU-Energierat für Biokraftstoff-Anteil von 7 Prozent. In: agrarheute; Deutscher Landwirtschaftsverlag GmbH; Meldung vom 14.06.2014. Download: *http://www.agrarheute.com/news/verkehr-eu-energierat-fuer-biokraftstoff-anteil-7-prozent*, abgerufen 26.04.2016

Albersmann, J. et al.; PricewaterhouseCoopers AG Wirtschaftsprüfungsgesellschaft (Hrsg.): Virtuelle Kraftwerke als wirkungsvolles Instrument für die Energiewende; 2012. Download: *https://www.pwc.de/de/energiewende/assets/virtuelle-kraftwerke.pdf*, abgerufen 22.02.2016

Amtsblatt der Europäischen Union (Hrsg.): Empfehlungen der Kommission vom 9. März 2012 zu Vorbereitungen für die Einführung intelligenter Messsysteme (2012/148/EU). 2012. Download: *http://eur-lex.europa.eu/legal-content/DE/ALL/?uri=celex%3A32012H0148*, abgerufen 26.05.2016

Apel, R. et al.; VDE Verband der Elektrotechnik (Hrsg.): Demand Side Integration: Lastverschiebungspotentiale in Deutschland. ETG-Task Force Demand Side Management; Frankfurt am Main, 2012

Arenas, A. et al.: Synchronization in complex networks. In: Physical Reports, Vol. 469; pp. 93–153; Elsevier Verlag; Amsterdam, 2008

Attar, S. et al; Institut der deutschen Wirtschaft Köln Consult GmbH et al. (Hrsg.): Innovationen den Weg ebnen. Eine Studie von IW Consult und SANTIAGO für den Verband der Chemischen Industrie; Köln et al., 2015. Download: *https://www.vci.de/vci/downloads-vci/publikation/vci-innovationsstudie-langfassung.pdf*, abgerufen 04.06.2016

B.A.U.M. Consult GmbH (Autor); Bundesministerium für Wirtschaft (BMWi) (Auftraggeber): E-Energy Abschlussbericht. Ergebnisse und Erkenntnisse aus der Evaluation der sechs Leuchtturmprojekte. München et al., 2014. Download: *http://www.digitale-technologien.de/DT/Redaktion/DE/Downloads/abgesamt-begleitforschung.pdf?__blob=publicationFile&v=4*, abgerufen 31.05.2016

Barahona, M. et al.: Synchronization in small-world systems. In: Physical Review Letters, Vol. 89, Iss. 5; pp. 054–101; American Physical Society; New York, 2002

Barbier, E.B. et al.: Resource Scarcity and Innovation: Can Poor Countries Attain Endogenous Growth? In: Ambio, Vol. 28, Iss. 2; pp. 144–147; Springer Verlag; New York, Heidelberg, 1999. Download: *http://www.homerdixon.com/wp-content/uploads/1999/03/Resource-Scarcity-and-Innovation-Can-Poor-Countries-Attain-Endogenous-Growth.pdf*, abgerufen 03.06.2016

Bartholomew, C.H.; Farrauto, R.H.: Fundamentals of Industrial Catalytic Processes. 2. Auflage; John Wiley & Sons; Hoboken, 2005

Bauer, R.: Gescheiterte Innovationen: Fehlschläge und technologischer Wandel. Campus-Verlag; Frankfurt/Main et al., 2006

Baumgarten, H. et al.: Managementtrends und -entwicklungen in der Logistik: Ergebnisse der Untersuchung Trends und Strategien in der Logistik 2000. Technische Universität Berlin; Berlin, 1997

BCG – The Boston Consulting Group GmbH: Erfahrungskurve. Download: *http://www.bcg.de/bcg_deutschland/geschichte/klassiker/erfahrungskurve.aspx*, abgerufen 06.04.2016

BDEW Bundesverband der Energie- und Wasserwirtschaft e.V.: Grundlagenpapier Primärenergiefaktoren. Der Zusammenhang von Primärenergie und Endenergie in der energetischen Bewertung. Berlin, 2015. Download: *https://www.bdew.de/internet.nsf/id/06FBC70ECF24F3A7C1257E51003DA425/$file/705_2015-04-22_Grundlagenpapier-Primaerenergiefaktoren.pdf*, abgerufen 07.04.2016

Beenken, P. et al.; Boll, S. (Hrsg.): Schutz sicherheitsrelevanter Informationen in verteilten Energieinformationssystemen. Oldenburger Verlag für Wirtschaft, Informatik und Recht, Bd. 12; Edewecht, 2010

Bilfinger: Power to Liquids. Download: *http://www.bilfinger.com/presse/power-to-liquids/*, abgerufen 19.02.2016

BINE Informationsdienst: Effizienz unter realen Bedingungen. Bonn, o.J. Download: *http://www.bine.info/publikationen/themeninfos/publikation/elektrisch-angetriebene-waermepumpen/effizienz-unter-realen-bedingungen/*, abgerufen 20.10.2016

BioKraftFÄndG – Gesetz zur Änderung der Förderung von Biokraftstoffen. In: Bundesgesetzblatt Jahrgang 2009, Teil I Nr. 41; S. 1804–1808. Download: *http://www.bgbl.de/xaver/bgbl/start.xav?start=%2F%2F*%5B%40attr_id%3D%27bgbl109s1804.pdf%27%5D#__bgbl__%2F%2F*%5B%40attr_id%3D%27bgbl109s1804.pdf%27%5D__1475065729287*, abgerufen 16.01.2016

BIOPOWER NORDWESTSCHWEIZ AG: Biogasertrag und CO_2-Anteil. Download: *http://www.bio-power.ch/files/4GQ89DX/biogasertrag_und_co2_anteil.pdf*, abgerufen 25.02.2016

Block; C. et al. (Autoren); Bundesverband der Deutschen Industrie e. V. (BDI) (Hrsg.): Internet der Energie. IKT für Energiemärkte der Zukunft. Die Energiewirtschaft auf dem Weg ins Internetzeitalter. BDI-Drucksache, Nr. 418; Verlag Industrie-Förderung Gesellschaft mbH; Berlin, 2008. Download: *http://www.iese.fraunhofer.de/content/dam/iese/de/documents/Internet_der_Energie_tcm122-45131.pdf*, abgerufen 24. 05. 2016

Boccaletti, S. et al.: Complex networks: Structure and dynamics. In: Physics Reports, Vol. 424, Iss. 4 – 5; pp. 175 – 308; Elsevier Verlag; Amsterdam, 2006

Bode, S.; arrhenius Institut für Energie- und Klimapolitik (Hrsg.): Grenzkosten der Energiewende. Teil 1: Eine Neubewertung der Stromgestehungskosten von Windkraft- und Photovoltaikanlagen im Kontext der Energiewende, Discussion Paper 8; Hamburg, 2013. Download: *http://www.arrhenius.de/uploads/media/arrhenius_DP_8_-_Grenzkosten_der_Energiewende.pdf*, abgerufen 28. 02. 2016

Bofinger S. et al.: Potenziale der Windenergienutzung an Land. Fraunhofer IWES; Kassel, 2011

Bogon, T.: Agentenbasierte Schwarmintelligenz. Springer Vieweg Verlag; Wiesbaden, 2013

Bonabeau, E. et al.: Swarm Intelligence: From Natural to Artificial Systems. Oxford University Press; Oxford, 1999

Boom, A.: Vertikale Entflechtung in der Stromwirtschaft. Vierteljahreshefte zur Wirtschaftsforschung, 81. Jahrgang, Bd. 1; S. 57 – 71; Duncker & Humblot Verlag; Berlin; 2012. Download: *https://www.econstor.eu/dspace/bitstream/10419/99681/1/vjh.81.1.57.pdf*, abgerufen 08. 01. 2016

Brauch, H. G.: Technische Entwicklung, politische Strategien, Handlungskonzepte zu erneuerbaren Energien und zur rationellen Energienutzung. Springer Verlag; Berlin et al., 1997

Brause, R.: Neuronale Netze: Eine Einführung in die Neuroinformatik. Teubner Verlag; Stuttgart, 2012

Brien, J.: Paketbasierte Stromübertragung: IT-Unternehmen bauen Stromnetz im Internet-Style. In: t3n digital pioneers; 2015. Download: *http://t3n.de/news/it-unternehmen-stromnetz-614782/*, abgerufen 15. 03. 2016

Brockhoff, K. K.: Forschung und Entwicklung: Planung und Kontrolle. 5. erweiterte Auflage; Oldenbourg Verlag; München, 1999

Brodbeck, H.: Strategische Entscheidungen im Technologie-Management: Relevanz und Ausgestaltung in der unternehmerischen Praxis. Verlag Industrielle Organisation; Zürich, 1999

Brookman, H. et al.: Regelung der Gasproduktion von Biogasanlagen für eine am Bedarf orientierte, gesteuerte Biogasverstromung (ReBi 2.0). In: Nelles, M. (Hrsg.): 10. Rostocker Bioenergieforum. Tagungsband; Schriftenreihe Umweltingenieurwesen, Bd. 58; S. 343 – 349; Rostock, 2016

BSW – Bundesverband Solarwirtschaft e. V. (2013): Photovoltaik-Bilanz 2012: Solare Energiewende kommt voran

BSW – Bundesverband Solarwirtschaft e. V.: Daten und Infos zur deutschen Solarbranche. Download: *https://www.solarwirtschaft.de/presse/marktdaten.html*, abgerufen 22. 06. 2016

Buldyrev, S. V. et al.: Catastrophic cascade of failures in interdependent networks. In: Nature, Vol. 464; pp. 1025 – 1028; Macmillan Publishers Limited; London, 2010

Bullnheimer, B. et al.: A new rank based version of the ant system: A computational study. 1997. Download: *http://epub.wu.ac.at/616/1/document.pdf*, abgerufen 31.05.2016

Bullough, C. et al.: Advanced adiabatic compressed air energy storage for the integration of wind. In: Proceedings of European Wind Energy Conference, EWEC 2004; London, 2004. Download: *http://www.ewi.uni-koeln.de/fileadmin/user_upload/Publikationen/Zeitschriften/2004/04_11_23_EWEC_Paper_Final.pdf*, abgerufen 20. 09. 2016

Bundesministerium der Justiz und für Verbraucherschutz (BMJV) (Hrsg.): Gesetz über die Elektrizitäts- und Gasversorgung (Energiewirtschaftsgesetz – EnWG). 2005. Download: *http://www.gesetze-im-internet.de/bundesrecht/enwg_2005/gesamt.pdf*, abgerufen 09. 02. 2016

Bundesministerium für Umwelt, Naturschutz, Bau und Reaktorsicherheit (BMUB): Bioabfälle – Statistik. Berlin, o. J.-a. Download: *http://www.bmub.bund.de/themen/wasser-abfall-boden/abfallwirtschaft/statistiken/bioabfaelle/*, abgerufen 25. 02. 2016

Bundesministerium für Umwelt, Naturschutz, Bau und Reaktorsicherheit (BMUB): Bioabfallerfassung und Einsatz in Behandlungsanlagen. Berlin, o.J.-b. Download: *http://www.bmub.bund.de/fileadmin/ Daten_BMU/Bilder_Infografiken/bioabfall_statistik_erfassung_2015.png*, abgerufen 25.02.2016

Bundesministerium für Wirtschaft und Arbeit der Republik Österreich (BMWA) (Hrsg.): 1. Energieeffizienzaktionsplan der Republik Österreich gemäß EU-Richtlinie 2006/32/EG. Austrian Energy Agency; Wien, 2007. Download: *http://www.bmwfw.gv.at/EnergieUndBergbau/Energieeffizienz/Documents/1.%20 nEEAP%202007.pdf*, abgerufen 26.08.2016

Bundesministerium für Wirtschaft und Energie (BMWi) (Hrsg.): Ausschreibungen für die Förderung von Erneuerbare-Energien-Anlagen. Eckpunktepapier; Stand Juli 2015; Berlin, 2015-a. Download: *http://www.bmwi.de/DE/Mediathek/publikationen,did=721182.html*, abgerufen 24.05.2016

Bundesministerium für Wirtschaft und Energie (BMWi) (Hrsg.): Smart Energy made in Germany. Erkenntnisse zum Aufbau und zur Nutzung intelligenter Energiesysteme im Rahmen der Energiewende. Berlin, 2014-a. Download: *http://www.digitale-technologien.de/DT/Redaktion/DE/Downloads/Publikation/ e-energy-abschlussbroschuere.pdf?__blob=publicationFile&v=2*, abgerufen 22.06.2016

Bundesministerium für Wirtschaft und Energie (BMWi) (Hrsg.); Nieder, T. et al.: Entwicklung der erneuerbaren Energien in Deutschland 2014. Berlin, 2015-b. Download: *http://www.erneuerbare-energien. de/EE/Redaktion/DE/Downloads/entwicklung_der_erneuerbaren_energien_in_deutschland_im_jahr_ 2014.pdf?__blob=publicationFile&v=8*, abgerufen 22.01.2016

Bundesministerium für Wirtschaft und Energie (BMWi): Die EEG-Reform – Biomasse. Erschienen am 01.08.2014; Berlin, 2014-b. Download: *https://www.bmwi.de/BMWi/Redaktion/PDF/E/eeg-faktenblatt-biomasse*, abgerufen 17.12.2015

Bundesministerium für Wirtschaft und Energie (BMWi): Die wichtigsten EEG-Neuerungen auf einen Blick. In: Newsletter „Energiewende direkt", Ausgabe 20/2014; veröffentlicht am 27.06.2014; Berlin, 2014-c. Download: *https://www.bmwi-energiewende.de/EWD/Redaktion/Newsletter/2014/20/Meldung/ die-wichtigsten-neuerungen-auf-einen-blick.html*, abgerufen 29.02.2016

Bundesministerium für Wirtschaft und Energie (BMWi): EEG-Novelle 2016. Kernpunkte des Kabinettbeschlusses vom 8.6.2016. Berlin, 2016-a. Download: *http://bmwi.de/BMWi/Redaktion/PDF/E/eeg-no velle-2016-kernpunkte-des-kabinettbeschlusses;property=pdf;bereich=bmwi2012;sprache=de;rwb=true.pdf*, abgerufen 10.06.2016

Bundesministerium für Wirtschaft und Energie (BMWi): E-Energy. Berlin, o.J.-a. Download: *http:// www.digitale-technologien.de/DT/Navigation/DE/Service/Abgelaufene_Programme/E-Energy/e-energy. html/*, abgerufen 02.03.2016

Bundesministerium für Wirtschaft und Energie (BMWi): Energiewende digital: Smart Grids, Smart Meter und Smart-Home-Lösungen: Das BMWi stellt die Weichen. Erschienen am 21.04.2015; Berlin, 2015-c. Download: *https://www.bmwi-energiewende.de/EWD/Redaktion/Newsletter/2015/7/Meldung/top thema-energiewende-digital.html*, abgerufen 01.03.2016

Bundesministerium für Wirtschaft und Energie (BMWi): Entwurf eines Gesetzes zur Digitalisierung der Energiewende: Intelligente Messsysteme als wichtiger Baustein der Energiewende. Energiewende Faktenblatt; Berlin, 2015-d. Download: *http://www.bmwi.de/BMWi/Redaktion/PDF/F/faktenblatt-digita lisierung-energiewende,property=pdf,bereich=bmwi2012,sprache=de,rwb=true.pdf*, abgerufen 09.02.2016

Bundesministerium für Wirtschaft und Energie (BMWi): Erneuerbare Energien auf einen Blick. Berlin, o.J.-b. Download: *http://www.bmwi.de/DE/Themen/Energie/Erneuerbare-Energien/erneuerbare-ener gien-auf-einen-blick.html*, abgerufen 22.06.2016

Bundesministerium für Wirtschaft und Energie (BMWi): Klimaschutz. Berlin, o.J.-c. Download: *http:// www.bmwi.de/DE/Themen/Industrie/Industrie-und-Umwelt/klimaschutz;did=338374.html*, abgerufen 07.01.2016

Bundesministerium für Wirtschaft und Energie (BMWi): Marktanreizprogramm (MAP). Berlin, o.J.-d. Download: *http://www.bmwi.de/DE/Themen/Energie/Energiewende-im-Gebaeudebereich/marktanreiz programm-map.html*, abgerufen 15.01.2016

Bundesministerium für Wirtschaft und Energie (BMWi): Zeitreihen zur Entwicklung der erneuerbaren Energien in Deutschland. Stand August 2016; Berlin, 2016-b. Download: *http://www.erneuerbare-ener gien.de/EE/Redaktion/DE/Downloads/zeitreihen-zur-entwicklung-der-erneuerbaren-energien-in-deutsch land-1990-2015.pdf; jsessionid=3007A9A8D0715EB761EFEA72C7130B14?__blob=publicationFile&v=6*, abgerufen 20.09.2016

Bundesministerium für Wissenschaft, Forschung und Wirtschaft (bmwfw) (Hrsg.): Energiestatus Österreich 2014. Entwicklung bis 2012. Wien, 2014. Download: *http://www.bmwfw.gv.at/EnergieUnd Bergbau/Energieeffizienz/PublishingImages/Energiestatus%20%C3%96sterreich%202014_HP-Version.pdf*, abgerufen 15.01.2016

Bundesnetzagentur für Elektrizität, Gas, Telekommunikation, Post und Eisenbahnen (BNetzA) (Hrsg.): „Smart Grid" und „Smart Market". Eckpunktepapier der Bundesnetzagentur zu den Aspekten des sich verändernden Energieversorgungssystems; Bonn, 2011. Download: *http://www.bundesnetzagentur.de/ SharedDocs/Downloads/DE/Sachgebiete/Energie/Unternehmen_Institutionen/NetzzugangUndMesswesen/ SmartGridEckpunktepapier/SmartGridPapierpdf.pdf?__blob=publicationFile*, abgerufen 20.09.2016

Bundesnetzagentur für Elektrizität, Gas, Telekommunikation, Post und Eisenbahnen (BNetzA) (Hrsg.): Bericht der Bundesnetzagentur nach §112a EnWG zur Einführung der Anreizregulierung nach §21a EnWG. Bonn, 2006. Download: *http://www.bundesnetzagentur.de/SharedDocs/Downloads/DE/Sach gebiete/Energie/Unternehmen_Institutionen/Netzentgelte/Anreizregulierung/ BerichtEinfuehrgAnreiz regulierung.pdf?__blob=publicationFile&v=3*, abgerufen 26.05.2016

Bundesnetzagentur für Elektrizität, Gas, Telekommunikation, Post und Eisenbahnen (BNetzA) (Hrsg.); Bundeskartellamt (BKartA) (Hrsg.): Monitoringbericht 2014. Monitoringbericht gemäß §63 Abs. 3 i.V.m. §35 EnWG und §48 Abs. 3 i.V.m. §53 Abs. 3 GWB. Bonn, 2014-a. Download: *http://www.bundes netzagentur.de/SharedDocs/Downloads/DE/Allgemeines/Bundesnetzagentur/Publikationen/Berichte/ 2014/Monitoringbericht_2014_BF.pdf%3F__blob=publicationFile%26v=4*, abgerufen 06.06.2016

Bundesnetzagentur für Elektrizität, Gas, Telekommunikation, Post und Eisenbahnen (BNetzA) (Hrsg.); Bundeskartellamt (Hrsg.): Monitoringbericht 2015. Bonn, 2016-a. Download: *http://www.bundeskartell amt.de/SharedDocs/Publikation/DE/Berichte/Energie-Monitoring-2015.pdf?__blob=publicationFile&v=3 %20-%20Monitoring%20Bericht%202015*, abgerufen 22.06.2016

Bundesnetzagentur für Elektrizität, Gas, Telekommunikation, Post und Eisenbahnen (BNetzA): Festlegungsverfahren zur Weiterentwicklung der Ausschreibungsbedingungen und Veröffentlichungspflichten für Sekundärregelung und Minutenreserve. Bonn, 2015. Download: *https://www.bundesnetz agentur.de/DE/Service-Funktionen/Beschlusskammern/1BK-Geschaeftszeichen-Datenbank/BK6-GZ/2015 /2015_0001bis0999/BK6-15-158/BK6-15-158_Eckpunktepapier_vom_23_11_2015.pdf?__blob=publication File&v=2*, abgerufen 24.05.2016

Bundesnetzagentur für Elektrizität, Gas, Telekommunikation, Post und Eisenbahnen (BNetzA): Kraftwerksliste bundesweit. Alle Netz- und Umspannebenen. Stand 02, April 2014; Bonn, 2014-b. Download: *http://www.bundesnetzagentur.de/DE/Sachgebiete/ElektrizitaetundGas/Unternehmen_Institutionen/ Versorgungssicherheit/Erzeugungskapazitaeten/Kraftwerksliste/kraftwerksliste-node.html*, abgerufen 27.05.2016

Bundesnetzagentur für Elektrizität, Gas, Telekommunikation, Post und Eisenbahnen (BNetzA): Liste der Kraftwerksstilllegungsanzeigen. Stand: 12. August 2016; Bonn, 2016-b. Download: *http://www.bun desnetzagentur.de/DE/Sachgebiete/ElektrizitaetundGas/Unternehmen_Institutionen/Versorgungssicher heit/Erzeugungskapazitaeten/KWSAL/KWSAL_node.html*, abgerufen 23.02.2016

Bundesnetzagentur für Elektrizität, Gas, Telekommunikation, Post und Eisenbahnen (BNetzA): Redispatch. Stand: 08.08.2016; Bonn, 2016-c. Download: *http://www.bundesnetzagentur.de/DE/Sachgebiete/ ElektrizitaetundGas/Unternehmen_Institutionen/Versorgungssicherheit/Stromnetze/Engpassmanagement/ Redispatch/redispatch-node.html*, abgerufen 06.10.2016

Bundesregierung – Presse- und Informationsamt der Bundesregierung: Energielexikon: Energiewende. Berlin, o.J.-a. Download: *http://www.bundesregierung.de/Webs/Breg/DE/Themen/Energiewende/ EnergieLexikon/_function/glossar_catalog.html?nn=754402&lv2=754360&id=GlossarEntry772160*, abgerufen 23.12.2015

Bundesregierung – Presse- und Informationsamt der Bundesregierung: Energielexikon: Erneuerbare-Energie-Gesetz. Berlin, o. J.-b. Download: *http://www.bundesregierung.de/Webs/Breg/DE/Themen/Energiewende/EnergieLexikon/_function/glossar_catalog.html?nn=754402&lv2=754360&id=GlossarEntry771570*, abgerufen 23.11.2015

Bundesregierung – Presse- und Informationsamt der Bundesregierung: Energieversorgung – Wie funktioniert der Strommarkt. Veröffentlicht am 05.08.2014. Berlin, 2014. Download: *https://www.bundesregierung.de/Content/DE/Artikel/2014/08/2014-08-04-so-funktioniert-der%20strommarkt.html*, abgerufen 12.02.2016

Bundesregierung – Presse- und Informationsamt der Bundesregierung: Energiewende im Überblick. Berlin, o. J.-c. Download: *http://www.bundesregierung.de/Content/DE/StatischeSeiten/Breg/Energiekonzept/0-Buehne/ma%C3%9Fnahmen-im-ueberblick.html*, abgerufen 8.12.2015

Bundesregierung – Presse- und Informationsamt der Bundesregierung: Glossar zu Energie. Berlin, o. J.-d. Download: *https://www.bundesregierung.de/Content/DE/StatischeSeiten/Breg/FAQ/faq-energie.html*, abgerufen 17.05.2016

Bundesverband der Energie- und Wasserwirtschaft e. V. (BDEW) (Hrsg.) et al.: BDEW/VKU/GEODE – Leitfaden: Geschäftsprozesse Bilanzkreismanagement Gas. Teil 1; 2012. Download: *https://www.bdew.de/internet.nsf/id/B7E1AFD4DF516D9BC1257B91002DAF6B/$file/LF-Bilanzkreismanagement-Gas_KOV-V_Konsolidierter-Teil1_V23_2012-06-28_Final_end_.pdf*, abgerufen 11.02.2016

Bundesverband der Energie- und Wasserwirtschaft e. V. (BDEW) (Hrsg.): Erneuerbare Energien und das EEG: Zahlen, Fakten, Grafiken; Berlin, 2013. Download: *http://www.bdew.de/internet.nsf/id/17DF3FA36BF264EBC1257B0A003EE8B8/$file/Energieinfo_EE-und-das-EEG-Januar-2013.pdf*, abgerufen 25.05.2016

Bundesverband der Energie- und Wasserwirtschaft e. V. (BDEW) (Hrsg.): Vielfalt im Energiemarkt. Veröffentlicht am 06.04.2016; Berlin, 2016. Download: *https://www.bdew.de/internet.nsf/id/5512898B85FDC9C1C12579C2004225A8/$file/Marktteilnehmer%20Energie%20aktuell_online_o_halbjaehrlich_Ki_06042016.pdf*, abgerufen 21.07.2016

Bundesverband der Energie- und Wasserwirtschaft e. V. (BDEW): Energiemix. Berlin, o. J. Download: *https://www.bdew.de/internet.nsf/id/energiemix-de*, abgerufen 19.06.2016

Bundesverband Informationswirtschaft, Telekommunikation und neue Medien e. V. (Bitkom): Smart Home 2014: Marktentwicklung und Trends. Frankfurt, 2014. Download: *https://zukunft-lebensraeume.messefrankfurt.com/content/dam/zukunftlebensraeume/2014/vortraege/02042014/Schidlack,%20Michael%20-%20Smart%20Home%202014.pdf.res/Schidlack,_+Michael+-+Smart+Home+2014.pdf*, abgerufen 31.05.2016

Bundesverband Kraft-Wärme-Kopplung e. V. (B.KWK): Grafiken zur KWK. Download: *http://www.bkwk.de/infos_zahlen_zur_kwk/grafiken_und_poster/*, abgerufen 30.05.2016

Bundesverband WindEnergie (BWE): Europa Top 10 Länder: Installierte Leistung 2015. Stand: 31. Dezember 2015; Berlin, 2015. Download: *https://www.wind-energie.de/infocenter/statistiken/international/europa-top-10-lander-installierte-leistung-2015*, abgerufen 21.06.2016

Burkard, R.: Einführung in die Mathematische Optimierung. Technische Universität Graz; Graz, o. J. Download: *http://www.opt.math.tu-graz.ac.at/~hatzl/Vorlesungen/MathoptSS09/Opt.pdf*, abgerufen 18.03.2016

Bussar, C.; ISEA Institut für Stromrichtertechnik und Elektrische Antriebe RWTH Aachen: Persönliche E-Mail. 16.03.2016

Buttelmann, M. et al.: Optimierung mit Genetischen Algorithmen und eine Anwendung zur Modellreduktion. In: at Automatisierungstechnik, Jahrgang 52, Heft 4; S. 151 – 161; Oldenbourg Wissenschaftsverlag; München, 2004. Download: *https://www.rt.mw.tum.de/fileadmin/w00bhf/www/publikationen/2004_Buttelmann_at.pdf*, abgerufen 07.06.2016

Casaretto, R. et al.: Biogas macht PV im Sommer Platz! In: Biogas-Journal, Ausgabe 1-2013; S. 64 – 69; Fachverband Biogas e. V.; Freising, 2013

Cedefop – European Centre for the Development of Vocational Training: Learning and innovation in enterprises. Research Paper No. 27; Luxembourg, Publications Office of the European Union, 2012. Download: *http://www.cedefop.europa.eu/EN/Files/5527_en.pdf*, abgerufen 16.09.2016

Chiang, H.-D.: Direct Methods for Stability Analysis of Electric Power Systems. John Wiley & Sons; Hoboken et al., 2011

Chidamber, S. R. et al.: A research retrospective of innovation inception and success: The technology-push, demand-pull question. In: International Journal of Technology Management, Vol. 9, Iss. 1; pp. 94–112; Inderscience Publishers; Genf, 1994

Chu, P. C. et al.: A Genetic Algorithm for the Multidimensional Knapsack Problem. In: Journal of Heuristics, Vol. 4, Iss. 1; pp. 63–86; Springer; Cham, 1998

Connect Energy Economics GmbH et al. (Hrsg.): Leitstudie Strommarkt. Arbeitspaket Optimierung des Strommarktdesigns. Studie im Auftrag des Bundesministeriums für Wirtschaft und Energie, Endbericht; Berlin, 2014. Download: *https://www.bmwi.de/BMWi/Redaktion/PDF/Publikationen/Studien/leitstudie-strommarkt,property=pdf,bereich=bmwi2012,sprache=de,rwb=true.pdf*, abgerufen 27.05.2016

Corsten, H. et al.: Grundlagen des Innovationsmanagements. Verlag Franz Vahlen GmbH; München, 2006

Council of the European Union: Council conclusions on „Energy prices and costs, protection of vulnerable consumers and competitiveness". Transport, Telecommuncations and Energy Council meeting; Luxembourg, 13.06.2014. Download: *http://www.consilium.europa.eu/uedocs/cms_data/docs/pressdata/en/trans/143198.pdf*, abgerufen 08.01.2016

Crotogino, F.: Einsatz von Druckluftspeicher-Gasturbinen-Kraftwerken beim Ausgleich fluktuierender Windenergie-Produktion mit aktuellem Strombedarf. In: Tagung Fortschrittliche Energiewandlung und -anwendung der VDI Gesellschaft Energietechnik; Stuttgart, 2003

DCTI Deutsches Cleantech Institut GmbH (Hrsg.): Speichertechnologien 2013: Technologien, Anwendungsbereiche, Anbieter. In: Speichertechnologien: Schwerpunkt Photovoltaik; Bonn, 2013

degewo: Biomasse Gropiusstadt. Berlin, 2003. Download: *http://www.degewo.de/content/de/Unternehmen/4-7-Klima-Umweltschutz/Biomasse-Gropiusstadt.html*, abgerufen 24.10.2016

Dehmer, D.: Klimaschutz in Europa. Für die Tonne. In: Der Tagesspiegel; veröffentlicht am 07.08.2014. Download: *http://www.tagesspiegel.de/wirtschaft/klimaschutz-in-europa-fuer-die-tonne/10300590.html*, abgerufen 07.01.2016

Delp, A.: Existenzgründung: Perfekt organisiert in eine berufliche Selbständigkeit. C. H. Beck Verlag; München, 2013

Deutsche Energie Agentur GmbH (dena); Schluchseewerk AG (Auftraggeber): Analyse der Notwendigkeit des Ausbaus von Pumpspeicherwerken und anderen Stromspeichern zur Integration der erneuerbaren Energien. Abschlussbericht; Berlin, 2010-a, Download: *http://www.dena.de/fileadmin/user_upload/Publikationen/Energiesysteme/Dokumente/Endbericht_PSW_-_Integration_EE_dena.pdf*, abgerufen 20.02.2016

Deutsche Energie-Agentur (dena) (Hrsg.): Kurzanalyse der Kraftwerksplanung in Deutschland bis 2020 (Aktualisierung). Berlin, 2010-b. Download: *http://www.dena.de/fileadmin/user_upload/Projekte/Energiesysteme/Dokumente/KurzanalyseKraftwerksplanungDE_2020.pdf*, abgerufen 25.04.2016

Deutsche Energie-Agentur GmbH (dena) – Strategieplattform Power to Gas: Pilotprojekte im Überblick. Hybridkraftwerk Prenzlau. Berlin, o. J. Download: *http://www.powertogas.info/power-to-gas/pilotprojekte-im-ueberblick/hybridkraftwerk-prenzlau/*, abgerufen 15.04.2016

Deutsche Energie-Agentur GmbH (dena) (Hrsg.): Erdgas und Biomethan im künftigen Kraftstoffmix: Handlungsbedarf und Lösungen für eine beschleunigte Etablierung im Verkehr. Aktualisierte Fassung; Berlin, 2011. Download: *http://www.dena.de/fileadmin/user_upload/Publikationen/Verkehr/Dokumente/Erdgas_und_Biomethan_im_kA1_4nftigen_Kraftstoffmix.pdf*, abgerufen 03.04.2016

Deutsche Energie-Agentur GmbH (dena) (Hrsg.): Power to Gas. Eine innovative Systemlösung auf dem Weg zur Marktreife. Berlin, 2013-a. Download: *http://www.dena.de/fileadmin/user_upload/Publikationen/Energiesysteme/Dokumente/1511_dena-Broschuere_Power-to-Gas.pdf*, abgerufen 27.05.2016

Deutsche Energie-Agentur GmbH (dena) et al.: Integration der erneuerbaren Energien in den deutschen/europäischen Strommarkt. Berlin, 2012. Download: *http://www.dena.de/fileadmin/user_upload/ Presse/Meldungen/2012/Endbericht_Integration_EE.pdf*, abgerufen 23.05.2016

Deutsche Energie-Agentur GmbH (dena): dena-Ergebnispapier „Marktrollen und Prozesse beim Einsatz von flexiblen Stromlasten im Energiesystem". Berlin, 2013-b. Download: *http://www.energybrain pool.com/fileadmin/download/Whitepapers/Whitepaper_2013-12-19_dena_Ergebnispapier_M %C3%A4rk te_f%C3%BCr_Flexibilit%C3%A4t.pdf*, abgerufen 26.08.2015

Deutscher Wetterdienst (DWD): Windgeschwindigkeit in der Bundesrepublik Deutschland: Jahresmittel in 10 m über Grund, Bezugsjahr 1981–2000. Offenbach; 2009

Deutscher Wetterdienst (DWD): Globalstrahlung in der Bundesrepublik – Mittlere Jahressummen, Zeitraum: 1981–2010. Hamburg, 2012. Download: *http://www.sonnewindwaerme.de/sites/default/files/ jahr_1981-2010.pdf*, abgerufen 08.02.2016

Diermann, R.: Heizen mit Strom: Elektrokessel für die Energiewende. In: Spiegel online, Wissenschaft; 2014. Download: *http://www.spiegel.de/wissenschaft/technik/heizen-mit-strom-elektrodenheizkessel-er zeugt-fernwaerme-a-983878.html*, abgerufen 25.01.2016

DIN EN 60870-5-104:2007-09 Fernwirkeinrichtungen und -systeme – Teil 5-104: Übertragungsprotokolle – Zugriff für IEC 60870-5-101 auf Netze mit genormten Transportprofilen (IEC 60870-5-104:2006). Beuth-Verlag; Berlin, 2007

DIN EN 61850-3:2002-12 Kommunikationsnetze und -systeme in Stationen – Teil 3: Allgemeine Anforderungen. Beuth-Verlag; Berlin, 2002

Ditmann, A.; Zscherning, J. (Hrsg.): Energiewirtschaft. B.G. Teubner Verlag; Stuttgart, 1998

Donadei, S. et al.: Compressed Air Energy Storage (CAES) with Underground Storage. In: Trevor M. Letcher (Hrsg.): Storing Energy: With Special Reference to Renewable Energy Sources. Elsevier Verlag; Amsterdam, 2016

Dorigo, M. et al.: Ant System: Optimization by a Colony of Cooperating Agents. In: IEEE Transactions on Systems, Man, and Cybernetics, Vol. 26, Iss. 1; pp. 29–41; IEEE Press Piscataway; New Jersey, 1996

Dorigo, M.: Optimization, Learning and Natural Algorithms. PhD thesis; Politecnico di Milano; Italy, 1992

Dorigo; M., Gambardella, L.M.: Ant colony system: a cooperative learning approach to the traveling salesman problem. In: IEEE Transactions on Evolutionary Computation, Vol. 1, Iss. 1; pp. 53–66; IEEE Press Piscataway; New Jersey, 1997. Download: *http://www-igm.univ-mlv.fr/~lombardy/ens/JavaTTT 0708/fourmis.pdf*, abgerufen 08.03.2016

Dörndorfer, J.: Batterie mit Schwarmintelligenz: Energie aus der Tube. In: elektroniknet.de; 2014. Download: *http://www.elektroniknet.de/power/energiespeicher/artikel/108664/*, abgerufen 10.03.2016

Dr. Neuhaus Telekommunikation GmbH: SMARTY IQ-GPRS: Smart Meter Gateway (SMGw) für intelligentes Messsystem gemäß BSI. Download: *http://www.neuhaus.de/Produkte/Smart_Metering/SMAR TY_IQ-GPRS.php*, abgerufen 13.05.2016

Drescher, B. et al.: Stromvermarktung außerhalb des EEG 2012. Chancen und Risiken für Biogasanlagen. DLG-Merkblatt 368; 2011. Download: *http://www.dlg.org/fileadmin/downloads/merkblaetter/dlg-merkblatt_368.pdf*, abgerufen 30.05.2016

Düngemittelverordnung (DüMV) – Verordnung über das Inverkehrbringen von Düngemitteln, Bodenhilfsstoffen, Kultursubstraten und Pflanzenhilfsmitteln. Düngemittelverordnung vom 5. Dezember 2012. In: Bundesgesetzblatt Jahrgang 2012, Teil I Nr. 58; S. 2482–2544; Bonn, 13.12.2012; Aktuelle Fassung von 2015: 1. Verordnung zur Änderung der Düngemittelverordnung vom 27.05.2015. In: Bundesgesetzblatt Jahrgang 2015, Teil 1 Nr. 21; S. 886–892. Bonn, 05.06.2015.

Duwe, S.: Studie belegt Wirtschaftlichkeit der Erneuerbaren Energien. Heise Medien GmbH & Co. KG; Haar, 2012. Download: *http://www.heise.de/tp/artikel/36/36930/1.html*, abgerufen 20.01.2016

DWN – EU treibt Preis für CO_2-Zertifikate in die Höhe. In: Deutsche Wirtschafts Nachrichten (DWN); veröffentlicht am 28.02.2014. Download: *http://deutsche-wirtschafts-nachrichten.de/2014/02/28/eu-treibt-preis-fuer-co2-zertifikate-in-die-hoehe/*, abgerufen 07.01.2016

E.ON Energie Deutschland GmbH: Energiespeicherung – der Schlüssel zur Energiezukunft. Luftspeicher- und Gasturbinenkraftwerk Huntorf. München, o. J. Download: *https://www.eon.de/pk/de/energie zukunft/erneuerbare-energien/technologie/energiespeicherung/innovative-technologien.html*, abgerufen 13.10.2016

Edelmann, H.: Die Stadtwerkelandschaft wird bunter. In: Frankfurter Allgemeine Zeitung; veröffentlicht am 17.06.2014. Download: *http://www.faz.net/asv/zukunft-energiemaerkte/die-stadtwerkelandschaft-wird-bunter-12995538.html*, abgerufen 03.01.2016

EEG – Gesetz zur grundlegenden Reform des Erneuerbare-Energien-Gesetzes und zur Änderung weiterer Bestimmungen des Energiewirtschaftsrechts vom 21. Juli 2014. In: Bundesgesetzblatt Jahr 2014, Teil 1 Nr. 33; S. 1066–1132; 24.07.2014. Download: *http://www.bgbl.de/xaver/bgbl/start.xav?start=%2F %2F*%5B%40attr_id%3D%27bgbl114s1066.pdf %27%5D#__bgbl__%2F%2F* %5B%40attr_id%3D%27bgbl114s 1066.pdf%27%5D__1474387502996*, abgerufen 25.02.2016

EEG 2017 – Gesetz zur Einführung von Ausschreibungen für Strom aus erneuerbaren Energien und zu weiteren Änderungen des Rechts der erneuerbaren Energien. In: Der Bundesrat: Drucksache 355/16; Berlin, 2016. Download: *http://www.bundesrat.de/SharedDocs/drucksachen/2016/0301-0400/355-16. pdf?__blob=publicationFile&v=1*, abgerufen 21.07.2016

EEWärmeG – Gesetz zur Förderung Erneuerbarer Energien im Wärmebereich (Erneuerbare-Energien-Wärmegesetz – EEWärmeG) vom 07.08.2008. In: Bundesgesetzblatt Jahrgang 2008, Teil I Nr. 36; S. 1658–1665; Bonn, 18.08.2008; zuletzt geändert durch Artikel 9 des Asylverfahrensbeschleunigungsgesetz vom 20.10.2015. In: Bundesgesetzblatt Jahrgang 2015, Teil I Nr. 40; S. 1722–1735; Bonn, 23.10.2015

Eichelbrönner, M. et al.: Kriterien für die Bewertung zukünftiger Energiesysteme. In: Hans Günter Brauch: Energiepolitik. Technische Entwicklung, politische Strategien, Handlungskonzepte zu erneuerbaren Energien und zur rationellen Energienutzung. S. 461–470; Springer-Verlag; Berlin et al., 1997

Elektronik-Kompendium.de: Kondensatoren. Ludwigsburg, o.J.-a. Download: *http://www.elektronik-kompendium.de/sites/bau/0205141.htm*, abgerufen 04.05.2016

Elektronik-Kompendium.de: Lithium-Ionen-Akkus. Ludwigsburg, o.J.-b. Download: *http://www.elektronik-kompendium.de/sites/bau/0810281.htm*, abgerufen 19.02.2016

e-mobil BW – Landesagentur für Elektromobilität und Brennstoffzellentechnologie (Hrsg.) et al.: Die Rolle von Wasserstoff in der Energiewende – Entwicklungsstand und Perspektiven. Stuttgart, 2014. Download: *http://www.e-mobilbw.de/files/e-mobil/content/DE/Publikationen/PDF/Meta-Studie_RZ_Web.pdf*, abgerufen 27.05.2016

e-mobil BW GmbH – Landesagentur für Elektromobilität und Brennstoffzellentechnologie (Hrsg.) et al.: Energieträger der Zukunft – Potenziale der Wasserstofftechnologie in Baden-Württemberg. Stuttgart, 2012. Download: *https://www.zsw-bw.de/uploads/media/Wasserstoff-Studie_2012.pdf*, abgerufen 27.05.2016

EnergieAgentur.NRW GmbH: RWE – ADELE – Der adiabatische Druckluftspeicher für die Elektrizitätsversorgung. Download: *http://www.energieregion.nrw.de/kraftwerkstechnik/themen/rwe-adele-der-adiabatische-druckluftspeicher-fuer-die-elektrizitaetsversorgung-15231.asp*, abgerufen 17.02.2016

Energie-Forschungszentrum Niedersachsen (efzn) (Hrsg.): Eignung von Speichertechnologien zum Erhalt der Systemsicherheit. Abschlussbericht; Goslar, 2013. Download: *http://www.speicherinitiative. at/assets/Uploads/24-eignung-von-speichertechnologien-zum-erhalt-der-systemsicherheit.pdf*, abgerufen 27.05.2016

Energieheld GmbH: Kosten einer Pelletheizung – mit Förderung und Amortisation. Download: *http://www.energieheld.de/heizung/pelletheizung/kosten*, abgerufen 29.03.2016

Energietechnische Gesellschaft im VDE (ETG): VDE-Leitfaden, Elektrische Energieversorgung auf dem Weg nach 2050: Ein Leitfaden für Politik, Medien und Öffentlichkeit. Frankfurt am Main, 2013. Download: *https://www.vde.com/de/Verband/Pressecenter/Pressemappen/Documents/ETG-Kongress_2013/ VDE_Studie_Elek-Energiev.2050_web.pdf*, abgerufen 20.02.2016

Enertrag: Das Hybridkraftwerk. Dauerthal, o.J.-a. Download: *https://www.enertrag.com/90_hybrid kraftwerk.html?&L=1*, abgerufen 08.09.2016

Enertrag: Energie nach Bedarf: Das Hybrid-Kraftwerk. Dauerthal, o.J.-b. Download: *http://www.euro solar.de/de/images/stories/pdf/Enertrag_Hybridkraftwerk.pdf*, abgerufen 15.04.2016

Enertrag: Enertrag Innovation: Hybridkraftwerk. Dauerthal, 2011. Download: *https://www.enertrag. com/fileadmin/downloads/public/hybridkraftwerk/bildband-hybridkraftwerk.pdf*, abgerufen 08.09.2016

enprimus.de: Hintergrundinformationen zur Liberalisierung. Download: *http://www.enprimus.de/ infos-zur-strommarkt-liberalisierung.html*, abgerufen 08.01.2016

ENTSO-E – European Network of Transmission System Operators for Electricity (ENTSO-E): Statistical Factsheet 2014. Brüssel; Vorläufige Daten per 27.04.2015. Download: *https://www.entsoe.eu/Documents/Publications/Statistics/Factsheet/entsoe_sfs2014_web.pdf*, abgerufen 09.06.2016

ENTSO-E – European Network of Transmission System Operators for Electricity. Download: *www.entsoe.eu/about-entso-e/Pages/default.aspx*, abgerufen 08.01.2016

ENTSO-E – European Network of Transmission System Operators for Electricity: An Introduction to Network Codes & The Links Between Codes. Veröffentlicht im April 2014; Brüssel, 2014. Download: *https://www.entsoe.eu/Documents/Network%20codes%20documents/General%20NC%20documents/1404 _introduction_to_network_codes_Website_version.pdf*, abgerufen 25.10.2016

EnWG – Zweites Gesetz zur Neuregelung des Energiewirtschaftsrechts – Gesetz über die Elektrizitäts- und Gasversorgung (Energiewirtschaftsgesetz – EnWG) vom 07.07.2005. In: Bundesgesetzblatt Jahrgang 2005, Teil I Nr. 42; S. 1970–3621. Bonn, 12.07.2005; zuletzt geändert durch Artikel 3 des Gesetzes zur Digitalisierung der Energiewende vom 29.08.2016. In: Bundesgesetzblatt Jahrgang 2016, Teil I Nr. 43; S. 2034–2064. Bonn, 01.09.2016

Ernst & Young (EY) (Hrsg.): Kosten-Nutzen-Analyse für einen flächendeckenden Einsatz intelligenter Zähler. 2013. Download: *https://www.bmwi.de/BMWi/Redaktion/PDF/Publikationen/Studien/kosten-nutzen-analyse-fuer-flaechendeckenden-einsatz-intelligenterzaehler,property=pdf,bereich=bmwi2012,sprache=de,rwb=true.pdf*, abgerufen 26.05.2016

Europäische Kommission: Auf dem Weg zur Energieunion: Kommission legt Paket zur nachhaltigen Sicherung der Energieversorgung vor. Pressemitteilung vom 16.02.2016. Download: *http://europa.eu/ rapid/press-release_IP-16-307_de.htm*, abgerufen 21.07.2016

Europäische Kommission: Energy Security Strategy. Brüssel, o.J. Download: *http://ec.europa.eu/energy/en/topics/energy-strategy/energy-security-strategy*, abgerufen 24.09.2016

Europäische Kommission: Mitteilung der Kommission an das europäische Parlament, den Rat, den europäischen Wirtschafts- und Sozialausschuss, den Ausschuss der Regionen und die europäische Investitionsbank. Bericht zur Lage der Energieunion 2015. Brüssel, 2015-a. Download: *https://ec.europa.eu/transparency/regdoc/rep/1/2015/DE/1-2015-572-DE-F1-1.PDF*, abgerufen 10.06.2016

Europäische Kommission: Paket zur Energieunion. Mitteilung der Kommission an das Europäische Parlament, den Rat, den Europäischen Wirtschafts- und Sozialausschuss, den Ausschuss der Regionen und die Europäische Investitionsbank. Rahmenstrategie für eine krisenfeste Energieunion mit einer zukunftsorientierten Klimaschutzstrategie. Brüssel, 2015-b. Download: *http://eur-lex.europa.eu/resource.html?uri=cellar:1bd46c90-bdd4-11e4-bbe1-01aa75ed71a1.0002.01/DOC_1&format=PDF*, abgerufen 12.10.2016

Europäische Kommission: Vorschlag für einen Beschluss des europäischen Parlaments und des Rates über die Einrichtung und Anwendung einer Marktstabilitätsreserve für das EU-System für den Handel mit Treibhausgasemissionszertifikaten und zur Änderung der Richtlinie 2003/87/EG. COM(2014) 20 final; Brüssel, 22.01.2014. Download: *http://eur-lex.europa.eu/legal-content/DE/TXT/PDF/?uri=CELEX: 52014PC0020&from=EN*, abgerufen 07.01.2016

Eurostat: Beschäftigung in hochwertige und Spitzentechnologiesektoren des verarbeitenden Gewerbes und in wissensintensiven Dienstleistungsbereichen in % der Gesamtbeschäftigung (Tabelle tsc0001). Luxemburg, o.J.-a. Download: *http://ec.europa.eu/eurostat/tgm/table.do?tab=table&init=1&plugin=1& language=de&pcode=tsc00011*, abgerufen 20.07.2016

Eurostat: BIP auf regionaler Ebene. Luxemburg, o.J.-b. Download: *http://ec.europa.eu/eurostat/statistics-explained/index.php/GDP_at_regional_level/de*, abgerufen 22.06.2016

Eurostat: Doktoranden der Fachbereiche Wissenschaft und Technik in % der Bevölkerung im Alter von 20–29 Jahren (Tabelle tsc00028). Luxemburg, o. J.-c. Download: *http://ec.europa.eu/eurostat/tgm/table.do?tab=table&init=1&plugin=1&language=de&pcode=tsc00028*, abgerufen 20. 07. 2016

Eurostat: Gross domestic expenditure on R & D (GERD). Luxemburg, o. J.-d. Download: *http://ec.europa.eu/eurostat/web/science-technology-innovation/overview*, abgerufen 13. 04. 2016

Eurostat: Net electricity generation, 1990–2013 (thousand GWh). Luxemburg, o. J.-e. Download: *http://ec.europa.eu/eurostat/statistics-explained/index.php/File:Net_electricity_generation;_1990%E2%80%93 2013_(thousand_GWh)_YB15-de.png*, abgerufen 21. 06. 2016

Eurostat: Summary Results: Shares 2014: Short Assessment of Renewable Energy Sources. Last update 10. 02. 2016. Download: *http://ec.europa.eu/eurostat/web/energy/data/shares;SUMMARY-RESULTS-SHARES-2014.xlsx*, abgerufen 10. 06. 2016

Faber, V.: Pumpspeicherwerke – Baustein für sichere Versorgung und Stabilität. Blogbeitrag vom 22. 01. 2015. Download: *http://blog.vattenfall.de/pumpspeicherwerke-baustein-fuer-sichere-versorgung-und-stabilitaet-2/*, abgerufen 22. 02. 2016

Fachagentur Nachwachsende Rohstoffe (FNR) (Hrsg.).: Entwicklung Biogasanlagen. Gülzow-Prüzen, 2015-a. Download: *https://mediathek.fnr.de/entwicklung-biogasanlagen.html*, abgerufen 19. 06. 2016

Fachagentur Nachwachsende Rohstoffe (FNR) (Hrsg.): Basisdaten Bioenergie Deutschland 2015. Bestell-Nr. 469; Gülzen-Prüzen, 2015-b. Download: *http://www.fnr.de/fileadmin/allgemein/pdf/broschueren/Broschuere_Basisdaten_Bioenergie_2015_Web.pdf*, abgerufen 24. 05. 2016

Fachagentur Nachwachsende Rohstoffe (FNR) (Hrsg.): Wirtschaftliche Impulse aus dem Betrieb von Erneuerbare Energie Anlagen. Gülzen-Prüzen, 2015-c. Download: *https://mediathek.fnr.de/umsatz-mit-bioenergie.html*, abgerufen 22. 01. 2016

Fachverband Biogas: Branchenzahlen 2015 und Prognose der Branchenentwicklung 2016. Stand Juli 2016. Download: *http://www.biogas.org/edcom/webfvb.nsf/id/DE_Branchenzahlen/$file/16-09-23_Biogas_Branchenzahlen-2015_Prognose-2016.pdf*, abgerufen 25. 10. 2016

FastEnergy GmbH: Heizölpreisverlauf. Download: *http://www.fastenergy.de/heizoelpreis-verlauf.htm#chart*, abgerufen 16. 12. 2015

Feldmann, C.: Strategisches Technologiemanagement: Eine empirische Untersuchung am Beispiel des deutschen Pharma-Marktes 1990–2010. Deutscher Universitäts-Verlag; GWV Fachverlage GmbH; Wiesbaden, 2007

Fiedler, T. et al.: Künstliche Neuronale Netze (KNN) zur Verbrauchsprognose im Strom- und Gasbereich. In: Querschnitt – Beiträge aus Forschung und Entwicklung, Hochschule Darmstadt, Ausgabe 21; S. 141–144, 2007. Download: *http://www.ohp.de/de/presse/Kuenstliche_Neuronale_Netze.pdf*, abgerufen 09. 03. 2016

Filatrella, G. et al.: Analysis of a power grid using a Kuramoto-like model. In: The European Physical Journal B, Vol. 61, Iss. 4; pp. 485–91; SpringerLink; Cham, 2008

finanzen.net: CO_2-Emissionsrechte. Download: *http://www.finanzen.net/rohstoffe/co2-emissionsrechte*, abgerufen 07. 01. 2016

Fischedick, M.: Wie müssen die Transformationsphasen des Energiesystems aussehen? In: Erneuerbare Energien. Das Magazin für Wind-, Solar- und Bioenergie; Erschienen am 28. 10. 2014. Download: *http://www.erneuerbareenergien.de/wie-muessen-die-transformationsphasen-des-energiesystems-aussehen/150/3882/82787/c*, abgerufen 23. 05. 2016

Fixteri Oy: Professional in harvesting technologies and logistics chain solutions. Download: *http://www.fixteri.fi/?q=en/professional-harvesting-technologies-and-logistics-chain-solutions*, abgerufen 01. 06. 2016

Frankfurter Allgemeine Zeitung (FAZ): Energiewende: Versorger wollen immer mehr Kraftwerke abschalten. Veröffentlicht am 24. 08. 2015. Download: *http://www.faz.net/aktuell/wirtschaft/energiepolitik/energiewende-versorger-wollen-immer-mehr-kraftwerke-abschalten-13765773.html*, abgerufen 23. 02. 2016

Frantzen, J. et al.; Institut für ZukunftsEnergieSysteme gGmbH (IZES) (Hrsg.): Kurzfristige Effekte der PV-Einspeisung auf den Großhandelsstrompreis. Kurzstudie; Saarbrücken, 2012. Download: *https://www.solarwirtschaft.de/fileadmin/media/pdf/izes_kurzstudie_preiseff.pdf*, abgerufen 30.05.2016

Frey, M.: Wichtiger Schritt Richtung Energiewende. In: Biogas-Journal; Ausgabe 4/2012; S. 68 – 72; Fachverband Biogas e. V.; Freising; 2012

Friedrich, W.: Intelligente Lösungen für Verteilnetze. In: etz (Elektrotechnik und Automation); Smart Grid & Energieautomation, Heft 1/2012. Download: *http://www.etz.de/2710-0-Intelligente+Loesungen+fuer+Verteilnetze.html*, abgerufen 31.05.2016

Gamrad, D. et al.: Bereitstellung von Primärregelleistung durch Großbatteriespeicher: Anforderungen aus Regulatorien und Datenanalyse (Vortrag). 2. VDI-Konferenz: Elektrochemische Energiespeicher für stationäre Anwendungen. Ludwigsburg, 2012

Gassmann, O. et al. (Hrsg.): Management von Innovation und Risiko: Quantensprünge in der Entwicklung erfolgreich managen. 2. Auflage; Springer Verlag; Berlin et al., 2006

Gassmann, O. et al.: Handbuch Technologie- und Innovationsmanagement. Gabler Verlag; Wiesbaden, 2005

Gassmann, O.; Sutter, P.: Praxiswissen Innovationsmanagement: Von der Idee zum Markterfolg. 2. Auflage; Carl Hanser Verlag; München et al., 2010

Gaul, T.: Direktvermarktung entwickelt sich zögerlich. In: Biogas Journal, 15. Jahrgang, Ausgabe 5/2012; S. 40 – 42; Fachverband Biogas e. V.; Freising, 2012

Gautrais, J. et al.: Key Behavioural Factors in a Self-organised Fish School Model. In: Annales Zoologici Fennici, Jahrgang 45, Heft 5; S. 415 – 428; 2008; Online-Ausgabe. Download: *http://www.sekj.org/PDF/anzf45/anzf45-415.pdf*, abgerufen 19.09.2016

GE Germany: Intelligente Netzführung: Smarte Technologien für ein zukunftsfähiges Energieversorgungssystem. Frankfurt am Main, 2014. Download: *https://www.ge.com/de/sites/www.ge.com.de/files/Intelligente_Netzfuhrung_2014_01.pdf*, abgerufen 31.05.2016

Gerdes, I. et al.: Evolutionäre Algorithmen: Genetische Algorithmen – Strategien und Optimierungsverfahren – Beispielanwendungen. 1. Auflage; Vieweg & Sohn Verlag; Wiesbaden, 2004

Gerlach, A.-K. et al.: PV und Windkraft: sich hervorragend ergänzende Energietechnologien am Beispiel Mitteldeutschlands. Paper für das 27. Symposium Photovoltaische Solarenergie. Bad Staffelstein, 29.02. – 02.03.2012. Download: *https://www.researchgate.net/publication/261172895_PV_und_Windkraft_Sich_hervorragend_ergaenzende_ Energietechnologien_am_Beispiel_Mitteldeutschlands*, abgerufen 25.05.2016

Gerpott, T. J.: Strategisches Technologie- und Innovationsmanagement. 2. Auflage; Schäffer-Poeschel Verlag; Stuttgart, 2005

Gerybadze, A.: Technologie - und Innovationsmanagement. Verlag Franz Vahlen GmbH; Stuttgart, 2004

Giesecke, J.; Mosonyi, E.: Wasserkraftanlagen: Planung, Bau und Betrieb. 5. Auflage; Springer Verlag; Berlin et al., 2009

Glansdorff, P. et al.: Thermodynamic Theory of Structure, Stability and Fluctuations. John Wiley & Sons; New York, 1971

Glasstetter, P. et al.; 100 prozent erneuerbar stiftung (Hrsg.): Solarstrahlung im räumlichen Vergleich. 2013. Download: *http://100-prozent-erneuerbar.de/wp-content/uploads/2013/07/Solarstrahlung-im-raeumlichen-Vergleich_100pes.pdf*, abgerufen 28.01.2016

Gores, S. et al. (Autoren); Öko-Institut (Hrsg.): Aktueller Stand der KWK-Erzeugung (September 2014). Bericht im Auftrag des Bundesministerium für Wirtschaft und Energie. Berlin, 2014. Download: *http://www.oeko.de/oekodoc/2118/2014-674-de.pdf*, abgerufen 25.05.2016

Graf, F. et al. (Autoren), Deutscher Verein des Gas- und Wasserfaches e. V. (Hrsg.): Techno-ökonomische Studie zur biologischen Methanisierung bei Power-to-Gas-Konzepten. Abschlussbericht; Bonn, 2014.

Download: *http://www.dvgw-innovation.de/fileadmin/dvgw/angebote/forschung/innovation/pdf/g3_01_13.pdf*, abgerufen 10.07.2016

Graf; A. et al.: Deutsche Solarbranche kämpft gegen den Untergang. In: heise online; veröffentlicht am 26.03.2013. Download: *http://www.heise.de/newsticker/meldung/Deutsche-Solarbranche-kaempft-gegen-den-Untergang-1830470.html*, abgerufen 10.06.2016

Greulich, Walter u.a. (Hrsg.): Lexikon der Physik. Bd. 2; Spektrum Akademischer Verlag; Heidelberg, 1998

GridLab GmbH: Machen Sie Ihr Personal bereit für die Herausforderungen der Energiewende. Download: *http://www.gridlab.de/fileadmin/user_upload/bildmaterial/TAC_GridLab.pdf*, abgerufen 01.04.2016

Grünwald, R. et al.; Büro für Technikfolgen-Abschätzung beim Deutschen Bundestag (Hrsg.): Regenerative Energieträger zur Sicherung der Grundlast in der Stromversorgung. Endbericht zum Monitoring; Arbeitsbericht Nr. 147; 2012

Günther, M.: Energieeffizienz durch Erneuerbare Energien: Möglichkeiten, Potenziale, Systeme. Springer Vieweg Verlag; Wiesbaden, 2015

Hahne, E.: Technische Thermodynamik. 5. Auflage; Oldenbourg Verlag; München, 2010

Haibach, M.: Hochschul-Fundraising: Ein Handbuch für die Praxis. Campus-Verlag; Frankfurt/Main et al., 2008

Hartmann, E.A. et al.: Der iit-Innovationsfähigkeitsindikator: Ein neuer Blick auf die Voraussetzungen von Innovationen. In: iit perspective, Working Paper of the Institute for Innovation and Technology, Nr. 16; Berlin, 2014-a. Download: *http://www.iit-berlin.de/de/indikator/downloads/iit_perspektive_innovationsfaehigkeitsindikator.pdf*, abgerufen 03.06.2016

Hartmann, E.A. et al.: Infrastrukturelle Rahmenbedingungen der Kompetenzentwicklung. In: Arbeitsgemeinschaft Betriebliche Weiterbildungsforschung (Hrsg.): Kompetenzentwicklung 2004. Waxmann Verlag; Münster et al., 2004

Hartmann, E.A. et al.: Lernförderliche Arbeitsgestaltung (nicht nur) für ältere Mitarbeiter/innen. In: Sell, R.; Henning, K. (Hrsg.): Lernen und Fertigen. Aachen, 1993

Hartmann, E.A. et al.: What's going on out there? Designing work systems for learning in real life. In: Sabrina, J. et al. (Hrsg.): Enabling Innovation: Innovative Capability – German and International Views. Springer Verlag; Berlin, 2011

Hartmann, N. et al.: Betreibermodell für Stromspeicher: Ökonomisch-ökologische Analyse und Vergleich von Speichern in autonomen, dezentralen Netzen und für regionale überregionale Versorgungsaufgaben. Zwischenbericht anlässlich des Statuskolloquiums Umweltforschung Baden-Württemberg 2014; Karlsruhe, 2014-b

Hartmann, N. et al.; Zentrum für Energieforschung (Hrsg.): Stromspeicherpotenziale für Deutschland. Stuttgart, 2012

Hauschildt, J.U. et al.: Innovationsmanagement. 4. Auflage; Verlag Franz Vahlen GmbH; München, 2007

Heinzmann, F. et al.: Genetische Algorithmen und Evolutionsstrategien. Eine Einführung in die Theorie und Praxis der simulierten Evolution. Addison-Wesley Verlag; Bonn et al., 1994

Henning, H.-M. et al.: Phasen der Transformation des Energiesystems. In: Energiewirtschaftliche Tagesfragen, 65. Jahrgang, Heft 1/2; S. 10–13; EW Medien und Kongresse GmbH; Essen, 2015. Download: *http://www.et-energie-online.de/AktuellesHeft/Topthema/tabid/70/NewsId/1230/Phasen-der-Transformation-des-Energiesystems.aspx*, abgerufen 19.05.2016

Henning, H.-M. et al.; Fraunhofer-Institut für Solare Energiesysteme ISE (Hrsg.): Energiesystem Deutschland 2050: Sektor- und Energieträgerübergreifende, modellbasierte, ganzheitliche Untersuchung zur langfristigen Reduktion energiebedingter CO_2-Emissionen durch Energieeffizienz und den Einsatz Erneuerbarer Energien. Freiburg, 2013. Download: *https://www.ise.fraunhofer.de/de/veroeffentlichungen/veroeffentlichungen-pdf-dateien/studien-und-konzeptpapiere/studie-energiesystem-deutschland-2050.pdf*, abgerufen 25.10.2016

Herbes, C. et al.: Der gesellschaftliche Diskurs um den „Maisdeckel" vor und nach der Novelle des Erneuerbare-Energien-Gesetzes (EEG) 2012. In: Ökologische Perspektiven für Wissenschaft und Gesellschaft GAiA 23/2; S. 100 – 108; oekom Verlag; München, 2014-a

Herbes, C. et al.: Überraschende Diskrepanz bei Biogas: lokal akzeptiert, global umstritten. In: Energiewirtschaftliche Tagesfragen, 64. Jahrgang, Heft 5; S. 53 – 56; EW Medien und Kongresse GmbH; Essen, 2014-b. Download: *https://www.hfwu.de/fileadmin/user_upload/ISR/Dokumente/Publikationen_Herbes/ET_5_14-Herbes_Balussou.pdf*, abgerufen 01.06.2016

Herbes, C. et al.: Vermarktung von Gärprodukten – Erste Erkenntnisse aus dem GÄRWERT-Projekt. Vortrag; 9. Rostocker Bioenergieforum; Rostock, 18./19.06.2015

Herstatt, C. et al.: Management of „technology push" development projects. In: International Journal of Technology Management, Vol. 27, Iss. 2 – 3; pp. 155 – 175; Inderscience Pubslishers; Genf, 2004

Hewicker, C. et al.; Bundesamt für Energie (BFE) (Hrsg.): Energiespeicher in der Schweiz: Bedarf, Wirtschaftlichkeit und Rahmenbedingungen im Kontext der Energiestrategie 2050. Schlussbericht; Bern, 2013. Download: *http://www.news.admin.ch/NSBSubscriber/message/attachments/33125.pdf*, abgerufen 20.02.2016

Hill, D. J. et al.: Power systems as dynamic networks. In: Proceedings IEEE International Symposium on Circuits and Systems; pp. 722 – 725; Island of Kos, Griechenland, 2006

Hinrichsen, D. (Hrsg.): Our Common Future: A Reader's Guide. Bericht der Weltkommission für Umwelt und Entwicklung der Vereinten Nationen (Brundtland-Kommission). Earthscan Verlag; London, 1987

Hoffeins, H. et al.: Die Inbetriebnahme der ersten Luftspeicher-Gasturbinengruppe. In: Brown Boveri Mitteilungen. BBC 67, Nr. 8; S. 465 – 473; Mannheim, 1980

Höflich, B. et al.; Deutsche Energie-Agentur GmbH (dena) (Hrsg.): Analyse der Notwendigkeit des Ausbaus von Pumpspeicherwerken und anderen Stromspeichern zur Integration der erneuerbaren Energien. (PSW – Integration EE). Abschlussbericht; Berlin, 2010. Download: *http://www.dena.de/fileadmin/user_upload/Projekte/Energiesysteme/Dokumente/Endbericht_PSW_-_Integration_EE_dena.pdf*, abgerufen 06.06.2016

Höflich, B. et al.; Deutsche Energie-Agentur GmbH (dena) (Hrsg.): Integration der erneuerbaren Energien in den deutschen/europäischen Strommarkt. (Kurz: Integration EE). Endbericht; Berlin, 2012. Download: *http://www.dena.de/fileadmin/user_upload/Presse/Meldungen/2012/Endbericht_Integration_EE.pdf*, abgerufen 13.10.2016

Hofmann, G.; Umweltbundesamt (Hrsg.): Nutzung der Potenziale des biogenen Anteils im Abfall zur Energieerzeugung. Texte 33/2011; Dessau-Roßlau, 2011. Download: *https://www.umweltbundesamt.de/sites/default/files/medien/461/publikationen/4116.pdf*, abgerufen 24.05.2016

Holzhammer, U.: Neue Möglichkeiten für die Integration der Stromerzeugung mittels Biogas in regionalen Bioenergiekonzepten mittels der Einführung der Flexibilitätsprämie durch das EEG 2012. Tagungsbeitrag; 6. Rostocker Bioenergieforum; Rostock, 14./15.06.2012

Hönemann, I.; Global Marketing & Communications Manager; Start-up Business Project Biofuels & Derivatives, Group Biotechnology; Clariant Produkte (Deutschland) GmbH: Persönliche E-Mails. Planegg, 2016

Hong, H. et al.: Factors that predict better synchronizability on complex networks. In: Physical Review E, Vol. 69; pp. 067 – 105; American Physical Society; New York, 2004

Horn, A. (Autorin), eBusiness-Lotse Oberschwaben-Ulm (Hrsg.): Kontaktloser Datentransfer via Near Field Communication. Hintergründe und Einsatzszenarien. Weingarten, 2013. Download: *http://www.cnm.uni-hannover.de/fileadmin/m2_cnm/Dokumente/NFC-Leitfaden_eBLOU.pdf*, abgerufen 07.10.2016

Hufendiek, K. et al.: Einsatz künstlicher neuronaler Netze bei der kurzfristigen Lastprognose. Fakultät Energietechnik: Universität Stuttgart; 1998. Download: *http://elib.uni-stuttgart.de/opus/volltexte/1999/374/pdf/374_1.pdf*, abgerufen 09.03.2016

Hüttenrauch, J, et al: Zumischung von Wasserstoff zum Erdgas. In: energie | wasser-praxis, Heft 10/2010; S. 68 – 71; wvgw-Verlag; Bonn, 2010. Download: *https://www.gat-kongress.de/fileadmin/gat/ newsletter/pdf/pdf_2010/03_2010/internet_68-71_Huettenrauch.pdf*, abgerufen 30. 05. 2016

IAEW/Consentec: Bewertung der Flexibilitäten von Stromerzeugungs- und KWK-Anlagen. Studie im Auftrag des Bundesverbands der Energie- und Wasserwirtschaft, Abschlussbericht; 2011. Download: *https://www.agora-energiewende.de/fileadmin/Projekte/2012/12-Thesen/Agora_12_Thesen_Langfassung _2.Auflage_web.pdf*, abgerufen 25. 5. 2016

IFAM Fraunhofer-Institut für Fertigungstechnik und Angewandte Materialforschung: Multi-Grid-Storage. Flexibilität für die Stromversorgung aus Gas- und Wärmenetzen. Abschlussbericht; Bremen, 2015. Download: *http://www.ifam.fraunhofer.de/content/dam/ifam/de/documents/Formgebung_Funk tionswerkstoffe/Energiesystemanalyse/150630-Abschlussbericht-MuGriSto-mit-Anhang.pdf*, abgerufen 22. 02. 2016

IFAM Fraunhofer-Institut für Fertigungstechnik und Angewandte Materialforschung: Wirkungsgrade der PtG-Prozesse. Bremen; 1014. Download: *http://bremer-energie-institut.de/mugristo/de/results/power-to-gas/wirkungsgrade.html*, abgerufen 22. 02. 2016

Industrie- und Handelskammer (IHK) Nürnberg für Mittelfranken: Lexikon der Nachhaltigkeit. Weltgipfel Rio de Janeiro; 1992. Download: *https://www.nachhaltigkeit.info/artikel/weltgipfel_rio_de_janei ro_1992_539.htm*, abgerufen 10. 06. 2016

Ingenieurbüro Alwin Eppler GmbH & Co. KG: Funktionsweise von Pumpspeicherkraftwerken. Download: *http://www.eppler.de/fileadmin/user_upload/Leistungen/wasserbau/1001_Speicherpumpwerk_1. pdf*, abgerufen 27. 05. 2016

Institut für ökologische Wirtschaftsforschung gGmbH (IÖW), Universität Bremen: Potenziale und Anwendungsperspektiven der Bionik. Gutachten für den Deutschen Bundestag; Berlin, 2005

Institut für Wärme und Oeltechnik (IWO): Brennstoffkostenvergleich. Stand April 2016; Hamburg, 2016-a. Download: *https://www.zukunftsheizen.de/heizoel/aktueller-heizoelpreis.html*, abgerufen 18. 05. 2016

Institut für Wärme und Oeltechnik (IWO): Brennstoffkostenvergleich. Stand Februar 2016; Hamburg, 2016-b. Download: *https://www.zukunftsheizen.de/heizoel/aktueller-heizoelpreis.html*, abgerufen 18. 05. 2016

Institut für Wärme und Oeltechnik (IWO): Brennstoffkostenvergleich. Stand November 2015; Hamburg, 2015. Download: *https://www.zukunftsheizen.de/heizoel/aktueller-heizoelpreis.html*, abgerufen 01. 12. 2015

Institut für Wärme und Oeltechnik (IWO): Mehr als jede vierte Heizung ist eine Ölheizung. Hamburg, o. J. Download: *https://www.zukunftsheizen.de/gute-gruende-fuer-oel/20-mio-oelheizer.html*, abgerufen 16. 12. 2015

Internationales Wirtschaftsforum Regenerative Energien (IWR): Der IWR-Windertragsindex für Regionen. Münster, o. J. Download: *www.iwr.de/wind/wind/windindex*, abgerufen 25. 05. 2016

Ionescu, D. et al.: Geschäftsmodelle für die Energiemärkte von morgen. In: Energiewirtschaftliche Tagesfragen, 62. Jahrgang, Heft 6; S. 8 – 11, 2012. Download: *http://www.et-energie-online.de/AktuellesHeft/ Topthema/tabid/70/Year/2012/NewsModule/423/NewsId/199/Geschaftsmodelle-fur-die-Energiemarkte-von-morgen.aspx*, abgerufen 03. 01. 2016

Irlbeck, M. et al.; Technische Universität München (Hrsg.): E-Energy – Abschlussbericht: Bereich Informations- und Kommunikationstechnologie. München, 2013. Download: *http://www.digitale-technologi en.de/DT/Navigation/DE/Service/Abgelaufene_Programme/E-Energy/e-energy.html*, abgerufen 31. 05. 2016

ISE Fraunhofer-Institut für Solare Energiesysteme (Hrsg.); Burger, B.: Stromerzeugung aus Solar- und Windenergie im Jahr 2014. Freiburg, 2015. Download: *https://www.ise.fraunhofer.de/de/downloads/pdf-files/data-nivc-/stromproduktion-aus-solar-und-windenergie-2014.pdf*, abgerufen 25.05.2016

ISE Fraunhofer-Institut für Solare Energiesysteme: Deutsche Stromexporte erlösten im Saldo Rekordwert von über 2 Milliarden Euro. Meldung vom 23. 02. 2016; Freiburg, 2016. Download: *https://www.ise. fraunhofer.de/de/aktuelles/meldungen-2016/deutsche-stromexporte-erloesten-im-saldo-rekordwert-von-ueber-2-milliarden-euro*, abgerufen 19. 05. 2016

ISE Fraunhofer-Institut für Solare Energiesysteme: Installierte Netto-Leistung zur Stromerzeugung in Deutschland. Freiburg, o.J. Download: *https://www.energy-charts.de/power_inst_de.htm*, abgerufen 08.02.2016

ISI Fraunhofer-Institut für System- und Innovationsforschung; Fraunhofer IWES/BBH/IKEM: Anpassungsbedarf bei den Parametern des gleitenden Marktprämienmodells im Hinblick auf aktuelle energiewirtschaftliche Entwicklungen. Karlsruhe/Kassel/Berlin, Juli 2012

ITwissen.info: DC/DC-Wandler. Download: *http://www.itwissen.info/definition/lexikon/Gleichspannungswandler-DC-to-DC-conversion.html*, abgerufen 07.10.2016

Jacobi, F. et al.: Flexible Biogasproduktion. Ergänzung und Alternative zum Speicherzubau in der Direktvermarktung. In: Biogas-Journal, Ausgabe 4/2012; S. 88–93; Fachverband Biogas e.V.; Freising, 2012

Jacobsson, S. et al.: The politics and policy of energy system transformation. Explaining the German diffusion of renewable energy technology. In: Energy Policy, Vol. 34, Iss. 3; pp. 256–276; Elsevier Verlag; Amsterdam, 2006

Kamper, A.: Dezentrales Lastmanagement zum Ausgleich kurzfristiger Abweichungen im Stromnetz. Dissertation, KIT - Karlsruher Institut für Technologie, Scientific Publishing; Karlsruhe, 2010. Download: *digbib.ubka.uni-karlsruhe.de/volltexte/documents/1452461*, abgerufen 07.06.2016

Karg, L. et al.; B.A.U.M. Consult GmbH (Hrsg.): E-Energy Abschlussbericht: Ergebnisse und Erkenntnisse aus der Evaluation der sechs Leuchtturmprojekte. München et al., 2014

Karl, H.D.: Erneuerbare Energieträger zur Stromerzeugung: unterschiedlich nah an der Wettbewerbsfähigkeit. Kommentar. In: Bayrische Akademie der Wissenschaften (Hrsg.): Die Zukunft der Energieversorgung: Atomausstieg, Versorgungssicherheit und Klimawandel, Reihe Rundgespräche der Kommission für Ökologie, Bd. 41; S. 43–46; Verlag Dr. Friedrich Pfeil; München, 2012

Karl, H.-D.: Wettbewerbsfähigkeit erneuerbarer Energien in der Stromversorgung. In: Energiewirtschaftliche Tagesfragen, 63. Jahrgang, Heft 5; EW Medien und Kongresse GmbH; Essen, 2013. Download: *http://www.et-energie-online.de/Zukunftsfragen/tabid/63/NewsId/549/Wettbewerbsfahigkeit-erneuerbarer-Energien-in-der-Stromversorgung.aspx*, abgerufen 20.01.2016

Karl, J.: Dezentrale Energiesysteme: Neue Technologien im liberalisierten Energiemarkt. 2. Auflage; Oldenbourg Verlag; München, 2006

Kellerer, H. et al.: Knapsack problems. Springer Verlag; Berlin et al., 2004

Kemfert, C.: Märkte unter Strom: Die Folgen der Strommarktliberalisierung. In: EINBLICKE Nr. 38 / Herbst 2003; S. 12–14; Carl von Ossietzky Universität Oldenburg; 2003. Download: *http://www.presse.uni-oldenburg.de/einblicke/38/3kemfert.pdf*, abgerufen 04.03.2016

Kennedy, J. et al.: Swarm intelligence. In: Fogel, D.B. (Hrsg.): The Morgan Kaufmann Series in Evolutionary Computation; 2001. Download: *https://cdn.preterhuman.net/texts/science_and_technology/artificial_intelligence/Swarm%20intelligence%20-%20James%20Kennedy.pdf*, abgerufen 07.06.2016

Kerebel, C. (Autorin); Europäisches Parlament (Hrsg.): Kurzdarstellungen über die Europäische Union: Energiebinnenmarkt. 2016. Download: *http://www.europarl.europa.eu/atyourservice/de/displayFtu.html?ftuId=FTU_5.7.2.html*, abgerufen 08.01.2016

Kern, M. et al.; Umweltbundesamt (Hrsg.): Aufwand und Nutzen einer optimierten Bioabfallverwertung hinsichtlich Energieeffizienz, Klima und Ressourcenschutz. 43/2010; Dessau-Roßlau, 2010. Download: *https://www.umweltbundesamt.de/sites/default/files/medien/461/publikationen/4010_0.pdf*, abgerufen 25.02.2016

Kern, S. et al.: Künstliche Intelligenz. Sendereihe planet wissen des Westdeutschen Rundfunks. Download: *http://www.planet-wissen.de/technik/computer_und_roboter/kuenstliche_intelligenz/*, abgerufen 09.07.2016

Kienzlen V. et. al.: Die Bedeutung von Wärmenetzen für die Energiewende. In: Energiewirtschaftliche Tagesfragen 11/2014; S. 11; 2014

Kleinwächter, K.: Die Anreizregulierung in der Elektrizitätswirtschaft Deutschlands – Positionen der staatlichen sowie privaten Akteure. Horizonte 21, Bd. 4; Universitätsverlag Potsdam; 2012

Klingberg, T. et al.: P2P-Netz. Download: *http://rfc-gnutella.sourceforge.net/src/rfc-0_6-draft.htm*, abgerufen 01.06.2016

Klöpffer, W. et al.: Ökobilanz (LCA): Ein Leitfaden für Ausbildung und Beruf. WILEY-VCH Verlag; Weinheim, 2009

Klotz, E.-M. et al.: Potenzial- und Kosten-Nutzen-Analyse zu den Einsatzmöglichkeiten von Kraft-Wärme-Kopplung (Umsetzung der EU-Energieeffizienzrichtlinie) sowie Evaluierung des KWKG im Jahr 2014. Endbericht zum Projekt I C 4 – 42/13; Berlin, 2014. Download: *http://www.bmwi.de/BMWi/Redaktion/PDF/Publikationen/Studien/potenzial-und-kosten-nutzen-analyse-zu-den-einsatzmoeglichkeiten-von-kraft-waerme-kopplung,property=pdf,bereich=bmwi2012,sprache=de,rwb=true.pdf*, abgerufen 25.10.2016

Klüver, C. et al.: Modellierung komplexer Prozesse durch naturanaloge Verfahren: Soft Computing und verwandte Techniken. 2. erweiterte und aktualisierte Auflage; Springer Vieweg Verlag; Wiesbaden, 2012

Kneerich, O.: F&E: Abstimmung von Strategie und Organisation: Entscheidungshilfen für Innovatoren. Erich Schmidt Verlag; Berlin, 1995

Knorr, K. et al.; Kombikraftwerk 2 (Hrsg.): Abschlussbericht. 2014. Download: *http://www.kombikraftwerk.de/fileadmin/Kombikraftwerk_2/Abschlussbericht/Abschlussbericht_Kombikraftwerk2_aug14.pdf*, abgerufen 27.05.2016

Knospe, B. et al. (Hrsg.): Innovationsprozesse managen. Arbeitskreis 1 der Strategischen Partnerschaft „Fit für Innovation". Fraunhofer Verlag; Stuttgart, 2011. Download: *http://www.fitfuerinnovation.de/wp-content/uploads/2011/07/Fit_Fuer_Innovation_AK1.pdf*, abgerufen 12.04.2016

Konstantin, P.: Praxisbuch Energiewirtschaft: Energieumwandlung, -transport und -beschaffung im liberalisierten Markt. 2. Auflage; Springer Verlag; Berlin, Heidelberg, 2009

Kost, C. et al.; Fraunhofer-Institut für solare Energiesysteme (Hrsg.): Stromgestehungskosten Erneuerbare Energien. Freiburg, 2013. Download: *https://www.ise.fraunhofer.de/de/veroeffentlichungen/veroeffentlichungen-pdf-dateien/studien-und-konzeptpapiere/studie-stromgestehungskosten-erneuerbare-energien.pdf*, abgerufen 24.05.2016

Krause, F. et al.: Energie-Wende. Wachstum und Wohlstand ohne Erdöl und Uran. Ein Alternativ-Bericht des Öko-Instituts Freiburg. S. Fischer; Frankfurt, 1980

Kruck, C.: Integration einer Stromerzeugung aus Windenergie und Speichersystemen unter besonderer Berücksichtigung von Druckluft-Speicherkraftwerken. Dissertation Universität Stuttgart, 2008

Krüger, C. et al.; Wuppertal Institut für Klima, Umwelt, Energie GmbH (Hrsg.): Nachhaltiger Umgang mit überschüssigen Windstromanteilen (Vorstudie). Endbericht; Wuppertal, 2013. Download: *http://wupperinst.org/uploads/tx_wupperinst/Windstrom_Endbericht.pdf*, abgerufen 27.05.2016

Krzikalla, N. et al.: Möglichkeiten zum Ausgleich fluktuierender Einspeisungen aus Erneuerbaren Energien. Aachen, 2013-a. Download: *http://www.bee-ev.de/fileadmin/Publikationen/Studien/Plattform/BEE-Plattform-Systemtransformation_Ausgleichsmoeglichkeiten.pdf*, abgerufen 27.05.2016

Krzikalla, N. et al.: Möglichkeiten zum Ausgleich fluktuierender Einspeisungen aus Erneuerbaren Energien. Eine Studie des Büros für Energiewirtschaft und technische Planung GmbH (BET); Bochum, 2013-b. Download: *http://www.bee-ev.de/fileadmin/Publikationen/Studien/Plattform/BEE-Plattform-Systemtransformation_Ausgleichsmoeglichkeiten.pdf*, abgerufen 26.02.2016

Kühler, K.: Innovation, Technologie und Markt: Neue Weichenstellung für den Klimaschutz. In: Energiewirtschaftliche Tagesfragen, 65. Jahrgang, Heft 11; S. 13–15; EW Medien und Kongresse GmbH; Essen, 2015

Kumar, R. et al.: Analysis of a multiobjective evolutionary algorithm on the 0-1 knapsack problem. In: Theoretical Computer Science, Vol. 358, Iss. 1; pp. 104–120; Elsevier Verlag; Amsterdam, 2006. Download: *https://people.cs.umass.edu/~nilanb/papers/TCS.pdf*, abgerufen 01.06.2016

Kurtz; R. et al. (Autoren); PricewaterhouseCoopers (Hrsg.): Kooperation von Stadtwerken – ein Erfolgsmodell? Bedingungen und Erfolgsfaktoren von Stadtwerke-Kooperationen. 2009. Download: *https://www.pwc.de/de/energiewirtschaft/assets/kooperation-von-stadtwerken.pdf*, abgerufen 04.01.2016

Kurze, U.; Leiterin Marketing/PR; VERBIO Vereinigte BioEnergie AG: Persönliche E-Mails. Leipzig, 2016

KWKG 2012 – Gesetz zur Änderung des Kraft-Wärme-Kopplungsgesetzes vom 12.07.2012. In: Bundesgesetzblatt Jahrgang 2012, Teil I Nr. 33 vom 18.07.2012. Download: *http://www.bgbl.de/xaver/bgbl/start. xav?startbk=Bundesanzeiger_BGBl&jumpTo=bgbl115s1722.pdf#__bgbl__%2F%2F*%5B%40attr_id%3D%27 bgbl112s1494.pdf %27%5D__1475067136174*, abgerufen 25.01.2016

KWKG 2016 – Gesetz zur Neuregelung des Kraft-Wärme-Kopplungsgesetzes vom 21.12.2015. In: Bundesgesetzblatt Jahrgang 2015, Teil I Nr. 55; S. 2498–2516; 2015. Download: *http://www.bgbl.de/xaver/ bgbl/start.xav?startbk=Bundesanzeiger_BGBl&jumpTo=bgbl115s1722.pdf#__bgbl__%2F%2F*%5B%40attr_ id%3D%27bgbl115s2498.pdf%27%5D__1475066866004*, abgerufen 25.01.2016

KWK-Informationszentrum: Wärmespeicherverluste. Download: *http://www.kwk-infozentrum.info/ html/warmespeicher__verluste.html*, abgerufen 27.02.2016

Lambertz, J. et al.: Flexibilität von Kohle- und Gaskraftwerken zum Ausgleich von Nachfrage- und Einspeiseschwankungen. In: Energiewirtschaftliche Tagesfragen, 62. Jahrgang, Heft 7; EW Medien und Kongresse GmbH; Essen, 2012. Download: *http://www.et-energie-online.de/Portals/0/PDF/zukunftsfra gen_2012_07_lambertz.pdf*, abgerufen 26.01.2016

Lauber, V. et al.: The politics and economics of constructing, contesting and restricting socio-political space for renewables – The German Renewable Energy Act. In: Environmental Innovation and Societal Transitions, Vol. 18; pp. 147–163; Elsevier Verlag; Amsterdam, 2016

LBD Beratungsgesellschaft mbH: Die Rolle der Kraft-Wärme-Kopplung in der Energiewende. Studie im Auftrag von Agora Energiewende; 2015. Download: *https://www.agora-energiewende.de/fileadmin/Pro jekte/2014/perspektiven-der-kwk/Agora_KWK_web.pdf*, abgerufen 20.10.2016

Liebetrau, J. et al.: Möglichkeiten der flexiblen Strombereitstellung bei Biogasanlagen. In: Kuratorium für Technik und Bauwesen in der Landwirtschaft e. V. (KTBL) (Hrsg.): Biogas in der Landwirtschaft – Stand und Perspektiven. FNR/KTBL-Kongress; Potsdam, 2015; S. 451–452

Lindner, R.; Kommission der Europäischen Gemeinschaften (Hrsg.): „Intelligente Systeme". Adaptives und exploratives Lernen. Technik und Gesellschaft VI, Bericht EUR 9750 DE; Amt für amtliche Veröffentlichungen der Europäischen Gemeinschaften; Luxembourg, 1985

Lippe, W.-M.: Soft-Computing: mit Neuronalen Netzen, Fuzzy-Logic und Evolutionären Algorithmen. Springer-Verlag; eXamen.press; Berlin et al., 2005

Lohmann, J. et al.: Die Ökobilanz des Offshore-Windparks alpha ventus. 2. Auflage; Lit Verlag. Berlin et al., 2012

Ludwig-Bölkow-Systemtechnik GmbH (LBST): Power-to-Gas: Status und Perspektiven 2014. Forum Erneuerbare Energien Energiesystem im Wandel – Systemtransformation; Hannover, 2014. Download: *http://www.lbst.de/ressources/docs2014/PtG-short_LBST_2014-04-09.pdf*, abgerufen 26.05.2016

Lumenaza GmbH: Regionale Märkte für eine dezentrale Produktion, Speicherung und flexiblen Verbrauch von Strom. Download: *https://www.lumenaza.de/versorger/*, abgerufen 29.09.2016

Lund; H. et al.: From electricity smart grids to smart energy systems – A market operation based approach and understanding. In: Energy, Vol. 42, Iss. 1; pp. 96–102; Elsevier Verlag; Amsterdam, 2012

Luxenhofer, H.: Entwicklung und Evaluierung eines dynamischen Prozessplatzierungsverfahrens für verteilte Systeme. Diplomarbeit am Institut für Informatik der Universität Augsburg. Augsburg, 2010. Download: *https://www.informatik.uni-augsburg.de/de/lehrstuehle/sik/publikationen/finished_ thesisses/201007_luxenhofer/Luxenhofer_Heiko_DA_2010.pdf*, abgerufen 07.10.2016

Machowski, J. et al.: Power System Dynamics. Stability and Control. 2. Auflage; Wiley-Blackwell; Chichester, 2008

Mahnke, E. et al.; Agentur für Erneuerbare Energien (Hrsg.): Strom speichern. In: Renews Special, Nr. 75; Berlin, 2014-a. Download: *http://www.unendlich-viel-energie.de/media/file/382.AEE_Renews_ Spezial_75_Strom_speichern_Dez2014_online.pdf*, abgerufen 20.09.2016

Mahnke, E. et al.; Agentur für Erneuerbare Energien e. V. (Hrsg.): Strom speichern. Renews Special, Nr. 75; Berlin, 2014-b. Download: 75_Renews_Spezial_Strom_speichern_Dez2014_online.pdf, abgerufen 15. 02. 2016

McCulloch, W. S. et al.: A logical calculus of the ideas immanent in nervous activity. In: Bulletin of Mathematical Biophysics, Vol. 5, Iss. 4; pp. 115 – 133; Springer Verlag; New York, 1943. Download: *http://www.minicomplexity.org/pubs/1943-mcculloch-pitts-bmb.pdf*, abgerufen 07. 06. 2016

Memmler, M. et al. (Autoren); Umweltbundesamt (Hrsg.): Emissionsbilanz erneuerbarer Energieträger. Bestimmung der vermiedenen Emissionen im Jahr 2013. Reihe Climate Change, Ausgabe 29/2014; Dessau-Roßlau, 2014. Download: *https://www.umweltbundesamt.de/sites/default/files/medien/378/publikationen/climate_change_29_2014_schrempf_komplett_10.11.2014_0.pdf*, abgerufen 24. 05. 2016

Menck, P. et al.: How basin stability complements the linear-stability paradigm. In: Nature Physics, Vol. 9, Iss. 2; pp. 89 – 92; Macmillan Publishers Limited; London, 2013. Download: *https://www.pik-potsdam.de/members/kurths/recent-selected-publications/nphys2516.pdf*, abgerufen 01. 06. 2016

Menck, P. J. et al.: How dead ends undermine power grid stability. In: nature Communications, Vol. 5; Macmillan Publishers Limited; London, 2014. Download: *http://www.nature.com/articles/ncomms4969*, abgerufen 01. 06. 2016

Michels, A.; FIZ Karlsruhe – Leibniz-Institut für Informationsinfrastruktur GmbH (Hrsg.): Stromnetz mit starker DNA. In: Energieforschung konkret, BINE Informationsdienst, Projektinfo 15/2015; 2015. Download: *http://www.bine.info/fileadmin/content/Publikationen/Projekt-Infos/2015/Projekt_15-2015/ProjektInfo_1515_internetx.pdf*, abgerufen 07. 06. 2016

Moen, R. D., et al.: Circling Back: clearing up myths about the Deming cycle and seeing how it keeps evolving. In: Quality Progress, Iss. 11/2010; pp. 23 – 28; ASQ; Milwaukee, 2010. Download: *http://apiweb.org/circling-back.pdf*, abgerufen 15. 07. 2016

Mono, R. et al.; 100 prozent erneuerbar stiftung (Hrsg.): Ungleichzeitigkeit und Effekte räumlicher Verteilung von Wind und Solarenergie in Deutschland. 2014. Download: *http://100-prozent-erneuerbar.de/wp-content/uploads/2014/04/Ungleichzeitigkeit-und-Effekte-r%C3%A4umlicher-Verteilung-von-Wind-und-Solarenergie-in-Deutschland.pdf*, abgerufen 28. 01. 2016

Mono, R. et al.; 100 prozent erneuerbar stiftung (Hrsg.): Windpotenzial im räumlichen Vergleich. 2012. Download: *http://100-prozent-erneuerbar.de/wp-content/uploads/2013/01/Report-Windpotenzial-im-raeumlichen-Vergleich.pdf*, abgerufen 28. 01. 2016

Monstadt, J.: Die Modernisierung der Stromversorgung. Regionale Energie- und Klimapolitik im Liberalisierungs- und Privatisierungsprozess. VS Verlag für Sozialwissenschaften/GWV Fachverlage GmbH; Wiesbaden, 2004

Moser, A. et al., RWTH Aachen, Institut für elektrische Anlagen und Energiewirtschaft (IAEW) (Autoren); Voith Hydro GmbH & Co. KG (Auftraggeber): Unterstützung der Energiewende in Deutschland durch einen Pumpspeicherausbau. Potentiale zur Verbesserung der Wirtschaftlichkeit und der Versorgungssicherheit. Studie; Aachen, 2014

Mühlenhoff, J.; Agentur für Erneuerbare Energien e. V. (Hrsg.): Bioenergie im Strommarkt der Zukunft. In: Renews Spezial, Nr. 67; Berlin, 2013. Download: *https://www.unendlich-viel-energie.de/media/file/122.67_Renews_Spezial_Bioenergie_im_Strommarkt_der_Zukunft_online.pdf*, abgerufen 24. 05. 2016

Müller, L.: Handbuch der Elektrizitätswirtschaft – Technische, wirtschaftliche und rechtliche Grundlagen. 2. Auflage; Springer Verlag; Berlin et al., 2001

Müller-Prothmann, T. et al.: Innovationsmanagement: Strategien, Methoden und Werkzeuge für systematische Innovationsprozesse. Carl Hanser Verlag; München, 2009

Nachtigall, W.: Bionik: Grundlagen und Beispiele für Ingenieure und Naturwissenschaftler. Springer Verlag; Berlin et al., 2002

Nagel, J.: Ein analytisches Prozesssystemmodell zur Bestimmung von Rahmenbedingungen für den wirtschaftlichen Einsatz biogener Energieträger im ländlichen Raum, dargestellt an einem Beispiel aus dem Bundesland Brandenburg. Dissertation. Fortschrittberichte VDI, Reihe 6, Nr. 403; VDI-Verlag GmbH; Düsseldorf, 1998

Nagel, J.: Nachhaltige Verfahrenstechnik. Carl Hanser Verlag; München et al., 2015

Nakrani, S. et al.: On honey bees and dynamic allocation in an internet server colony. In: Adaptive Behavior: Animals, Animats, Software Agents, Robots, Adaptive Systems, Vol. 12, Iss. 3 - 4; pp. 223 - 240; Sage Verlag; 2004. Download: *https://www.researchgate.net/publication/247757127_On_Honey_Bees_ and_Dynamic_Server_Allocation_in_Internet_ Hosting_Centers*, abgerufen 07.06.2016

Neumann K. A. et al.: Innovationsmotor Energiewende. In: iit perspective, Working Paper of the Institute for Innovation and Technology, Nr. 23; Berlin, 2015. Download: *http://www.iit-berlin.de/de/publika tionen/innovationsmotor-energiewende/*, abgerufen 03.06.2016

Neumann, H.: Direktvermarktung: Diese Technik ist nötig. In: Top Agrar Energiemagazin, Heft 1/2013; S. 24 - 27; Landwirtschaftsverlag GmbH; Münster, 2013

Next Kraftwerke: Minutenreserve/Minutenreserveleistung (MRL). Köln, o.J.-a. Download: *https://www. next-kraftwerke.de/wissen/regelenergie/minutenreserve-tertiaerregelung*, abgerufen 12.01.2016

Next Kraftwerke: Primärreserve / Primärregelleistung (PRL). Köln, o.J.-b. Download: *https://www.next- kraftwerke.de/wissen/regelenergie/primaerreserve*, abgerufen 12.01.2016

Next Kraftwerke: Regelzone. Köln, o.J.-c. Download: *https://www.next-kraftwerke.de/wissen/regelener gie/regelzone*, abgerufen 12.02.2016

Nicolosi, M.; Umweltbundesamt (UBA) (Hrsg.): Notwendigkeit und Ausgestaltungsmöglichkeiten eines Kapazitätsmechanismus für Deutschland. Zwischenbericht. In: Climate Change 12/2012; Dessau-Roßlau, 2012

Nierescher, R.; Unicorn Energy GmbH: Persönliche E-Mails. Schwäbisch Gmünd, 2016-a

Nierescher, R.; Unicorn Energy GmbH: Persönliche Mitteilungen. Schwäbisch Gmünd, 2016-b

Nitsch, J. et al.; Deutsches Zentrum für Luft- und Raumfahrt (DLR) et al. (Hrsg.): Langfristszenarien und Strategien für den Ausbau der erneuerbaren Energien in Deutschland bei Berücksichtigung der Entwicklung in Europa und global. „Leitstudie 2010"; 2010. Download: *http://www.dlr.de/dlr/presse/ de/Portaldata/1/Resources/documents/leitstudie2010.pdf*, abgerufen 27.05.2016

Nitsch, J. et al.; Deutsches Zentrum für Luft- und Raumfahrt (DLR) et al. (Hrsg.): Langfristszenarien und Strategien für den Ausbau der erneuerbaren Energien in Deutschland bei Berücksichtigung der Entwicklung in Europa und global. Schlussbericht; 2012. Download: *http://www.dlr.de/dlr/Portal data/1/Resources/bilder/portal/portal_2012_1/leitstudie2011_bf.pdf*, abgerufen 27.05.2016

Nitsch, J.: Potenziale der Wasserstoffwirtschaft. Gutachten für den Wissenschaftlichen Beirat der Bundesregierung Globale Umweltveränderungen (WBGU); Stuttgart, 2002. Download: *http://www.dlr.de/ tt/Portaldata/41/Resources/dokumente/institut/system/publications/Wasserstoffwirtschaft.pdf*, abgerufen 21.02.2016

Norman, G. et al.; Fraunhofer Institut für Windenergie und Energiesystemtechnik (IWES) (Hrsg.) et al.: Roadmap Speicher: Bestimmung des Speicherbedarfs in Deutschland im europäischen Kontext und Ableitung von technisch-ökonomischen sowie rechtlichen Handlungsempfehlungen für die Speicherförderung. Kurzzusammenfassung; Kassel et al., 2014. Download: *http://www.speicherinitiative.at/as sets/Uploads/17-Roadmap-Speicher-Fraunhofer-IWES-Kurzzusammenfassung.pdf*, abgerufen 30.05.2016

Nowi, A. et al.: Adiabate Druckluftspeicherkraftwerke zur netzverträglichen Windstromintegration. Paper zur VDI-GET Fachtagung „Fortschrittliche Energiewandlung und -anwendung. Strom- und Wärmeerzeugung – Kommunale und industrielle Energieanwendungen"; Leverkusen, 09.-10. Mai 2006

Nuhn, B.; Bleicher K. et al. (Hrsg.): Eigen- und/oder Fremdforschung und -entwicklung als strategisches Entscheidungsproblem. Ferber Verlag; Gießen, 1998

Nusse, H. E. et al.: Basins of attraction. In: Science 271, No. 5254; pp. 1376 - 1380; American Association for the Advancement of Science; Washington, 1996

Oertel, D. et al.: Büro für Technikfolgenabschätzung beim Deutschen Bundestag (TAB) (Hrsg.): Potenziale und Anwendungsperspektiven der Bionik. Vorstudie, Arbeitsbericht Nr. 108; Berlin, 2006. Download: *https://www.tab-beim-bundestag.de/de/pdf/publikationen/berichte/TAB-Arbeitsbericht-ab108.pdf*, abgerufen 31.05.2016

Oertel, D.; Büro für Technikfolgenabschätzung beim Deutschen Bundestag (Hrsg.): Energiespeicher – Stand und Perspektiven. Sachstandsbericht zum Monitoring „Nachhaltige Energieversorgung", Arbeitsbericht Nr. 123; Berlin, 2008

Offenberg, P. (Autor); Enderlein, H. (Hrsg.): Die deutsche Energiepolitik aus europäischer Perspektive: Eine Bestandaufnahme. Reihe Policy Paper 116; Jaques-Delors-Institut; Berlin, 2014. Download: *http://www.delorsinstitut.de/2015/wp-content/uploads/2014/08/DeutscheEnergiePolitik-Offenberg-JDI-B-Aug14_final_published.pdf*, abgerufen am 06.01.2016

Panos, K.: Praxisbuch Energiewirtschaft – Energieumwandlung, -transport und -beschaffung im liberalisierten Markt. Springer Verlag; Berlin et al., 2007

Partridge, B. L.: Internal dynamics and the interrelations of fish in schools. In: Journal of Comparative Physiology A, Vol. 144, Iss. 3; pp. 313 – 325; SpringerLink; Cham, 1981

Paschotta, R.: Grenzkosten. RP Photonics Consulting GmbH; Bad Dürrheim, 2013. Download: *https://www.energie-lexikon.info/grenzkosten.html*, abgerufen 28.02.2016

Paschotta, R.: RP-Energie-Lexikon: Grenzkosten. Download: *https://www.energie-lexikon.info/grenzkosten.html*, abgerufen 28.02.2016

Paun, G.: Bio-inspired Computing Paradigms (Natural Computing). In: Banatre, J.-P. et al. (Hrsg.): Unconventional Programming Paradigms. International Workshop UPP 2004 (Revised Selected and Invited Papers), Reihe Lecture Notes in Computer Science, Vol. 3566; pp. 155 – 160; Springer-Verlag; Berlin et al., 2005

Pecora, L. et al.: Master stability functions for synchronized coupled systems. In: Physical Review Letters, Vol. 80, Iss. 10; pp. 2109 – 2112; American Physical Society; New York, 1998

Peters, D. et al.; Deutsche Energie-Agentur GmbH (dena) (Hrsg.): Nachhaltige Mobilität mit Erdgas und Biomethan: Marktentwicklung 2014/2015. Die Fortschritte im dritten Jahr nach der Unterzeichnung der Absichtserklärung. Berlin, 2015. Download: *http://www.dena.de/fileadmin/user_upload/Publikationen/Verkehr/Dokumente/9132_3._Zwischenbericht_der_Initiative_Erdgasmobilitaet.pdf*, abgerufen 03.04.2016

Pfalzenergie GmbH: Energiewirtschaft: Der dritte Weg. Download: *http://www.pfalzenergie.de/allgemeine-infos/energiewirtschaft-der-dritte-weg/*, abgerufen 9.11.2015

Picot, A. et al.: Die grenzenlose Unternehmung: Information, Organisation und Management: Lehrbuch zur Unternehmensführung im Informationszeitalter. 4. Auflage; Gabler; Wiesbaden, 2001

Picot, A.: Ein neuer Ansatz zur Gestaltung der Leistungstiefe. In: Schmalenbachs Zeitschrift für betriebswirtschaftliche Forschung zbf, Jahrgang 43, Heft 4; S. 336 – 357; Verlagsgruppe Handelsblatt; Düsseldorf, Frankfurt, 1991

Pieprzyk, B.: Das BEE-Szenario Stromversorgung 2030. Dialogkonferenz BEE Plattform Systemtransformation; Berlin, 2012. Download: *http://www.bee-ev.de/fileadmin/Publikationen/Studien/Plattform/BEE-Dialogkonferenz_Szenario-Stromversorgung-2030_BEE-Pieprzyk.pdf*, abgerufen 06.06.2016

Pintscher, L.: Schwarmintelligenz. Universität Karlsruhe; Karlsruhe, o.J. Download: *http://lydiapintscher.de/uni/schwarmintelligenz.pdf*, abgerufen 31.05.2016

Plattform Erneuerbare Energien: Bericht der AG 3 Interaktion an den Steuerungskreis der Plattform Erneuerbare Energien, die Bundeskanzlerin und die Ministerpräsidentinnen und Ministerpräsidenten der Länder. Anhang: Potentiale und Hemmnisse der Flexibilitätsoptionen; Stand 15.10.2012. Download: *http://www.bmwi.de/BMWi/Redaktion/PDF/P-R/plattform-strommarkt-ag3-anhang-abschlussbericht,property=pdf,bereich=bmwi2012,sprache=de,rwb=true.pdf*, abgerufen 29.09.2016

Pogoreutz, C.; Leibniz Center for Tropical Marine Ecology (ZMT) GmbH. Zur Verfügung gestellt am 08.07.2016

Poli, R. et al.: Genetic Programming with One-Point Crossover and Point Mutation. Technical Report: CSRP-97-13; 1997

Pongas, E. et al. (Autoren); Eurostat (Hrsg.): Trade in energy products. Statistical analysis of EU trade in energy products, with focus on trade with the Russian Federation. In: Eurostat Statistics explained:

Statistics in focus 13/2014. Download: *http://ec.europa.eu/eurostat/statistics-explained/index.php/Trade_in_energy_products*, abgerufen 09.06.2016

Porter, M. E.: Wettbewerbsvorteile: Spitzenleistungen erreichen und behaupten. 8. Auflage; Campus-Verlag; Frankfurt/Main et al., 2014

PowerSouth Energy Cooperative: CAES. Download: *http://www.powersouth.com/mcintosh_power_plant/compressed_air_energy*, abgerufen 18.02.2016

Pyc, I.: Erneuerbare Energie braucht flexible Kraftwerke: Szenarien bis 2020. ETG-Task Force Flexibilisierung des Kraftwerksparks; Verband der Elektrotechnik Informationstechnik (VDE); 2013. Download: *https://www.vde.com/de/regionalorganisation/bezirksvereine/suedbayern/facharbeit%20regional/ak energietechnik/documents/vortrag%2021-11-2013%20flexible%20kraftwerke.pdf*, abgerufen 25.05.2016

Quaschning, V.: Regenerative Energiesysteme: Technologie – Berechnung – Simulation. 8. Auflage; Carl Hanser Verlag; München, 2013

Rechenberg, I. (Hrsg.): Evolutionäre Technik Evolutionsstrategie '94. Friedrich Frommann Verlag, Günther Holzboog; Stuttgart-Bad Canstatt, 1994

Reinhold, G.; Thüringer Landesanstalt für die Landwirtschaft (Hrsg.): Standpunkt zur Vergärung von Stroh in landwirtschaftlichen Biogasanlagen. Jena, 2014

Renewable Energy Policy Network for the 21st Century (REN21): Renewables 2014: Global Status Report. Paris, 2014. Download: *http://www.ren21.net/Portals/0/documents/Resources/GSR/2014/GSR2014_full%20report_low%20res.pdf*, abgerufen 27.05.2016

Renn, J. et al. (Hrsg.): Herausforderung Energie: Ausgewählte Vorträge der 126. Versammlung der Gesellschaft Deutscher Naturforscher und Ärzte e.V. Verlag: Edition Open Access, Reihe: Max Planck Research Library for the history and development of knowledge: proceedings; 2011. Download: *https://www.mpiwg-berlin.mpg.de/Presse-PDF/MPRL_proceedings1.pdf*, abgerufen 31.05.2016

Rensberg, N. et al.; Deutsches BiomasseForschungsZentrum gemeinnützige GmbH (Hrsg.): Monitoring zur Wirkung des Erneuerbare-Energien-Gesetz (EEG) auf die Entwicklung der Stromerzeugung aus Biomasse. Leipzig, 2012. Download: *https://www.dbfz.de/fileadmin/user_upload/Berichte_Projektdatenbank/3330002_Stromerzeugung_aus_Biomasse_Endbericht_Ver%C3%B6ffentlichung_FINAL_FASSUNG.pdf*, abgerufen 30.05.2016

Rey, G. D.: Neuronale Netze: Eine Einführung: Input und Netzinput. Stuttgart, o.J.-a. Download: *http://www.neuronalesnetz.de/input.html*, abgerufen 09.03.2016

Rey, G. D.: Neuronale Netze: Eine Einführung: Trainings- und Testphase. Stuttgart, o.J.-b. Download: *http://www.neuronalesnetz.de/training.html*, abgerufen 09.03.2016

Rey, G. D.: Neuronale Netze: Eine Einführung: Verbindungen zwischen Units. Stuttgart, o.J.-c. Download: *http://www.neuronalesnetz.de/verbindungen.html*, abgerufen 09.03.2016

Reynolds, C. W.: Flocks, herds, and schools. A distributed behavioral model. In: SIGGRAPH '87 Proceedings of the 14th annual conference on Computer graphics and interactive techniques. ACM SIGGRAPH Computer Graphics, Vol. 21, Iss. 4; pp. 25–34; ACM; New York, 1987

Richter, M. et al.: SystemInnovationen – Handlungsoptionen für zukunftsfähige Spitzentechnologien. In: iit perspective. Working Paper of the Institute for Innovation and Technology, Nr. 17; Berlin, 2014. Download: *http://www.iit-berlin.de/de/publikationen/systeminnovationen-handlungsoptionen-fuer-zukunftsfaehige-spitzentechnologien*, abgerufen 07.06.2016

Richtlinie (EU) 2015/1513 des europäischen Parlaments und des Rates vom 09.09.2015 zur Änderung der Richtlinie 98/70/EG über die Qualität von Otto- und Dieselkraftstoffen und zur Änderung der Richtlinie 2009/28/EG zur Förderung der Nutzung von Energie aus erneuerbaren Quellen. In: Amtsblatt der Europäischen Union L239, 58. Jahrgang; 15.09.2015. Download: *http://eur-lex.europa.eu/legal-content/DE/TXT/?uri=OJ:L:2015:239:TOC*, abgerufen 15.07.2016

Richtlinie 2009/28/EG des Europäischen Parlaments und des Rates vom 23. April 2009 zur Förderung der Nutzung von Energie aus erneuerbaren Quellen und zur Änderung und anschließenden Aufhebung der Richtlinien 2001/77/EG und 2003/30/EG. In: Amtsblatt der Europäischen Union, Ausgabe

L 140/16, 52. Jahrgang; 05.06.2009. Download: *https://www.bundesanzeiger-verlag.de/fileadmin/BIV-Portal/Dokumente/EU_Richtlinie_erneuerbare_Energien.pdf*, abgerufen 16.01.2016

Richtlinie 2009/28/EG des europäischen Parlaments und des Rates zur Förderung der Nutzung von Energie aus erneuerbaren Quellen und zur Änderung und anschließenden Aufhebung der Richtlinien 2001/77/EG und 2003/30/EG. 2009. In: Amtsblatt der Europäischen Union L 140, 52. Jahrgang; 05.06.2009. Download: *http://eur-lex.europa.eu/legal-content/DE/TXT/?uri=CELEX%3A32009L0028*, abgerufen 07.01.2016

Richtlinie 2009/30/EG des Europäischen Parlaments und des Rates vom 23. April 2009 zur Änderung der Richtlinie 98/70/EG im Hinblick auf die Spezifikationen für Otto-, Diesel- und Gasölkraftstoffe und die Einführung eines Systems zur Überwachung und Verringerung der Treibhausgasemissionen sowie zur Änderung der Richtlinie 1999/32/EG des Rates im Hinblick auf die Spezifikationen für von Binnenschiffen gebrauchte Kraftstoffe und zur Aufhebung der Richtlinie 93/12/EWG (1). In: Amtsblatt der Europäischen Union L 140, 52. Jahrgang; 05.06.2009. Download: *http://eur-lex.europa.eu/legal-content/DE/TXT/?uri=OJ:L:2009:140:TOC*, abgerufen 05.10.2016

Riedle, E.: Dielektrika im elektrischen Feld. Vorlesungsskript; Ludwig-Maximilians-Universität München; München, 2007. Download: *http://www.bmo.physik.uni-muenchen.de/~riedle/E2p/skript/2007-06-26/07_06_26_Dielektrika_2x.pdf*, abgerufen 29.08.2016

Ritter, P.: Wirtschaftlichkeit und wirtschaftlich optimierte Auslegung von flexibilisierten Biogasanlagen. Vortrag; 3. VDI-Konferenz Bedarfsorientierte Stromerzeugung aus Biogas und Biomethan; Berlin, 09. April 2013

Rohden, M. et al.: Self-organized synchronization in decentralized power grids. In: Physical Review Letters, Vol. 109, Iss. 6; pp. 064–101; American Physical Society; New York, 2012

Rohrig K. et al.: Energiewirtschaftliche Bedeutung der Offshore-Windenergie für die Energiewende. Kurzfassung; Fraunhofer IWES; Kassel, 2013

Roland Berger Strategy Consultants GmbH (Hrsg.): Best-Practice-Studie Intelligente Netze – Beispielhafte IKT-Projekte in den Bereichen Bildung, Energie, Gesundheit, Verkehr und Verwaltung. Studie im Auftrag des Bundesministeriums für Wirtschaft und Technologie; Berlin, 2013. Download: *https://www.bmwi.de/BMWi/Redaktion/PDF/Publikationen/best-practice-studie-intelligente-netze-langfassung,property=pdf,bereich=bmwi2012,sprache=de,rwb=true.pdf*, abgerufen 20.02.2016

Roth, H. et al.: Windenergiebedingte CO_2-Emissionen konventioneller Großkraftwerke. Energie & Management; München, 2005

Rundel, P. et al.; Fraunhofer-Institut für Umwelt-, Sicherheits- und Energietechnik (UMSICHT) (Hrsg.): Speicher für die Energiewende. Sulzbach-Rosenberg, 2013. Download: *https://www.energie.fraunhofer.de/de/bildmaterial/news-pdf/130909_fraunhofer-umsicht-speicher-fuer-die-energiewende*, abgerufen 27.05.2016

RWE AG: Smart Meter Rollout. Essen, o.J.-a. Download: *http://www.rwe.com/web/cms/de/2400136/rwe-metering-gmbh/leistungen/smart-meter-rollout/*, abgerufen 11.02.2016

RWE Power AG (Hrsg.): ADELE – Der adiabate Druckluftspeicher für die Elektrizitätsversorgung. Essen et al., 2010. Download: *http://www.dlr.de/portaldata/1/resources/standorte/stuttgart/broschuere_adele_1_.pdf*, abgerufen 18.2.2016

RWE: BoAplus – wie funktioniert das geplante Braunkohlenkraftwerk in Niederaußem? Essen, o.J.-b. Download: *http://www.rwe.com/web/cms/de/1109068/boaplus/ueber-boaplus/das-innovative-kraftwerkskonzept/boaplus-wie-funktioniert-das-geplante-braunkohlenkraftwerk-in-niederaussem/*, abgerufen 22.07.2016

Sämisch, H.: Bündelung von Biogasanlagen zur Regelenergiebereitstellung. Vortrag; 3. VDI-Konferenz Bedarfsorientierte Stromerzeugung aus Biogas und Biomethan; Berlin, 09. April 2013

Saurer, J.: Der Einzelne im europäischen Verwaltungsrecht: Die institutionelle Ausdifferenzierung der Verwaltungsorganisation der Europäischen Union in individueller Perspektive. Jus Publicum, Bd. 228; Mohr Siebeck; Tübingen, 2014

Schade, A.: Bienentänze. o.J. Download: *http://www.bienenschade.de/Honigbienen/Sprache/Bienen taenze.htm*, abgerufen 13.10.2016

Schaefer, H.: Elektrische Kraftwerkstechnik: Grundlagen, Maschinen und Geräte, Schutz-, Regelungs- und Automatisierungstechnik. Springer Verlag; Berlin et al., 1979

Schäfer-Stradowsky, S. et al.: Laufende Evaluierung der Direktvermarktung von Strom aus Erneuerbaren Energien. 10. Quartalsbericht; 2014. Download: *https://www.erneuerbare-energien.de/EE/Redaktion/DE/Downloads/Berichte/direktvermarktung-quartalsbericht-10.pdf?__blob=publicationFile&v=4*, abgerufen 30.05.2016

Schäfer-Stradowsky, S. et al.: Laufende Evaluierung der Direktvermarktung von Strom aus Erneuerbaren Energien. 12. Quartalsbericht; 2015. Download: *http://www.erneuerbare-energien.de/EE/Redaktion/DE/Downloads/Berichte/direktvermarktung-quartalsbericht-12.pdf;jsessionid=4F4448ECF3DC1026CD472 FEABB4A7640?__blob=publicationFile&v=2*, abgerufen 02.07.2016

Scheer, H.: Der energetische Imperativ. Antje Kunstmann Verlag; München, 2004

Scheftelowitz, M. et al.; DBFZ Deutsches Biomasseforschungszentrum gemeinnützige GmbH (Hrsg.): Stromerzeugung aus Biomasse. Projekt: 03MAP250 – Zwischenbericht; 2013. Download: *https://www.dbfz.de/fileadmin/user_upload/Referenzen/Berichte/biomassemonitoring_zwischenbericht_bf.pdf*, abgerufen 24.05.2016

Scheftelowitz, M. et al.; DBFZ Deutsches Biomasseforschungszentrum gemeinnützige GmbH (Hrsg.): Stromerzeugung aus Biomasse. Vorbereitung und Begleitung der Erstellung des Erfahrungsberichts 2014 gemäß §65 EEG im Auftrag des Bundesministeriums für Wirtschaft und Energie. Vorhaben IIa; Leipzig, 2014. Download: *http://bmwi.de/BMWi/Redaktion/PDF/XYZ/zwischenbericht-vorhaben-2a,property=pdf,bereich=bmwi2012,sprache=de,rwb=true.pdf*, abgerufen 25.02.2016

Scheurer, J.: Auswirkungen der Energiewende auf die Wirtschaft. Vortrag bei der Konrad-Adenauer-Stiftung; 6. November 2014. Download: *http://de.slideshare.net/JrgenScheurer/auswirkungen-der-energiewende-auf-die-wirtschaft?from_action=save*, abgerufen 17.06.16

Schiffer, H.-W.: Energiemarkt Bundesrepublik Deutschland. 6. Auflage; TÜV Rheinland Verlag; Köln, 1997

Schlaak, T.M.: Der Innovationsgrad als Schlüsselvariable: Perspektiven für das Management von Produktentwicklung. Springer Verlag; Wiesbaden, 1999

Schlick, T. et al.; RolandBerger Strategy Consult et al. (Hrsg.): Zukunftsfeld Energiespeicher. Marktpotenziale standardisierter Lithium-Ionen-Batteriesysteme; 2012. Download: *http://www.rolandberger.de/media/pdf/Roland_Berger_Zukunftsfeld_Energiespeicher_20120912.pdf*, abgerufen 27.05.2016

Schlör, H. et al.: The system boundaries of sustainability. In: Journal of Cleaner Production, Vol. 88; pp. 52 – 60; Elsevier Verlag; Amsterdam, 2015

Schmid, A.: Netzbetreiber zögern bei neuer Leiterseiltechnik. In: VDI Nachrichten, Ausgabe 1; 2014. Download: *http://www.vdi-nachrichten.com/Technik-Wirtschaft/Netzbetreiber-zoegern-neuer-Leiterseiltechnik*, abgerufen 20.10.2016

Schug, C.: Die Vielfalt der Biogas-Gasspeicherung. Vortragsskript. 3. VDI-Konferenz Bedarfsorientierte Stromerzeugung aus Biogas und Biomethan; Berlin, 09.04.2013

Schuh, G. (Hrsg.): Innovationsmanagement: Handbuch Produktion und Management 3. 2. Auflage; Springer Verlag; Berlin et al., 2012

Schumpeter, J.: Theorie der wirtschaftlichen Entwicklung. Duncker & Humblot Verlag; Leipzig, 1912

Schwefel, H.-P.: Evolution and Optimum Seeking. John Wiley & Sons; New York, 1995

Schwill, J.: Power-to-Heat (PtH) und Regelenergie – Was sind Vor- und Nachteile? Veröffentlicht am 29.01.2014. Download: *https://www.next-kraftwerke.de/energie-blog/power-to-heat-pth-regelenergie*, abgerufen 25.05.2016

Seilnacht, T.: Die Bienensprache. Bern, o.J. Download: *http://www.digitalefolien.de/biologie/tiere/insekt/biene/sprache.html*, abgerufen 13.10.2016

Siemens AG: Optimierungsmaßnahmen der Antriebsapplikationen durch Energieeinsparungen finanzieren. Download: http://www.industry.siemens.com/services/global/de/portfolio/retrofit-modernization/energy_performance_contracting/seiten/index.aspx, abgerufen 06.01.2016

SolarPower Europe: Solar Market Repoert & Membership Directory. Brüssel, 2016. Download: http://www.solarpowereurope.org/insights/market-report-membership-directory/, abgerufen 22.06.2016

Someren. T.C.R. van: Strategische Innovationen: So machen Sie Ihr Unternehmen einzigartig. Gabler Verlag; Wiesbaden, 2005

Sörensen, M.H.: Ambient Ecologies: Toward biomimetic IT. Ph.D. Dissertation, IT University of Copenhagen; 2004

Sorge, N.-V.: Unprofitable Gaskraftwerke. Deutscher Windstrom sorgt für Zwangspausen in Holland. In: manager magazin; veröffentlicht am 09.10.2012. Download: http://www.manager-magazin.de/unternehmen/energie/a-865889.html, abgerufen 06.01.2016

SPIEGEL ONLINE: Kraftstoffe: EU-Umweltausschuss fordert Begrenzung von Biosprit. In: SPIEGEL ONLINE; erschienen am 13.07.2013. Download: http://www.spiegel.de/wissenschaft/natur/eu-umweltausschuss-deckelt-biokraftstoffe-a-910637.html, abgerufen 19.04.2016

Stadtwerke Lemgo: Erste Bilanz bei Power to Heat. 2013. Download: http://www.stadt-und-werk.de/meldung_15400_Erste+Bilanz+bei+Power+to+Heat.html, abgerufen 25.01.2016

Statista GmbH: Anteil der Energieträger an der Bruttostromerzeugung in Spanien im Jahr 2010. Hamburg, o.J.-a. Download: http://de.statista.com/statistik/daten/studie/182175/umfrage/struktur-der-bruttostromerzeugung-in-spanien/, abgerufen 24.05.2016

Statista GmbH: Anteil der Energieträger an der Stromerzeugung in Frankreich im Jahr 2015. Hamburg, o.J.-b. Download: http://de.statista.com/statistik/daten/studie/182173/umfrage/struktur-der-bruttostromerzeugung-in-frankreich/, abgerufen 24.05.2016

Statista GmbH: Anzahl Beschäftigte im Sektor erneuerbare Energien nach Bereichen in Deutschland im Jahresvergleich 2004 und 2014. Hamburg, o.J.-c. Download: http://de.statista.com/statistik/daten/studie/186954/umfrage-im-bereich-der-erneuerbaren-energien-nach-branchen/, abgerufen 22.01.2016

Statista GmbH: Deutscher Stromexport nach Ländern im Jahr 2015* (in Terawattstunden). Hamburg, o.J.-d. Download: http://de.statista.com/statistik/daten/studie/251047/umfrage/deutsche-stromexport-nach-laendern/, abgerufen 20.07.2016

Statista GmbH: Deutscher Stromimport nach Ländern im Jahr 2015* (in Terawattstunden). Hamburg, o.J.-e. Download: http://de.statista.com/statistik/daten/studie/202644/umfrage/deutsche-stromimporte-aus-europa-nach-laendern/, abgerufen 20.07.2016

Statista GmbH: Prognose zum Anteil der Energieträger am Energiemix in der EU von 2008 bis 2035. Hamburg, o.J.-f. Download: http://de.statista.com/statistik/daten/studie/187256/umfrage/prognose-zur-entwicklung-des-energiemixes-in-der-eu-bis-2035/, abgerufen 24.01.2016

Statista GmbH: Saison- und kalenderbereinigte Anzahl der Erwerbstätigen mit Wohnsitz in Deutschland (Inländerkonzept) von November 2014 bis November 2015 (in Millionen). Hamburg, o.J.-g. Download: http://de.statista.com/statistik/daten/studie/1376/anzahl-der-erwerbstätigen-mit-wohnsitz-in-deutschland/, abgerufen 22.01.2016

Statista GmbH: Statistiken zum österreichischen Strommarkt. Hamburg, o.J.-h. Download: http://de.statista.com/themen/2275/stromwirtschaft-in-oesterreich/, abgerufen 07.04.2016

Statista GmbH: Stromerzeugung aus Photovoltaikanlagen in Deutschland nach Bundesland im Jahr 2014. Hamburg, o.J.-i. Download: http://de.statista.com/statistik/daten/studie/250903/umfrage/solar-stromerzeugung-nach-bundesland/, abgerufen 12.05.2016

Statista GmbH: Umsatz der größten Energieversorger in Deutschland in den Jahren 2014 und 2015. Hamburg, o.J.-j. Download: http://de.statista.com/statistik/daten/studie/170384/umfrage/umsatz-der-groessten-energieversorger-in-deutschland/, abgerufen 04.01.2016

Statista GmbH: Umsatz mit Erneuerbaren Energien in Deutschland nach Energiequelle im Jahr 2015. Hamburg, o.J.-k. Download: http://de.statista.com/statistik/daten/studie/153104/umfrage/umsatz-mit-erneuerbaren-energien-in-deutschland, abgerufen 21.01.2016

Statista GmbH: Wirkungsgrade verschiedener Stromspeicher im Jahr 2012. Hamburg, o. J.-l. Download: http://de.statista.com/statistik/daten/studie/156269/umfrage/wirkungsgrade-von-ausgewaehlten-stromspeichern/, abgerufen 19.02.2016

Statistisches Bundesamt: Bruttostromerzeugung in Deutschland für 2013 bis 2015. Stand 08. August 2016; Wiesbaden, 2016-a. Download: https://www.destatis.de/DE/ZahlenFakten/Wirtschaftsbereiche/Energie/Erzeugung/Tabellen/Bruttostromerzeugung.html;jsessionid=99E4494E09E06275722A12CB1A488611.cae4, abgerufen 21.06.2016

Statistisches Bundesamt: Tabelle zum Außenhandel für elektrischen Strom (WA27160000) für die Jahre 2013 bis 2015. 08. August 2016; Wiesbaden, 2016-b. Download: https://www-genesis.destatis.de/genesis/online/data;jsessionid=9688119B97750648A09ABA24A4465A42.tomcat_GO_2_1?operation=abruftabelleBearbeiten&levelindex=1&levelid=1473423959743& auswahloperation=abruftabelleAuspraegungAuswaehlen&auswahlverzeichnis=ordnungsstruktur& auswahlziel=werteabruf&selectionname=51000-0016&auswahltext=%23SWAM8-WA27160000%23Z-01.01.2015%2C01.01.2014%2C01.01.2013&werteabruf=starten, abgerufen 09.09.2016

Staudt, E.: Forschung und Entwicklung. In: Grochla, E.; Wittmann, W. (Hrsg): Handwörterbuch der Betriebswirtschaft. 5. Auflage; Schäffer-Poeschel Verlag; Stuttgart, 1993

STEAG Fernwärme GmbH: Technische Anschlussbedingungen Heizwasser. Stand: 01.08.2011; Download: https://www.steag-fernwaerme.de/fileadmin/user_upload/steag-fernwaerme.de/Service/downloads/RZ_STEAG-01-1202_TAB_2011.pdf, abgerufen 22.06.2016

Sterner, M. et al.: Energiespeicher: Bedarf, Technologien, Integration. Springer Vieweg Verlag; Berlin et al., 2014

Ströbele, W. et al.: Energiewirtschaft. 2. Auflage; Oldenbourg Verlag; München, 2010

StromEinspG – Gesetz über die Einspeisung von Strom aus erneuerbaren Energien in das öffentliche Netz (Stromeinspeisungsgesetz). In: Bundesgesetzblatt Teil I Nr. 67, Z 5702 A; S. 2633. Bonn, 14.12.1990. Download: http://www.bgbl.de/xaver/bgbl/start.xav?start=%2F%2F*%5B%40attr_id%3D%27bgbl190s2633b.pdf%27%5D#__bgbl__%2F%2F*%5B%40attr_id%3D%27bgbl190s2633b.pdf %27%5D__1476172041261, abgerufen 11.10.2016

Stromvergleich.de: Die größten Stromverbraucher der EU je Einwohner. Dresden, Stand 2011. Download: https://www.stromvergleich.de/img/stromvergleich/magazin/groesste_stromverbraucher_eu-gross.jpg, abgerufen 21.06.2016

Stützle, T. et al.: MAX–MIN Ant System. In: Future Generation Computer Systems, Vol. 16, Iss. 8; pp. 889–914; Elsevier Verlag; Amsterdam, 2000. Download: https://svn-d1.mpi-inf.mpg.de/AG1/MultiCoreLab/papers/StuetzleHoos00%20-%20MMAS.pdf, abgerufen 31.05.2016

Sun, K. Complex networks theory: A new method of research in power grid. In: Transmission and Distribution Conference and Exhibition: Asia and Pacific, 2005 IEEE/PES; pp. 1–6; Dalian, China, 2005

Tosenberger, M.: Das Gesicht der Energiewende. In: stadt+werk. Kommunale Klimaschutz- und Energiepolitik, Nr. 7/8 2015; S. 28–29; K21 media AG; Tübingen, 2015. Download: www.lumenaza.de/download/150723_stadt+werk_07_08_2015_S28_Tosenberger.pdf, abgerufen 20.04.2016

Trantow, S. et al.: Innovative Capability – an Introduction to this Volume. In: Sabrina, J. et al. (Hrsg.): Enabling Innovation: Innovative Capability – German and International Views. Springer Verlag; Berlin, 2011

Trianni, V. et al.: Evolution of Direct Communication for a Swarm-bot Performing Hole Avoidance. In: Dorigo, M. et al.; Stützle T. (Hrsg.): Ant Colony Optimization and Swarm Intelligence, Bd. 3172; S. 130–141; Springer Verlag; Berlin et al., 2004

Umweltbundesamt (UBA): Bioabfälle. Veröffentlicht am 08.12.2015; Dessau-Roßlau, 2015. Download: https://www.umweltbundesamt.de/daten/abfall-kreislaufwirtschaft/entsorgung-verwertung-ausgewaehlter-abfallarten/bioabfaelle, abgerufen 25.02.2016

Umweltbundesamt (UBA): Erneuerbare Energien in Zahlen. Veröffentlicht am 01.06.2016. Dessau-Roßlau, 2016. Download: http://www.umweltbundesamt.de/themen/klima-energie/erneuerbare-energien/erneuerbare-energien-in-zahlen, abgerufen 10.06.2016

Umweltbundesamt (UBA): Kyoto-Protokoll. Veröffentlicht am 25.07.2013. Dessau-Roßlau, 2013. Download: *https://www.umweltbundesamt.de/themen/klima-energie/internationale-eu-klimapolitik/kyoto-protokoll*, abgerufen 23.11.2015

UNFCC – Sekretariat der Klimarahmenkonvention (Hrsg.): Das Protokoll von Kyoto zum Rahmenübereinkommen der Vereinten Nationen über Klimaänderungen. Bonn, 1998. Download: *http://unfccc.int/cop5/klima/conkpger/index.html*, abgerufen 23.11.2015

United Nations, Framework Convention on Climate Change: Adoption of the Paris Agreement. Draft decision -/CP.21; Conference of the Parties; Twenty-first session; FCCC/CP/2015/L.9/Rev.1; Paris, 2015. Download: *http://unfccc.int/resource/docs/2015/cop21/eng/l09r01.pdf*, abgerufen 16.12.2015

Uslar, M.: Das Common Information Model (CIM). OFFIS Energie, Institut für Informatik; 2012. Download: *http://birea.infai.org/wp-content/uploads/BIREA2012__2-2-3__Uslar__CIM__V_02.00.DE_.pdf*, abgerufen 24.02.2016

Varone, A. et al.: Power to liquid and power to gas: An option for the German Energiewende. In: Renewable and Sustainable Energy Reviews, Vol. 45; pp. 207–218; Elsevier Verlag; Amsterdam, 2015

Vattenfall GmbH: Virtuelles Kraftwerk. Berlin, o.J. Download: *http://corporate.vattenfall.de/nachhaltigkeit/energie-der-zukunft/nachhaltige-energielosungen/virtuelles-kraftwerk/*, abgerufen 01.03.2016

Verband Kommunaler Unternehmen e. V. (VKU): Neue Marktrolle „Aggregator" – VKU beteiligt sich an Diskussion im Rahmen des Netzkodizes Strombilanzierung. Veröffentlicht am 21.01.2015. Download: *http://www.vku.de/energie/handel-beschaffung/europaeische-regelungsvorhaben-im-handel/neue-marktrolle-aggregator-vku-beteiligt-sich-an-diskussion-im-rahmen-des-netzkodizes-stombilanzierung.html*, abgerufen 09.02.2016

Verordnung (EG) Nr. 1099/2008 des Europäischen Parlaments und des Rates vom 22. Oktober 2008 über die Energiestatistik. In: Amtsblatt der Europäischen Union L 304, 51. Jahrgang; 14.11.2008. Download: *http://eur-lex.europa.eu/legal-content/DE/ALL/?uri=CELEX:32008R1099*, abgerufen 19.01.2016

Verordnung (EG) Nr. 713/2009 des europäischen Parlaments und des Rates vom 13. Juli 2009 zur Gründung einer Agentur für die Zusammenarbeit der Energieregulierungsbehörden. In: Amtsblatt der Europäischen Union L 211, 52. Jahrgang; 14.08.2009. Download: *http://eur-lex.europa.eu/LexUriServ/LexUriServ.do?uri=OJ:L:2009:211:0001:0014:DE:PDF*, abgerufen 08.01.2016

Verordnung (EG) Nr. 714/2009 des Europäischen Parlaments und des Rates vom 13. Juli 2009 über die Netzzugangsbedingungen für den grenzüberschreitenden Stromhandel und zur Aufhebung der Verordnung (EG) Nr. 1228/2003. In: Amtsblatt der Europäischen Union L 211, 52. Jahrgang; 14.08.2009. Download: *http://eur-lex.europa.eu/legal-content/DE/ALL/?uri=CELEX:32009R0714*, abgerufen 08.01.2016

Vogel, B.: Schwarmintelligenz für das Stromnetz. Dezentrales Lastmanagement: Projekt Swiss2Grid. In: HK-Gebäudetechnik, Jahrgang 2014, Heft 8; S. 38–40; AZ Fachverlage AG; Aarau, 2014. Download: *http://www.hk-gebaeudetechnik.ch/fileadmin/hk-gebaeudetechnik.ch/documents/PDF/Dossiers/HK-GT_8-14_EWS_S38-41_Dezentrales_Lastmanagement_Swiss2Grid_SUPSI_HAC_BVo_v99.pdf*, abgerufen 31.05.2016

von Roon, S. et al.: Virtuelle Kraftwerke. Theorie oder Realität? In: BWK Das Energie-Fachmagazin, Jahrgang 58, Heft 6; S. 52–57; Springer-VDI Verlag; Düsseldorf, 2006. Download: *http://www.nun-dekade.de/fileadmin/nun-dekade/dokumente/dokumente/Theorie_oder_Realit%E4t.pdf*, abgerufen 30.05.2016

von Roon; S., et al. (Autoren); Forschungsstelle für Energiewirtschaft e.V. (Hrsg.): Merit Order des Kraftwerkparks. München, 2010. Download: *https://www.ffe.de/download/wissen/20100607_Merit_Order.pdf*, abgerufen 10.06.2016

Wagner, U. et al.: CO_2-Vermeidungskosten im Kraftwerksbereich, bei den erneuerbaren Energien sowie bei nachfrageseitigen Energieeffizienzmaßnahmen. München, 2004

Wangler, L.; Institut für Innovation und Technik (iit) in der VDI/VDE Innovation + Technik GmbH: Persönliche Mitteilungen. April 2016

Weicker, K.: Evolutionäre Algorithmen. 2. Auflage; Teubner Verlag; Wiesbaden, 2007

Welteke-Fabricius, U.: Flexibilisierung und bedarfsgerechter Fahrplanbetrieb: zur marktgerechten Stromproduktion in Biogas-Bestandsanlagen. In: Nelles, M. (Hrsg.): 10. Rostocker Bioenergieforum. Tagungsband, Schriftenreihe Umweltingenieurwesen, Bd. 58; S. 321–334, Rostock, 2016

Wetzel, D.: Das grüne Jobwunder fällt in sich zusammen. Die Welt Online, erschienen am 21.09.2015. Download: *http://www.welt.de/wirtschaft/energie/article128432916/Das-gruene-Jobwunder-faellt-in-sich-zusammen.html*, abgerufen 18.12.2015

Wietfield, C. et al.: IKT-Referenzarchitektur: Anforderungen und Entwurf. In: Großmann, U. et al. (Hrsg).: Smart Energy 2010: Innovative, IKT-orientierte Konzepte für den Energiesektor der Zukunft; S. 56–68; Verlag Werner Hülsbusch; Boizenburg, 2010

WILO SE: Wissen: 5000 Jahre Wasserkraft – wie aus dem Schöpfrad ein Wasserkraftwerk wurde. Download: *http://www.xperts.de/wissen/unser-wissen/1Trd6i5r7WsgQUI8cocAki*, abgerufen 17.02.2016

Wilson, E.O.: Sociobiology: The new synthesis. 25th anniversary edition. Belknap Press of Harvard University Press; Cambridge (Massachusetts) et al., 2000

Winje, D. et al.: Energiewirtschaft. Bd. 2.; Springer Verlag; Berlin et al., 1991

Witthaut, D. et al.: Braess's paradox in oscillator networks, desynchronization and power outage. In: New Journal of Physics, Vol. 14, Iss. 8; IOP Publishing; London, 2012. Download: *http://iopscience.iop.org/article/10.1088/1367-2630/14/8/083036/pdf*, abgerufen 01.06.2016

Wolfrum, B.: Strategisches Technologiemanagement. 2. Auflage; Gabler Verlag; Wiesbaden, 1994

Wright, S.: The roles of mutation, inbreeding, crossbreeding and selection in evolution. Reprinted from proceedings of the Sixth International Congress of Genetics, Vol. I; S. 356–366; 1932. Download: *http://www.blackwellpublishing.com/ridley/classictexts/wright.pdf*, abgerufen 14.03.2016

Wunderlich, C. (Autor); Agentur für Erneuerbare Energien e.V. (Hrsg.): Akzeptanz und Bürgerbeteiligung für Erneuerbare Energien. Erkenntnisse aus Akzeptanz und Partizipationsforschung. Reihe Renews Spezial Nr. 60; Berlin, 2012. Download: *60_Renews_Spezial_Akzeptanz_und_Buergerbeteiligung_nov12.pdf*, abgerufen 24.05.2016

Wurster, U. et al.; HA Hessen Agentur GmbH (Hrsg.): Wasserstoff aus Windenergie – Ein Speichermedium mit vielen Anwendungsmöglichkeiten. In: Schriftenreihe Wasserstoff und Brennstoffzelle, Bd. 3; Wiesbaden, 2013. Download: *http://www.h2bz-hessen.de/mm/Wind-Wasserstoff_geschuetzt.pdf*, abgerufen 20.02.2016

Wüstenhagen, R. et al.: Green energy market development in Germany: Effective public policy and emerging customer demand. In: Energy Policy, Vol. 34, Iss. 13; pp. 1681–1696; Elsevier Verlag; Amsterdam, 2006

WWF (Hrsg.): Einschätzung und Anforderung des WWF Deutschland. Kommissionsvorschlag zur Integration von indirekten Landnutzungsänderungen. Revision der Erneuerbaren-Energien-Richtlinie und Kraftstoffqualitätsrichtlinie. Hintergrundpapier des WWF Deutschland; 2013. Download: *http://www.wwf.de/fileadmin/fm-wwf/Publikationen-PDF/WWF_Hintergrund_Biokraftstoff.PDF*, abgerufen 03.06.2016

Zentes, J.; Swoboda, B. (Hrsg.): Fallstudien zum internationalen Management: Grundlagen, Praxiserfahrungen, Perspektiven. 2. Auflage; Gabler Verlag; Wiesbaden, 2004

Ziems C. et al.: Kraftwerksbetrieb bei Einspeisung von Windparks und Photovoltaikanlagen. Abschlussbericht; Universität Rostock; 2012. Download: *https://www.vgb.org/vgbmultimedia/333_Abschlussbericht-p-5968.pdf*, abgerufen 24.05.2016

Zukunft ERDGAS GmbH: Wie viele Kilometer kann man mit 10 Euro fahren? Tübingen, 2015. Download: *https://www.erdgas-mobil.de/fileadmin/downloads/Presse/Grafik-Kraftstoff_Erdgas_Mobil_300dpi_cmyk.jpg*, abgerufen 04.04.2016

Zunft, S. et al.: Adiabate Druckluftspeicherkraftwerke für die netzverträgliche Integration erneuerbarer Energien. In: „Innovations for Europe" zum VDE-Kongress 23.–25. Oktober in Aachen, Bd. 2, Fachtagungsberichte der ETG-GMA-DGBMT; VDE Verlag/Verlag C.H. Beck; Düsseldorf, 2006

Stichwortverzeichnis

A

Adiabate Druckluftspeicher 171
Aggregator 146
Algorithmen 254
Alkalische Elektrolyse 178
Ameisenrouting 258
Ameisenstraße 258
Ant Colony Optimization 263
Äquivalenzfaktor 76
Ausschreibungsverfahren 35
Ausspeichern 155

B

Beziehungskapital 360
Bilanzkreisverantwortliche 147
biologische Methanisierung 182
Bioraffinerie 321
Burden Sharings 27

C

CCS-Anlagen 185
CO_2-Äquivalente 76

D

Datenschutz 144
Datensicherheit 144
Demand Side Management 152
Dezentrale Energiemanagementsysteme 231
Diabate Druckluftspeicher 170
disruptiv 350
Diversität 253
Domänenmodell 240

E

EEG-Umlage 68
E-Energy 150
EinsMan 106
Einspeichern 155
Einspeisemanagement 106
Elektrolyse 177
Elektrolyseur 179
Emissionshandelssystem 27
Emissionszertifikat 68
Energiemarktplatz 146
Energiewende 29
Energy-Only-Markt 215
Energy Performance Contracting 53
European Energy Exchange AG (EEX) 26
Evolutionary Computing 255

F

Fischer-Tropsch-Synthese 185
Fitness 285
Fitnesskurve 285

G

Geschäftsmodell 52
Gesetz zur Änderung der Förderung von
    Biokraftstoffen 93
Grenzkosten 67
Grenzkostenkurve 67
Grundversorger 25

H

Hochtemperatur-Elektrolyse 179
Household Appliance Controller 269
Humankapital 360
Hybridkraftwerk 370

I

Industrie 4.0 140

K

katalytische Methanisierung *184*
Key Performance Indicators *357*
Komplexitätskapital *360*
künstliche Intelligenz *256*
Kyoto-Protokoll *27*

L

Liquefied Natural Gas *73*
Lithium-Ionen-Akkumulator *174*

M

Market-Pull-Strategie *342*
marktdienlich *155*
Markteintrittsbarrieren *336*
Marktrollen *152*
Marktteilnehmer *146*
Merit-Order *67*
Merit-Order-Effekt *67*
Missing-Money-Problem *216*
Must-run-Kapazität *105*

N

Nachhaltigkeit *31*
Nationaler Allokationsplan *27*
Natural Computing *254*
Netto-Vermeidungsfaktor *76*
Neural Computing *256*

O

Ökobilanz *76*

P

Particle Swarm Optimization *263*
Peer-to-Peer-Netz *294*
PEM-Elektrolyse *179*
Pheromonspur *259*
Prosumer *31*
Punkt-zu-Punkt-Kommunikation *276*

R

Resilienz *254*
Rucksackproblem *295*

S

Schutzprofile *144*
Sektorale Speicher *158*
Sektorenübergreifende Speicher *158*
Smart Grids *140*
Smart Meter *140*
Smart Meter Gateway *143*
SNG *177*
SO_2-Äquivalente *76*
Spotmarkt *26*
Stigmerie *260*
Stromeinspeisungsgesetz *28*
Stromgestehungskosten *94*
Stromverlagerungskosten *166*
Strukturkapital *360*
Synthetic Natural Gas *177*
Systeminnovation *311*

T

Technology-Push-Strategie *342*
Terminmarkt *26*
transeuropäische Netze *70*
Transformation *36*
Traveling Salesman Problem *263*
Treibhausgaspotenzial *76*

U

Übertragungsnetzbetreiber *25*
UN-Klimakonferenz in Paris 2015 *40*

V

Verdrängungsmix *119*
Versauerungspotenzial *76*
Verteilnetzbetreiber *25*
virtuelle Kraftwerke *54, 141*
virtueller Versorger *54*

W

Weitbereichsmonitoring *237*
Wirkungsindikator *76*
Wirkungskategorie *76*

Z

Zyklenfestigkeit *165*